U0283543

"十三五"国家重点图书出版规划项目

中国工程院重大咨询项目

# 三峡工程建设
# 第三方独立评估

# 泥沙评估报告

中国工程院三峡工程建设第三方独立评估泥沙评估课题组　编著

中国水利水电出版社

www.waterpub.com.cn

·北京·

# 内 容 提 要

泥沙评估课题是中国工程院为配合三峡工程整体竣工验收而开展的三峡工程建设第三方独立评估工作的十二个课题之一。本书作为泥沙评估课题报告，归纳总结了三峡库区泥沙专题研究成果和三峡水库坝下游泥沙专题研究成果，形成了泥沙综合评估结论。

全书介绍了三峡工程运行后泥沙问题的基本情况，结合三峡工程运行前后库区、坝区、坝下游、河口的水文泥沙观测研究成果和现场调研情况，对三峡工程论证与初步设计阶段有关库区泥沙淤积、坝下游河道冲刷、库区和坝下游航道泥沙问题的研究结论与解决措施进行了科学、客观、公正的评价，对三峡水库调度运行期相关泥沙问题也进行了分析评估，回应了社会公众对三峡工程泥沙问题的关切，并总结经验，提出了今后应对三峡工程泥沙问题的工作建议。

本书对大型水利水电项目建设及三峡工程运行管理部门决策具有重要参考价值，也可供有关科研人员和高等院校相关专业师生参考使用。

**图书在版编目（CIP）数据**

三峡工程建设第三方独立评估泥沙评估报告 / 中国
工程院三峡工程建设第三方独立评估泥沙评估课题组编著
. -- 北京：中国水利水电出版社，2023.8
中国工程院重大咨询项目
ISBN 978-7-5226-1327-7

Ⅰ．①三… Ⅱ．①中… Ⅲ．①三峡水利工程－泥沙淤
积－评估－研究报告 Ⅳ．①TV632

中国国家版本馆CIP数据核字(2023)第204742号

| 书　　名 | 中国工程院重大咨询项目<br>三峡工程建设第三方独立评估泥沙评估报告<br>ZHONGGUO GONGCHENGYUAN ZHONGDA ZIXUN XIANGMU<br>SAN XIA GONGCHENG JIANSHE DI - SAN FANG DULI PINGGU<br>NISHA PINGGU BAOGAO |
|---|---|
| 作　　者 | 中国工程院三峡工程建设第三方独立评估泥沙评估课题组　编著 |
| 出版发行 | 中国水利水电出版社<br>（北京市海淀区玉渊潭南路1号D座　100038）<br>网址：www. waterpub. com. cn<br>E - mail：sales@mwr. gov. cn<br>电话：(010) 68545888（营销中心） |
| 经　　售 | 北京科水图书销售有限公司<br>电话：(010) 68545874、63202643<br>全国各地新华书店和相关出版物销售网点 |
| 排　　版 | 中国水利水电出版社微机排版中心 |
| 印　　刷 | 北京印匠彩色印刷有限公司 |
| 规　　格 | 184mm×260mm　16 开本　21.25 印张　405 千字 |
| 版　　次 | 2023 年 8 月第 1 版　2023 年 8 月第 1 次印刷 |
| 印　　数 | 001—800 册 |
| 定　　价 | **220.00 元** |

　　泥沙问题涉及水库规模、水库寿命、运行方式和综合效益发挥等一系列重要问题，是三峡工程论证及可行性研究阶段的关键技术问题之一。三峡水库泥沙淤积后，水库防洪和兴利库容是否可以长期保留使用？重庆港区、航道是否会被淤废？变动回水区泥沙淤积碍航影响如何？永久船闸通航水流条件能否满足船舶航行安全要求？以及坝下游"清水"冲刷河道带来的多方面影响问题等，都必须作出明确回答。因此，在论证及可行性研究期间，国家对三峡工程的泥沙问题极为重视，动员了全国大专院校和科研设计等部门，投入了大量人力、物力，通过原型观测分析、数学模型计算、实体模型试验和国内外水库类比等研究方法，对三峡工程的泥沙问题进行了广泛的研究论证，取得了一批重要研究成果，提出了解决问题的途径和措施。在此基础上，得出三峡工程泥沙问题的论证结论："三峡工程可行性研究阶段的泥沙问题，经过研究，已基本清楚，是可以解决的"。这为三峡工程建设的决策提供了科学依据。

　　为保证泥沙问题研究工作的持续进行，1993年9月国务院三峡工程建设委员会办公室（以下简称"三峡办"）设立了三峡工程泥沙专家组，协调整个三峡工程泥沙科研工作。此后，在三峡办和中国长江三峡集团公司（原中国长江三峡工程开发总公司，以下简称"三峡集团公司"）的领导和支持下，泥沙专家组会同20多个科研、设计、运行、观测、管理等方面的单位和相关院校，组织、实施了"九五""十五"及"十一五"三个泥沙问题科研五年计划。随着工程建设的推进，先是配合设计，重点研究确定通航建筑物引航道的布置；蓄水前后，则是配合运行，重点研究在来水来沙变化的条件下，如何合理调度，在控制泥沙淤积的同时提高三峡工程的综合效益。为了及时全面了解泥沙冲淤变化情况，三峡集团公司、水利部、交通运输部等部门开展了大规模的水文泥沙原型观测，取得了大量的实测资料。泥沙原型观测和研究工作，不仅为三峡工程的建设、安全运行和优化调度提供了科技支撑，而且也为三峡工程整体竣工验收第三方评估提供了基本依据。

三峡水库自 2003 年 6 月开始蓄水运用以来，经历了三个运行阶段：2003 年 6 月至 2006 年 8 月为围堰发电期，坝前最高蓄水位为 139m；2006 年 9 月至 2008 年 9 月为初期运行期，最高蓄水位为 156m；2008 年汛后进入 175m 试验性蓄水期，至 2013 年，试验性蓄水已历经 6 年。至 2013 年，三峡工程已运行 11 年，在水库防洪、发电、航运、供水等方面取得了巨大效益，积累了运行调度的宝贵经验。针对论证与初步设计阶段关于三峡工程泥沙问题的有关结论，结合三峡工程运行以来泥沙冲淤基本状况和相关研究的主要成果，进行了三峡工程泥沙问题评估，评估所采用的实测资料截至 2013 年。

按照中国工程院三峡工程建设第三方独立评估工作的要求，2014 年 3 月成立了泥沙课题评估专家组，6—7 月间组织开展了三峡库区、坝区、坝下游和河口的现场调研与座谈会，征集了重庆、湖北、湖南、江西、上海等沿江省市相关部门的意见。经过多次讨论和反复修改，形成了三峡工程泥沙问题评估报告。2015 年 1 月召开了泥沙问题评估专家组会议，邀请中国工程院评估项目办公室及水文调度评估组、国务院三峡建设委员会办公室、水利部、交通运输部、中国长江三峡集团公司、长江水利委员会的院士、专家、领导和代表，对泥沙问题评估报告进行讨论与征集意见，同年 3 月再次召开泥沙问题评估专家组会议并通过了泥沙评估报告。

**中国工程院三峡工程建设第三方独立评估泥沙评估课题组**

2022 年 12 月

# 目录

# 第三篇　三峡工程坝下游泥沙专题研究报告

# 第一篇
# 三峡工程泥沙评估
# 课题报告

# 第 一 章

# 三峡工程运行后泥沙问题基本情况

三峡工程泥沙问题涉及的范围大，三峡库区 175m 蓄水位的回水影响长度（大坝至江津）约 660km（图 1.1-1），其中大坝至涪陵库段为常年回水区，长约 500km，涪陵至江津库段为变动回水区，长约 160km。三峡工程对坝下游的影响直至河口，目前冲刷主要发生在宜昌至湖口的长江中游河段，长约 955km（图 1.1-2）；湖口以下的长江下游河段，长约 938km（图 1.1-3）。

## 第一节 三峡入库水沙变化

### 一、径流量和悬移质输沙量变化

#### （一）上游来水量变化不大，来沙量大幅度减少

20 世纪 90 年代以来，长江上游来水量虽然变化不大，但来沙量大幅度减少。1990 年以前，三峡水库年平均入库（寸滩站＋武隆站，下同）径流量和悬移质输沙量分别为 4015 亿 m³ 和 4.91 亿 t；1991—2002 年年平均入库径流量为 3871 亿 m³，比 1990 年以前设计值减少 3.6％，年平均悬移质输沙量为 3.57 亿 t，比 1990 年以前减少 27.3％。来沙减少以嘉陵江为主，如表 1.1-1、图 1.1-4 和图 1.1-5 所示。

三峡水库蓄水运用以来，随着长江上游流域水电工程建设、水土保持等人类活动的进一步加剧，以及气候变化，上游来沙量大幅度减少。2003—2013 年，三峡水库年平均入库径流量和悬移质输沙量分别为 3680 亿 m³ 和 1.86 亿 t。径流量较 1990 年以前减少 8％，输沙量减少 62％。近年来随着长江上游大中型水电站的陆续建成，三峡入库沙量继续大幅度减少。寸滩站 2011—2013 年年平均输沙量为 1.41 亿 t，较 2003—2010 年平均值减少了 28％。尤

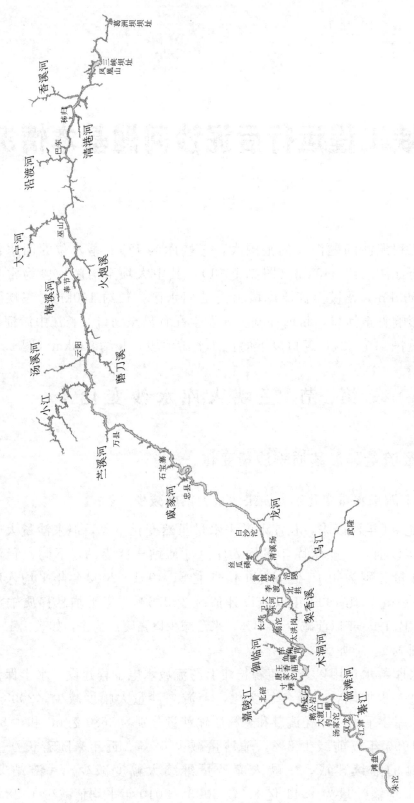

图 1.1-1 三峡库区河道示意图

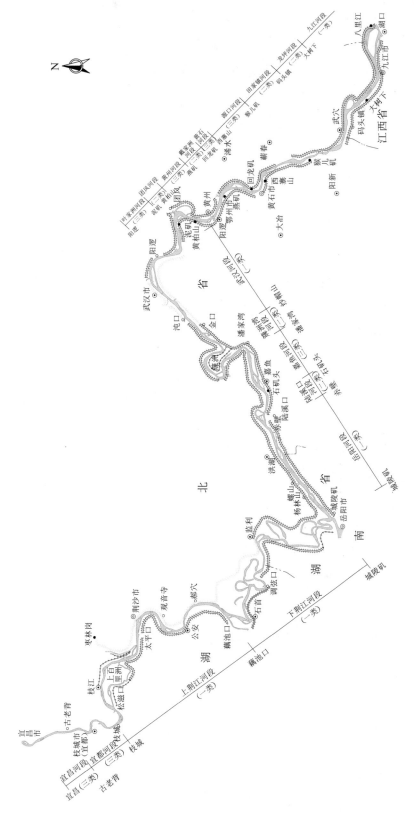

图 1.1-2　长江中游宜昌至湖口河段河道示意图

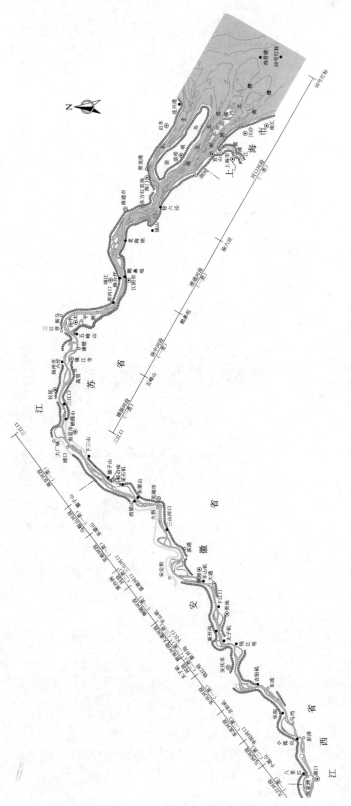

图 1.1-3　长江下游湖口至河口段河道形势图

表 1.1-1　　　　　　　　　　三峡入库水沙量变化统计表

| 项　　目 | | 长江 | 嘉陵江 | 长江 | 乌江 | 长江 | 三峡入库 |
| --- | --- | --- | --- | --- | --- | --- | --- |
| | | 朱沱 | 北碚 | 寸滩 | 武隆 | 宜昌 | 寸滩+武隆 |
| 年平均径流量 /亿 m³ | 1986 年以前（论证值） | 2640 | 701 | 3490 | 496 | 4390 | 3986 |
| | 1990 年以前 | 2660 | 704 | 3520 | 495 | 4390 | 4015 |
| | 1991—2002 年 | 2672 | 529 | 3339 | 532 | 4393 | 3871 |
| | 2003—2013 年 | 2503 | 665 | 3266 | 414 | 3957 | 3680 |
| 年平均输沙量 /万 t | 1986 年以前（论证值） | 31400 | 14000 | 46100 | 3170 | 52600 | 49270 |
| | 1990 年以前 | 31600 | 13400 | 46100 | 3040 | 52100 | 49140 |
| | 1991—2002 年 | 29300 | 3720 | 33700 | 2040 | 39150 | 35740 |
| | 2003—2013 年 | 15900 | 3170 | 18100 | 527 | 4660 | 18627 |
| 年平均含沙量 /（kg/m³） | 1986 年以前（论证值） | 1.19 | 2.11 | 1.32 | 0.64 | 1.20 | 1.24 |
| | 1990 年以前 | 1.19 | 1.92 | 1.31 | 0.62 | 1.19 | 1.22 |
| | 1991—2002 年 | 1.10 | 0.700 | 1.01 | 0.38 | 0.89 | 0.92 |
| | 2003—2013 年 | 0.640 | 0.480 | 0.550 | 0.130 | 0.120 | 0.51 |

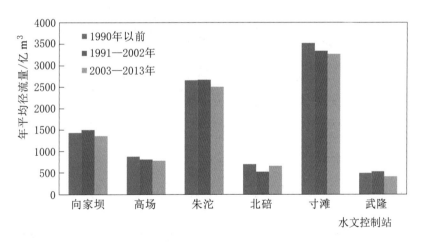

图 1.1-4　三峡水库上游干支流水文控制站年平均径流量变化

其是 2013 年，上游来水偏枯，三峡入库沙量大幅度减少至 1.27 亿 t，较 2003—2012 年平均值减少了 37%。2014 年三峡入库沙量进一步减少至 0.554 亿 t，较 2003—2013 年减少了 72%。

（二）入库悬移质泥沙粒径变小

三峡水库蓄水运用前，朱沱站和寸滩站悬移质泥沙中值粒径均为

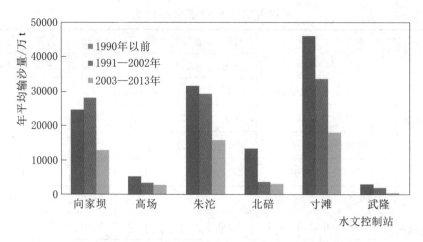

图 1.1－5　三峡水库上游干支流水文控制站年平均悬移质输沙量变化

0.011mm；朱沱站和寸滩站粒径大于 0.125mm 的粗颗粒泥沙含量分别占 11.0％和 10.3％，如表 1.1－2 所示。三峡水库蓄水运用后的 2003—2013 年期间，入库泥沙粗颗粒含量减少，朱沱站和寸滩站粗颗粒泥沙含量分别减少为 8.5％和 5.9％，悬移质中值粒径有所变小，如图 1.1－6 所示。

表 1.1－2　长江上游水文站悬移质泥沙分组粒径沙量百分比及中值粒径

| 项　　目 | | 时段 | 测　站 | | | |
|---|---|---|---|---|---|---|
| | | | 朱沱 | 北碚 | 寸滩 | 武隆 |
| 分组粒径沙量百分比/％ | $d \leqslant 0.031mm$ | 2002 年以前 | 69.8 | 79.8 | 70.7 | 80.4 |
| | | 2003—2013 年 | 73.1 | 81.9 | 77.6 | 82.8 |
| | $0.031mm < d \leqslant 0.125mm$ | 2002 年以前 | 19.2 | 14.0 | 19.0 | 13.7 |
| | | 2003—2013 年 | 18.4 | 13.4 | 16.4 | 13.5 |
| | $d > 0.125mm$ | 2002 年以前 | 11.0 | 6.2 | 10.3 | 5.9 |
| | | 2003—2013 年 | 8.5 | 4.6 | 5.9 | 3.6 |
| 中值粒径/mm | | 2002 年以前 | 0.011 | 0.008 | 0.011 | 0.007 |
| | | 2003—2013 年 | 0.011 | 0.009 | 0.010 | 0.007 |

### (三) 入库泥沙来源分布发生变化

1986 年以前金沙江和嘉陵江输沙量占寸滩站的比重分别为 53.4％和 30.4％。1991—2002 年期间，金沙江和嘉陵江输沙量占寸滩站的比重分别为 83.4％和 11.0％，嘉陵江输沙量占比明显减小。

2003—2013 年期间，金沙江和嘉陵江输沙量占寸滩站的比重分别为 71.7％和 17.5％。2013 年以后，受溪洛渡、向家坝水电站蓄水影响，三峡入

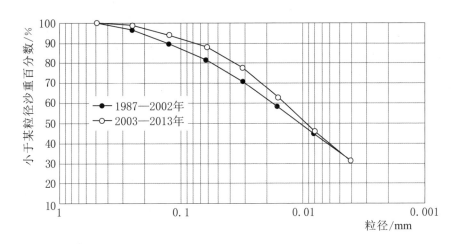

图 1.1-6　长江寸滩站悬移质泥沙级配变化

库泥沙来源发生明显变化。金沙江向家坝水文站 2013 年实测年输沙量仅为
0.02 亿 t，较 2003—2012 年平均值减少了 99%，仅占入库沙量的 1.6%；沱
江、嘉陵江受局部强降雨影响，来沙量明显增多，其来沙量分别为
0.360 亿 t（1953 年以来最大值）和 0.576 亿 t，分别占入库沙量的 28.3%
和 45.4%。

（四）入库水沙年内分配变化

近年来，受部分支流降雨变化、梯级水电站建设等影响，三峡入库水沙的
年内分配有所变化，汛后 9—11 月入库径流量明显减少。与初步设计值相比，
2003—2013 年寸滩站 9—11 月径流量减少 164.6 亿 m³，占全年减少水量的
64.8%。汛期来沙量大幅度减少，输沙量主要集中在大洪水期间。如 2013 年
7 月，入库沙量为 1.03 亿 t，占全年沙量的 81%。

## 二、推移质输沙量变化

在三峡工程论证阶段，寸滩站实测年平均砾卵石推移质输沙量为 27.7 万 t
（沙质推移质无实测资料）。自 20 世纪 90 年代以来，受水库拦沙、水土保持工
程、河道采砂等影响，进入三峡水库的砾卵石推移质和沙质推移质泥沙数量总
体呈大幅度减少的趋势。如寸滩站 1991—2002 年卵砾石推移质年平均输沙量
为 15.4 万 t，沙质推移质年平均输沙量为 25.83 万 t，推移质约为同期悬移质
输沙量的 0.13%；三峡水库蓄水运用后 2003—2013 年期间，寸滩站砾卵石和
沙质推移质年平均输沙量分别为 4.36 万 t 和 1.47 万 t，比 1991—2002 年分别
减少了 80% 和 94%，推移质输沙总量减少了 86%，约为同期悬移质输沙量的
0.032%，如图 1.1-7、表 1.1-3 和表 1.1-4 所示。

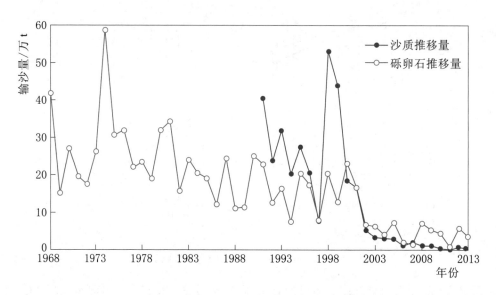

图 1.1-7　长江寸滩站推移质输沙量变化

表 1.1-3　长江上游干支流各主要控制站实测砾卵石年平均推移量成果表

| 河流 | 站名 | 统计时间 | 砾卵石推移量/万 t |
|------|------|----------|-------------------|
| 长江 | 朱沱 | 1975—1985 年 | 32.8 |
| | | 1975—2002 年 | 26.9 |
| | | 2003—2013 年 | 13.4 |
| | 寸滩 | 1966 年、1968—1985 年 | 27.7 |
| | | 1966 年、1968—2002 年 | 22.0 |
| | | 2003—2013 年 | 4.36 |
| 嘉陵江 | 东津沱 | 2002 年 | 0.053 |
| | | 2003—2007 年 | 1.05 |
| 乌江 | 武隆 | 2002 年 | 18.7 |
| | | 2003—2013 年 | 6.43 |

表 1.1-4　三峡水库蓄水运用前后寸滩站沙质推移质年平均输沙量成果表

| 统 计 时 段 | 沙质推移质输沙量/万 t |
|------------|----------------------|
| 1991—2002 年 | 25.83 |
| 2003—2013 年 | 1.47 |

# 第二节　三峡水库运行情况

## 一、水库调度方案与实际运行情况

三峡水库正常蓄水位为 175m，防洪限制水位为 145m，枯水期消落低水位 155m。三峡水库初步设计调度方案与优化调度方案如图 1.1-8 所示。按照初步设计，每年 6 月上旬，为腾出防洪库容，坝前水位降至汛期防洪限制水位 145m；汛期 6 月中旬至 9 月，水库维持在水位 145m 运行。在遇大洪水时，根据下游防洪需要，水库拦洪蓄水，库水位抬高，洪峰过后，仍降至 145m 运行。汛末 10 月，水库蓄水水位逐步升高至 175m。12 月至次年 4 月，水电站按电网调峰要求运行，水库尽量维持在较高水位。4 月末以前水位最低高程不低于 155m，以保证发电水头和上游航道必要的航深。5 月开始降低库水位，5 月初降至枯季消落低水位 155m，6 月 10 日降至防洪限制水位。

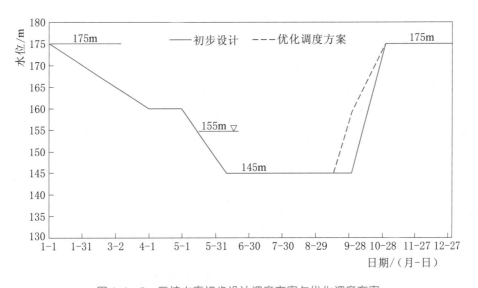

图 1.1-8　三峡水库初步设计调度方案与优化调度方案

2003 年 6 月，三峡水库蓄水至 135m，进入围堰发电期。同年 11 月，水库蓄水至 139m。围堰发电期运行水位为 135（汛限水位）～139m（蓄水期）。2006 年 10 月，水库蓄水至 156m，较初步设计提前一年进入初期运行期。初期运行期运行水位为 144～156m。2008 年汛后，三峡水库开始进行 175m 试验性蓄水，较初步设计提前了五年，当年最高蓄水位达到了 172.8m。

2009 年，针对三峡水库蓄水运用以来运行条件发生的较大改变，为满足水利部门和航运部门从提高下游供水、防洪、航运等方面对三峡水库调度提出的更高需求，水利部等有关部门组织对三峡水库进行了优化调度研究。同年10月，国务院批准了《三峡水库优化调度方案》（以下简称《方案》），将三峡水库汛后蓄水时间由初步设计的10月初提前到了9月中旬，《方案》提出的蓄水调度方式：一般情况下9月15日开始兴利蓄水；蓄水期间库水位按分段控制上升的原则，9月30日水位不超过156m（视来水情况，经防汛部门批准后可蓄至158m），10月底可蓄至汛后最高水位175m；蓄水期间下泄流量，9月根据入库流量大小控制不小于8000～10000m³/s，10月上旬、中旬、下旬分别按不小于8000m³/s、7000m³/s、6500m³/s控制，11月按保证葛洲坝枢纽下游（庙咀站）水位不低于39.00m和三峡水电站保证出力对应的流量控制；《方案》允许汛限水位上浮至146.5m，如图1.2-1所示。2009年汛末三峡水库从9月15日开始蓄水，由于遭遇了上游来水偏枯与下游持续干旱的情况，水库蓄水至171.43m。

2010年国家防总《关于三峡—葛洲坝水利枢纽2010年汛期调度运用方案的批复》（国汛〔2010〕6号）中明确了"当长江上游发生中小洪水，根据实时雨水情况和预测预报，在三峡水库尚不需要实施对荆江或城陵矶河段进行防洪补偿调度，且有充分把握保障防洪安全时，三峡水库可以相机进行调洪运用"，第一次明确提出了"中小洪水调度"的运用方式，并予以实施。根据2009年调度的经验和教训，2010年以后，三峡水库在提前蓄水方面，采取了汛末蓄水与前期防洪运用相结合的方法，根据国家防总批复意见，汛末蓄水时间进一步提前至9月10日，从2010年至2013年连续4年实现了175m蓄水目标。

2011年消落期，三峡水库根据坝下游抗旱补水需求，实施了抗旱补水调度。根据四大家鱼繁殖条件，汛初开展了生态调度试验。2012年消落期，三峡水库实施了库尾泥沙减淤调度试验，并在汛前和汛初实施了两次生态调度试验。为提高水库排沙比，汛期实施了沙峰排沙调度，成功经受了建库以来最大洪峰71200m³/s的洪水考验。

2013年消落期，三峡水库再次实施了库尾减淤调度，并在汛前再次实施了生态调度试验，汛期实施了沙峰排沙调度。

## 二、水库蓄水位变化过程

2003年6月至2006年8月为三峡水库围堰发电期，坝前水位为135（汛期）～139m（非汛期），水库回水末端达到重庆市涪陵区李渡镇，回水长度约498km；2006年9月至2008年9月为三峡水库初期运行期，汛期在水库没有防洪任务时控制在143.9～145m范围内，枯季水位控制在156m，水库回水末端达到重庆铜锣峡，回水长度约598km。

2008 年汛末开始实施 175m 试验性蓄水，水库回水末端达到重庆江津附近，回水长度约 660km。2008 年和 2009 年水库最高蓄水位分别为 172.80m 和 171.43m，2010—2013 年三峡水库实现了 175m 蓄水目标。三峡水库蓄水运用以来，坝前水位变化过程如图 1.1-9 所示，水库蓄水期各年特征水位和流量如表 1.1-5 所示。

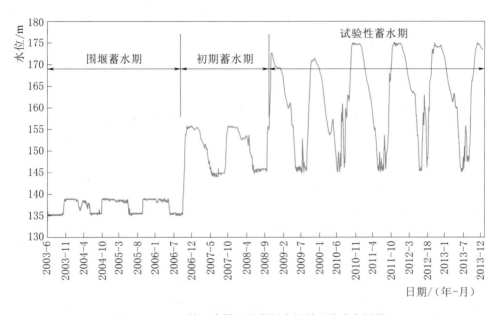

图 1.1-9　三峡水库蓄水运用以来坝前水位变化过程

表 1.1-5　　　三峡水库蓄水运用以来各年特征水位和流量统计表

| 年份 | 汛前最低水位/m | 汛期水位/m | | | 汛期入库最大洪峰（月-日）/(m³/s) | 汛期出库最大洪峰（月-日）/(m³/s) | 汛后最高蓄水位（月-日）/m |
|---|---|---|---|---|---|---|---|
| | | 最低 | 最高 | 平均 | | | |
| 2003 | 135.07 | 135.04 | 135.37 | 135.18 | 46000（9-4） | 44900（9-5） | 138.66（11-6） |
| 2004 | 135.33 | 135.14 | 136.29 | 135.53 | 60500（9-8） | 56800（9-9） | 138.99（11-26） |
| 2005 | 135.08 | 135.33 | 135.62 | 135.50 | 45200（7-12） | 45100（7-23） | 138.93（12-15） |
| 2006 | 135.19 | 135.04 | 141.61 | 135.80 | 29500（7-10） | 29200（7-10） | 155.77（12-4） |
| 2007 | 143.97 | 143.91 | 146.17 | 144.70 | 52500（7-30） | 47300（7-31） | 155.81（10-31） |
| 2008 | 144.66 | 144.96 | 145.96 | 145.61 | 39000（8-17） | 38700（8-16） | 172.80（11-10） |
| 2009 | 145.94 | 144.77 | 152.88 | 146.38 | 55000（8-6） | 40400（8-5） | 171.43（11-25） |
| 2010 | 146.55 | 145.05 | 161.24 | 151.69 | 70000（7-20） | 41500（7-27） | 175.05（11-2） |
| 2011 | 145.94 | 145.10 | 153.62 | 147.94 | 46500（9-21） | 28700（6-25） | 175.07（10-31） |
| 2012 | 145.84 | 145.05 | 163.11 | 152.78 | 71200（7-24） | 45600（7-30） | 175.02（10-30） |
| 2013 | 145.19 | 145.06 | 155.78 | 148.66 | 49000（7-21） | 35700（7-25） | 175.00（11-11） |

2008—2013 年汛期，长江上游多次发生较大洪水，水库进行了中小洪水调度。如 2010 年汛期，三峡水库先后三次对入库流量大于 50000m³/s 的洪水进行调度，累积拦蓄水量 260 多亿 m³，其中对最大入库流量 70000m³/s 的洪水，控制出库流量为 40000m³/s，拦蓄水量约 80 亿 m³，库水位最高达 161.24m；2012 年汛期，先后四次对入库流量大于 50000m³/s 的洪水进行调度，累积拦蓄水量 228.2 亿 m³，其中对三峡水库建库以来最大入库流量 71200m³/s 的洪水，控制出库流量 44100m³/s，拦蓄水量 51.75 亿 m³，库水位最高达 163.11m。

# 第三节　三峡水库库区泥沙冲淤情况

## 一、干流库区

由输沙率法测得 2003 年 6 月至 2013 年 12 月干流库区泥沙淤积量为 15.31 亿 t（未考虑区间来沙），年平均泥沙淤积量为 1.39 亿 t，仅为论证阶段预测结果的 40%左右，水库平均排沙比为 24.5%，如表 1.1-6 和表 1.1-7 所示。2003—2006 年水库水位较低，排沙比较高，平均为 37%，后随着运行水位上升，排沙比减小。特别是三峡水库汛期实行中小洪水调度后，汛期坝前平均水位抬高，同时水库提前至 9 月 10 日蓄水，导致排沙比减少。

表 1.1-6　　　三峡水库进出库泥沙与水库淤积量统计表

| 统计时段 | 入库 | | 出库 | | 水库淤积 /亿 t | 排沙比/% （出库/入库） |
|---|---|---|---|---|---|---|
| | 水量/亿 m³ | 沙量/亿 t | 水量/亿 m³ | 沙量/亿 t | | |
| 2003 年 6 月至 2006 年 8 月 | 13276 | 7.004 | 14097 | 2.590 | 4.414 | 37.0 |
| 2006 年 9 月至 2008 年 9 月 | 7619 | 4.435 | 8178 | 0.832 | 3.603 | 18.8 |
| 2008 年 10 月至 2013 年 12 月 | 18582 | 8.840 | 20416 | 1.547 | 7.293 | 17.5 |
| 2003 年 6 月至 2013 年 12 月 | 39477 | 20.279 | 42691 | 4.969 | 15.310 | 24.5 |

表 1.1-7　2003 年 6 月至 2013 年 12 月不同粒径级泥沙的排沙比

| 粒径 d | d≤0.062mm | 0.062mm<d≤0.125mm | d>0.125mm | 小计 |
|---|---|---|---|---|
| 入库沙量/亿 t | 17.911 | 1.221 | 1.146 | 20.279 |
| 出库沙量/亿 t | 4.747 | 0.077 | 0.144 | 4.969 |
| 排沙比/% | 26.5 | 6.3 | 12.6 | 24.5 |

水库内淤积泥沙的分布通过体积法（地形法或断面法）测得。2003—2013

年期间，库区 175m 水面线（寸滩流量 5000m³/s，坝前水位 175m）以下河床总淤积体积约为 16.41 亿 m³。其中，高程 175m 以上淤积泥沙量约 0.31 亿 m³；高程 175m 以下泥沙总淤积量约为 16.10 亿 m³，占总库容的 4.1%，干流库区淤积泥沙量为 14.30 亿 m³，支流为 1.8 亿 m³（66 条支流，施测年限为 2003—2011 年）。

从淤积沿高程的分布来看：高程 145m 以下淤积泥沙量为 14.59 亿 m³，占总淤积量的 90.6%，占高程 145m 以下水库库容的 8.5%；淤积在水库静防洪库容（145～175m 高程）内的泥沙量为 1.51 亿 m³，占总淤积量的 9.4%，占水库防洪库容 0.68%，干流库区泥沙淤积主要集中在奉节至大坝库段。

从干流库段淤积的沿程分布来看，泥沙淤积主要集中在常年回水区，约为 14.76 亿 m³；涪陵以上的变动回水区累积冲刷泥沙 0.155 亿 m³，并以铜锣峡为界，表现为"上冲下淤"，江津至铜锣峡河段泥沙冲刷量为 0.265 亿 m³，铜锣峡至涪陵段淤积泥沙量为 0.110 亿 m³。三峡水库 175m 试验性蓄水运行后，水库回水范围向上游延伸，库区泥沙淤积也逐渐向上游发展，奉节以上河段淤积比例由围堰发电蓄水期的 58.5% 和蓄水初期的 62.1% 增至试验性蓄水期的 82.6%，如图 1.1-10 和图 1.1-11 及表 1.1-8 所示。

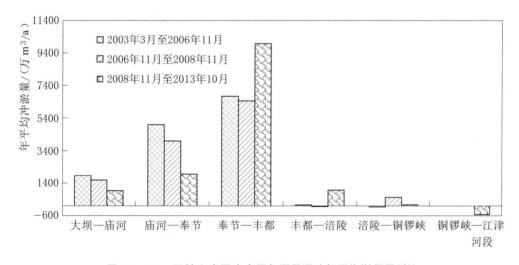

图 1.1-10    三峡水库干流库区各河段泥沙年平均淤积量对比

干流库区泥沙淤积量的 94% 集中在宽谷段，且以主河槽淤积为主，深泓最大淤高为 66m（坝上游 5.6km 的 S34 断面）；窄深段淤积相对较少或略有冲刷。库区局部弯曲、开阔、分汊河段淤积明显，如变动回水区的洛碛至长寿河段、青岩子河段和常年回水区的土脑子河段、凤尾坝河段、兰竹坝河段、黄花城河段，如表 1.1-9 所示，其中黄花城、兰竹坝、土脑子河段河道趋于单一归顺，与论证时预测基本一致。

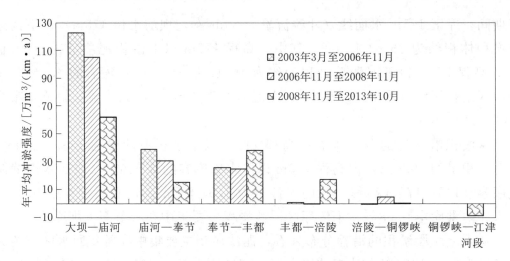

图 1.1-11 三峡水库干流库区各河段泥沙年平均冲淤强度对比

表 1.1-8 三峡水库不同运用时期干流库区各河段冲淤量
统计表（175m 水面线下成果）

| 库区各河段名称 | | 大坝—庙河 | 庙河—奉节 | 奉节—丰都 | 丰都—涪陵 | 涪陵—铜锣峡 | 铜锣峡—江津 | 合计 | 备注 |
|---|---|---|---|---|---|---|---|---|---|
| 冲淤量/万 m³ | 长度/km | 15.1 | 156.0 | 260.3 | 55.1 | 111.4 | 62.0 | 659.9 | — |
| | 2003 年 6 月至 2006 年 8 月 | 7418 | 19936 | 26982 | 197 | −169 | | 54364 | 围堰发电期 |
| | 2006 年 9 月至 2008 年 9 月 | 3179 | 7863 | 12941 | −27 | 1066 | | 25022 | 初期运行期 |
| | 2008 年 10 月至 2013 年 10 月 | 4694 | 9761 | 49892 | 4804 | 201 | −2654 | 66698 | 试验性蓄水期 |
| | 2003 年 6 月至 2013 年 10 月 | 15291 | 37560 | 89815 | 4974 | 1098 | −2654 | 146084 | 水库蓄水运用以来 |

表 1.1-9 三峡干流库区典型河段冲淤量统计表

| 河段名称 | 河长/km | 距坝里程/km | 冲 淤 量/万 m³ | | | |
|---|---|---|---|---|---|---|
| | | | 2003 年 6 月至 2006 年 8 月 | 2006 年 9 月至 2008 年 9 月 | 2008 年 10 月至 2013 年 10 月 | 2003 年 6 月至 2013 年 10 月 |
| 洛碛至长寿 | 30 | 532 | — | −40 | 275.4 | 235.4 |
| 青岩子 | 15 | 506.2 | — | 439.1 | −179.1 | 260.0 |
| 土脑子 | 5 | 456.1 | 462 | 591 | 1303.3 | 2356.3 |
| 凤尾坝 | 5.5 | 431.3 | 331 | 507 | 1624 | 2462 |
| 兰竹坝 | 6.1 | 411 | 1449 | 1204 | 2208.4 | 4861.4 |
| 黄花城 | 5.1 | 355.5 | 3871 | 2525 | 4083 | 10479 |

## 二、重庆主城区河段

### （一）试验性蓄水运用前河道冲淤特性

三峡水库修建前，重庆主城区河段的河道冲淤规律是洪淤枯冲，冲淤量和当年的来水来沙有关。大水大沙年是多淤多冲，小水少沙年则是少淤少冲。主汛期以淤积为主，汛后以冲刷为主，汛前也有一定的冲刷。汛后主要走沙期多数在9月中旬至10月中旬。在天然条件下该河段基本保持冲淤平衡，年际间变化不大。

三峡水库围堰发电期和初期运行期，重庆主城区河段尚未受三峡水库壅水影响，属自然条件下的演变。实测资料表明，三峡水库蓄水运用前1980年2月至2003年5月重庆主城区河段冲刷泥沙1247.2万 m³，三峡水库围堰发电期（2003年6月至2006年8月）该河段冲刷泥沙447.5万 m³，初期蓄水期（2006年9月至2008年9月）该河段则淤积泥沙量为366.8万 m³，如表1.1-10所示。

表 1.1-10　　　　不同时期重庆主城区河段泥沙冲淤量统计表

| 统计时段 | 长江干流/万 m³ | | 嘉陵江/万 m³ | 全河段/万 m³ | 备　注 |
|---|---|---|---|---|---|
| | 汇口以上 | 汇口以下 | | | |
| 1980年2月至2003年5月 | −485.3 | −465.6 | −296.3 | −1247.2 | 天然时期 |
| 2003年6月至2006年8月 | −90.4 | −107.6 | −249.5 | −447.5 | 三峡工程围堰发电期 |
| 2006年9月至2008年9月 | −23.1 | 353.5 | 36.4 | 366.8 | 三峡水库初期运行期 |
| 2008年9月至2008年10月 | −126.1 | −94.9 | −67.5 | −288.5 | 三峡坝前水位低于156m |
| 2008年10月至2009年6月 | 27.8 | 24.0 | −17.5 | 34.3 | 三峡工程175m试验性蓄水期 |
| 2009年6月至2010年6月 | −2.2 | 65.9 | 79.1 | 142.8 | |
| 2010年6月至2011年6月 | −19.8 | 1.1 | −80.9 | −99.6 | |
| 2011年6月至2012年6月 | −94.6 | −67.8 | −36.4 | −198.8 | |
| 2012年6月至2013年6月 | −347.8 | 145.9 | 53.7 | −148.2 | |
| 2013年6月至2013年12月 | −165.9 | −105.1 | −45.7 | −316.7 | |
| 2008年9月至2013年12月 | −660.5 | −99 | −115.2 | −874.7 | |

### （二）试验性蓄水期河道冲淤特性

2008年汛后三峡水库175m试验性蓄水运用以来，汛后蓄水对重庆主城区河段冲淤产生影响，该河段河床也由天然情况下的汛后冲刷转为以汛后淤积为主，河道冲刷期后移至下一年汛前库水位消落期。实测资料表明，2008年9

月至 2013 年 12 月重庆主城区河段累积冲刷泥沙量为 874.7 万 m³，主河槽冲刷占近 80%。在重庆主城区的 5 个重点河段中，胡家滩河段和九龙坡河段泥沙冲刷量分别为 67.4 万 m³ 和 183.8 万 m³，猪儿碛、寸滩和金沙碛河段泥沙淤积量分别为 7.0 万 m³、25.9 万 m³ 和 2.5 万 m³，如表 1.1 - 11 所示。

表 1.1 - 11　　重庆主城区重点港区河段冲淤量及冲淤厚度统计表

(2008 年 9 月 5 日至 2013 年 12 月 9 日)

| 河段 | 冲淤量 /万 m³ | 冲淤厚度/m | | 最大淤积部位及影响 |
|---|---|---|---|---|
| | | 平均 | 最大 | |
| 胡家滩 | −67.4 | −0.32 | — | 各断面表现为略微冲刷 |
| 九龙坡 | −183.8 | −0.72 | 3.9 | 最大淤积厚度为 3.9m，位于 CY33 右侧，淤后高程 162m 左右，处于主航道和码头作业区外，对航道影响不大 |
| 猪儿碛 | 7.0 | 0.03 | 5.9 | 最大淤积厚度为 5.9m，位于 CY15（干流，猪儿碛河段）深槽，淤后高程 144.8m，对通航无影响 |
| 寸滩 | 25.9 | 0.13 | 3.0 | 最大淤积厚度为 3.0m，位于 CY09 断面深槽右侧，淤后高程 145m 左右，处于主航道和码头作业区外，对航运无影响 |
| 金沙碛 | 2.5 | 0.02 | 3.4 | 最大淤积厚度为 3.4m，位于 CY44（嘉陵江，汇合口上游约 4km）深槽右侧，淤后高程 153m 左右，在通航及港口作业区域外，对通航无影响 |

此外，2012 年和 2013 年汛前，三峡水库进行了库尾减淤调度试验，期间重庆主城区河段冲刷量分别为 101.1 万 m³ 和 33.3 万 m³。需要指出的是，近年来重庆主城区河段采砂活动频繁，统计的冲刷量中包括了河道采砂量。据调查，2008—2013 年重庆主城区河段年采砂量在 200 万～400 万 t，与 2008 年 10 月试验性蓄水运用以来至 2013 年的年平均实测冲刷量接近。

## 三、支流库区

2011 年对库区全部支流回水范围内的地形进行了较为系统的测量和冲淤统计分析，计算结果表明，2003—2011 年三峡库区 66 条支流累积淤积泥沙量为 1.80 亿 m³，主要支流入汇口典型断面淤积情况如表 1.1 - 12 所示。

从各支流泥沙淤积分布情况来看，泥沙主要淤积在涪陵以下支流，占支流总淤积量的 94%，且淤积泥沙主要分布在口门附近 10.0km 范围内，最大淤积厚度达 20m 左右。此外，淤积在高程 145～175m 之间库容范围内的淤积量为 0.0658 亿 m³，占支流总淤积量的 3.7%。

表 1.1 - 12　2003—2011 年主要支流入汇口典型断面泥沙淤积量统计表

| 河名 | 距坝里程/km | 河口宽/m | 河槽底高程(2012年11月)/m | 最大淤积厚度/m | 河名 | 距坝里程/km | 河口宽/m | 河槽底高程(2012年11月)/m | 最大淤积厚度/m |
|---|---|---|---|---|---|---|---|---|---|
| 香溪河* | 30.8 | 780 | 75.6 | 14.1 | 汤溪河 | 225.2 | 300 | 104.3 | 14.3 |
| 清港河 | 44.4 | 380 | 85.5 | 14.9 | 小江河 | 252 | 600 | 105.8 | 12.7 |
| 沿渡河 | 76.5 | 180 | 79.8 | 12.2 | 龙河 | 432 | 340 | 134.7 | 3.5 |
| 大宁河* | 123 | 1600 | 87.5 | 14.8 | 渠溪河 | 460 | 180 | 138.7 | 4.8 |
| 梅溪河* | 161 | 350 | 104.4 | 16.1 | 乌江 | 487 | 500 | 133 | 1.4 |
| 磨刀溪 | 221 | 265 | 104.7 | 14.7 | 嘉陵江* | 612 | 547 | 151.3 | -0.8 |

**注**　* 为 2013 年 11 月实测成果。

# 第四节　三峡水库坝区及两坝间泥沙冲淤情况

## 一、坝前段泥沙淤积

实测地形表明，2003 年 3 月至 2013 年 10 月坝前段（庙河至大坝河段，长约 15.1km）累积淤积泥沙量为 1.529 亿 $m^3$，年平均淤积量为 0.139 亿 $m^3$，深泓平均淤厚为 33.9m，最大淤厚为 66m，如图 1.1 - 12 所示。淤积主要发生在围堰发电期，2003 年 3 月至 2006 年 10 月淤积泥沙量为 0.742 亿 $m^3$，年平均淤积泥沙量为 0.186 亿 $m^3$，之后呈逐渐下降趋势。初期运行期和试验性蓄

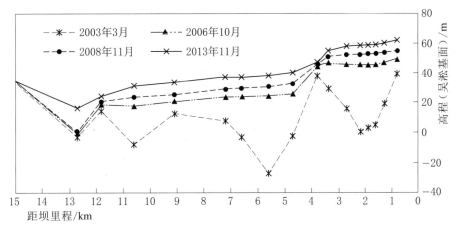

图 1.1 - 12　三峡水库坝前段深泓纵剖面淤积变化

水期，年平均淤积泥沙量分别为 0.159 亿 m³ 和 0.094 亿 m³。从淤积部位来看，高程 90m（吴淞基面）以下河床淤积泥沙量为 1.124 亿 m³，占总淤积量的 74%，高程 110m（吴淞基面）以下河床淤积泥沙量为 1.363 亿 m³，占总淤积量的 89%。

## 二、引航道泥沙淤积与通航水流条件

### （一）上游引航道

2003 年 7 月至 2012 年 11 月，上游引航道及口门区淤积泥沙量为 528 万 m³，其中航道内淤积量为 198 万 m³，口门区淤积量为 330 万 m³。目前除升船机口门区域淤积不明显外，引航道内淤积面高程为 131.5～132.5m，平均高程约为 131.8m，最大淤积厚度约 3.0m，如图 1.1-13 所示，而引航道口门区的淤积则以低洼区域为主，最大淤积厚度约 24.2m，淤积没有对通航条件产生不良影响。

### （二）下游引航道

三峡水库蓄水运用至 2013 年 5 月，下游引航道及口门区总淤积泥沙量为 184.5 万 m³，其中航道内淤积量为 108.3 万 m³，口门区淤积量为 76.2 万 m³；下游引航道及口门区共计清淤泥沙量为 119.9 万 m³，如表 1.1-13 所示，下游引航道及口门区泥沙淤积没有对航运造成不利影响。

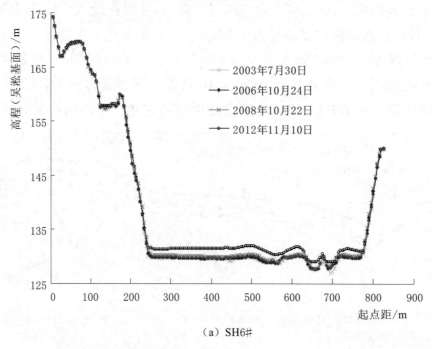

（a）SH6#

图 1.1-13（一）　三峡库区上游引航道典型横断面变化对比

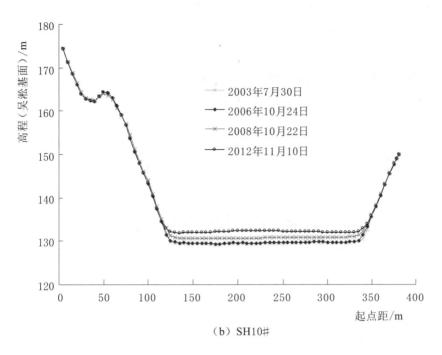

（b）SH10#

图 1.1-13（二） 三峡库区上游引航道典型横断面变化对比

由于下游引航道口门区存在回流及缓流，使引航道内特别是口门区易产生泥沙淤积，曾局部形成拦门沙坎，如图 1.1-14 所示，需不定期加以清理，保障下游引航道口门区流态满足通航水流条件。

表 1.1-13　三峡水库蓄水运用后下游引航道及口门区泥沙淤积量统计表

| 年份 | 六闸首-LS23 | | | LS23-X11# | | |
|---|---|---|---|---|---|---|
| | 航道淤积量<br>（2.6km）/万 m³ | 淤积分布<br>/（万 m³/km） | 航道清淤量<br>/万 m³ | 口门淤积量<br>（0.75km）/万 m³ | 淤积分布<br>/（万 m³/km） | 口门清淤量<br>/万 m³ |
| 2003 | 22.5 | 8.6 | — | 27.5 | 36.7 | 24.7 |
| 2004 | 10.5 | 4.0 | — | 8.4 | 11.2 | 8.3 |
| 2005 | 36.8 | 14.2 | 28.4 | 11.7 | 15.6 | 12.7 |
| 2006 | 6.6 | 2.5 | — | 5.2 | 6.9 | — |
| 2007 | 8.8 | 3.4 | 20.6 | 8.3 | 11.1 | 12.9 |
| 2008 | 13.0 | 5.0 | — | 7.3 | 9.7 | — |
| 2009 | — | — | — | 3.4 | 4.5 | — |
| 2010 | 5.6 | 2.2 | — | 2.2 | 4.1 | — |
| 2011—2012 | 4.5 | 1.7 | 1.9（2011 年） | 2.2 | 2.9 | 3.4（2011 年） |
| 2013 | — | — | — | — | — | 7.0 |
| 总计 | 108.3 | — | 50.9 | 76.2 | — | 69.0 |

注　"—"表示没测地形或者没有进行清淤。

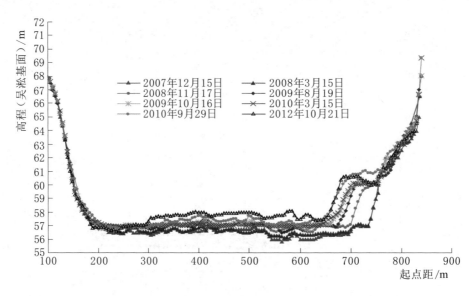

图 1.1-14　下游引航道拦门沙坎主轴横断面变化

## 三、电站前沿泥沙淤积和过机泥沙

### （一）右岸地下电站取水口前沿泥沙淤积

2006 年 3 月至 2013 年 10 月期间，右岸地下电站取水口前沿水域泥沙淤

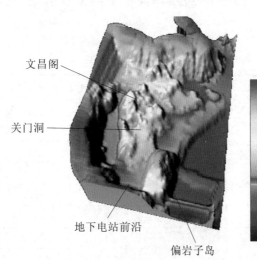

文昌阁

关门洞

地下电站前沿

偏岩子岛

图 1.1-15　2013 年 10 月地下电站前
沿河床地形图（单位：m）

积量为 335 万 $m^3$，平均淤高为 3.0m，淤积面高程达 104.7m，高出地下电站排沙洞底板高程 2.2m，如图 1.1-15 所示。其中，关门洞以上区域的泥沙淤积较为明显，而关门洞以下近坝区域淤积相对较少。地下电站运行前，2006 年 3 月至 2011 年 4 月引水区域年平均泥沙淤积量为 39 万 $m^3$。地下电站运行后，淤积速度明显增加，2011 年 5 月至 2013 年 10 月年平均泥沙淤积量为 55 万 $m^3$，特别是 2013 年泥沙淤积量达到了 107 万 $m^3$，其发展趋势值得关注。

### （二）电站过机泥沙

2010 年以来对左、右电厂和地下电站过机泥沙的监测结果表明，电站过机泥沙最大含沙量为 $1.41kg/m^3$，最大粒径为 $0.75mm$，中值粒径为 $0.007\sim$ $0.012mm$，过机泥沙悬移质含沙量与粒径在横向分布上尚无系统性的明显差别。过机水流 pH 值在 $7.0\sim8.2$ 之间，泥沙矿物对机组有一定程度的磨损。目前坝前泥沙淤积体低于电厂进水口底板高程 $108m$，而且淤积物颗粒很细，对发电未造成影响。

## 四、两坝间河段泥沙冲淤

### （一）坝下游近坝段

2003 年 2 月至 2012 年 11 月期间，坝下游近坝段（大坝至鹰子嘴，长 $5.7km$）河床累积冲刷泥沙量为 $827.4$ 万 $m^3$，其中 2003 年 2 月至 2006 年 3 月冲刷泥沙量为 $644.4$ 万 $m^3$，占总冲刷量的 $77.9\%$，主要冲刷区域在覃家沱至鸡公滩边滩；之后冲刷幅度逐步减轻。

2003—2007 年泄洪坝段河床变化较小，2007—2009 年在左导墙右侧约 $120\sim250m$、原二期围堰体上游长约 $500m$ 的区域河床冲刷明显，局部最大冲深达 $4.3m$。2009 年后除排漂闸右侧区域局部最大冲深为 $4.3m$ 外，其他区域变化不大。

2003 年大坝深孔泄流后，在左电厂尾水渠冲刷形成冲刷坑，2005 年在该冲坑相连的右侧区域冲刷发展成为一个新冲坑，2012 年由于左电厂尾水的持续冲刷，$35m$ 等高线下两冲坑基本连成一个整体，冲坑面积为 $23784m^2$，较 2010 年有所增加，且冲坑逐渐向下游冲刷扩展。左电厂尾水消能池段由于是混凝土护坦后的局部冲刷，未对建筑物安全造成影响。

### （二）两坝间河段

葛洲坝枢纽运行后的 1979 年 12 月至 2002 年 11 月两坝间河道（G0～G30）泥沙总淤积量为 $8387$ 万 $m^3$。三峡水库蓄水运用后，2003—2013 年两坝间河道累积泥沙冲刷量为 $4127$ 万 $m^3$，其中主河槽冲刷量占 $90\%$，河段深泓平均冲深为 $1.2m$，最大冲深为 $15.3m$（三峡大坝下游为 $7.4km$）。三峡水库蓄水运用后两坝间河段冲刷发展快，冲刷量的 $74\%$ 发生在三峡水库 $135m$ 运行期，之后冲刷强度逐渐趋缓。

# 第五节　坝下游河道水沙变化

## 一、长江中下游河道径流特性变化

三峡水库蓄水运用前，长江中下游的宜昌、汉口、大通水文站多年平均径流量分别为 4369 亿 m³、7111 亿 m³、9052 亿 m³。三峡水库蓄水运用后，受上游来水偏小、水库蓄水等因素的影响，2003—2013 年长江中下游各水文站除监利站水量较蓄水前偏大 1%外，其他各站水量偏少 5%～9%，如表 1.1-14 和图 1.1-16 所示。

表 1.1-14　　　　长江中下游干流主要水文站年平均径流量
和悬移质输沙量统计表

| 项目 | 时段 | 宜昌 | 枝城 | 沙市 | 监利 | 螺山 | 汉口 | 大通 |
|---|---|---|---|---|---|---|---|---|
| 年平均径流量/亿 m³ | 2002 年以前 | 4369 | 4450 | 3942 | 3576 | 6460 | 7111 | 9052 |
| | 2003—2006 年 | 3920 | 3981 | 3708 | 3538 | 5857 | 6734 | 8258 |
| | 2007—2008 年 | 4095 | 4231 | 3836 | 3726 | 5886 | 6589 | 8000 |
| | 2009—2013 年 | 3934 | 4035 | 3722 | 3634 | 5872 | 6636 | 8522 |
| | 2003—2013 年 | 3958 | 4051 | 3738 | 3616 | 5869 | 6663 | 8331 |
| | 2003—2013 年与蓄水前相比 | −9% | −9% | −5% | 1% | −9% | −6% | −8% |
| 输沙量/万 t | 2002 年以前 | 49200 | 50000 | 43400 | 35800 | 40900 | 39800 | 42700 |
| | 2003—2006 年 | 7020 | 8510 | 9750 | 10400 | 11900 | 13300 | 16300 |
| | 2007—2008 年 | 4240 | 5360 | 6220 | 8500 | 9340 | 10800 | 13400 |
| | 2009—2013 年 | 2937 | 3373 | 4374 | 6130 | 7754 | 9716 | 12916 |
| | 2003—2013 年 | 4660 | 5600 | 6670 | 8110 | 9530 | 11200 | 14300 |
| | 2003—2013 年与蓄水前相比 | −91% | −89% | −85% | −77% | −77% | −72% | −67% |

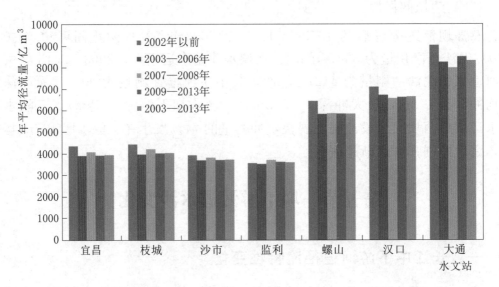

图 1.1-16　三峡水库蓄水运用前后长江中下游干流各站年平均径流量变化

从径流量的沿程变化来看，三峡水库蓄水运用后径流量的沿程变化特性与蓄水前相比，没有发生明显变化，如图 1.1-17 所示。

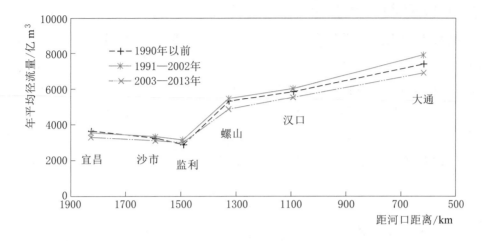

图 1.1-17　长江中下游干流主要控制水文站径流量沿程变化

受上游来水变化和水库调度影响，径流量的年内分配则出现了较为明显的变化，如表 1.1-15 所示，主要表现为：①枯水期流量增大，与蓄水前相比，2003—2013 年宜昌站枯水期 1—5 月径流量偏丰 1%～32%；②洪峰流量减小、中水时间延长，如 2012 年汛期，三峡水库共经历了 4 次峰值 50000m³/s 以上的洪水过程，最大洪峰流量为 71200m³/s（7 月 24 日），水库对 4 次洪峰流量大于 50000m³/s 的洪水均实施了防洪调度运用，最大削峰 28200m³/s，削峰率达 40%，控制最大出库流量不超过 45000m³/s；③汛期 5—10 月水量占全年水量的比例有所减小，由蓄水前的 79% 减小至蓄水后 75%。

表 1.1-15　　　三峡水库蓄水运用前后宜昌站径流量变化对比表

| 时　间 | | 1月 | 2月 | 3月 | 4月 | 5月 | 6月 | 7月 | 8月 | 9月 | 10月 | 11月 | 12月 | 全年 |
|---|---|---|---|---|---|---|---|---|---|---|---|---|---|---|
| 径流量/亿 m³ | 蓄水前 | 114 | 94 | 116 | 171 | 310 | 466 | 804 | 734 | 657 | 483 | 260 | 157 | 4369 |
| | 2003—2013 年 | 140 | 124 | 148 | 182 | 315 | 433 | 734 | 640 | 544 | 319 | 228 | 152 | 3958 |
| | 变化百分率 | 23% | 32% | 28% | 6% | 1% | -7% | -9% | -13% | -17% | -34% | -12% | -3% | -9% |
| 输沙量/万 t | 蓄水前 | 55.6 | 29.3 | 81.2 | 449 | 2105 | 5235 | 15476 | 12436 | 8634 | 3448 | 968 | 198 | 49200 |
| | 2003—2013 年 | 22 | 18 | 21 | 42 | 155 | 551 | 6657 | 5434 | 4223 | 340 | 56 | 25 | 4657 |
| | 变化百分率 | -61% | -37% | -74% | -91% | -93% | -89% | -57% | -56% | -51% | -90% | -94% | -87% | -91% |

**注**　三峡水库蓄水运用前径流量和输沙量资料统计时段为 1950—2002 年。

## 二、长江中下游河道输沙特性变化

### （一）坝下游干流河道输沙量大幅度减少

三峡水库蓄水运用前，长江中下游的宜昌、汉口、大通站多年平均输沙量分别为 4.92 亿 t、3.98 亿 t、4.27 亿 t。三峡水库蓄水运用后，70% 以上的泥沙被拦截在水库内，进入坝下游河道的沙量大幅度减少。实测资料表明，2003—2013 年宜昌、汉口、大通站年平均输沙量分别为 0.466 亿 t、1.12 亿 t、1.43 亿 t，减小幅度分别为 91%、72%、67%，减幅沿程递减是由于沿程河床的冲刷补给和区间来沙的汇入所致，如表 1.1-14 和图 1.1-18 所示。

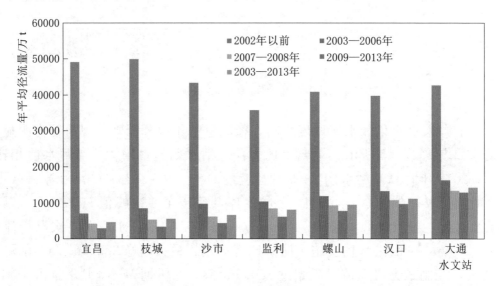

图 1.1-18　三峡水库蓄水运用前后长江中下游干流各站年平均输沙量变化

三峡水库蓄水运用后，坝下游河道输沙量沿程变化特性发生了明显变化，如图 1.1-19 所示。三峡水库蓄水运用前，自宜昌至汉口输沙量由 4.92 亿 t 下降至 3.98 亿 t，主要是受荆江三口分流分沙等各种因素影响所致。自汉口至大通输沙量增至 4.27 亿 t，是沿途补给所致。三峡水库蓄水运用后，输沙量沿程渐增，反映了沿程河床冲刷补给的作用。图 1.1-20 给出的含沙量沿程变化由三峡水库蓄水运用前的沿程减小转变为监利以上略增，此后变化不大，这与输沙量沿程变化大体是一致的。

### （二）坝下游干流来沙分布发生明显变化

三峡水库蓄水运用前，长江中下游的泥沙绝大部分来自长江上游地区。1950—2002 年大通站的年平均输沙量中，宜昌站来沙量（扣除荆江三口分沙 1.23 亿 t 后）占 86%，洞庭湖、汉江、鄱阳湖等来沙量占 21%，区间其他支

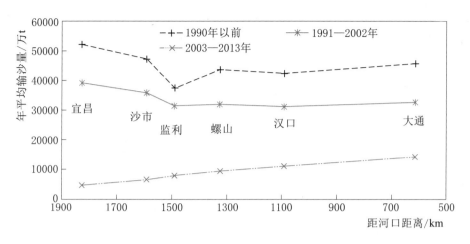

图 1.1-19　长江中下游干流主要控制水文站输沙量沿程变化

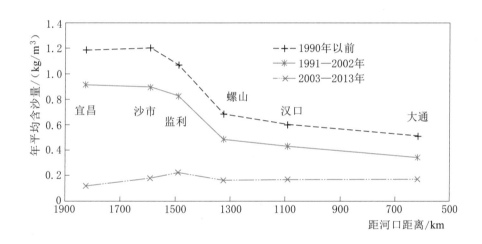

图 1.1-20　长江中下游干流主要控制水文站含沙量沿程变化

流汇入约占 2%。三峡水库蓄水运用后，大通站泥沙大部分来自区间来沙和河床冲刷。宜昌站来沙量（扣除荆江三口分沙量 0.127 亿 t/a 后）仅占大通站输沙量的 33%，洞庭湖、汉江、鄱阳湖等来沙量占 30%，区间其他支流来沙占 5%。

### (三) 坝下游干流悬移质泥沙粒径变化特点

三峡水库蓄水运用后，悬移质泥沙粒径的变化也比较明显，出库泥沙粒径明显变细，如表 1.1-16 和图 1.1-21 中的宜昌站所示；宜昌站以下，由于河床沿程冲刷，补充的悬移质以粗颗粒为主，初期级配粗化明显，如监利站中值粒径由蓄水前的 0.009mm 变为 2007—2008 年的 0.078mm。随着冲刷向下游发展，离坝较近的河段冲刷强度开始减弱，悬移质泥沙补充减少，级配出现细化，如 2009 年后宜昌至螺山河段悬移质泥沙级配已开始细化。汉口站以下河段，由于冲刷仍在发展之中，悬移质泥沙级配仍处于粗化阶段。

表 1.1-16 长江中下游干流主要控制水文站年平均悬移质中值粒径统计表

| 项目 | 时段 | 宜昌 | 枝城 | 沙市 | 监利 | 螺山 | 汉口 | 大通 |
|---|---|---|---|---|---|---|---|---|
| 悬移质泥沙中值粒径/mm | 2002 年以前 | 0.009 | 0.009 | 0.012 | 0.009 | 0.012 | 0.01 | 0.009 |
| | 2003—2006 年 | 0.006 | 0.009 | 0.018 | 0.036 | 0.015 | 0.013 | 0.007 |
| | 2007—2008 年 | 0.006 | 0.009 | 0.017 | 0.078 | 0.016 | 0.014 | 0.013 |
| | 2009—2013 年 | 0.006 | 0.009 | 0.013 | 0.037 | 0.011 | 0.015 | 0.010 |
| | 2003—2013 年 | 0.005 | 0.008 | 0.023 | 0.055 | 0.015 | 0.014 | 0.010 |

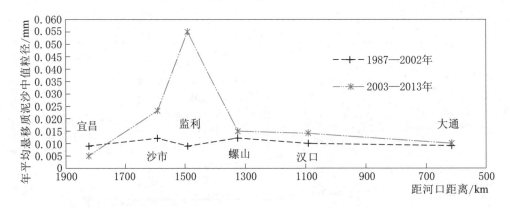

图 1.1-21 长江中下游干流主要控制水文站悬移质泥沙中值粒径沿程变化

## 三、坝下游干流河道枯水位变化

### (一) 宜昌站枯水位变化

宜昌站枯水位是保证船舶安全通过葛洲坝枢纽船闸下闸槛和下游引航道的关键。三峡工程初步设计确定葛洲坝下游庙咀水位站三峡水库 135m 运行期、156m 运行期、175m 运行期的最低通航水位分别为 38.0m、38.5m 和 39.0m（资用吴淞基面）。初步设计认为，三峡水库下游宜昌站枯季水位最终下降 1.8m 左右，当葛洲坝枢纽下泄流量达到 5500m³/s 时方可满足枢纽下游引航道最低通航水位 39.0m 的要求。庙咀水位站位于葛洲坝水利枢纽下游的三江航道出口处，距下游宜昌水文站 2.2km，2013 年观测资料显示，要保证庙咀站水位达到 39.0m，经核算宜昌站水位必须达到 39.19m（冻结吴淞基面，下同，对应资用吴淞基面高程为 38.83m）。

实测资料表明，三峡水库围堰发电期，宜昌站枯水位有所下降，如图 1.1-

22 和表 1.1－17 所示。2006 年汛后宜昌站 4000m³/s 流量时水位为 38.37m，较 1973 年、1998 年和 2002 年分别下降了约 1.32m、0.75m 和 0.08m。初期蓄水后，宜昌站枯水位未出现明显变化。2008 年汛后宜昌站 4000m³/s 流量时水位仍为 38.37m。其原因一方面是宜昌至枝城河段河床冲刷强度有所减弱；另一方面，胭脂坝段护底试验性工程已完成，对遏制宜昌枯水位下降有一定作用。

三峡水库试验性蓄水运行后，宜昌站枯水位出现明显下降。2013 年当流量为 5500m³/s 时，对应的水位值为 39.20m，与 2008 年比较下降了 0.40m，较三峡水库蓄水运用前的 2002 年下降了 0.50m，已接近 39.19m 的最低通航水位要求。

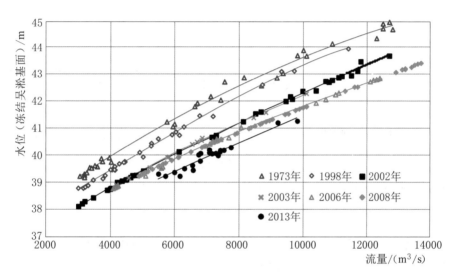

图 1.1－22　三峡水库蓄水运用前后宜昌站枯水水位流量关系

表 1.1－17　　　　宜昌站不同时期汛后枯水水位流量统计表

（冻结吴淞基面）　　　　　　　　　　　　单位：m

| 年份 | $Q=4000m^3/s$ | | $Q=4500m^3/s$ | | $Q=5000m^3/s$ | | $Q=5500m^3/s$ | | $Q=6000m^3/s$ | | $Q=7000m^3/s$ | |
|---|---|---|---|---|---|---|---|---|---|---|---|---|
| | 水位 | 累积下降值 | 水位 | 累积下降值 | 水位 | 累积下降值 | 水位 | 累积下降值 | 水位 | 累积下降值 | 水位 | 累积下降值 |
| 1973 | 40.05 | 0.00 | 40.31 | | 40.67 | 0.00 | 41.00 | 0.00 | 41.34 | 0.00 | 41.97 | 0.00 |
| 1997 | 38.95 | −1.10 | 39.19 | −1.12 | 39.51 | −1.16 | 39.80 | −1.20 | 40.10 | −1.24 | 40.65 | −1.32 |
| 1998 | 39.48 | −0.57 | 39.76 | −0.55 | 40.14 | −0.53 | 40.49 | −0.51 | 40.85 | −0.49 | 41.52 | −0.45 |
| 2002 | 38.81 | −1.24 | 39.06 | −1.25 | 39.41 | −1.26 | 39.70 | −1.30 | 40.68 | −1.31 | 40.68 | −1.29 |
| 2003 | 38.81 | −1.24 | 39.07 | −1.24 | 39.46 | −1.21 | 39.80 | −1.20 | 40.10 | −1.24 | 40.68 | −1.29 |
| 2004 | 38.78 | −1.27 | 39.07 | −1.24 | 39.41 | −1.26 | 39.70 | −1.30 | 40.03 | −1.31 | 40.63 | −1.34 |
| 2005 | 38.77 | −1.28 | 39.07 | −1.24 | 39.35 | −1.32 | 39.65 | −1.35 | 39.93 | −1.41 | 40.49 | −1.48 |

| 年份 | Q＝4000m³/s | | Q＝4500m³/s | | Q＝5000m³/s | | Q＝5500m³/s | | Q＝6000m³/s | | Q＝7000m³/s | |
|---|---|---|---|---|---|---|---|---|---|---|---|---|
| | 水位 | 累积下降值 | 水位 | 累积下降值 | 水位 | 累积下降值 | 水位 | 累积下降值 | 水位 | 累积下降值 | 水位 | 累积下降值 |
| 2006 | 38.73 | −1.32 | 39.00 | −1.31 | 39.31 | −1.36 | 39.60 | −1.40 | 39.88 | −1.46 | 40.36 | −1.61 |
| 2007 | 38.73 | −1.32 | 39.00 | −1.31 | 39.31 | −1.36 | 39.61 | −1.39 | 39.90 | −1.44 | 40.40 | −1.57 |
| 2008 | — | — | — | — | 39.31 | −1.36 | 39.60 | −1.40 | 39.88 | −1.46 | 40.39 | −1.58 |
| 2009 | — | — | — | — | 39.02 | −1.65 | 39.37 | −1.63 | 39.71 | −1.63 | 40.31 | −1.66 |
| 2010 | — | — | — | — | — | — | 39.36 | −1.64 | 39.68 | −1.66 | 40.28 | −1.69 |
| 2011 | — | — | — | — | — | — | 39.24 | −1.76 | 39.52 | −1.82 | 40.08 | −1.89 |
| 2012 | — | — | — | — | — | — | 39.24 | −1.76 | 39.51 | −1.83 | 39.99 | −1.98 |
| 2013 | — | — | — | — | — | — | 39.20 | −1.80 | 39.48 | −1.86 | 39.99 | −1.98 |

注　宜昌站基面换算关系：冻结吴淞基面－资用吴淞基面＝0.364m；冻结吴淞基面－1985国家高程基准＝2.070m。

由于三峡水库的调节作用，2009—2013 年宜昌站逐年最小流量分别为 4910m³/s、5310m³/s、5530m³/s、5530m³/s 和 5510m³/s，宜昌站逐年最低水位分别为 39.17m、39.17m、39.21m、39.19m 和 39.18m，通航未受影响。

### （二）长江中下游干流沿程各控制水文站枯水位变化

三峡水库蓄水运用后，2003—2013 年长江中下游河道枯水期同流量下水位有不同程度的降低。2013 年汛后与 2002 年相比，对于 10000m³/s 枯水流量，枝城站、沙市站、螺山站、汉口站水位分别下降了 0.75m、1.11m、0.79m、1.18m，大通站尚无明显变化，如图 1.1－23～图 1.1－27 所示。

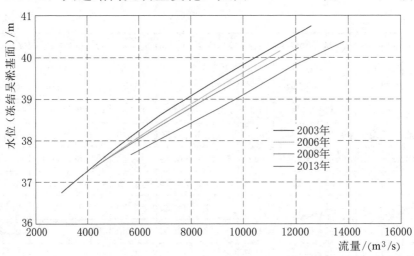

图 1.1－23　枝城站枯水期水位流量关系

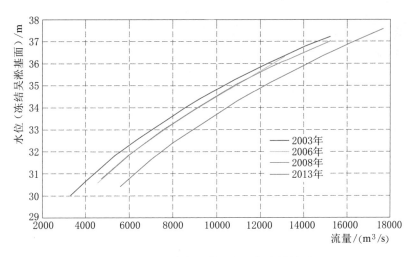

图 1.1 - 24　沙市站枯水期水位流量关系

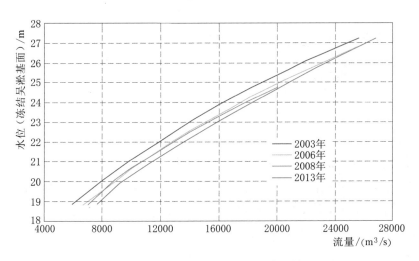

图 1.1 - 25　螺山站枯水期水位流量关系

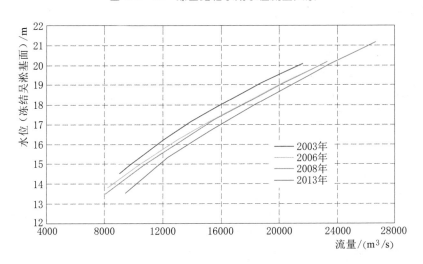

图 1.1 - 26　汉口站枯水期水位流量关系

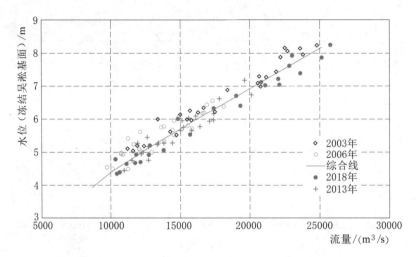

图 1.1-27 大通站枯水期水位流量关系

## 四、洞庭湖和鄱阳湖水沙变化

### (一) 荆江三口分流分沙变化

**1. 荆江三口分流与分沙量继续减少，但同流量的分流比变化幅度较小**

长江通过荆江三口（松滋口、太平口、藕池口三口，调弦口于 1959 年建闸封堵）分流分沙入洞庭湖。20 世纪 50 年代以来，下荆江裁弯后，上荆江河床冲刷、同流量水位下降，三口分流河道淤积，以及三口口门段河势调整等致使荆江三口分流分沙量（比）不断衰减，如图 1.1-28 和图 1.1-29 所示。1999—2002 年期间，三口年平均分流量和分沙量分别为 625.3 亿 $m^3$ 和 5670 万 t，与 1956—1966 年的 1331.6 亿 $m^3$ 和 19590 万 t 相比，分别减少了 53% 和 71%；分流比和分沙比也分别由 1956—1966 年的 29% 和 35% 减少至 14% 和 16%。

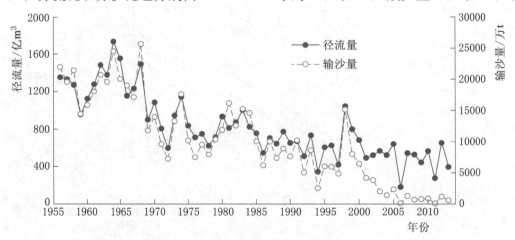

图 1.1-28 荆江三口分流分沙量变化过程

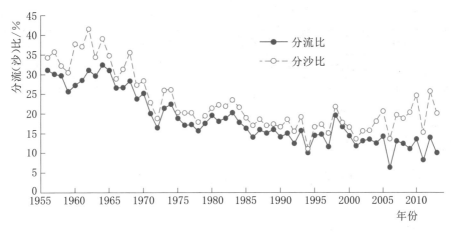

图 1.1-29　荆江三口分流分沙比变化过程

三峡水库蓄水运用后，受上游来水偏枯和水库调节的影响，三口分流量和分流比继续减小。2003—2013 年期间，荆江三口年平均分流、分沙量分别为 484.4 亿 m³ 和 1083 万 t，分流比和分沙比分别为 12% 和 19%，如表 1.1-18 和表 1.1-19 所示。与 1999—2002 年相比，2003—2013 年期间年平均分流量和分沙量分别减少了 141 亿 m³ 和 4587 万 t，减幅分别为 22.5% 和 80.9%；分流比由 14% 减小至 12%；分沙比由 16% 增至 19%。

表 1.1-18　三峡水库蓄水运用前后荆江三口分流量和分流比统计表

| 时　段 | 分流量/亿 m³ | | | | | | 三口合计/亿 m³ | 三口分流比/% |
| --- | --- | --- | --- | --- | --- | --- | --- | --- |
| | 枝城 | 新江口 | 沙道观 | 弥陀寺 | 康家岗 | 管家铺 | | |
| 1956—1966 年 | 4515 | 322.6 | 162.5 | 209.7 | 48.8 | 588.0 | 1331.6 | 29 |
| 1967—1972 年 | 4302 | 321.5 | 123.9 | 185.8 | 21.4 | 368.8 | 1021.4 | 24 |
| 1973—1980 年 | 4441 | 322.7 | 104.8 | 159.9 | 11.3 | 235.6 | 834.3 | 19 |
| 1981—1998 年 | 4438 | 294.9 | 81.7 | 133.4 | 10.3 | 178.3 | 698.6 | 16 |
| 1999—2002 年 | 4454 | 277.7 | 67.2 | 125.6 | 8.7 | 146.1 | 625.3 | 14 |
| 2003—2013 年 | 4069 | 235.6 | 52.9 | 90.0 | 4.3 | 101.8 | 484.4 | 12 |

表 1.1-19　三峡水库蓄水运用前后荆江三口分沙量和分沙比统计表

| 时　段 | 分沙量/万 t | | | | | | 三口合计/万 t | 三口分沙比/% |
| --- | --- | --- | --- | --- | --- | --- | --- | --- |
| | 枝城 | 新江口 | 沙道观 | 弥陀寺 | 康家岗 | 管家铺 | | |
| 1956—1966 年 | 55300 | 3450 | 1900 | 2400 | 1070 | 10800 | 19590 | 35 |
| 1967—1972 年 | 50400 | 3330 | 1510 | 2130 | 460 | 6760 | 14190 | 28 |
| 1973—1980 年 | 51300 | 3420 | 1290 | 1940 | 220 | 4220 | 11090 | 22 |

续表

| 时　段 | 分沙量/万 t | | | | | | 三口合计/万 t | 三口分沙比/% |
|---|---|---|---|---|---|---|---|---|
| | 枝城 | 新江口 | 沙道观 | 弥陀寺 | 康家岗 | 管家铺 | | |
| 1981—1998 年 | 49100 | 3370 | 1050 | 1640 | 180 | 3060 | 9300 | 19 |
| 1999—2002 年 | 34600 | 2280 | 570 | 1020 | 110 | 1690 | 5670 | 16 |
| 2003—2013 年 | 5600 | 439 | 134 | 155 | 15 | 339 | 1083 | 19 |

三峡水库蓄水运用后，由于荆江河段冲刷的同时三口分流河道也出现了冲刷，枝城站同流量下三口分流比无明显变化，三口分流能力变化不大，如表 1.1-20 所示。

表 1.1-20　　枝城不同流量级荆江三口分流量与分流比统计表

| 枝城流量级/(m³/s) | 时　段 | 松滋口 | | 太平口 | | 藕池口 | | 分流量合计/(m³/s) | 分流比合计/% |
|---|---|---|---|---|---|---|---|---|---|
| | | 分流量/(m³/s) | 分流比/% | 分流量/(m³/s) | 分流比/% | 分流量/(m³/s) | 分流比/% | | |
| 70000 | 1956—1966 年 | 9750 | 13.9 | 3000 | 4.3 | 14400 | 20.6 | 27150 | 38.8 |
| | 1967—1972 年 | | | | | | | | |
| | 1973—1980 年 | | | | | | | | |
| | 1981—2002 年 | 9300 | 13.3 | 3120 | 4.5 | 6400 | 9.1 | 18820 | 26.9 |
| | 2003—2013 年 | | | | | | | | |
| 60000 | 1956—1966 年 | 8720 | 14.5 | 2950 | 4.9 | 13600 | 22.7 | 25270 | 42.1 |
| | 1967—1972 年 | 9600 | 16.0 | 3050 | 5.1 | 11200 | 18.7 | 23850 | 39.8 |
| | 1973—1980 年 | 8430 | 14.1 | 2660 | 4.4 | 8000 | 13.3 | 19090 | 31.8 |
| | 1981—2002 年 | 7720 | 12.9 | 2450 | 4.1 | 4900 | 8.2 | 15070 | 25.2 |
| | 2003—2013 年 | | | | | | | | |
| 50000 | 1956—1966 年 | 7350 | 14.7 | 2570 | 5.1 | 12000 | 24.0 | 21920 | 43.8 |
| | 1967—1972 年 | 7300 | 14.6 | 2440 | 4.9 | 8900 | 17.8 | 18640 | 37.3 |
| | 1973—1980 年 | 6730 | 13.5 | 2250 | 4.5 | 6400 | 12.8 | 15380 | 30.8 |
| | 1981—2002 年 | 5800 | 11.6 | 1910 | 3.8 | 3660 | 7.3 | 11370 | 22.7 |
| | 2003—2013 年 | 6010 | 12.0 | 1900 | 3.8 | 3280 | 6.6 | 11190 | 22.4 |
| 40000 | 1956—1966 年 | 5510 | 13.8 | 2040 | 5.1 | 9340 | 23.4 | 16890 | 42.3 |
| | 1967—1972 年 | 5500 | 13.8 | 1960 | 4.9 | 6720 | 16.8 | 14180 | 35.5 |
| | 1973—1980 年 | 5200 | 13.0 | 1880 | 4.7 | 5150 | 12.9 | 12230 | 30.6 |
| | 1981—2002 年 | 4580 | 11.5 | 1520 | 3.8 | 2500 | 6.3 | 8600 | 21.6 |
| | 2003—2013 年 | 5008 | 12.5 | 1514 | 3.8 | 2126 | 5.3 | 8648 | 21.6 |

续表

| 枝城流量级/(m³/s) | 时　段 | 松滋口 | | 太平口 | | 藕池口 | | 分流量合计/(m³/s) | 分流比合计/% |
|---|---|---|---|---|---|---|---|---|---|
| | | 分流量/(m³/s) | 分流比/% | 分流量/(m³/s) | 分流比/% | 分流量/(m³/s) | 分流比/% | | |
| 30000 | 1956—1966 年 | 4100 | 13.7 | 1750 | 5.8 | 6600 | 22.0 | 12450 | 41.5 |
| | 1967—1972 年 | 4100 | 13.7 | 1570 | 5.2 | 4620 | 15.4 | 10290 | 34.3 |
| | 1973—1980 年 | 4100 | 13.7 | 1570 | 5.2 | 4150 | 13.8 | 9820 | 32.7 |
| | 1981—2002 年 | 3160 | 10.5 | 1140 | 3.8 | 1470 | 4.9 | 5770 | 19.2 |
| | 2003—2013 年 | 3498 | 11.6 | 1052 | 3.5 | 1253 | 4.1 | 5803 | 19.2 |

**2. 汛后蓄水期三口分流比明显减少，全年断流总天数略有增加**

与 1999—2002 年相比，2003—2013 年枯水期 12 月至次年 4 月三口分流比较小，分流比基本在 0.2%～2.0%之间，且变化不大；6—9 月三口分流比基本在 13.1%～19.4%之间，较 1999—2002 年减少 1.1%～2.7%；10 月为三峡水库主要蓄水期，下泄流量有所减少，三口分流比为 8.4%，较 1999—2002 年减少了 4.1%；11 月三口分流比则为 4.7%，较 1999—2002 年减少了 1.5%。

随着三口分流比的减小，三口全年断流总时间略有增加。如松滋河东支（沙道观站）、藕池河西支（康家岗站）、藕池河东支（管家铺站）1981—2002 年的年平均断流天数分别为 171 天、248 天、167 天，三峡水库蓄水运用后（2003—2013 年）断流天数则分别增加到 202 天、266 天、188 天；太平口（弥陀寺站）断流天数则由 155 天减少至 146 天，如表 1.1 - 21 所示。

表 1.1 - 21　　　　　　　三口控制站年断流天数统计表

| 时　段 | 三口站分时段多年平均年断流天数 | | | | 各站断流时枝城相应流量/(m³/s) | | | |
|---|---|---|---|---|---|---|---|---|
| | 沙道观 | 弥陀寺 | 藕池河东支 | 藕池河西支 | 沙道观 | 弥陀寺 | 藕池河东支 | 藕池河西支 |
| 1956—1966 年 | 0 | 35 | 17 | 213 | / | 4290 | 3930 | 13100 |
| 1967—1972 年 | 0 | 3 | 80 | 241 | / | 3470 | 4960 | 16000 |
| 1973—1980 年 | 71 | 70 | 145 | 258 | 5330 | 5180 | 8050 | 18900 |
| 1981—2002 年 | 171 | 161 | 167 | 248 | 9445 | 7665 | 9295 | 17050 |
| 2003—2013 年 | 202 | 146 | 188 | 266 | 10380 | 7170 | 8870 | 15400 |

**（二）洞庭湖进出水沙变化**

**1. 洞庭湖进出水量减少，沙量减少更为明显**

长江通过荆江三口分流分沙入洞庭湖，洞庭湖区有湘、资、沅、澧四水及汨罗江、新墙河等汇入，洞庭湖在城陵矶出湖汇入长江，不同时期进出洞庭湖的年平均水量和沙量如表1.1-22所示。三峡水库蓄水运用后，三口和四水进入洞庭湖的水沙量均有减少。1991—2002年三口和四水进入洞庭湖的年平均水沙量分别为2486亿 m³ 和 0.87 亿 t，2003—2013年分别为2010亿 m³ 和 0.19 亿 t，分别减少了约19%和78%。

表 1.1-22　　　　　　　洞庭湖年平均入出湖水沙量统计表

| 时　段 | 入湖水量/亿 m³ | | 出湖水量/亿 m³ | 入湖沙量/万 t | | 出湖沙量/万 t | 淤积量/万 t | 沉积率/% |
|---|---|---|---|---|---|---|---|---|
| | 三口 | 四水 | | 三口 | 四水 | | | |
| 1956—1966 年 | 1332 | 1524 | 3126 | 19590 | 2920 | 5960 | 16550 | 73.5 |
| 1967—1972 年 | 1022 | 1729 | 2982 | 14190 | 4080 | 5250 | 13020 | 71.3 |
| 1973—1980 年 | 834 | 1699 | 2789 | 11090 | 3650 | 3840 | 10900 | 73.9 |
| 1981—1988 年 | 772 | 1545 | 2579 | 11570 | 2440 | 3270 | 10740 | 76.7 |
| 1989—1995 年 | 615 | 1778 | 2698 | 7040 | 2330 | 2760 | 6610 | 70.5 |
| 1996—2002 年 | 657 | 1874 | 2958 | 6960 | 1580 | 2250 | 6290 | 73.7 |
| 1991—2002 年 | 622 | 1864 | 2858 | 6780 | 1920 | 2430 | 6270 | 72.1 |
| 2003—2013 年 | 484 | 1526 | 2289 | 1083 | 821 | 1848 | 56 | 2.9 |
| 1956—2013 年 | 825 | 1645 | 2759 | 10210 | 2440 | 3610 | 9040 | 71.5 |

城陵矶出湖水沙量变化过程如图1.1-30所示。1991—2002年城陵矶出湖年平均水沙量分别为2858亿 m³ 和 0.243 亿 t，2003—2013年分别为2289亿 m³ 和 0.185 亿 t，分别减少了约20%和24%。

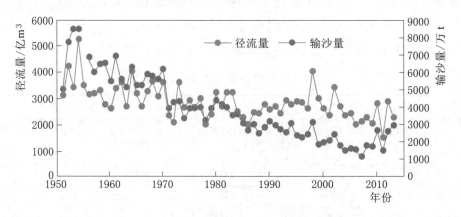

图 1.1-30　城陵矶出湖年水沙量变化过程

**2. 汛后蓄水期城陵矶水位下降较多，洞庭湖出流加快**

三峡水库汛后蓄水期，水库下泄流量减小，坝下游河道水位下降，洞庭湖出湖流量增加，向长江干流补水。与天然情况下洞庭湖对长江干流的补水过程相比，平水年三峡水库蓄水期的前10天左右，洞庭湖多出湖水量约29亿 m³，缓解了三峡水库蓄水对长江中下游的影响。三峡水库蓄水期的后段，由于湖区水位下降，洞庭湖可补水量减少，期间洞庭湖出水量反而比天然情况少近 10 亿 m³，加剧了水位下降。到水库蓄水期末，洞庭湖蓄水量减少，平水年份减少约 19 亿 m³。三峡水库蓄水期间，城陵矶水位下降较多，如表 1.1 - 23 所示。

表 1.1 - 23　三峡水库 175m 试验性蓄水期城陵矶站水位变化统计表　　　单位：m

| 时　段 | 1 月 | 2 月 | 3 月 | 4 月 | 5 月 | 6 月 | 7 月 | 8 月 | 9 月 | 10 月 | 11 月 | 12 月 |
|---|---|---|---|---|---|---|---|---|---|---|---|---|
| ①1950—1990 年 | 19.54 | 19.58 | 20.61 | 23.04 | 25.90 | 27.42 | 29.92 | 28.90 | 28.37 | 26.64 | 23.79 | 20.97 |
| ②1991—2002 年 | 20.98 | 21.06 | 22.16 | 24.14 | 26.24 | 28.21 | 31.39 | 30.26 | 28.52 | 26.51 | 23.89 | 21.75 |
| ③2003—2008 年 | 21.08 | 21.30 | 22.84 | 23.23 | 25.99 | 27.98 | 29.86 | 28.60 | 28.27 | 25.33 | 22.84 | 21.24 |
| ④2008—2013 年 | 21.28 | 21.22 | 22.19 | 23.79 | 26.16 | 28.14 | 29.61 | 29.35 | 27.46 | 24.29 | 23.32 | 21.41 |
| ④－① | 1.74 | 1.64 | 1.58 | 0.75 | 0.26 | 0.72 | −0.31 | 0.45 | −0.91 | −2.35 | −0.47 | 0.44 |
| ④－② | 0.3 | 0.16 | 0.03 | −0.35 | −0.08 | −0.07 | −1.78 | −0.91 | −1.06 | −2.22 | −0.57 | −0.34 |
| ④－③ | 0.20 | −0.08 | −0.65 | 0.56 | 0.17 | 0.16 | −0.25 | 0.75 | −0.81 | −1.04 | 0.48 | 0.17 |

1991—2002 年期间，9 月城陵矶平均水位为 28.52m，10 月为 26.51m。2003—2008 年三峡水库蓄水运用水位较低，对下游影响相对较小，9 月城陵矶平均水位为 28.27m，10 月为 25.33m，水位分别下降 0.25m 和 1.18m；2008 年三峡水库试验性蓄水运用以来，与 1991—2002 年比，2008—2013 年城陵矶 9 月和 10 月平均水位分别为 27.46m 和 24.29m，分别下降 1.06m 和 2.22m。三峡水库汛后蓄水使洞庭湖枯水期提前了约 1 个月。如遇枯水年，三峡水库蓄水对洞庭湖水位下降的作用将更大。

**3. 汛后蓄水期洞庭湖区水位有不同程度下降**

三峡水库汛后蓄水期间，不但城陵矶水位下降直接带动东、南洞庭湖区水位下降，同时由于三口分流减少，对西洞庭湖的影响也较大，汛后洞庭湖区水位有不同程度下降。以西洞庭湖南咀站为例，1991—2000 年期间，9 月中旬至 10 月底平均流量在 3000～2000m³/s 之间。在三峡水库汛后蓄水期，松滋口与太平口流量相应将减小 1300～840m³/s 左右，约占南咀站流量的 43%，该站水位将明显下降。三峡水库蓄水运用前后不同时期南咀站各月平均水位统计如表 1.1 - 24 所示，可见试验性蓄水期与 1991—2002 年比，南咀站 9 月和 10 月水位都下降了 1.0m。

表 1.1 - 24　　　　　三峡水库蓄水运用后南咀站水位变化统计表

| 时　段 | 1 月 | 2 月 | 3 月 | 4 月 | 5 月 | 6 月 | 7 月 | 8 月 | 9 月 | 10 月 | 11 月 | 12 月 |
|---|---|---|---|---|---|---|---|---|---|---|---|---|
| ①1950—1990 年 | 28.39 | 28.50 | 28.93 | 29.77 | 30.78 | 31.31 | 32.32 | 31.70 | 31.50 | 30.69 | 29.73 | 28.81 |
| ②1991—2002 年 | 28.54 | 28.68 | 29.12 | 29.72 | 30.53 | 31.51 | 33.35 | 32.29 | 31.07 | 30.07 | 29.14 | 28.55 |

续表

| 时　段 | 1 月 | 2 月 | 3 月 | 4 月 | 5 月 | 6 月 | 7 月 | 8 月 | 9 月 | 10 月 | 11 月 | 12 月 |
|---|---|---|---|---|---|---|---|---|---|---|---|---|
| ③2003—2006 年 | 28.44 | 28.58 | 29.18 | 29.10 | 30.39 | 31.17 | 32.07 | 30.72 | 30.65 | 29.68 | 28.82 | 28.42 |
| ④2006—2008 年 | 28.46 | 28.46 | 28.93 | 29.26 | 29.49 | 30.56 | 31.64 | 32.11 | 31.77 | 28.77 | 28.37 | 28.38 |
| ⑤2008—2013 年 | 28.43 | 28.36 | 28.79 | 29.38 | 30.30 | 31.32 | 32.26 | 31.49 | 30.07 | 29.08 | 29.09 | 28.40 |
| ③－② | −0.1 | −0.1 | 0.06 | −0.62 | −0.14 | −0.34 | −1.28 | −1.57 | −0.42 | −0.39 | −0.32 | −0.13 |
| ④－② | −0.08 | −0.22 | −0.19 | −0.46 | −1.04 | −0.95 | −1.71 | −0.18 | 0.7 | −1.3 | −0.77 | −0.17 |
| ⑤－② | −0.11 | −0.32 | −0.33 | −0.34 | −0.23 | −0.19 | −1.09 | −0.8 | −1 | −0.99 | −0.05 | −0.15 |

## （三）鄱阳湖进出水沙变化

**1. 鄱阳湖入湖沙量明显减少，出湖沙量有所增大**

鄱阳湖在湖口与长江相通，是吞吐型湖泊。鄱阳湖的入湖河流主要有赣江、抚河、信江、饶河和修水等五河，在 7—9 月长江洪水期，出现长江水倒灌入湖，泥沙也随江水倒灌入湖。三峡水库蓄水运用前，1956—2002 年鄱阳湖五河年平均入湖泥沙量为 1465 万 t，如表 1.1－25 所示；三峡水库蓄水运用后，2003—2013 年五河年平均入湖泥沙量为 607 万 t，较 1956—2002 年减少约 59%，主要是这些河流上水利工程建设和水土保持等的影响所致。

鄱阳湖湖口站汇入长江的净出湖水量几十年来变化不大，而近期出湖沙量有所增加，如表 1.1－25 和图 1.1－31 所示。1956—2002 年鄱阳湖年平均出湖沙量为 938 万 t，2003—2013 年出湖沙量为 1241 万 t，约增大了 32%，主要受湖区采砂等影响。

表 1.1－25　　　　　　　　　　鄱阳湖出入湖水沙量统计表

| 时　段 | 湖口站出湖年径流量/亿 m³ | 湖口站出湖年沙量/万 t | 五河入湖年径流量/亿 m³ | 五河入湖年沙量/万 t | 湖区冲淤年平均沙量/万 t | 湖口站含沙量/(kg/m³) |
|---|---|---|---|---|---|---|
| 1956—2013 年 | 1463 | 993 | 1080 | 1315 | 322 | 0.109 |
| 1956—2002 年 | 1476 | 938 | 1098 | 1465 | 527 | 0.106 |
| 2003—2008 年 | 1275 | 1464 | 915 | 512 | −952 | 0.172 |
| 2008—2013 年 | 1510 | 1032 | 1075 | 701 | −331 | 0.068 |
| 2003—2013 年 | 1403 | 1241 | 1002 | 607 | −634 | 0.126 |

**2. 汛后蓄水期鄱阳湖水位有所降低**

三峡水库径流调节对鄱阳湖的影响表现在水库汛前泄水和汛后蓄水对湖区水位的影响，以汛后蓄水影响较大。由图 1.1－32 给出的湖口站月平均水位与

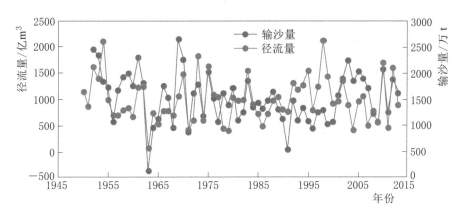

图 1.1-31　鄱阳湖湖口站出湖年径流量和输沙量变化过程

月平均流量对比可知，湖口站月平均水位以 12 月至次年 2 月降低最为明显，但月平均入湖流量从 9 月至次年 2 月减少明显。其中，9 月、10 月和 11 月，在入湖流量已明显减少的情况下，湖口站仍维持较高的水位，分析认为有两方面的因素在起作用：一是这三个月长江干流来流量仍较大，这是最主要的因素；二是在这三个月鄱阳湖水位消落过程中对长江干流流量有一定补充，其平均流量在 1700m³/s 左右（总水量约 134 亿 m³）。说明三峡水库在 9 月中旬至 10 月蓄水期间，下泄流量减小，干流水位降低，使鄱阳湖提前进入枯水期。

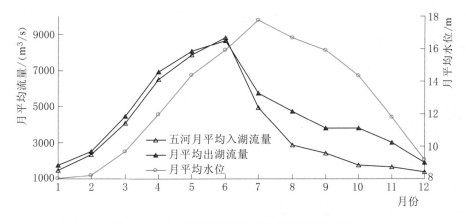

图 1.1-32　湖口站月平均水位与流量变化过程

根据表 1.1-26 给出的实测资料统计，三峡水库试验性蓄水期与 1990 年以前比较，1—3 月和 8 月湖口站平均水位升高 0.45～1.08m，6 月平均水位不变，4—5 月、7 月和 9—12 月平均水位降低 0.22～2.4m。与围堰发电期比较，9 月和 10 月湖口站平均水位分别降低 1.36m 和 1.92m。可见 9 月和 10 月三峡水库汛后蓄水对湖口水位降低作用较大，如遇枯水年，影响更大。

表 1.1－26　　　　　三峡水库蓄水运用后湖口站水位变化统计表

| 时　段 | 1月 | 2月 | 3月 | 4月 | 5月 | 6月 | 7月 | 8月 | 9月 | 10月 | 11月 | 12月 |
|---|---|---|---|---|---|---|---|---|---|---|---|---|
| ①1950—1990 年 | 7.78 | 8.02 | 9.58 | 11.98 | 14.57 | 15.98 | 17.48 | 16.27 | 15.86 | 14.32 | 12.25 | 9.26 |
| ②2003—2006 年 | 7.92 | 8.47 | 10.10 | 10.34 | 13.64 | 15.78 | 16.66 | 15.33 | 16.37 | 13.84 | 10.62 | 8.62 |
| ③2006—2008 年 | 7.52 | 7.89 | 9.13 | 10.65 | 11.25 | 14.02 | 15.92 | 16.80 | 13.32 | 10.69 | 8.83 | 7.97 |
| ④2008—2013 年 | 8.25 | 8.56 | 10.66 | 11.24 | 13.71 | 15.98 | 17.18 | 16.72 | 15.01 | 11.92 | 10.70 | 9.04 |
| ④－① | 0.47 | 0.54 | 1.08 | −0.74 | −0.86 | 0.00 | −0.30 | 0.45 | −0.85 | −2.40 | −1.55 | −0.22 |
| ④－② | 0.33 | 0.09 | 0.56 | 0.40 | 0.07 | 0.20 | 0.52 | 1.39 | −1.36 | −1.92 | 0.08 | 0.42 |
| ④－③ | 0.73 | 0.67 | 1.53 | 0.59 | 2.46 | 1.96 | 1.26 | −0.08 | 1.69 | 1.23 | 1.87 | 1.07 |

**3. 长江倒灌入鄱阳湖水沙量显著减少**

由于长江干流来流的顶托作用，湖口出湖水流常有倒流情况，倒灌时间均发生在每年 6 月以后。据江西省水文局的统计，1951—2007 年期间的 57 年中有 46 年发生倒灌，倒灌 120 次，共 735 天，平均每年倒灌水量约 25 亿 $m^3$。最大倒灌流量为 13700$m^3$/s（1991 年 7 月 12 日），最大年倒灌水量为 113.8 亿 $m^3$（1991 年）。长江多年平均倒灌入湖沙量为 157 万 t。

湖口站倒流的出现主要受长江干流洪水上涨的影响。三峡水库蓄水运用后，特别是实行中小洪水调度后，减少了干流洪水的上涨速度，使湖口站倒灌的机会减小。实测资料分析表明，三峡水库蓄水运用后，2003—2008 年期间，湖口站年平均倒灌水量为 29 亿 $m^3$，与三峡水库蓄水运用前接近。三峡水库中小洪水调度后的 2009—2013 年期间，湖口站年平均倒灌水量只有 1.7 亿 $m^3$，减少了 99%。三峡水库蓄水运用后，由于长江干流含沙量减少，干流倒灌入湖的沙量减少更加显著，2003—2008 年期间年平均倒灌沙量为 81 万 t，2009—2013 年期间年平均倒灌沙量仅 2.8 万 t。

# 第六节　坝下游河道冲淤变化与河床演变

## 一、坝下游河道冲淤变化

三峡水库蓄水运用后，出库水流含沙量减小，泥沙粒径细化，引起坝下游河道发生冲刷，特别是长江中游宜昌至湖口 955km 河段，冲刷发展速度较快。长江中游按河道特性，可分为宜昌至枝城河段（近坝段，长约 61km）、枝城至城陵矶河段（荆江河段，长约347km）和城陵矶至湖口河段（长约547km）3个河段。以下分析中所述枯水河槽、基本河槽和平滩河槽分别为宜昌流量5000m³/s、10000m³/s和30000m³/s相应水面线以下的河槽。不同时期长江中游各河段平滩河槽年平均冲淤情况如图1.1-33和表1.1-27所示。

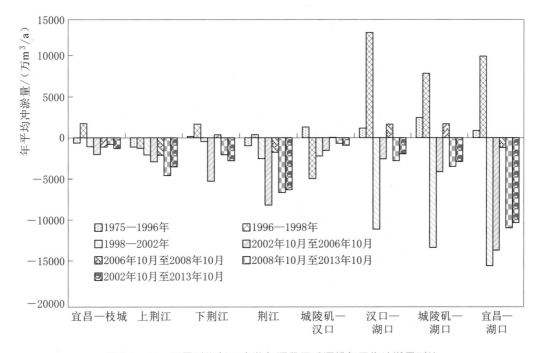

图1.1-33　不同时期长江中游各河段平滩河槽年平均冲淤量对比

表1.1-27　　　不同时期长江中游各河段平滩河槽年平均冲淤统计表

| 项目 | 时 段 | 河 段 | | | | | | | |
|---|---|---|---|---|---|---|---|---|---|
| | | 宜昌—枝城 | 上荆江 | 下荆江 | 荆江 | 城陵矶—汉口 | 汉口—湖口 | 城陵矶—湖口 | 宜昌—湖口 |
| 河段长度/km | | 60.8 | 171.7 | 175.5 | 347.2 | 251 | 295.4 | 546.4 | 954.4 |
| 总冲淤量/万 m³ | 1966—2002年 | −14403 | −41188 | −8170 | −49358 | 18756 | 40927 | 59683 | −4078 |
| | 2002年10月至2006年10月 | −8140 | −11682 | −21148 | −32830 | −7759 | −12927 | −20686 | −61650 |
| | 2006年10月至2008年10月 | −2230 | −4246 | 679 | −3567 | 85 | 3275 | 3360 | −2437 |
| | 2008年10月至2013年10月 | −4021 | −23029 | −10350 | −33379 | −3485 | −14034 | −17519 | −54928 |
| | 2002年10月至2013年10月 | −14391 | −38957 | −30819 | −69776 | −11159 | −23686 | −34845 | −119015 |

续表

| 项目 | 时　段 | 河　段 | | | | | | | |
|---|---|---|---|---|---|---|---|---|---|
| | | 宜昌—枝城 | 上荆江 | 下荆江 | 荆江 | 城陵矶—汉口 | 汉口—湖口 | 城陵矶—湖口 | 宜昌—湖口 |
| 年平均冲淤量/(万 m³/a) | 1966—2002 年 | −389 | −1113 | −221 | −1334 | 507 | 1106 | 1613 | −110 |
| | 2002 年 10 月至 2006 年 10 月 | −2035 | −2921 | −5287 | −8208 | −1552 | −2585 | −4137 | −14380 |
| | 2006 年 10 月至 2008 年 10 月 | −1115 | −2123 | 359 | −1765 | 43 | 1638 | 1680 | −1200 |
| | 2008 年 10 月至 2013 年 10 月 | −804 | −4606 | −2070 | −6676 | −697 | −2807 | −3504 | −10986 |
| | 2002 年 10 月至 2013 年 10 月 | −1308 | −3542 | −2802 | −6343 | −930 | −1974 | −2904 | −10555 |
| 年平均冲淤强度/[万 m³/(km·a)] | 1966—2002 年 | −6.4 | −6.5 | −1.3 | −3.9 | 2.0 | 3.7 | 2.9 | −0.1 |
| | 2002 年 10 月至 2006 年 10 月 | −33.5 | −17 | −30.1 | −23.6 | −6.2 | −8.8 | −7.6 | −15.1 |
| | 2006 年 10 月至 2008 年 10 月 | −18.3 | −12.4 | 2 | −5.1 | 0.2 | 5.5 | 3.1 | −1.3 |
| | 2008 年 10 月至 2013 年 10 月 | −13.23 | −26.82 | −11.79 | −19.23 | −2.78 | −9.50 | −6.41 | −11.51 |
| | 2002 年 10 月至 2013 年 10 月 | −21.52 | −20.63 | −15.96 | −18.27 | −3.70 | −6.68 | −5.31 | −11.1 |

在三峡工程修建前的数十年中，长江中下游河道在自然条件下的河床冲淤变化虽较为频繁，但宜昌至湖口河段总体上是接近冲淤平衡的，1966—2002 年年平均冲刷量仅为 0.011 亿 m³。

三峡水库蓄水运用后，2002 年 10 月至 2013 年 10 月宜昌至湖口河段总体为冲刷，平滩河槽总冲刷量为 11.90 亿 m³（含河道采砂量，其中城陵矶至湖口河段为 2001 年 10 月至 2013 年 10 月数据），年平均冲刷量为 1.06 亿 m³，年平均冲刷强度为 11.1 万 m³/(km·a)。

在三峡水库蓄水运用的不同时期，坝下游河道冲刷量和冲刷强度有所差别。围堰发电期冲刷较多，该时期宜昌至湖口河段平滩河槽总冲刷量为 6.17 亿 m³，年平均冲刷量为 1.44 亿 m³，年平均冲刷强度为 15.1 万 m³/(km·a)。在初期蓄水期，宜昌至湖口河段平滩河槽总冲刷量为 0.240 亿 m³，年平均冲刷量为 0.120 亿 m³，年平均冲刷强度为 1.26 万 m³/(km·a)，冲刷量和冲刷强度均远小于围堰发电期。试验性蓄水运用以来，坝下游河床冲刷强度有所增大，宜昌至湖口河段平滩河槽总冲刷量为 5.49 亿 m³，年平均冲刷量为 1.10 亿 m³，年平均冲刷强度为 11.51 万 m³/(km·a)。坝下游各河段枯水河槽和深泓平均冲深及最大冲深如表 1.1-28 所示。

表 1.1-28　　　　坝下游各河段枯水河槽和深泓平均冲深及最大冲深统计表

| 河　　段 | 宜昌—枝城 | 荆江河段 | 城陵矶—汉口 | 汉口—湖口 |
|---|---|---|---|---|
| 河段长度/km | 60.8 | 347.2 | 251 | 295.4 |
| 枯水河槽平均冲深/m | −2.12 | −1.60 | −0.28 | −0.72 |
| 深泓平均冲深/m | −3.9 | −1.19 | −0.19 | −0.94 |
| 局部深泓最大冲深/m | −19.3 | −15.0 | −8.0 | −7.4 |

坝下游河道各河段在不同时期的冲淤发展情况不同，具体分述如下。

### （一）宜昌至枝城河段冲刷剧烈

三峡水库蓄水运用后，宜昌至枝城河段河床冲刷剧烈。2002 年 10 月至 2013 年 10 月期间，宜昌至枝城河段平滩河槽累积冲刷泥沙量为 1.44 亿 m³，冲刷主要位于宜都河段，其冲刷量为 1.27 亿 m³，约占宜昌至枝城河段总冲刷量的 87%。该河段年平均冲刷量为 0.13 亿 m³，不仅大于葛洲坝水利枢纽建成后 1975—1986 年间的年平均冲刷量 0.069 亿 m³（其中包括建筑骨料的开采量），而且大于三峡水库蓄水运用前 1975—2002 年间的年平均冲刷量 0.053 亿 m³。该河段冲刷主要集中在三峡水库蓄水运用后的前几年，三峡水库围堰发电期，该河段冲刷量为 8140 万 m³，约占河段总冲刷量的 56%，冲淤强度为 33.5 万 m³/(km·a)，初期蓄水期和试验性蓄水期的冲淤强度分别为 18.3 万 m³/(km·a) 和 13.23 万 m³/(km·a)，可见冲淤强度在逐渐减小，2012 年后冲刷量增加已较小，冲刷强度已明显减弱。

宜昌至枝城河段河床冲刷以纵向下切为主。2002 年 10 月至 2013 年 10 月，枯水河槽平均冲深为 2.12m，深泓纵剖面平均冲刷下切 3.9m，最大冲深为 19.3m，发生在大石坝附近，如图 1.1-34 和图 1.1-35 所示。

### （二）荆江河段冲刷强度大

三峡水库蓄水运用以来，2002 年 10 月至 2013 年 10 月期间，荆江河段平滩河槽累积冲刷量为 6.98 亿 m³，其中上、下荆江冲刷量分别占总冲刷量的 56% 和 44%。荆江河段年平均冲刷强度为 18.27 万 m³/(km·a)，远大于三峡

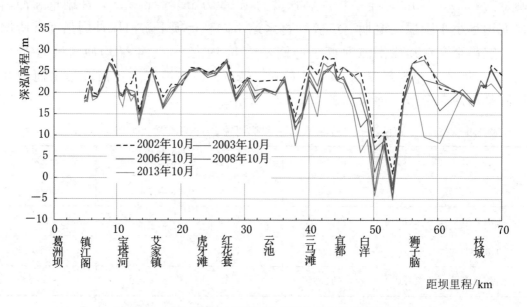

图 1.1-34 三峡水库蓄水运用后宜昌至枝城河段深泓纵剖面变化

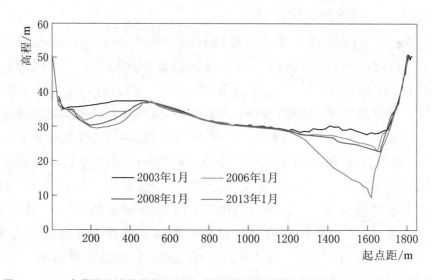

图 1.1-35 宜昌至枝城河段典型断面（枝 2 断面，距葛洲坝枢纽 57.9km）冲淤变化

水库蓄水运用前 1966—2002 年平均冲刷强度 3.9 万 $m^3/(km \cdot a)$。该河段冲刷主要集中在枯水河槽中，其累积冲刷量为 6.07 亿 $m^3$。

由于河势控制工程的作用，荆江总体上平面变形不大，以冲刷下切为主，如图 1.1-36 所示。2002 年 10 月至 2013 年 10 月，荆江河段枯水河槽平均冲深为 1.60m，深泓纵剖面平均冲深为 1.19m，最大冲深为 15.0m，位于乌龟洲附近的荆 145 断面。荆江河段典型断面冲淤变化如图 1.1-37 所示。

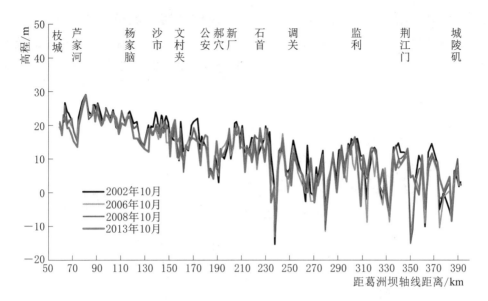

图 1.1-36　荆江河段深泓纵剖面冲淤变化

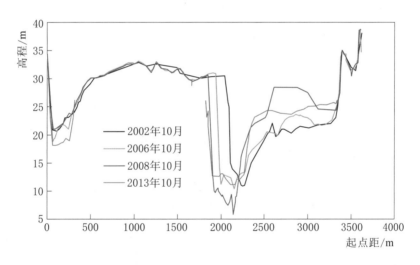

图 1.1-37　荆江河段典型断面（荆 145 断面，葛洲坝下游 310.4km）冲淤变化

### （三）城陵矶至汉口河段冲刷强度较小

三峡水库蓄水运用以来，城陵矶至汉口河段 251km 河道河床有冲有淤，总体表现为冲刷。2002 年 10 月至 2013 年 10 月期间，平滩河槽冲刷量为 1.11 亿 $m^3$，冲刷强度为 3.7 万 $m^3/(km \cdot a)$，远小于同期荆江河段的冲刷强度，也小于汉口至湖口河段的冲刷强度。城陵矶至汉口河段冲刷也主要集中在枯水河槽，冲刷量为 0.83 亿 $m^3$，占总冲刷量的 75%。

城陵矶至汉口河段河床断面形态未发生明显变化，河势总体稳定。局部河段变化较明显，界牌河段螺山边滩冲刷下移、新堤夹分流比减小和新淤洲头部冲刷坑面积扩大，以及簰洲湾进口段深泓左摆。城陵矶至汉口河段枯水河槽平均冲深为0.28m，深泓平均冲深仅为0.19m，冲刷主要在嘉鱼及其下游河段，最大冲深为8.0m（簰洲湾附近），如图1.1-38和图1.1-39所示。

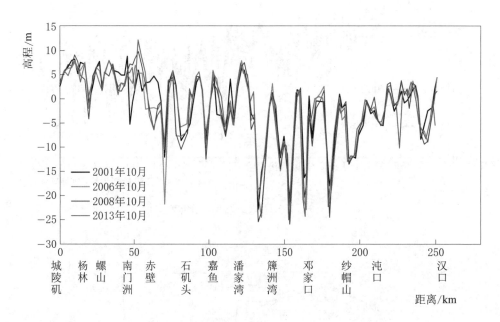

图1.1-38　城陵矶至汉口河段深泓纵剖面冲淤变化

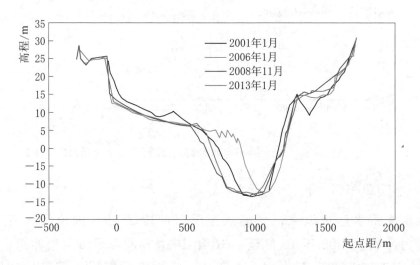

图1.1-39　城陵矶至汉口河段典型断面冲淤变化（洲河段 CZ49 断面）

## （四）汉口至湖口河段冲刷

三峡水库蓄水运用以来，汉口至湖口河段295km河道河床有冲有淤，总体为冲刷。2002年10月至2013年10月期间该河段平滩河槽冲刷量为2.37

亿 $m^3$，冲刷强度为 6.68 万 $m^3/(km \cdot a)$。冲刷也主要集中在枯水河槽，枯水河槽至平滩河槽间同期略有淤积，淤积量为 0.25 亿 $m^3$。

该河段冲刷主要集中在九江至湖口河段，其冲刷量为 1.12 亿 $m^3$，占河段总冲刷量的 43%；九江以上河段，以黄石为界，主要表现为"上冲下淤"，汉口至黄石的回风矶河段（长约 124.4km）冲刷量较大，其平滩河槽累积冲刷量为 1.33 亿 $m^3$，黄石至田家镇段河段（长约 84km）淤积量为 0.565 亿 $m^3$。深泓纵剖面有冲有淤，除黄石、韦源口和田家镇河段深泓平均淤积抬高外，其他各河段均以冲刷下切为主。汉口至湖口河段枯水河槽平均冲深为 0.72m，河道深泓线平均冲深为 0.94m，最大冲深为 7.4m，如图 1.1-40 和图 1.1-41 所示。

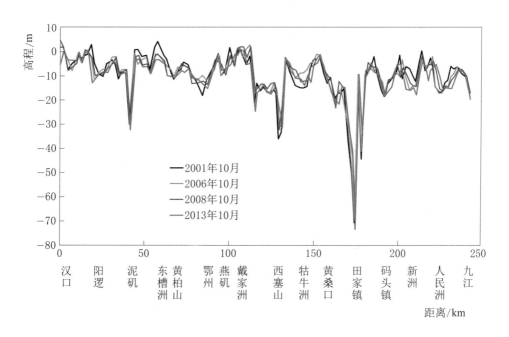

图 1.1-40　汉口至湖口河段深泓纵剖面冲淤变化

## （五）湖口至江阴河段冲刷

湖口至江阴河段长 659km，为宽窄相间、江心洲发育、汊道众多的藕节状分汊型河道。2001—2011 年期间，湖口至江阴河段平滩河槽冲刷泥沙量为 6.88 亿 $m^3$，其中大通至江阴段冲刷量为 5.32 亿 $m^3$，冲刷强度为 10 万 $m^3/(km \cdot a)$。由于各分汊河段的河型和河床边界组成各不相同，不同河段的冲淤变化有所不同。湖口至大通在平滩水位下除马垱河段表现为淤积外，其他河段均出现冲刷，冲刷量最大的是贵池河段，最小的是上下三号洲河段。湖口至江阴河段典型断面变化如图 1.1-42 所示。

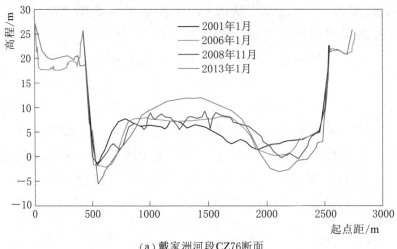

（a）戴家洲河段CZ76断面

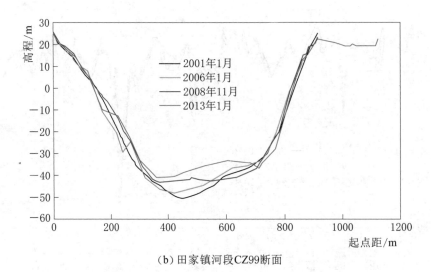

（b）田家镇河段CZ99断面

图 1.1－41　汉口至湖口河段典型断面冲淤变化

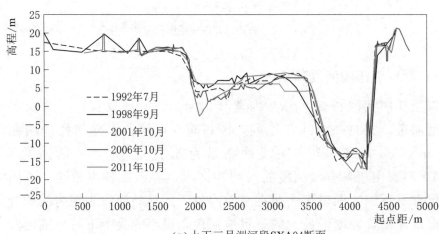

（a）上下三号洲河段SXA04断面

图 1.1－42（一）　湖口至江阴河段典型断面变化

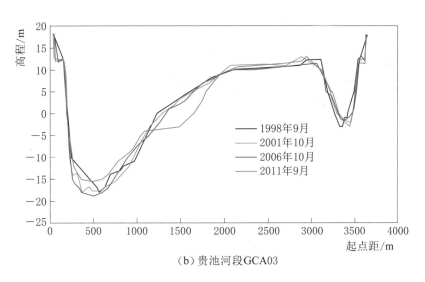

（b）贵池河段GCA03

图 1.1－42（二）　湖口至江阴河段典型断面变化

## 二、坝下游河势变化和崩岸情况

三峡水库蓄水运用以来，坝下游河道总体河势基本稳定，局部河段河势调整剧烈。

宜昌至枝城河段距离三峡大坝较近，河床纵向冲刷明显、床沙明显粗化，2012 年以来河床冲刷强度有所减弱。由于河岸组成抗冲性较强，护岸工程较为稳定，在河床冲刷中河道横向变形受到抑制，该河段河势变化较小。

荆江河段河床冲刷引起一些河段水流顶冲位置发生改变，下荆江许多弯道段的凸岸边滩在三峡水库蓄水运用后出现了明显冲刷，如石首北门口以下北碾子湾对岸边滩、调关弯道的边滩、监利河湾右岸边滩、荆江门对岸的反咀边滩、七弓岭对岸边滩、观音洲对岸的七姓洲边滩等，有的甚至有切割成心滩之势；特别是下荆江弯曲半径较小的急弯段如调关、莱家铺、尺八口弯道段，出现了凸冲凹淤现象，如图 1.1－43 和图 1.1－44 所示，对河岸及已建护岸工程的稳定造成了一定影响。该河段局部河道河势调整强烈。

在 2008 年以前，城陵矶至湖口河段除少数汊道段主、支汊均淤积，或支汊淤积、主汊冲刷外，多数汊道都表现为主、支汊显著冲刷，也有一部分汊道表现为支汊冲刷而主汊淤积。2008 年试验性蓄水运用以来，城陵矶以下河段河床冲刷强度不大且沿程分布不均，部分主、支汊相差悬殊的分汊段出现了主汊冲刷、支汊略有冲刷甚至淤积的现象，如表 1.1－29 和图 1.1－45 所示。

三峡水库蓄水运用以来，坝下游河道崩岸时有发生，但近几年崩岸强度有所减弱。据不完全统计，2003—2013 年长江中下游干流河道共发生崩岸险情

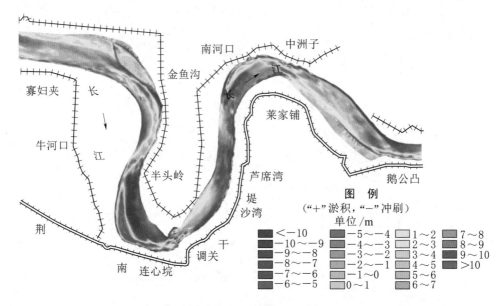

图 1.1-43 荆江河段调关弯道冲淤平面分布图 (2002—2013 年)

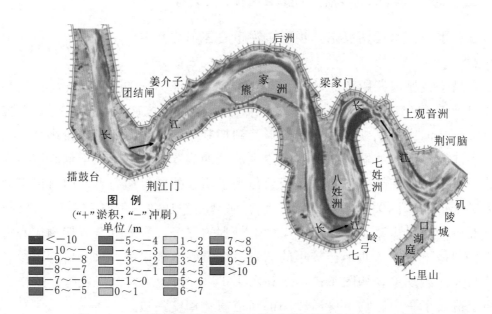

图 1.1-44 荆江河段尺八口弯道冲淤平面分布图 (2002—2013 年)

698 处，总长度 521.4km，如表 1.1-30 所示。三峡水库蓄水运用初期，长江中下游河道崩岸较多，2003—2006 年期间共发生崩岸 319 处，总长度 310.9km，平均崩岸约 80 次/a、平均崩岸长度为 77.7km/a；随着护岸工程的逐渐实施，崩岸强度、频次总体有所减轻，2007—2008 年和 2009—2013 年平均崩岸次数分别为 41 次和 60 次，年平均崩岸长度分别为 20.2km 和 34.0km。2013 年荆江河段仅新增小范围的崩岸 7 处。

表 1.1－29　三峡水库蓄水运用后城陵矶以下主要汊道段泥沙冲淤统计表

单位：万 m³

| 汊道名称 | 所在河段 | 2001 年 10 月至 2008 年 10 月 | | 2008 年 10 月至 2012 年 10 月 | |
|---|---|---|---|---|---|
| | | 左汊 | 右汊 | 左汊 | 右汊 |
| 中洲 | 陆溪口 | 282 | 701（主汊） | 1650 | −3070 |
| 护县洲 | 嘉鱼 | −524（主汊） | 20 | −300 | 200 |
| 团洲 | 簰洲 | −993（主汊） | 249 | −2430 | 150 |
| 天兴洲 | 武汉 | −663 | −898（主汊） | 1410 | −260 |
| 戴家洲 | 戴家洲 | −267 | −712（主汊） | 290 | −1420 |
| 牯牛洲 | 蕲州 | 609（主汊） | −142 | −600 | 100 |
| 新洲 | 龙坪 | 1629 | −765（主汊） | 500 | −900 |

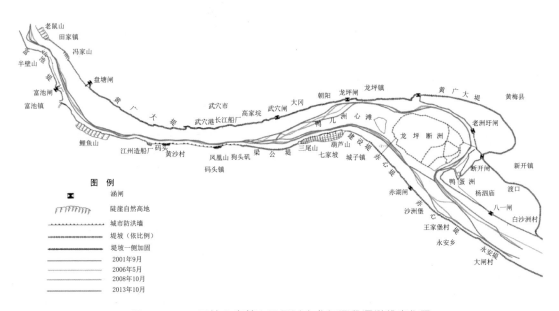

图 1.1－45　三峡水库蓄水运用以来龙坪河段深泓线变化图

表 1.1－30　　2003—2013 年长江中下游干流河道崩岸情况统计表

| 年份 | 2003 | 2004 | 2005 | 2006 | 2007 | 2008 | 2009 | 2010 | 2011 | 2012 | 2013 | 总计 |
|---|---|---|---|---|---|---|---|---|---|---|---|---|
| 崩岸总长/km | 29.2 | 133.5 | 108.8 | 39.4 | 20.9 | 19.5 | 45.5 | 47.7 | 44.8 | 6.6 | 25.5 | 521.4 |
| 崩岸处数 | 41 | 109 | 96 | 73 | 30 | 51 | 105 | 67 | 65 | 17 | 44 | 698 |

## 三、洞庭湖和鄱阳湖泥沙冲淤情况

### (一) 洞庭湖湖区淤积显著减缓

三峡水库蓄水运用前，1991—2002 年三口四水进入洞庭湖的年平均沙量为 0.87 亿 t，城陵矶出湖沙量为 0.24 亿 t，洞庭湖年平均淤积泥沙量为 0.63 亿 t，湖区泥沙沉积率为 72.1%，如表 1.1-22 所示。

三峡水库蓄水运用后，荆江三口入湖沙量大幅度减少，加之四水来沙量也显著减少，湖区淤积显著减缓。2003—2013 年三口四水入湖年平均沙量为 1904 万 t，城陵矶出湖沙量为 1848 万 t，湖区年平均淤积泥沙量仅 56 万 t，湖区泥沙沉积率为 2.9%。其中，2006 年、2008—2013 年入湖沙量均明显少于出湖沙量，湖区出现冲刷。

### (二) 三口分流河道发生普遍冲刷

三峡水库蓄水运用前的 1952—2003 年，洞庭湖三口分流河道均表现为淤积；三峡水库蓄水运用后，三口分流河道发生普遍冲刷。

1952—1995 年期间三口分流河道泥沙总淤积量为 5.69 亿 m³，松滋河、藕池河淤积较为明显，如表 1.1-31 所示；1995—2003 年，泥沙淤积量为 0.4666 亿 m³，主要集中在藕池河。

表 1.1-31　　　　　洞庭湖三口分流河道冲淤量分时段比较

| 项　目 | 时　段 | 松滋河 | 虎渡河 | 藕池河 | 三口总计 |
|---|---|---|---|---|---|
| 总冲淤量 /亿 m³ | 1952—1995 年 | 1.6745 | 0.7080 | 2.8689 | 5.2514 |
| | 1995—2003 年 | 0.0243 | 0.1317 | 0.3106 | 0.4666 |
| | 2003—2011 年 | −0.4258 | −0.1493 | −0.1769 | −0.7520 |
| 年平均冲淤量 /(亿 m³/a) | 1952—1995 年 | 0.0389 | 0.0165 | 0.0667 | 0.1221 |
| | 1995—2003 年 | 0.0030 | 0.0165 | 0.0388 | 0.0583 |
| | 2003—2011 年 | −0.0532 | −0.0187 | −0.0221 | −0.0940 |

注　松滋河包括松虎洪道。

三峡水库蓄水运用后，2003—2011 年期间，洞庭湖三口分流河道洪水河槽总冲刷量为 0.7520 亿 m³，其中松滋河、虎渡河、藕池河分别占 47%、20%、23%。松滋河口门段冲刷明显，冲刷量为 750 万 m³，附近干流河床最大冲深约 17m（主要受河道采砂影响），口门内最大冲深约 7m；虎渡河口门段冲刷量为 270 万 m³，干流段最大冲深约 9m，口门内最大冲深约 3m；藕池河口门段冲刷量为 227 万 m³，干流段最大冲深约 7m，口门附近则最大淤积高度约 5m。

## （三）鄱阳湖入湖沙量大幅度减少，湖区冲刷

鄱阳湖入湖泥沙主要来自赣江、抚河、信江、饶河、修水等五河，且绝大部分来源于赣江。三峡水库蓄水运用前，1956—2002 年期间五河年平均入湖沙量为 1465 万 t，如表 1.1－25 所示，出湖沙量为 938 万 t，湖区年平均淤积量为 527 万 t，淤积主要集中在五河尾闾和入湖三角洲。三峡水库蓄水运用后，2003—2013 年期间五河年平均入湖沙量为 607 万 t，出湖沙量为 1241 万 t，湖区年平均冲刷量为 634 万 t，出湖沙量增大主要与湖区大规模采砂等有关，表现为湖口断面含沙量异常偏大。

比较鄱阳湖区实测地形表明，湖区总体处于冲刷状态（包括采砂影响），尤其是窄长的入江水道段，断面变化较大，湖口站断面深槽平均下切约 2m，如图 1.1－46 所示。

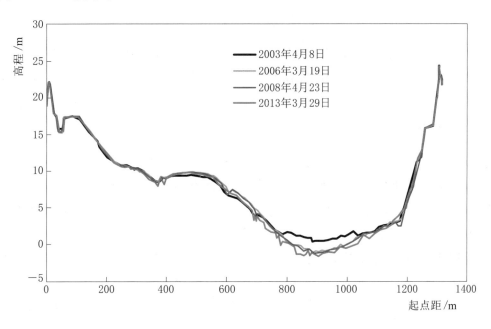

图 1.1－46　湖口站实测大断面变化图

# 第七节　长江口水沙变化与河床演变

## 一、河口来水变化

### （一）河口来水量没有趋势性变化

图 1.1－47 给出的实测资料表明，长江流域进入河口的水量没有趋势性变

化。三峡水库蓄水运用前（1950—2002年），大通站多年平均年径流量为9051亿 m³，三峡水库蓄水运用后（2003—2013年）为8330亿 m³，其中2006年和2011年为特枯水年。

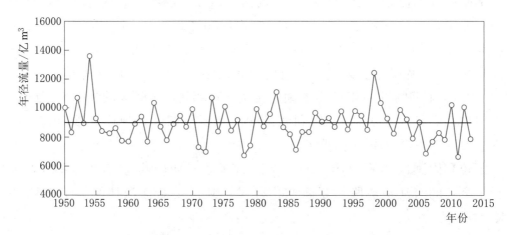

图 1.1－47　1950—2013年大通站年径流量变化过程

三峡水库运行对进入河口的水量分配起到消洪补枯作用，在每年5—10月的洪季，输水量占全年的比例有所下降，由蓄水前的71.1％降至蓄水后的68.5％，7月径流量占全年的比例依然最大，但由蓄水前的15.0％降为蓄水后的14.2％；枯季输水量占比相应增加。

### （二）南北支分流比尚未发生明显变化

20世纪50年代以来，北支上口分流比逐渐减小，目前洪季北支涨潮分流比基本稳定在10％左右，落潮分流比在4％左右；枯季涨潮分流比在7％左右，落潮分流比不足3％。

近年来白茆沙北水道涨潮分流比变化不大，多年平均值接近30％。但落潮分流比持续减小，2002年9月大、中、小潮平均为39.3％，至2012年12月，大、小潮平均为29.5％，对应的净泄量分流比分别为42.8％和27.3％。

## 二、河口来沙变化

### （一）长江大通站输沙量大幅度减少

大通站1951—2013年多年平均年输沙量为3.77亿 t，如图1.1－48所示；三峡水库蓄水运用前（1950—2002年）的年平均输沙量为4.27亿 t，蓄水后（2003—2013年）年平均输沙量为1.43亿 t，输沙量下降了66.5％，且洪季入海泥沙数量占全年百分比由蓄水前的87.7％下降至蓄水后的80.2％。进入长江河口年输沙量的下降始于20世纪80年代中期，但加速下降时段发生在三峡水库蓄水运用后的 2003—2007 年，长江流域进入河口泥沙的减少程度远超预期。

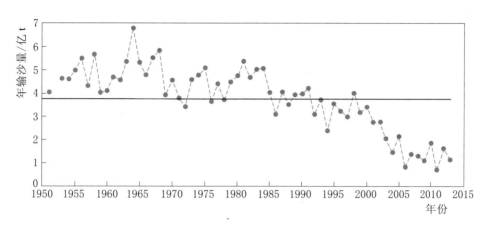

图 1.1 - 48　1951—2013 年大通站年输沙量变化过程

## （二）大通站悬移质泥沙粒径和近河口含沙量尚无显著变化

目前，大通站悬移质泥沙中值粒径尚未出现明显变化。三峡水库蓄水运用以来，徐六泾站含沙量总体呈减小趋势，尤其是 2009 年后减少更为明显，如 2002—2008 年枯季涨、落潮平均含沙量分别为 0.212kg/m³、0.200kg/m³，2009—2013 年则分别减少为 0.119kg/m³、0.120kg/m³，如图 1.1 - 49 和图 1.1 - 50 所示。

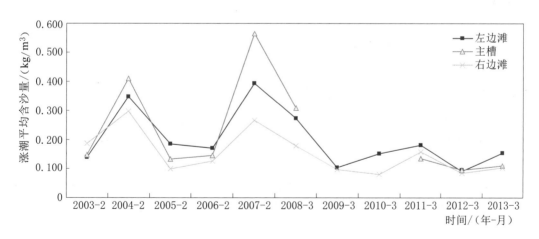

图 1.1 - 49　2003—2013 年长江口徐六泾站枯季大潮涨潮平均含沙量变化过程

但长江潮流界（江阴）以下的河口含沙量以及悬沙和床沙粒径对长江来沙变化的响应是一个长期的过程，且海域来沙影响很大，三峡水库对长江口泥沙的影响需要较长时间和更丰富的数据来分析评价。

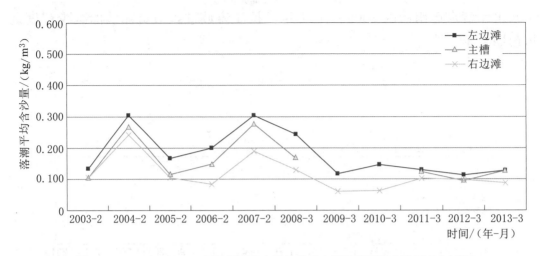

图 1.1 - 50　2003—2013 年长江口徐六泾站枯季大潮落潮平均含沙量变化过程

### （三）河口泥沙分布十分复杂

伴随流域进入长江河口的泥沙大幅度减少，长江河口泥沙场整体依然维持"浑浊带高两端低"的格局。徐六泾站洪季含沙量有明显的降低，1985—2002年期间，涨潮平均含沙量为 $0.9kg/m^3$，落潮含沙量为 $0.79kg/m^3$；2003—2010 年期间，涨潮平均含沙量下降到 $0.55kg/m^3$，落潮平均含沙量下降到 $0.45kg/m^3$。

图 1.1 - 51 给出了 2003 年、2007 年和 2013 年长江口区多测点同步洪季全潮垂线平均含沙量，河口泥沙场对流域减沙过程呈分段响应的特征。具体表现为：近十余年河口浑浊带区域（北港下、北槽、南槽）迄今仍维持原有的含沙量水平，含沙量受流域来沙量减少的影响尚未显现；浑浊带以上的河口段，尤其是徐六泾及南支河段的含沙量水平显著下降，2007 年较 2003 年的含沙量下降了 68%，2013 年较 2007 年的含沙量下降了 25%；浑浊带以外的口门段，在 -10m 等深线附近，2007 年较 2003 年的含沙量下降了 26%，2013 年较 2007 年的含沙量回升了 14%，近十余年来的含沙量总体呈略有下降的趋势。所以，三峡水库蓄水运用以来，河口最大浑浊带对流域减沙的"不响应"以及浑浊带上下河口段对流域减沙的"正响应"，反映出河口在双向水流作用下，流域来沙、海域来沙和本地泥沙交换相互影响，导致长江河口泥沙运动规律的特殊性和复杂性。

## 三、河口冲淤演变

### （一）河口冲刷初步显现

长江口实测地形分析结果表明：三峡水库蓄水运用前，澄通（江阴至徐六

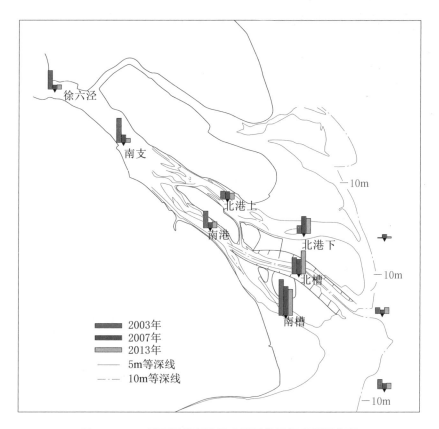

图 1.1-51 长江口多年洪季全潮垂线平均含沙量分布

泾）河段 1977—2001 年期间泥沙淤积量为 0.698 亿 m³，北支段 1984—2001
年泥沙淤积量为 4.13 亿 m³，南支段 1978—2002 年泥沙冲刷量为 3.03 亿 m³。

三峡水库蓄水运用后，随着上游来沙量的减少，澄通河段由淤变冲，而南
支段仍为冲刷，北支段继续淤积的趋势则未发生变化。其中：澄通河段
2001—2011 年期间泥沙累积冲刷量为 2.06 亿 m³，南支段 2002—2011 年泥沙
冲刷量为 3.16 亿 m³，北支段 2001—2011 年泥沙淤积量为 2.59 亿 m³。

（二）河口演变影响因素众多

长江口河床冲刷并非始于三峡水库的运行。20 世纪 90 年代以来，河口河
床就一直处于冲刷状态，表现为白茆沙后退、河槽容积扩大。三峡水库蓄水运
用以来，南支下段（七丫口至浏河口）10m 槽的河宽明显增大，这一变化应
与长江口来沙骤减有关，应引起高度重视。

此外，河口地区大规模的采砂活动和太仓港与北支进口海门港岸线调整、
新通海沙整治、南通段和海门段岸线整治、常熟边滩整治、白茆沙整治等工程
陆续实施，如图 1.1-52 所示，也影响河口演变的过程。如南港在河床冲刷与
采砂共同影响下，新浏河沙包呈衰亡趋势。2006 年 2 月至 2007 年 2 月，新浏

河沙包在$-5m$等深线以浅的面积仅有$0.29km^2$。

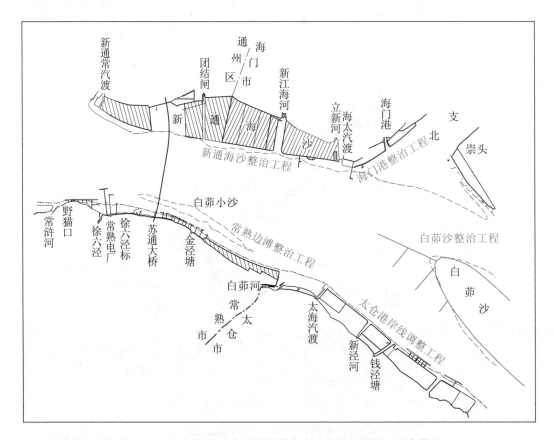

图1.1-52　长江口徐六泾河段及南支上段近期整治工程布置图

## （三）河口河势基本稳定

长江口近十余年没有发生大的切滩和新沙洲的生成，三级分汊四口入海的河势格局至今稳定存在，如图1.1-53所示。徐六泾以下至口门$-10m$等深线之间的河槽，近十余年来面积和容积的变化特点是：高滩（0m等深线以上）面积增加；低滩（0～$-10m$等深线）面积减小；深槽（$<-10m$等深线）面积增加。河口特征等深线下容积均有增大，0m、$-5m$、$-10m$、$-15m$、$-20m$以下，容积分别增加1.9%、12.8%、35.0%、29.8%、33.3%；其中北支上段冲刷，中下段以淤积为主；南支上段冲刷，中段主槽淤积；南港全面冲刷，北港除青草沙水库外侧淤积，其余部位以冲刷为主；北槽为经过工程整治的深水航道河槽，坝田淤积，航槽冲刷；南槽江亚南沙淤积下移，拦门沙部位淤积，口外冲刷。南汇嘴附近水域，冲淤交替，浅滩以淤积为主，外侧深水区以冲刷为主；河口口门附近（$-5$～$-15m$等深线）有南北向的冲刷带开始显现。

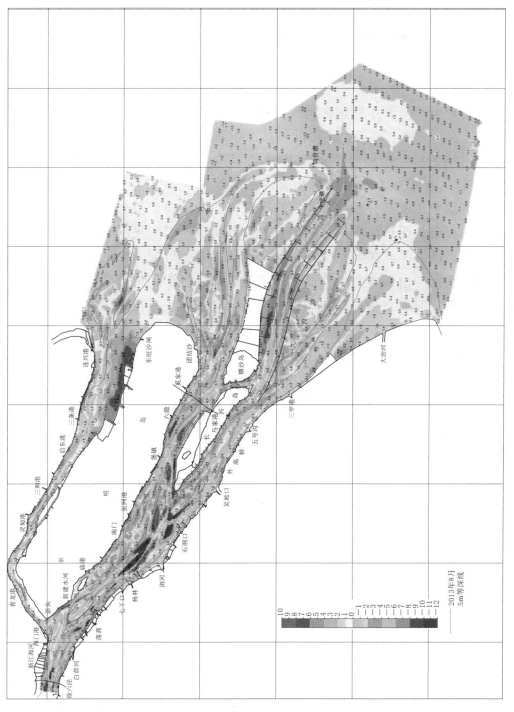

图 1.1 - 53　2002 年 12 月至 2013 年 8 月长江口冲淤分布图 (单位：m)

# 第八节 航道与港区泥沙冲淤情况

## 一、库区航道冲淤及航道条件

### (一) 常年回水区

三峡大坝至涪陵常年回水区范围长度约为 500km（以航道里程计），如图 1.1-54 所示。三峡水库蓄水运用以来，常年回水区水位抬高，航道条件大为改善，航道维护尺度也逐步提高。2007 年以来，航道最小维护水深由 2.9m 提高至 4.5m，试验性蓄水运行后，航道宽度由 60m 提升至 150m，航道水深和航道宽度均大幅度提升。但常年回水区是当前的主要淤积区，特别是在河宽大、弯道、汊道、回水沱等局部河段航道泥沙累积性淤积发展较快，导致边滩扩展、深槽淤高、深泓摆动、汊道淤死，黄花城、兰竹坝、丝瓜碛等水道出现了航槽移位现象。由于多数淤沙浅滩并未达到冲淤平衡，黄花城、丝瓜碛等重点水道泥沙淤积对航道条件的影响仍然值得重视。

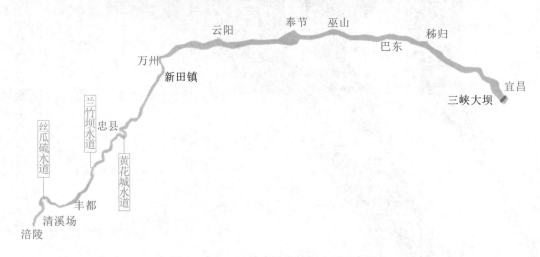

图 1.1-54 三峡库区常年回水区示意图

以泥沙淤积较为严重的黄花城水道为例，受三峡水库坝前水位变化的影响，左右汊分流比发生大幅度变化，天然冲淤规律发生改变，河段累积性淤积比较明显，淤积量很大。三峡水库蓄水运用以来累积最大厚度达到 52m，如表 1.1-32 和图 1.1-55 所示。

2003 年 3 月至 2013 年 8 月黄花城水道泥沙淤积总量达 12052 万 m³。淤积主要发生在倒脱靴弯道和左汊缓流区，淤积厚度均超过 2m，部分区域达到了 7m。目前该水道高水位期尚可左右分边航行，低水位期上下行船舶皆走右汊，

表 1.1－32　　三峡水库蓄水运用后黄花城水道泥沙淤积情况统计表

| 蓄 水 阶 段 | 淤积量<br>/万 m³ | 单位河长淤积量<br>/(万 m³/km) | 累积最大淤积高度<br>/m |
|---|---|---|---|
| 围堰发电期（2003—2006 年） | 4505 | 643.6 | 33 |
| 初期运行期（2006—2008 年） | 3500 | 500 | 45.2 |
| 试验性蓄水期（2008—2013 年） | 3373 | 481.9 | 52 |

但右汊存在出口弯曲半径小、上下行船舶航线交叉、出口通视性不足等问题，易诱发海损事故。

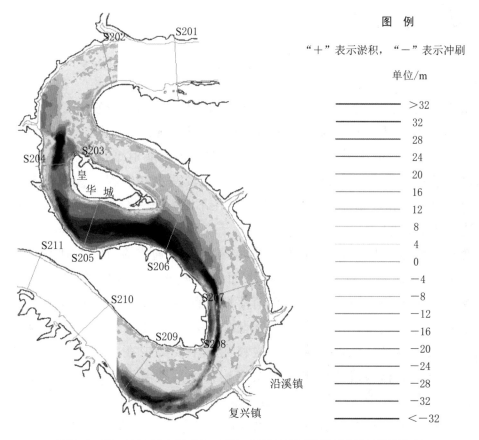

图 例

"＋"表示淤积，"－"表示冲刷

单位/m

| | |
|---|---|
| ——— | ＞32 |
| ——— | 32 |
| ——— | 28 |
| ——— | 24 |
| ——— | 20 |
| ——— | 16 |
| ——— | 12 |
| ——— | 8 |
| ——— | 4 |
| ——— | 0 |
| ——— | －4 |
| ——— | －8 |
| ——— | －12 |
| ——— | －16 |
| ——— | －20 |
| ——— | －24 |
| ——— | －28 |
| ——— | －32 |
| ——— | ＜－32 |

图 1.1－55　2003 年 3 月至 2013 年 8 月三峡库区黄花城水道冲淤变化图

## （二）变动回水区

涪陵至江津变动回水区的范围长度约为 160km（以航道里程计），可以分为上、中、下三段如图 1.1－56 所示。

三峡水库蓄水运用以来，特别是试验性蓄水运行后，变动回水区航道条件总体上有很大改善。变动回水区上段江津至重庆主城区河段洪水期最小航道维

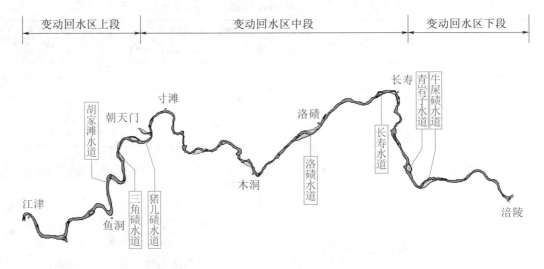

变动回水区上段　　　　　变动回水区中段　　　　变动回水区下段

图 1.1－56　三峡水库变动回水区示意图

护水深由 3.0m 提升至 3.7m，但 12 月至次年 4 月最小航道维护水深仍为 2.7m，尚未得到提升；变动回水区中下段重庆主城区至涪陵河段航道最小航道维护水深由 2.9m 提升至 3.5m，洪水期航道最小航道维护水深达到 4m，蓄水期最小航道维护水深达到 4.5m，航道尺度较蓄水初期有较大幅度提升。随着水位抬升和降落，航道中泥沙冲淤一直在不断发展变化，在不同河段可能对航道造成不同影响。

变动回水区上段（江津至重庆主城区河段）通常在 10 月中旬后开始受三峡水库蓄水影响，使河段流速和水面比降减小，水动力条件减弱，卵砾石、细沙逐渐淤积在河段内。次年消落期坝前水位逐渐下降，该河段自上而下逐渐变为天然航道，水动力条件逐渐加强，泥沙逐渐开始冲刷下移。但消落期流量较小，冲刷强度不大，且输移泥沙主要集中在主航道，因而在消落初期卵石集中输移易造成枯水河槽淤浅；且消落期航道富余水深不多，少量的泥沙淤积就可能造成不满足航道尺度的情况。如占碛子水道、胡家滩水道、猪儿碛水道、三角碛水道等，近几年常需通过疏浚措施保障航道畅通，如表 1.1－33 所示。

表 1.1－33　　三峡库区 2010—2014 年重点滩险疏浚情况统计表

| 年　份 | 疏浚滩险 | 工　程　量 |
|---|---|---|
| 2010 | 胡家滩 | 疏浚 46424m³/守槽 1600h |
| | 占碛子 | 疏浚 7320m³ |
| | 猪儿碛 | 疏浚 4804m³ |

续表

| 年　　份 | 疏浚滩险 | 工　程　量 |
|---|---|---|
| 2011 | 胡家滩 | 疏浚 14500m³ |
| | 占碛子 | 疏浚 9724m³/守槽 432h |
| | 三角碛 | 疏浚 74300m³ |
| 2012 | 占碛子 | 疏浚 55150m³ |
| | 三角碛 | 疏浚 21000m³ |
| 2013 | 三角碛 | 疏浚 106000m³ |
| | 长寿 | 疏浚 50627m³ |
| | 黄花城 | 疏浚 217395m³ |
| | 占碛子 | 疏浚 9000m³ |
| | 洛碛 | 疏浚 16000m³ |
| 2014 | 洛碛 | 疏浚 30000m³ |
| | 三角碛 | 疏浚 76000m³ |

变动回水区中段（重庆主城区至长寿河段）在汛期坝前运行水位高于防洪限制水位时，易受到坝前水位抬升影响，已出现卵砾石累积性淤积趋势。尽管淤积发展较缓，但淤积造成边滩发展，不断挤压和缩窄主航道，致使航道出现碍航问题。如洛碛水道和长寿水道，2007—2013 年期间洛碛水道淤积泥沙量约 98 万 m³，长寿水道淤积泥沙量约 103 万 m³。目前低水位期航道水深维护较紧张，主要通过疏浚保障畅通，如表 1.1-33 所示。

变动回水区下段（长寿至涪陵河段）在汛期主要淤积物为细颗粒泥沙，在中、枯水期受水库水位大幅度抬高影响，前期淤积的泥沙不能得到有效冲刷，已出现累积性泥沙淤积。由于目前水深较大，泥沙淤积尚未对现行航道维护尺度造成影响。鉴于泥沙淤积主要发生在主航道附近，其发展对航道条件的影响今后应重点关注，如青岩子水道，2007—2013 年期间淤积泥沙量约 547 万 m³。

## 二、坝下游航道冲淤及航道条件

三峡水库试验性蓄水运行后，坝下游河道枯期流量提高到 5000m³/s 以上，有利于提高航道最小维护水深，加之航道部门陆续实施了航道整治工程和加强了航道维护管理，宜昌至大埠街河段最小航道维护水深由 2.9m 提高至 3.2m，大埠街至城陵矶河段最小航道维护水深由 2.9m 提高至 3.3m，城陵矶至武汉河段最小航道维护水深由 3.2m 提高至 3.7m，武汉至安庆河段最小航道维护水深由 4.0m 提高至 4.5m，安庆至芜湖河段最小航道维护水深由 4.5m 提高至 6.0m，如表 1.1-34 所示。因此，从总体上看，三峡水库蓄水运用以来，坝下游航道条件得到改善，航运量明显增加。但随着坝下游河道的持续冲刷、局部河势调整、滩槽变化、主支汊消长及主流移位等，给坝下游航道稳定和航行安全带来一定影响，需要增加航道维护工作量，并针对不同河段采取相应对策。三峡水库坝下游重点水道如图 1.1-57 所示。

表 1.1-34　　三峡水库蓄水运用前后长江干线航道维护水深对比

| 河　段 | 三峡水库蓄水运用前长江干线航道维护尺度/m | 三峡水库蓄水运用后长江干线分月维护水深/m | | | | | | | | | | | |
|---|---|---|---|---|---|---|---|---|---|---|---|---|---|
| | | 1月 | 2月 | 3月 | 4月 | 5月 | 6月 | 7月 | 8月 | 9月 | 10月 | 11月 | 12月 |
| 宜宾—兰家沱 | 1.8×40×400 | 2.7 | 2.7 | 2.7 | 2.7 | 3.2 | 3.5 | 3.7 | 3.7 | 3.7 | 3.5 | 3.2 | 2.7 |
| 兰家沱—重庆 | 2.5×50×560 | 2.7 | 2.7 | 2.7 | 2.7 | 3.2 | 3.5 | 3.7 | 3.7 | 3.7 | 3.5 | 3.2 | 2.7 |
| 重庆—涪陵 | 2.9×60×750 | 4.5 | 4.0 | 3.5 | 3.5 | 3.5 | 3.5 | 4.0 | 4.0 | 4.0 | 4.0 | 4.5 | 4.5 |
| 涪陵—宜昌 | 2.9×60×750 | 4.5 | 4.5 | 4.5 | 4.5 | 4.5 | 4.5 | 4.5 | 4.5 | 4.5 | 4.5 | 4.5 | 4.5 |
| 宜昌—大埠街 | 2.9×80×750 | 3.2 | 3.2 | 3.2 | 3.5 | 4.0 | 5.0 | 5.0 | 5.0 | 4.0 | 3.2 | 3.2 | 3.2 |
| 大埠街—城陵矶 | 2.9×80×750 | 3.3 | 3.3 | 3.3 | 3.8 | 4.5 | 5.0 | 5.0 | 5.0 | 4.5 | 3.3 | 3.3 | 3.3 |
| 城陵矶—武汉 | 3.2×80×750 | 3.7 | 3.7 | 3.7 | 4.5 | 4.5 | 5.0 | 5.0 | 5.0 | 4.5 | 4.5 | 3.7 | 3.7 |
| 武汉—安庆 | 4.0×100×1050 | 4.5 | 4.5 | 4.5 | 4.5 | 5.0 | 6.0 | 6.0 | 6.0 | 6.0 | 5.0 | 4.5 | 4.5 |
| 安庆—芜湖 | 4.5×100×1050 | 6.0 | 6.0 | 6.0 | 6.5 | 7.0 | 8.0 | 8.0 | 8.0 | 7.5 | 7.0 | 6.5 | 6.0 |
| 芜湖—南京 | 4.5×100×1050 | 9.0 | 9.0 | 9.0 | 9.0 | 9.0 | 10.5 | 10.5 | 10.5 | 10.5 | 9.0 | 9.0 | 9.0 |
| 南京—江阴 | 10.5×200×1050 | 10.5 | 10.5 | 10.5 | 10.5 | 10.8 | 10.8 | 10.8 | 10.8 | 10.8 | 10.8 | 10.5 | 10.5 |
| 江阴—南通 | 10.5×200×1050 | 10.5 | 10.5 | 10.5 | 10.5 | 10.5 | 10.5 | 10.5 | 10.5 | 10.5 | 10.5 | 10.5 | 10.5 |
| 南通—浏河口 | 10.5×200×1050 | 12.5 | 12.5 | 12.5 | 12.5 | 12.5 | 12.5 | 12.5 | 12.5 | 12.5 | 12.5 | 12.5 | 12.5 |
| 浏河口—长江口 | 8.5×300×1050 | 12.5 | 12.5 | 12.5 | 12.5 | 12.5 | 12.5 | 12.5 | 12.5 | 12.5 | 12.5 | 12.5 | 12.5 |

## （一）沙卵石河段

长江中游的沙卵石河段上起宜昌，下至大埠街，主要包括宜枝河段和枝江河段，其中宜枝河段又可分为宜昌河段和宜都河段。三峡水库蓄水运用以来，沙卵石河段呈现持续冲刷的趋势，年际间均表现为冲刷。沙卵石河段的冲淤调整以枯水河槽为主。沙卵石河段的单一河段多是微幅束窄，分汊河段则有不同程度的展宽。宜昌河段的胭脂坝缩窄最为明显，虎牙滩处有小幅的展宽；宜都河段枯水河槽宽度变化不明显，但宜都、龙窝附近的展宽相对较大；枝江河段

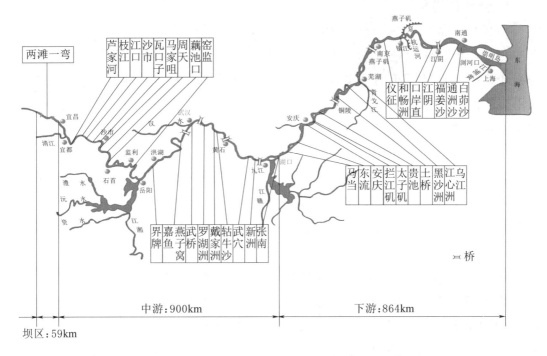

图 1.1-57　三峡水库坝下游重点水道位置示意图

枯水河槽的宽度整体上呈展宽趋势，以陈二口附近的展宽最为明显，变幅在400m以上，其余各处也以展宽为主。

三峡水库蓄水运用以来，沙卵石分汊河段枯水河槽中的低滩总体上表现为冲刷后退，特别是江心分汊的心滩、洲头低滩冲退萎缩，部分沙卵石分汊河段的支汊冲刷发展显著，如关洲汊道、芦家河汊道、江口汊道等，一度使得淤沙浅滩区域水流分散，泥沙淤积而出现碍航现象，如芦家河沙泓进口浅区和江口浅区。虽然枯水流量明显增加，芦家河沙泓中段和枝江上浅区因水位下降，河床粗化难以冲刷而出现局部水深有限、航宽不足的问题，航行基面下3.5m水深无法维持150m航宽，难以满足规划目标尺度。此外，随着枯水流量加大，芦家河沙泓中段和枝江上浅区枯水期最大流速和比降较蓄水前有所减缓，但"坡陡流急"现象依然存在，船队上行仍较困难。

**（二）沙质河段**

长江中游沙质河段由大埠街往下至河口，包括分汊型、弯曲型、顺直型等多种河型的河道。其中，以分汊型和弯曲型河道最为常见。三峡水库蓄水运用后，沙质河床河段的冲刷主要集中于枯水河槽，表现出滩槽均冲的态势，即枯水河槽的冲刷既可以刷深河槽，也有可能冲刷、切割河道边滩、心滩，岸线崩退时有发生。

**1. 分汊型河段**

三峡水库蓄水运用以来，沙质河床河段中分汊河道江心洲、江心滩年际间有冲有淤，但总体上呈冲刷、下移、缩小态势；分汊河道的河型保持稳定，其冲淤变化的特点是：年内主支汊交替的分汊河道表现为支汊显著冲刷发展；年内不交替的分汊河道则主汊发展、支汊萎缩，使航道条件受到不利影响。为了防止不利演变趋势发展，分汊河道大多实施了航道控导工程，航道条件基本得到稳定，局部仍有不利变化。

表 1.1-35 给出了沙市河段太平口水道的冲淤情况，三峡水库试验性蓄水运行后，来沙量减少使太平口水道呈现明显的冲刷态势，2003 年 3 月至 2013 年 2 月期间整个水道的泥沙冲刷量为 3456 万 $m^3$。该水道内除太平口心滩变化相对较小、杨林矶边滩表现为淤积外，其余滩体均为冲刷。守护工程的实施对控制关键洲体的单向冲刷变化起到了关键作用，未守护部分则继续呈冲刷缩小、降低的态势。特别是在北汊进口段，杨林矶边滩淤积下延，南汊发展明显，北汊内呈现淤积，北汊进口浅滩恶化，汊道内最小水深不能满足航行基面下 4m 水深的航道要求，且航槽弯窄，行船十分困难。

表 1.1-35　　三峡水库坝下游沙市河段太平口水道冲淤量统计表　　　单位：万 $m^3$

| 时　　间 | 冲刷量 | 淤积量 | 冲淤量 |
|---|---|---|---|
| 2003 年 3 月至 2005 年 3 月 | 3050 | 2192 | -858 |
| 2005 年 3 月至 2007 年 3 月 | 2908 | 1974 | -934 |
| 2007 年 3 月至 2008 年 4 月 | 1826 | 2044 | 218 |
| 2008 年 4 月至 2009 年 2 月 | 1871 | 1708 | -163 |
| 2009 年 2 月至 2010 年 3 月 | 2470 | 1401 | -1069 |
| 2010 年 3 月至 2011 年 2 月 | 1375 | 1657 | 282 |
| 2011 年 2 月至 2012 年 2 月 | 3357 | 2551 | -806 |
| 2012 年 2 月至 2013 年 2 月 | 2523 | 2397 | -126 |
| 2003 年 3 月至 2013 年 2 月 | 19380 | 15924 | -3456 |

**2. 弯曲型河段**

三峡水库蓄水运用以来，部分主流动力轴线摆动的沙质弯曲型河段演变特点表现为凸冲凹淤，即凸岸边滩冲刷萎缩，凹岸深槽有所淤积，出现典型的切滩撇弯现象。如熊家洲—城陵矶河段，在三峡水库围堰发电期，其冲淤演变主要表现为主流左移，左岸淤积，右岸冲刷，过渡段下移；三峡水库初期蓄水期，该河段深槽和洲滩均有冲有淤，水道深槽以冲刷为主，上边滩及江心滩中下段淤积，下边滩及江心滩头部冲刷；三峡水库试验蓄水运用以来，该河段以冲刷为主，2002—2013 年熊家洲弯道段、尺八口过渡段、七号岭急弯段冲刷量分别为 777.00 万 $m^3$、1786.12 万 $m^3$、580.25 万 $m^3$，受此影响这些弯道段的航道条件均有不同程度的恶化。如在滩槽调整较为剧烈的七号岭弯道（图1.1-44），凸岸边滩被水流切割形成心滩，由此导致其相邻上游尺八口水道主流明显分散，河道宽浅。从 2009 年开始，该水道通航条件在枯水期出现了较紧张的局面，通过疏浚措施才维护现行航道尺度。

### 3. 顺直型河段

三峡水库蓄水运用以来，顺直型河段总体较为稳定。但局部岸线崩退使得河道展宽，特别是枯水河槽展宽，或者是边滩冲刷缩小降低，导致枯水河槽内主流摆动空间加大，加剧了滩槽格局的不稳定。如斗湖堤水道，三峡水库蓄水运用以来，水道左岸江陵一带岸坡崩退，河宽依旧相对较窄，水道内的枯水深泓摆动幅度较大，在双石碑以下，深泓走向逐年左摆。高滩与深泓的相互关系直接影响了水道中段的滩槽变化，引起了黄家湾、何家湾一带滩槽格局的不利调整。具体表现为：黄家湾一带左侧河床逐渐冲深，河道右侧则成为枯水缓流区，潜滩不断淤积下延，河槽右侧形成较大型浅包，浅包在蓄水运用以来年际变化表现为逐年淤高淤宽，枯水期淤积尤其明显。因此，使这一历史上的优良水道逐步向航道条件不稳定的河段转化。

## 三、航道整治工程情况及水位变化

在三峡工程建设期和水库运行期，针对部分河段内滩槽不稳定性加剧，出现边滩与心滩冲刷、支汊发展等不利变化，为保障和提升长江干线黄金水道航运能力，交通部门对长江干线各河段实施了一系列航道整治工程。

### （一）已建航道整治工程

三峡大坝至宜宾合江门先后实施了三峡水利枢纽施工期水库变动回水区航道整治工程、三峡水库156m 蓄水前涪陵至铜锣峡河段航道整治炸礁工程和铜锣峡至娄溪沟河段航道炸礁工程、长江干线泸州纳溪至重庆娄溪沟航道建设工程、长江干线宜宾合江门至泸州纳溪航道建设工程（一期、二期）等四项航道整治工程。

目前宜昌以下航道整治工程主要集中在昌门溪以下。大埠街至城陵矶河段近年来陆续在枝江江口、沙市、瓦口子、马家咀、周天、藕池口、碾子湾、窑监等碍航问题较为突出的水道实施了约 10 项关键部位的控制性整治工程。随着工程效益的发挥，目前本河段航道条件有所好转，部分关键部位得到了有效控制，为后续工程建设创造了条件。城陵矶至武汉河段近年来主要实施了界牌、陆溪口、嘉鱼至燕子窝水道航道整治工程。武汉至湖口段近年来主要对罗湖洲、戴家洲、牡牛沙、武穴、张家洲等多个碍航浅滩进行了治理。

从整治河段的类型看，对于碍航较为严重的分汊河道均进行了航道整治。这些水道由于河道较宽，易于在分汊口门处出浅碍航，其中一些水道经过整治后其航道条件得到了很大改善，但后期需要继续完善整治工程，如瓦口子、马家咀水道。一些复杂水道经过整治后，航道问题虽未得到根本解决，但先期工程对有利的航道边界进行了初步控制，航道也得到了一定的改善，并为后续工程奠定了基础，如太平口水道、藕池口水道、窑监水道，以及多分汊水道如戴家洲水道、界牌河段等。对于单一微弯放宽段，或者两弯道间的长直或放宽过渡段，少数水道得到了初步治理。如周天河段、碾子湾水道，整治工程实施后，航道边界得到基本控制，主流摆动空间减小，过渡段的航道位置趋向稳定。

### （二）在建航道整治工程

长江干流各河段在建的航道整治工程有：①三峡水库变动回水区碍航礁石炸除一期工程；②长江上游九龙坡至朝天门河段航道建设工程；③宜昌至昌门溪航道整治一期工程；④长江中游荆江河段航道整治工程；⑤界牌河段航道整治二期工程；⑥武桥水道航道整治工程；⑦天兴洲河段航道整治工程；⑧湖广至罗湖洲水道航道整治工程；⑨戴家洲河段航道整治二期工程；⑩牡牛沙水道航道整治二期工程；⑪新洲至九江河段航道整治工程。

### （三）航道整治后水位变化

航道整治工程引起的水位变化幅度较小，对沿程水位影响十分有限。其原因主要有两个方面：一是航道整治工程多为低水整治，建筑物的功能更多地体现在固滩保沙上，即使建设潜丁坝，其坝顶高程也多限制在原来滩体的顶面高程以下；二是航道整治工程范围小，一般对浅滩所在区段的边界进行控制，引起的水位变化也仅局限在工程区上下游。

表 1.1-36 为荆江河段航道整治工程枝江至江口航道整治工程方案实施后引起的沿程水位变化，可见枯水流量下（5300m$^3$/s）水位变化在 23cm 以下，洪水流量下（49500m$^3$/s）水位变化小于 3cm。

表 1.1 - 36　　　三峡水库坝下游枝江至江口航道整治工程
实施前后沿程水位变化　　　　单位：m

| 水尺位置 | 5300m³/s | | | 8000m³/s | | | 49500m³/s | | |
|---|---|---|---|---|---|---|---|---|---|
| | 工程前 | 工程后 | 差值 | 工程前 | 工程后 | 差值 | 工程前 | 工程后 | 差值 |
| 昌门溪 | 33.84 | 33.91 | 0.07 | 35.24 | 35.26 | 0.02 | 45.53 | 45.55 | 0.02 |
| 李家渡 | 33.03 | 33.14 | 0.11 | 34.53 | 34.56 | 0.03 | 45.08 | 45.11 | 0.02 |
| 枝江 | 32.55 | 32.70 | 0.15 | 34.10 | 34.14 | 0.04 | 44.64 | 44.66 | 0.03 |
| 宝筏寺 | 32.32 | 32.50 | 0.18 | 33.86 | 33.90 | 0.04 | 44.43 | 44.46 | 0.03 |
| 下曹家河 | 31.83 | 32.06 | 0.23 | 33.50 | 33.56 | 0.06 | 44.11 | 44.14 | 0.03 |
| 七星台 | 31.53 | 31.54 | 0.01 | 33.27 | 33.29 | 0.02 | 43.85 | 43.87 | 0.02 |
| 罗家台 | 31.42 | 31.42 | 0.00 | 33.16 | 33.15 | −0.01 | 43.56 | 43.54 | −0.02 |
| 大埠街 | 31.27 | 31.27 | 0.00 | 33.00 | 33.00 | 0.00 | 43.20 | 43.20 | 0.00 |

# 第 二 章

# 三峡工程泥沙问题评估

## 第一节 论证与初步设计阶段有关
泥沙问题的结论

三峡水库在论证和初步设计阶段对泥沙问题的结论归纳起来主要有十个方面，具体如下。

### 一、三峡水库上游来水来沙

长江干流历年来沙量基本上在多年平均值的上下摆动，没有明显增加或减少的趋势；随着上游水土保持工作的开展和上游水库的陆续兴建，三峡入库泥沙量将会逐渐减少。

### 二、水库分期蓄水方案

三峡水库采用分期蓄水方案。初步设计提出，2003—2006 年为围堰发电期，蓄水水位为 135～139m；2007—2013 年为初期蓄水期，在 2007 年初期蓄水至 156m，暂定 2013 年最终蓄水至正常蓄水位 175m，防洪限制水位为 145m。

### 三、水库泥沙淤积与库容长期使用

三峡水库坝前水位采用 175m－145m－155m 的"蓄清排浑"运用方式，汛期来沙多时降低水位排沙，非汛期来沙少时蓄水兴利，水库正常蓄水位为 175m，防洪限制水位为 145m，枯水期消落低水位为 155m。按此方式运用，水库的大部分有效库容，包括防洪库容和调节库容，均可以长期保留。

### 四、重庆市主城区河段的冲淤变化与洪水位抬高

三峡水库淤积引起的洪水位抬高，按 175m－145m－155m 方案水库运用

100 年，如遇 100 年一遇洪水流量，不考虑上游建库拦沙，重庆市洪水位为 199.09m，较建库前水位抬高 4.79m；考虑计算水位与采用糙率、淤积量和淤积部位有关，计算值可能有 1～3m 的变幅；如考虑三峡水库上游干支流水库的拦沙和调洪作用，则上述计算水位可降低 1.79～3.79m。

## 五、水库变动回水区及常年回水区泥沙淤积对航道的影响

三峡枢纽兴建后，变动回水区库段的航道港区均有较大改善，万吨级船队可以直达重庆九龙坡；枢纽运用后期，出现河势调整，个别库段在枯水年水库水位消落后期出现碍航和影响港区作业问题，可以从优化水库调度、结合港口改造、采取整治和疏浚等措施加以解决。

## 六、坝区泥沙淤积及其影响

关于上、下游引航道淤积问题，运行初期可以采取疏浚措施加以解决，后期可采用防淤、冲沙、减淤等措施解决。水电站泥沙问题采取调整排沙底孔布置加以解决。

## 七、维持宜昌站枯水位的措施

宜昌枯水位是保证船队安全通过葛洲坝枢纽船闸下闸槛和下游引航道的关键。下阶段应研究满足下游引航道最低通航水位 39.0m 要求的各项措施。

## 八、坝下游河床冲刷及其对堤防安全的影响

三峡工程兴建后，坝下游河道四五十年内河床将发生长距离冲刷，在同流量下水位有些下降；根据下游河势调整的总趋势和现有护岸工程情况，将继续完善护岸工程，并对已建工程进行必要的加固。

## 九、坝下游河床演变对航道的影响

宜昌至江口河段有芦家河等卵石浅滩，在下游沙质河床大量冲刷的影响下，这些浅滩，特别是芦家河浅滩有可能变得更加水浅流急，需研究综合治理方案。

## 十、三峡水库蓄水运用对长江口的影响

修建三峡工程后，长江口泥沙总量不会有明显的减少，不会对拦门沙的演变及围垦滩涂的速度带来明显的影响；修建三峡水库对长江口盐水入侵有利有弊，但影响不大。

## 第二节　对论证和初设阶段有关
## 泥沙问题的评估

### 一、三峡水库上游来水来沙

在三峡工程初步设计阶段，根据 1990 年以前的实测资料统计，三峡入库年平均径流量和悬移质输沙量（寸滩站＋武隆站，下同）分别为 4015 亿 $m^3$ 和 4.91 亿 t，宜昌站年平均径流量和输沙量分别为 4390 亿 $m^3$ 和 5.21 亿 t。实测资料表明，20 世纪 90 年代以来，入库径流量变化不大，入库沙量大幅度减少，如表 1.2-1 所示。三峡水库蓄水运用以来，2003—2013 年入库年平均径流量和输沙量分别为 3680 亿 $m^3$ 和 1.86 亿 t，比 1990 年以前水沙值分别减少 8％和 62％，较 1991—2002 年分别减少 5％和 48％。

表 1.2-1　三峡水库不同时段的入库水沙量统计表（寸滩站＋武隆站）

| 时　　段 | 年平均径流量/亿 $m^3$ | 年平均输沙量/亿 t |
|---|---|---|
| 1990 年以前 | 4015 | 4.91 |
| 1991—2002 年 | 3871 | 3.57 |
| 2003—2013 年 | 3680 | 1.86 |

三峡入库泥沙减少的主要影响因素有水库拦沙、水土保持、降水减少和河道采砂等四个方面。20 世纪 50 年代以来，三峡水库上游干支流修建了许多大型水库，至 2005 年三峡水库上游水库总库容约为 245 亿 $m^3$，拦截泥沙 25.95 亿 $m^3$。其中 90 年代以来的十多年内，修建水库的总库容为 127 亿 $m^3$，拦截泥沙 12.59 亿 $m^3$。1989 年以来，长江上游干支流上重点进行了水土保持、天然林保护和退耕还林工作，完成治理面积 6 万多 $km^2$，人工造林 600 万 $hm^2$，使植被增加，水、土流失减轻，拦沙蓄水能力有所提高。近年来河道采砂数量巨大，减沙作用也不可忽视。除降水为随机变化之外，其他三方面因素在一个相当长的时期内将继续发挥作用。

三峡水库蓄水运用以来的实测来沙量资料表明，在三峡工程论证阶段采用 1961—1970 年水沙系列作为典型的来水来沙系列进行水库淤积计算和实体模型试验是偏于安全的。近期对三峡工程的泥沙研究，考虑上述减沙因素，采用了更符合实际的来水来沙系列，例如采用 1991—2000 年水沙系列，加上溪洛渡、向家坝等水库的拦沙作用，将更为合理。

关于三峡入库推移质，特别是砾卵石推移质数量问题，实测值一直较小。

在三峡工程论证阶段，寸滩站实测年平均砾卵石推移质量为 27.7 万 t（沙质推移质无实测资料）。自 20 世纪 90 年代以来，进入三峡水库的沙质推移质和砾卵石推移质泥沙数量总体呈减少趋势，寸滩站 1991—2002 年沙质推移质和砾卵石推移质的年平均输沙量分别为 25.83 万 t 和 15.4 万 t，推移质总量约为同期悬移质输沙量的 0.13％；三峡水库蓄水运用后，推移质输沙量进一步减少，2003—2013 年寸滩站年平均沙质推移质和砾卵石推移质输沙量分别为 1.47 万 t 和 4.36 万 t，推移质总量较 1991—2002 年平均值减少了 86％，约为同期悬移质输沙量的 0.032％。随着三峡水库上游干支流水库的进一步建成和运用，预计今后入库推移质，特别是砾卵石推移质输沙量将进一步减少。

作为影响三峡水库上游来沙的新情况，2008 年四川汶川大地震造成了灾区山川河流巨大的破坏，诱发了大量崩塌、滑坡、泥石流等地质灾害，加重了水土流失。但由于沿河水库的拦沙作用，2008 年以来，三峡入库沙量未受到明显影响。地震灾害对三峡入库沙量的影响是长远的，今后需要加强观测和研究。

评估认为，受三峡水库上游干支流水库建设、水土保持、河道采砂和降雨等因素的综合影响，三峡水库上游来沙量（悬移质和推移质总和）大幅度减少，进入重庆河段的砾卵石推移质数量极少，未出现三峡库尾推移质严重淤积的局面。随着上游干支流水电站的建设与运用，预期三峡入库沙量将进一步减少，并在相当长时期内维持较低水平。因此，论证与初步设计阶段关于随着长江上游水土保持工作的开展和水库的陆续兴建，三峡入库泥沙量将呈减少趋势的结论是符合实际的。但值得注意的是，在三峡水库总体来沙量减少的同时，地震产沙进入河道的潜在威胁依然存在，流域基本建设的产沙也不能忽视，一些支流仍有可能出现特大洪水并挟带大量泥沙入库等情况。

## 二、水库分期蓄水方案

论证和初步设计阶段提出三峡水库蓄水位按 135m（围堰发电期）-156m（初期蓄水期）-175m（正常运用期）三期蓄水。初定 2003—2007 年为围堰发电期，水库运行水位 135～139m；2007—2013 年为初期蓄水期，蓄水至 156m；初定 2013 年最终蓄水至 175m，由初期蓄水期水位 156m 至正常蓄水位 175m 暂定 6 年，以便于移民安置、库尾泥沙淤积观测验证和重庆主城区河段港区泥沙淤积影响处理。

三峡水库蓄水运用以来，2003 年 6 月蓄水至 135m，进入围堰发电期，在此期间（2003—2006 年）水库运行水位为 135（汛限水位）～139m（蓄水位）。2006 年 10 月水库蓄水至 156m，较初步设计提前 1 年进入初期运行期，水库运行水位为 144～156m。考虑到一方面库区移民进度总体提前；另一方面入库泥沙大幅度减少，泥沙实体模型研究成果表明，按 1991—2000 年水沙系列，水库175m 蓄水后九龙坡港口和金沙碛港口的碍航淤积量将分别小于 25 万 $m^3$ 和 17 万 $m^3$，因此，泥沙淤积对通航的影响不大。在上述条件下，2008 年汛末即开始实施 175m 试验性蓄水，较初步设计提前了 5 年。

评估认为，论证和初步设计提出的三峡水库"分期蓄水方案"是合理的；三峡水库蓄水运用以来，根据实际情况，对"分期蓄水"方案进行了调整，将初期蓄水期提前至 2006 年，并于 2008 年开展 175m 试验性蓄水是适当的。三峡水库试验性蓄水运用以来的实践证明，有关泥沙淤积对重庆主城区河段航运影响不大的结论是正确的，提前开展试验性蓄水不仅对库尾泥沙淤积进行了实践检验，而且还使工程提前全面发挥综合效益。

## 三、水库泥沙淤积与库容长期使用

论证和初步设计阶段提出三峡水库采用"蓄清排浑"运行方式，并预测水库按 175m‑145m‑155m 方式运用 100 年，三峡水库的静防洪库容还能保存 85%，调节库容保存 91.5%。

三峡水库蓄水运用后，特别是试验性蓄水运用以来，入库泥沙大幅度减少，水库运行中根据实际条件和需要，对初步设计规定的汛期水位和调度指标作了适当调整，并在大洪水来沙多时，仍尽量降低水位排沙，以体现"蓄清排浑"运用的原则。三峡水库 2003 年蓄水运用至 2013 年年底，干流库区共淤积泥沙量为 15.31 亿 t，年平均淤积泥沙量为 1.39 亿 t，约为论证阶段预测值的 40%。

实测资料分析表明，三峡水库蓄水运用至今，按体积法计算，高程 175m 以下干支流库区总淤积泥沙量约 16.10 亿 $m^3$，占总库容的 4.1%。从淤积高程分布看，高程 145m 以下淤积的泥沙量为 14.59 亿 $m^3$，占总淤积量的 90.68%，占高程 145m 以下水库库容的 8.5%；淤积在水库静防洪库容（高程 145～175m）内的泥沙量为 1.51 亿 $m^3$，占总淤积量的 9.4%，占水库防洪库容的 0.68%。水库淤积主要发生在奉节至大坝库段的宽河段，宽谷段淤积量占总淤积量的 90% 以上。

三峡水库蓄水运用以来，2003—2013 年水库平均排沙比为 24.5%，低于初步设计预测值。主要是由于水库来水来沙条件变化（特别是来沙量大幅度减少）和试验性蓄水运用以来运行调度指标的适当调整（汛期水位抬高、汛后提前蓄水等），提高了水库淤积的比例，2008—2013 年实测水库平均排沙比为 17.5%，有效库容淤积占同期淤积量的比例也有所增加。

在"九五""十五""十一五""十二五"期间的三峡工程泥沙科研工作中，

研究了三峡上游修建溪洛渡、向家坝、亭子口等水库后对三峡入库沙量的影响。采用 1990—2000 年水沙系列，考虑上游建库影响与不考虑上游建库相比，三峡水库蓄水运用 20 年时，水库泥沙淤积量将减少 42.9％（中国水科院）～44.5％（长江科学院），现在看来也是偏于安全的。三峡入库泥沙减少对缓解水库泥沙淤积作用很大，特别是减轻了泥沙淤积对变动回水区通航的影响。但就某一具体河段的某一时段而言，其冲刷或淤积量有时可能较大，其冲淤分布和变化及其对航运的影响仍需要引起注意。

评估认为，论证和初步设计阶段提出的三峡水库"蓄清排浑"的运行方式是正确的。三峡水库蓄水运用以来，由于入库泥沙大幅度减少，水库基本遵循"蓄清排浑"的运用原则，并根据实际情况，对水库运行调度方案进行了适当调整，2003—2013 年期间水库泥沙淤积约为论证阶段预测值的 40％，且主要分布在高程 145m 以下。随着三峡上游梯级水库陆续兴建，三峡入库泥沙在相当长时期将维持较低水平，水库的泥沙淤积会进一步减缓。只要坚持设计的运行方式，论证和初步设计阶段提出的"水库采用'蓄清排浑'的运用方式，水库的大部分有效库容可长期保留"的结论是可以实现的。

## 四、重庆主城区河段的冲淤变化与洪水位抬高

在自然条件下，重庆主城区河段的冲淤演变规律总体上表现为洪淤枯冲，冲淤规模和当年的来水来沙有关。论证和初步设计阶段以后，三峡入库沙量大幅度减少，加之河道大量采砂，在很大程度上缓解了重庆主城区河段的泥沙淤积问题。三峡水库蓄水运用前的 1980—2003 年期间，重庆主城区河段累积冲刷泥沙量为 1247.2 万 $m^3$（含河道采砂量，下同）。三峡水库围堰发电期和初期蓄水期，重庆主城区河段尚未受三峡水库壅水影响，属自然条件下的演变。围堰发电期冲刷泥沙量为 447.5 万 $m^3$，初期蓄水期则淤积泥沙量为 366.8 万 $m^3$。2008 年三峡水库试验性蓄水运用以来，受到三峡水库蓄水影响，重庆主城区河段的冲淤规律发生了变化，天然情况下是汛后 9 月开始走沙，试验性蓄水运行后主要以次年消落期走沙为主。由于入库悬移质和推移质泥沙大幅度减少及河道采砂等因素的影响，重庆主城区河段总体表现为冲刷，自 2008 年 10 月至 2013 年 10 月重庆主城区河段累积冲刷量为 874.7 万 $m^3$，未出现论证时担忧的重庆主城区河段泥沙严重淤积的局面，也未出现砾卵石的累积性淤积。

论证及初步设计阶段给出的天然情况下 5 年一遇重庆主城区的洪水位为 185.90m，三峡水库蓄水运用 30 年后洪水位为 187.49m，抬高 1.59m。三峡水库蓄水运用后，洪水不大，只出现过 5 年一遇洪水。寸滩站实测资料表明，三峡水库蓄水运用后汛期水位流量关系还没有出现明显变化，说明水库泥沙淤

积尚未对重庆主城区洪水位产生影响。

评估认为，三峡水库 175m 试验性蓄水运行后，重庆主城区河段的冲淤规律发生了变化。走沙期由汛后 9 月推迟至次年 5 月消落期。由于水库来沙大幅度减少和河道采砂等因素的影响，重庆主城区河段总体表现为冲刷下切，未发生累积性淤积。局部淤积未对河段水位造成影响，汛期水位流量关系没有出现明显变化。今后上游来沙量在相当长时期内将维持在较低水平，有利于缓解重庆主城区河段的泥沙淤积；但水库泥沙淤积是一个长期累积的过程，未来水库泥沙淤积对重庆主城区河段洪水位的影响仍需要跟踪观测与分析。

## 五、水库变动回水区及常年回水区泥沙淤积对航道的影响

三峡水库的变动回水区长约 160km，共有滩险 27 处。论证期间的泥沙实体模型试验研究表明：建库后，由于水库水位壅高，变动回水区将产生累积性泥沙淤积，原河床的边界对水流的控制作用减弱，河道逐步向单一、规顺、微弯的形态发展，航道较建库前有较大改善，但在特枯水年或丰沙年后的水位消落后期，可能出现航道尺度不足的情况。初步设计认为三峡工程 175m 运用后，重庆主城区河段汛末冲刷走沙时间缩短，预计港区前沿汛期淤积的泥沙无法冲完，在次年水库水位消落时港区前沿有边滩出露，可能会影响九龙坡等港区的正常作业。

三峡水库蓄水运用后，在围堰发电期，常年回水区上段的兰竹坝河段因累积性淤积出现主支汊易位；变动回水区中下段的丝瓜碛河段也因泥沙淤积出现航道移位，消落期有某些碍航现象，进行了少量疏浚。三峡水库初期运用期，涪陵以上的各个浅滩累积性泥沙淤积的发展尚在初期阶段，航运条件未受到明显影响。

三峡水库试验性蓄水运用后，变动回水区航运条件总体上有很大改善。其中变动回水区上段（江津至重庆河段）航道尺度尚未提高，消落初期枯水河槽砾卵石集中输移时对航道有一定的不利影响；中下段（重庆以下河段）航道条件明显改善，最小维护水深由 2.9m 提升至 3.5m，航道宽度由原来的 60m 提升至 100m，蓄水期最小维护水深提升至 4.5m。但变动回水区中段和下段已分别出现卵砾石累积性淤积趋势和累积性淤沙浅滩现象，可能会出现潜在碍航问题。

三峡水库蓄水运用后，常年回水区通航条件得到根本改善，航道水深由最小维护水深 2.9m 提升至 4.5m，航道宽度由原来的 60m 提升至 150m，航道水深和航道宽度均有大幅度提升。

为了改善库区通航条件，三峡工程开工后，三峡集团公司和长江航道局进行了丰都至涪陵、涪陵至铜锣峡河段的航道整治和炸礁工程，以后又进行了铜锣峡以上的炸礁工程。此后，针对变动回水区可能发生的泥沙淤积碍航问题，主要采取了三方面措施：一是港口布置优化，新建大型港口码头下移至寸滩和果园；二是水库调度中尽量加大泄水冲刷效果；三是加强疏浚和运营管理。这些措施与论证时提出的措施是一致的，对改善变动回水区通航条件发挥了很大作用。

今后，一方面上游来沙的减少有利于缓解变动回水区的泥沙淤积；另一方面，随着时间的推移，泥沙淤积仍会发生，局部河段的泥沙淤积问题仍不可避免。因此，对变动回水区泥沙淤积仍须重视，在运行调度中尽量减轻变动回水区的泥沙淤积。

评估认为，三峡水库蓄水运用后，特别是 2008 年试验性蓄水运用以来，由于大幅度抬高了枯水期消落水位至 155m 以上，使变动回水区中下段（重庆以下河段），航运条件得到明显改善，常年回水区通航条件得到根本改善，航道尺度有较大幅度提升。针对库区河道泥沙冲淤变化造成局部库段在枯季库水位消落时出现淤积碍航的情况，通过港口优化布置、水库调度、航道管理和疏浚等应对措施，保证了航道畅通，这与论证结论是一致的。今后随着上游金沙江等梯级水库陆续建成，三峡入库沙量在相当长时期内维持在较低水平，变动回水区泥沙淤积速度会放慢；但淤积仍会发生，而且航道对局部短时泥沙淤积十分敏感。因此，变动回水区泥沙淤积碍航问题仍应持续关注。

## 六、坝区泥沙淤积及其影响

2003 年 3 月至 2013 年 10 月三峡水库蓄水运用以来，坝前段累积淤积泥沙量为 1.529 亿 $m^3$，淤积主要分布在主槽内，深泓平均淤积厚度为 33.9m，局部最大淤积厚度为 66m。淤积主要发生在围堰发电期，之后呈逐渐下降趋势。坝前段淤积面高程低于电站进水口底板高程，但地下电站引水区泥沙淤积发展较快，其取水口位于右岸的回流淤积区，取水口前淤积面高程已达 104.7m，高于排沙洞进口底板高程约 2.2m。坝上游船闸和升船机引航道、冲沙闸共用一座防淤隔流堤，即"全包"方案，对保障通航水流条件是有效的。永久船闸上游引航道泥沙淤积较少，目前对航运未造成影响；下游引航道存在一定的泥沙淤积，经疏浚保持了航道畅通。坝下游近坝段河床发生的局部冲刷，未危及枢纽建筑物安全。

评估认为，三峡水库蓄水运用 11 年来，坝区泥沙淤积、河势情况和引航道的水流条件与论证及初步设计阶段预测结果基本一致。坝前泥沙淤积未对航道和发电造成不利影响，坝下近坝段河床发生的局部冲刷，未危及枢纽建筑物安全。但地下电站引水区泥沙淤积发展较快，今后应对其淤积发展趋势及应对措施给予高度重视。

## 七、维持宜昌站枯水位的措施

宜昌站枯水位是保证船队安全通过葛洲坝枢纽船闸下闸槛和下引航道的关键，初步设计确定在三峡工程 175m 水位运行后，保持下泄流量在 5500m³/s 以上，以保证庙咀站最低水位达到通航要求的 39m（资用吴淞基面）。经重新核算和 2013 年观测资料，庙咀站水位 39m 对应的宜昌站水位为 39.19m（冻结吴淞基面）。

三峡水库蓄水运用后，宜昌至枝城河段冲刷剧烈，2002 年 10 月至 2013 年 10 月该河段平滩河槽共冲刷泥沙量为 1.44 亿 m³（含河道采砂量）。冲刷主要发生在三峡水库蓄水运用后的前几年，随后冲刷逐渐减弱，2012 年以后冲刷量增加很少。2006 年汛后宜昌站枯水位（相应流量 4000m³/s）较 2002 年初下降 0.08m。2004—2011 年三峡集团公司在胭脂坝河段实施了河床护底加糙试验工程和胭脂坝坝头保护工程，对遏制宜昌站水位下降有一定作用。2008 年试验性蓄水运用以来，宜昌站同流量下枯水位又有所下降。2013 年汛后，宜昌站 5500m³/s 流量时水位为 39.20m，较 2002 年下降 0.5m，已接近航运要求的宜昌枯水位 39.19m。三峡水库试验性蓄水运行后，通过增加枯期下泄流量，基本满足了葛洲坝枢纽下游最低通航水位的要求。

评估认为，三峡水库蓄水运用以来，宜昌枯水位持续下降，已接近了最低通航水位，目前通过加大水库下泄流量，保证了坝下游引航道的最低通航水位。由于坝下游还要经历长时期的冲刷，宜昌站同流量下枯水位还可能有所下降，需要密切关注坝下游控制节点的冲刷情况和加强控制节点治理，尽早制定和实施宜昌至杨家脑河段的综合治理方案，并要禁止非法采砂以免宜昌枯水位进一步下降。

## 八、坝下游河床冲刷及其对堤防安全的影响

2003 年三峡水库蓄水运用以来，由于上游来沙减少和三峡水库的拦截，宜昌站年平均输沙量约 0.47 亿 t，为蓄水前的 11%，加之河道大规模采砂的影响，长江中下游河道冲刷总体呈从上游向下游发展的态势，目前河道冲刷已发展到湖口以下。2002 年 10 月至 2013 年 10 月宜昌至湖口河段平滩河槽总冲刷量为 11.90 亿 m³（含河道采砂量，下同），年平均冲刷量为 1.06 亿 m³，年平均冲刷强度为 11.1 万 m³/(km·a)。其中，宜昌至城陵矶河段冲刷强度最

大，该河段总冲刷量为 8.42 亿 m³，年平均冲刷强度达 18.8 万 m³/(km·a)。

三峡水库围堰发电期和初期蓄水期，坝下游河道冲刷主要发生在宜昌至城陵矶河段，2002 年 10 月至 2008 年 10 月，宜昌至湖口河段平滩河槽的总冲刷量为 6.41 亿 m³，其中宜昌至城陵矶河段冲刷量占 73%，城陵矶至湖口河段冲刷量占 27%。175m 试验性蓄水运行后，坝下游河道继续保持冲刷态势，冲刷强度较大。2008 年 10 月至 2013 年 10 月，宜昌至湖口河段平滩河槽总冲刷量为 5.49 亿 m³，其中宜昌至城陵矶河段冲刷量占 68%，城陵矶至湖口河段冲刷量占 32%，河道冲刷逐渐向下游发展。

2003 年三峡水库蓄水运用至 2013 年，坝下游各水文站枯水期同流量下水位有不同程度的降低，对于 10000m³/s 枯水流量，枝城、沙市、螺山、汉口站水位分别下降了 0.75m、1.11m、0.79m、1.18m，但大通站水位流量关系还无明显变化。长江中下游大洪水时同流量下水位变化较为复杂，三峡水库蓄水运用后荆江河段尚未发生流量大于 50000m³/s 的洪水，无大洪水的实测水位资料。今后需加强洪水期水位流量关系变化的监测和研究。

三峡水库蓄水运用后，长江中下游河道河势总体基本稳定，但出现了一定的调整，局部河段河势变化较大。如沙市河段太平口心滩、三八滩和金城洲等分汊段出现洲滩冲刷和主支汊冲淤交替现象；下荆江调关弯道、熊家洲弯道主流摆动导致切滩撇弯现象；下荆江七弓岭弯道凸岸狭颈西侧崩岸，狭颈最小宽度已不足 400m，遇大洪水年可能发生自然裁弯。随着河势的调整，崩岸塌岸现象时有发生，2003—2013 年长江中下游干流河道共发生崩岸险情 698 处，总长度 521.4km；出现崩岸的岸段大部分仍在水库蓄水运用前的崩岸段和险工段范围内，经过修护和加固，未发生重大险情，近年来崩岸强度已逐渐减弱。

评估认为，三峡水库蓄水运用以来，由于受入库和出库沙量减少和河道采砂等的影响，坝下游河道冲刷的速度较快，范围较大，河道冲刷主要发生在宜昌至城陵矶河段，该河段的冲刷量在初步设计预测值范围之内，目前全程冲刷已发展至湖口以下。坝下游各站枯水期同流量下水位有不同程度的降低。坝下游河势虽然出现了一定的调整，甚至局部河段河势变化较大，崩岸时有发生，但总体河势基本稳定，荆江大堤和干堤护岸险工段基本安全稳定，未发生重大崩岸险情，发生崩岸的护岸险工段经过抢护和加固，险情得到控制。但是，随着水库运行方式的正常化和坝下游河道泥沙冲淤的不断累积，今后坝下游河道的河势、崩岸塌岸等仍可能发生较大的变化。特别是三峡水库实行中小洪水调度后，汛期水库最大下泄流量基本控制在 45000m³/s 以内，长江中游堤防未经历大洪水考验，一些潜在问题尚未暴露，发生更大洪水时的堤防安全仍存在风险。对此仍需开展持续监测和深入研究，提出应对措施。

## 九、坝下游河床演变对航道的影响

三峡水库的调节增加了坝下游河道的枯水期流量，试验性蓄水运行后，最小流量达到 5000m³/s 以上，有利于枯水航槽的冲刷，并提高了枯水期坝下游航道水深。加之航道部门陆续实施了航道整治和加强了航道维护管理，宜昌至大埠街段最小维护水深由 2.9m 提高至 3.2m，大埠街至城陵矶段最小维护水深由 2.9m 提高至 3.3m，城陵矶至武汉段最小维护水深由 3.2m 提高至 3.7m，武汉至湖口段最小维护水深由 4.0m 提高至 4.5m。

三峡水库蓄水运用以来，坝下游河道冲刷演变对航道的不利影响主要有：水库汛后蓄水使得坝下游河道退水速度加快，汛期发生淤积的浅滩汛后难以有效冲深，浅滩航深变小；清水下泄对有利于维持航槽边界稳定的洲滩也造成了冲刷，使得一些滩体萎缩，河道展宽，有可能恶化通航条件。宜昌至江口沙卵石河段的芦家河沙泓进口浅区和江口浅区因水流分散、泥沙淤积而发生碍航；芦家河沙泓中段和枝江上浅区等卵石浅滩则因水位下降、自身河床难以冲刷而出现局部滩段比降、流速加大，坡陡流急突出，增加航运困难，需要进行整治。江口以下沙质河段中，分汊河段的江心洲洲头低滩呈冲刷后退之势，滩面降低、水流分散，导致槽口众多，水深变浅，如太平口、藕池口、窑监水道；长顺直河段则因边滩刷低、主流摆动导致航道不稳，出现新的碍航问题，如斗湖堤、周公堤水道；弯曲河段则因凸岸边滩冲刷甚至是切割，同时凹岸深槽淤积，导致航槽摆动、水深变浅，如莱家铺、尺八口水道。针对坝下游航道出现的问题，航道部门先后在长江中下游修建了航道整治工程，加之对碍航浅滩及时疏浚维护，长江中下游航道得以保持畅通，宜昌至湖口河段的最小维护水深有所提高。

评估认为，三峡水库蓄水运用后对坝下游航道的影响基本在预测之中。水库调节有利于提高坝下游河道枯水流量的航道水深。但汛后水库蓄水期，局部河段会出现一些碍航问题。针对坝下游航道出现的问题，航道部门通过修建航道整治工程和疏浚维护，使得长江中下游航道保持畅通。鉴于三峡水库蓄水运用时间较短，其对坝下游冲淤过程、河势变化和航道安全的影响仍需持续监测与深入研究。

## 十、三峡水库蓄水运用对长江口的影响

三峡水库蓄水运用以来，长江口来水量略有下降，来沙量大幅度下降。2003—2013 年大通站年平均输沙量为 1.43 亿 t，较 2002 年以前和 1991—2002

年分别减少了 66.5％和 56％。发生这种情况，除三峡水库的拦沙作用外，还与长江中上游来沙量的持续减少和坝下游河道采砂等有一定关系。三峡水库蓄水运用前，大通站多年平均泥沙中值粒径为 0.009mm，蓄水后为 0.010mm，变化不大。随着河口输沙量的减少，河口含沙量场出现分段响应的特征，浑浊带水域含沙量基本不变，南支水域含沙量明显减少，口门附近含沙量有所减少。

三峡水库蓄水运用前，澄通河段 1977—2001 年淤积泥沙量为 0.698 亿 m³，北支段 1984—2001 年泥沙淤积量为 4.13 亿 m³，南支段 1978—2002 年则冲刷泥沙 3.03 亿 m³。三峡水库蓄水运用后，澄通河段由淤积变为冲刷，2001—2011 年，澄通河段冲刷泥沙量为 2.06 亿 m³；南支段、北支段冲淤趋势未发生变化，北支段淤积泥沙量为 2.59 亿 m³，南支段冲刷泥沙量为 3.16 亿 m³，但南支段由三峡水库蓄水运用前的年平均冲刷量 0.126 亿 m³/a 增至蓄水后的年平均冲刷量 0.316 亿 m³/a，北支段由三峡水库蓄水运用前的年平均淤积量 0.243 亿 m³/a 略增为蓄水后的年平均淤积量 0.259 亿 m³/a。由于长江口来沙量减少，导致河口潮滩淤涨速率趋缓，口门附近的冲刷带开始显现。

水沙变化对河口河势的影响主要体现在：南支河段河槽容积扩大；南北港河势发生了变化，但主要是受河口区人类活动（如青草沙水库，瑞丰沙挖沙等）的影响；拦门沙河段受其特殊水沙环境影响，来沙量的变化尚未显现。河口口门附近的水下三角洲前缘区域，受流域减沙和河口局地工程的综合影响，冲刷特征开始显现。

评估认为，三峡水库蓄水运用后，长江口来沙量大幅度减少，超出论证阶段预期；来沙级配变化不大，河口含沙量场出现分段响应的特征。长江口河床冲刷已逐渐显现，但长江口河势总体格局尚未出现显著变化。由于长江口水沙过程及河床演变受河相和海相条件双重影响，规律非常复杂；而且近年来长江口的人类活动和各种工程建设规模巨大，影响深远；目前长江口滩槽冲淤变化与三峡工程之间的关系难以定量确定，需要加强系统性监测和综合研究。

# 第三节　水库调度运行期相关泥沙 问题的评估与分析

## 一、中小洪水调度及其影响

三峡工程初步设计原定主要对较大洪水进行调节，水库按枝城流量 56700m³/s 控制出流。为了有效地利用洪水资源，提高发电和航运效益等，结合上游来水来沙变化，三峡水库试验性蓄水运行后，在汛期开展了中小洪水调度，水库实际控制下泄流量不超过 45000m³/s 左右，水库汛期水位有较大提高，如 2012 年汛期水库平均水位为 152.78m，最高水位为 163.11m。

由于中小洪水调度后汛期平均水位抬高，库内泥沙淤积有所增多，排沙比下降。有关单位研究表明，由于中小洪水调度，2010 年汛期水库多淤积泥沙 2000 万 t 左右，约占同期库区泥沙淤积量的 10%；2012 年水库多淤积泥沙量约为 2500 万 t，约占同期库区泥沙淤积量的 15%，且淤积部位上移，寸滩至清溪场河段泥沙淤积量增加了 142%，清溪场至万县段淤积增加了 30%，万县至大坝段淤积则减少了 12%。

中小洪水调度有效地利用了洪水资源，提高了三峡水库的发电和航运效益，但可能会产生三方面的影响：一是由于中小洪水调度抬高了水库汛期水位，削减了初步设计的水库最大下泄流量，会增加防洪风险；二是水库排沙比减少，库区泥沙淤积将有所增加；三是水库下泄洪水长期小于下游河道安全泄量，减少了漫滩洪水，会造成坝下游河道萎缩，影响河道长期演变，缩减河道大洪水时的行洪能力。汉江丹江口水库下游河道行洪能力的衰减，已为此提供了实例。中小洪水调度后荆江大堤和长江干堤的护岸工程尚未经受原设计的河道安全泄量洪水的考验，不能发现可能的潜在隐患；当地防洪部门还反映，洪水小了，但防洪时间延长了。

评估认为，在论证和初步设计阶段，建设三峡工程的主要目标是调节和控制流域性的较大洪水，为了充分发挥三峡工程的综合效益，目前对汛期中小洪水进行了调控，试验性蓄水期实施中小洪水调度有利有弊，对其不利影响及对策还应深入分析论证。

## 二、汛末提前蓄水时间

在初步设计中规定，三峡水库每年从 10 月 1 日起开始蓄水，10 月底蓄至 175m，只有在枯水年份，这一蓄水过程延续到 11 月，需要蓄水 221 亿 m³。三峡水库蓄水运用以来，10 月的实测来水量有减少的趋势，而长江下游地区的需水量却有所增加。为保证汛后能蓄满水库和兼顾长江中下游的用水需求，水库提前到 9 月 10 日开始蓄水，即汛后蓄水时间提前 20 天，而且 9 月 10 日的起蓄水位和 9 月底蓄水位均设定较高。

汛末提前蓄水有利于发挥三峡水库的综合效益。但是，汛末提前蓄水，水库排沙时间缩短，库区（特别是变动回水区）泥沙淤积有所增加。据分析，水库运行到第十年末，提前蓄水方案比原方案的库区总淤积量约增加 0.24%～0.86%，但变动回水区的淤积量增加达 12.7%～31.4%。变动回水区的淤积在水库消落期可能成为航道的碍航淤积，需要增加航道的疏浚工作。

对于坝下游河道，提前蓄水可能造成一些汛期发生淤积的浅滩汛后难以有效冲深，航道维护量增加；同时，汛后蓄水时间提前，也使得洞庭湖和鄱阳湖提前进入枯水期，对湖区生态环境和水资源利用等产生一定影响。对这些问题及其影响需要深入研究。

### 三、水库其他调度调整

为了增加三峡水库的发电效益和减少弃水，试验性蓄水运行后，三峡水库实施汛期限制水位浮动（144.90～146.50m）、9月底蓄水至较高水位（169.00m左右）、消落推迟至6月20日等调度调整的研究与试验。与初步设计运行方式比，这些措施将会抬高水位运行水位，延长水库较高水位运行时间，其结果皆会造成水库排沙比减小，增加水库的泥沙淤积，不利于水库有效库容的长期保持，也增大了发生后续大洪水时的防洪风险。因此，上述调度调整对水库泥沙淤积和防洪的影响需要进行长期的观测研究。

此外，为了减少三峡水库的泥沙淤积和提高水库排沙比，2012年与2013年三峡水库还进行了库尾减淤调度试验和汛期沙峰排沙调度试验的探索。三峡水库消落期库尾冲淤变化受入库水沙条件、消落过程及河段前期淤积量等诸多因素的综合影响，水库排沙比受坝前水位、入库流量与沙量等因素的影响。因此，库尾减淤调度试验和汛期沙峰排沙调度试验的机理、指标和效果需要进一步分析。

### 四、江湖关系变化及其影响

受流域来水偏枯、三峡水库蓄水运用等综合影响，荆江三口（松滋口、太平口和藕池口）分流入洞庭湖的年平均水量由蓄水前1991—2002年的622亿 $m^3$ 减少为蓄水后2003—2013年的484亿 $m^3$；三口分流比从14％减至12％，但在枝城同流量条件下的三口分流比变化不大。三口入洞庭湖年平均输沙量由蓄水前1991—2002年的6627万 t 减少为蓄水后2003—2013年的1083万 t；2003—2013年三口分沙比为19％，与蓄水前1981—2002年的18.7％基本相同。三峡水库蓄水运用后荆江与三口河道都发生了冲刷，三口枯水断流天数略有增加。未来随着荆江和三口分流河道的冲刷发展，对三口分流和三口断流的影响有待观察。

由于三口和四水进入洞庭湖的水沙量减少，城陵矶出洞庭湖的水沙量也减少，2003—2013年三口四水进入洞庭湖的年平均水沙量分别为2010亿 $m^3$ 和0.19亿 t，比1991—2002年分别减少了约19％和78％。2003—2013年城陵矶出洞庭湖年平均水沙量分别为2289亿 $m^3$ 和0.185亿 t，比1991—2002年分别减少了约 20% 和 23%。三口分流河道和洞庭湖区年平均淤积量由蓄水前 1991—2002 年的 6276 万 t 减少为蓄水后 2003—2013 年的 56 万 t。三峡水库蓄水运用后，城陵矶同流量的枯水位有所下降，螺山站枯水流量 10000m³/s 的水位下降了 0.79m。

通过分析鄱阳湖进出口输沙资料，比较 2010 年和 1998 年湖区实测地形，鄱阳湖湖区总体处于冲刷状态（包括采砂影响），入江水道段湖口站断面深槽平均下切约 2m。鄱阳湖五河年平均入湖输沙量从三峡水库蓄水运用前 1956—2002 年的 1465 万 t 减少至蓄水后 2003—2013 年的 607 万 t，湖口站年平均出湖输沙量从蓄水前 1956—2002 年的 938 万 t 增加为蓄水后 2003—2013 年的 1241 万 t，湖区泥沙冲淤量由蓄水前的年平均淤积泥沙 527 万 t 转为蓄水后的冲刷泥沙 634 万 t。由于入江水道冲淤变化与鄱阳湖来水来沙、长江干流水位变化和采砂等都有关，入口水道冲刷下切的具体原因需进一步研究。三峡水库蓄水运用后，2003—2008 年鄱阳湖湖口年平均倒灌水量为 29 亿 m³，与三峡水库蓄水运用前接近；三峡水库实施中小洪水调度后，减少了干流洪水的上涨速度，2009—2013 年年平均倒灌水量只有 1.7 亿 m³，减少了 99%，同时倒灌输沙量也大幅度减少。

评估认为，三峡工程运行以来，受流域来水偏枯、三峡水库蓄水运用、湖区社会经济用水、采砂等因素的影响，荆江三口分流分沙量继续减少，减缓了洞庭湖泥沙淤积，与论证预测一致；三峡水库汛后蓄水，水库下泄流量减少，加之坝下游河道冲刷后同流量水位下降，使洞庭湖和鄱阳湖出流加快，两湖枯水位出现时间有所提前。长江与洞庭湖和鄱阳湖关系的变化涉及水资源和生态环境影响等多方面问题，需要进一步综合研究。

## 五、河道与航道整治工程及其影响

三峡工程建设和运行期间，国家投资实施了长江重要堤防隐蔽工程。三峡水库蓄水运用后，根据荆江河道的变化情况，2006—2008 年国家投资实施了荆江河段河势控制应急工程，2010 年后进一步实施了下荆江河势控制工程，对长江中下游河势控制起到了积极作用。由于长江中下游河道的冲刷尚在发展之中，长期的河势调整及其影响目前难以准确预测，需要加强跟踪观测和研究。

在三峡工程建设和运行期间，长江航道部门对长江中下游河道实施了一系列稳滩固槽的航道整治工程，对可能出现碍航的分汊河段和主要浅滩进行了治理。治理后，不利的变化趋势得到控制，航道趋于稳定，航道维护水深有所提高，航道条件得到改善，船舶货运量逐年增大。目前长江中下游尚有部分航道未治理或需要进一步治理。鉴于三峡水库蓄水运用时间较短，其对坝下游航道安全的影响仍需持续监测与深入研究。

## 六、河道采砂的影响

河道采砂是论证和设计阶段中未曾考虑的问题。近 20 年来，长江河道的采砂数量巨大，成为河道演变的重要影响因素之一。库区采砂有利于减缓泥沙淤积，如近年来重庆主城区河段年平均采砂量在 400 万 t 左右，这是导致该河段受蓄水影响后仍发生冲刷的重要原因之一。坝下游河道采砂，加剧了河道的冲刷。对于河道采砂，要特别注意采砂对河势变化、航道稳定和堤防安全的不利影响。对于葛洲坝枢纽下游河段，需要注意其对宜昌站枯水位下降的影响。河道采砂目前是关系沿江经济发展和当地收入的一项重要产业，必须根据采砂规划，依法执行，使之趋利避害。

# 第四节　泥沙原型观测与科学研究进展

三峡工程在论证和初步设计阶段，组织国内 20 多家相关单位，开展了科学研究工作，并安排了大量水文泥沙原型观测，取得了丰富的实测资料和丰硕的研究成果，为三峡工程的规划、设计、建设和运行提供了重要的技术支持。

## 一、水文泥沙原型观测

### （一）制定了长期的监测规划，进行了系统跟踪观测

根据初步设计阶段提出的观测要求，三峡集团公司于 1995 年组织编制了《三峡工程施工阶段工程水文泥沙观测规划》。在原有长江流域水文泥沙监测系统的基础上，建立完善了水文泥沙监测系统，补充增设了水文站和水位站，并在三峡工程建设过程中投入运用。

2001 年，三峡工程泥沙专家组牵头编制了《长江三峡工程 2002—2019 年泥沙原型观测计划》，并编制了不同阶段的水文泥沙观测项目实施方案，分施工期与蓄水初期两个阶段进行了项目与内容的安排。

三峡工程水文泥沙原型观测的范围自上游干支流直至河口，全程约 3000km。观测内容主要包括：三峡水库进库、沿程和出库水沙观测，库区固定断面、河道地形观测和重点河段河道演变观测，床沙级配观测，干容重等专项观测。水利部门和交通部门对三峡水库下游河道的水文泥沙、河道地形及航道等进行了系统观测。1993—2013 年，长江水利委员会水文局共计完成水

文（泥沙）观测 1000 余站年，河道地形测量约 $14700km^2$，泥沙取样分析约 35000 线次，河道固定断面观测约 22000 个次。

### （二）观测仪器设备、观测技术方法与数据处理等方面不断进步

在泥沙原型观测项目的开展过程中，随着科学技术水平的不断进步，将 GPS－RTK、ADCP、多波束、LISST 等新仪器、新方法、新技术大量运用于水文泥沙原型观测。在坝前大水深条件下淤积物干容重观测与取样仪器等方面进行了创新；将基于 GIS、RS、数据库等技术的水文泥沙综合信息管理系统运用于水文泥沙研究；将计算机网络、卫星通信、信息采集与传输集成技术，交互式技术及水文水力学模型等应用于水文自动测报与水文情报预报。不仅大大提高了工作效率和精度，而且还实现了观测资料与研究成果统一、科学和高效的数字化管理。

### （三）为三峡工程建设、运行与科学研究提供了支撑

三峡工程施工期的水文泥沙原型观测，为三峡工程建设和工程泥沙问题研究提供了系统的基础资料。三峡水库蓄水运用后，原型观测资料不仅为及时了解库区水文情势的变化、泥沙冲淤与河道演变状况提供支持，而且为三峡—葛洲坝梯级调度规程、水库分期蓄水方案和水库提前蓄水等研究、泥沙模拟技术验证与完善等提供了系统数据，为优化水库调度、尽量发挥工程效益和减少负面影响等发挥了重要作用。

三峡水库蓄水运用以来，对变动回水区走沙规律观测、重点库段淤积规律观测、引航道泥沙观测、坝下游水文情势变化、河床冲淤与河道演变等方面进行了重点监测，针对性强，取得了大量的监测资料，为三峡工程影响评估等提供了科学依据。

## 二、泥沙科学研究

### （一）开展了长期系统的泥沙问题研究

针对三峡工程泥沙问题，开展了长期系统的研究。从 1984 年开始，着重研究论证不同蓄水位方案，之后开展了专题论证工作。在"七五""八五"国家重点科技攻关期间，进行了泥沙与航运问题的专题论证研究。

国务院三峡工程建设委员会办公室于 1993 年 9 月成立了三峡工程泥沙专家组，对三峡工程泥沙问题研究进行技术咨询与指导，协调泥沙科研工作。泥沙专家组配合三峡集团公司，制定了泥沙科研计划，组织开展了系统的研究工作。三峡工程泥沙问题，始终坚持原型观测分析、数学模型模拟和实体模型试验紧密结合的研究方法，实行多家单位平行研究。

"九五"期间，配合三峡工程施工，重点研究坝区泥沙问题及其对船闸、升船机引航道和电站正常运行的影响及对策。"十五"期间，研究重点是配合工程初期运行，研究蓄水位抬升的有关泥沙问题。"十一五"期间，主要针对水沙条件变化，研究水库优化调度及对库区淤积和坝下游冲刷的影响等。

科技部、水利部和交通运输部等部门也组织开展了相关研究，如"十一五"国家科技支撑计划项目"三峡水库蓄水运用后泥沙与防洪关键技术研究"和"十二五"国家科技支撑计划项目"三峡水库和下游河道泥沙模拟与调控技术"等。

（二）解决了多个关键问题

泥沙科学研究为三峡工程的论证、设计、建设和运行提供了科技支撑，解决了多个关键问题，主要包括以下几方面：

（1）在三峡工程论证阶段，为论证确定正常蓄水位175m的水库规模问题提供了科学依据，并研究提出了三峡水库采用"蓄清排浑"的运用方式，使大部分有效库容可长期保持。

（2）在三峡工程设计和建设阶段，通过试验研究选定了上游引航道布置采用"全包"方案，即将船闸、升船机、冲沙闸全部置于隔流堤左侧的引航道内，取消4条冲沙隧洞。

（3）在三峡工程运行初期，研究提出了2008年汛后提前实施175m试验性蓄水和汛后蓄水时间由10月1日提前至9月10日等。

（4）在三峡工程运行中，现阶段着重研究三峡水库运行方式的优化，深入分析三峡水库的优化调度及对上下游的影响。

（三）取得了多项技术进步

（1）在泥沙运动与河床演变理论研究方面，普遍采用了不平衡输沙等新的理论成果，使泥沙运动理论由平衡输沙向前迈进了一步。提出了水库有效库容长期保持的理论与技术。

（2）在实体模型试验方面，经过从葛洲坝到三峡工程的多年摸索，改进了模型的相似设计，使模型实现悬移质与推移质同时相似。通过不同比尺模型与原型的系统研究和比较，提高了模型试验成果的可信度。

（3）在数学模型研究与应用方面，研究过程中不断完善了一维泥沙数学模型，从论证开始到目前，主要参数基本未变，大量实测资料验证说明，预测结果都较为符合实际。研发的泥沙二维、三维数学模型，能较好地反映变动回水区、坝区、下游河道等局部河段在一定时段内的冲淤变化。

# 第 三 章

# 评 估 结 论 与 建 议

## 第一节 主 要 评 估 结 论

泥沙问题是三峡工程建设需要解决的关键技术问题之一。在三峡工程论证、设计、建设和运行的各个阶段，对工程泥沙问题始终坚持原型观测调查与分析、泥沙数学模型计算与实体模型试验紧密结合的研究方法，对重大的工程泥沙问题组织多家单位参与进行系统、持续和平行的研究，以吸纳各种不同意见，多方比较，集思广益，形成较为全面的认识，为三峡工程建设规模、运行方式、有效库容长期保持等重大技术问题的解决提供了重要支撑，并在泥沙运动理论、模拟技术和调度运用等方面取得了一批高水平的成果。

评估认为，2003 年三峡水库蓄水运用以来，入库泥沙量大幅度减少，水库运行基本遵循"蓄清排浑"的原则，并根据实际情况，对水库运行调度方案进行了适当调整，水库实测泥沙淤积量明显小于论证和初步设计阶段的预测值。目前水库泥沙淤积尚未对重庆主城区河段洪水位产生影响，三峡库区航运条件得到明显改善，坝区泥沙淤积未对发电和引航道通航造成不利影响。坝下游河道冲刷不断向下游发展，冲刷速度较快、范围较大，局部河段河势调整较大，崩岸时有发生，江湖关系发生一定变化，但坝下游河道总体河势基本稳定，堤防工程基本保持安全稳定，未出现重大险情；三峡水库调节提高了坝下游河道枯水流量的航道水深，洲滩冲淤变化对航运造成的影响可通过航道整治工程、疏浚和水库调度等加以克服。长江入海泥沙大幅度减少，长江口冲刷逐渐显现，但长江口总体格局尚未出现显著变化。综上所述，三峡水库采用"蓄清排浑"的运行方式解决泥沙问题是正确的，2003 年三峡水库蓄水运用以来，三峡工程泥沙问题及其影响未超出原先的预计，局部问题经精心应对，仍处于可控之中。今后，随着三峡水库上游干支流新建水库群的联合调度和蓄水拦沙，三峡入库沙量在相当长时段内将处于较低的水平，三峡水库的泥沙淤积总体上会进一步减缓，有利于有效库容的长期保持。从泥沙问题方面来看，三峡水库正式进入正常运行期是可行的。

但是，泥沙的冲淤变化及影响总体上是一个逐步累积的长期过程，至2013年三峡工程仅运行11年，入库水沙也还未经历大水大沙年份，泥沙问题尚处于初始阶段。今后随着时间的推移，泥沙问题的影响和后果会逐渐累积和加剧。同时，还有些泥沙问题具有偶发性和随机性，如局部河段的岸坡滑移、堤岸崩塌、主流摆动、河床剧烈调整等，必须及时应对。三峡水库蓄水运用以来，已经暴露的泥沙问题主要包括以下方面：

（1）重庆主城区河段因砾卵石推移与淤积而导致消落期局部河段航行条件困难，铜锣峡以下变动回水区与常年回水区重点河段累积性淤积对航道形成潜在威胁。

（2）水库"蓄清排浑"运行方式在汛期低水位排沙与壅水发电和航运调度之间存在一定矛盾；中小洪水调度、防洪限制水位上浮、推迟消落等都将会引起库区泥沙淤积量增加和坝下游河道萎缩，并加大后续洪水的防洪风险。

（3）坝下游河道冲刷向下游发展速度较快，宜昌站枯水位偏低，崩岸时有发生，局部河段河势调整剧烈，部分河段非法采砂等，对长江中下游防洪与航运构成威胁。

（4）江湖关系的发展变化，洞庭湖和鄱阳湖分流量和分沙量下降对湖区防洪、水资源和环境的影响，尚缺乏全面、综合的研究。

（5）进入长江口的泥沙量大幅度减少对长江口冲淤演变的影响尚未深入研究。

上述泥沙问题将随着三峡水库的持续运行而不断发展和变化，事关长江防洪与航运安全，直接影响三峡工程的综合功能和长远效益的发挥，也将成为社会新的关注点，需要密切跟踪监测和深入研究，并提出应对策略，不可放松警惕。

## 第二节　建　　议

为了配合三峡水库的优化调度，充分发挥三峡工程的综合效益，根据三峡水库蓄水运用以来的经验和新出现的泥沙问题，对今后三峡工程泥沙工作提出如下建议：

### 一、坚持长期水文泥沙监测，加强科学研究

除原审定的观测计划内容外，下一步应补充或加强较大支流库区、重庆主

城区以上河段、地下电厂进水口前等区域的泥沙观测，加强坝下游河道水文泥沙观测，坝下游河道观测范围应延至河口段；加强荆江大堤和中下游干堤护岸工程监测；组织有关单位充分利用泥沙原型观测资料开展资料分析与专题研究。三峡工程的泥沙原型观测工作应有长远计划，并坚持实施。目前应先组织制定 2019—2039 年的水文泥沙观测计划。

泥沙科学研究要不断加强，主要内容包括：①未来水库上游来水来沙变化；②水库有效库容长期保持；③水库库区（含变动回水区、坝区）泥沙淤积及其影响；④下游河道冲刷演变、水位变化与江湖关系变化及其影响；⑤水库下泄泥沙（特别是细颗粒）减少引起有机营养成分变化而产生的生态泥沙问题；⑥河口泥沙问题等。其中，要重点加强对水库有效库容长期保持，上游大型水库群的修建与运行后长江中下游河道及河口长期冲淤演变及对策的研究，对长江中下游河道未来的演变趋势、泄洪能力、堤防影响、通航条件、环境影响等作出科学预测。此外，还要十分重视河道采砂、沿岸开发、岸线利用等对上下游河道演变叠加影响的研究。

## 二、高度重视调度运用中的有关泥沙问题

（1）在充分发挥工程最大效益的同时，水库应坚持"蓄清排浑"的运用方式，尽可能多地长期保存有效库容。

（2）深入研究中小洪水调度控制指标及其影响。中小洪水调度有较大的近期效益，但因抬高汛期水位，可能会带来防洪风险，增加库区泥沙淤积；下泄洪水长期小于河道安全泄量，会造成坝下游河道萎缩，缩减大洪水时行洪能力，这些问题需要进一步观测和研究。

（3）开展长江上游水库群联合优化调度研究。从充分利用水资源和尽量减少泥沙冲淤变化的不利影响出发，研究三峡水库运行调度方式和上游水库群联合优化调度对上下游河道冲淤演变的长远影响，尽快完善长江中下游地区防洪、抗旱、减灾体系，抓紧制定和实施长江上游水库群联合调度方案。

## 三、抓紧研究、适时实施重点河段河道（航道）整治工程

对拟议中的上下游重点河段整治工程应继续开展研究，并根据具体情况适时实施，如重庆主城区及重庆以下变动回水区航道治理工程、宜昌至杨家脑河段的综合治理工程、芦家河等重点滩段的浅滩治理工程、荆江河势控制和航道整治工程、荆江大堤和长江中下游干堤全面加固工程、下荆江七弓岭弯道治理工程、荆江三口控制与分流道治理工程、簰洲湾裁弯工程等。

附件：

# 泥沙课题组成员名单

## 专　家　组

顾　问：张　仁　清华大学，教授

组　长：胡春宏　中国水利水电科学研究院教授级高级工程师，中国工程院院士

副组长：戴定忠　水利部科技司原司长，教授级高级工程师

韩其为　中国水利水电科学研究院教授级高级工程师，中国工程院院士

王光谦　青海大学校长，清华大学教授，中国科学院院士

成　员：陈济生　长江科学院教授级高级工程师

潘庆燊　长江科学院教授级高级工程师

荣天富　长江航道局教授级高级工程师

谭　颖　国际泥沙研究培训中心教授级高级工程师

王桂仙　清华大学教授

谢葆玲　武汉大学教授

邓景龙　中国长江三峡集团公司教授级高级工程师

唐存本　南京水利科学研究院教授级高级工程师

曹叔尤　四川大学教授

严以新　河海大学教授

李义天　武汉大学教授

周建军　清华大学教授

窦希萍　南京水利科学研究院教授级高级工程师

卢金友　长江科学院教授级高级工程师

唐洪武　河海大学教授

刘怀汉　长江航道局教授级高级工程师

陈晓云　长江航道局教授级高级工程师

陈华康　长江科学院教授级高级工程师

# 工　作　组

| | |
|---|---|
| 范　昭 | 国际泥沙研究培训中心教授级高级工程师 |
| 王延贵 | 国际泥沙研究培训中心教授级高级工程师 |
| 曹文洪 | 中国水利水电科学研究院教授级高级工程师 |
| 陈松生 | 长江水利委员会水文局教授级高级工程师 |
| 许全喜 | 长江水利委员会水文局教授级高级工程师 |
| 何　青 | 华东师范大学教授 |
| 方春明 | 中国水利水电科学研究院教授级高级工程师 |
| 陈绪坚 | 中国水利水电科学研究院教授级高级工程师 |
| 朱光裕 | 中国长江三峡集团公司教授级高级工程师 |
| 李志远 | 中国长江三峡集团公司高级工程师 |
| 韩　飞 | 长江航道局高级工程师 |
| 纪国强 | 长江委长江勘测规划设计研究院教授级工程师 |
| 胡向阳 | 长江科学院高级工程师 |
| 安凤玲 | 清华大学高级工程师 |
| 史红玲 | 中国水利水电科学研究院教授级高级工程师 |

# 第二篇
# 三峡库区泥沙评估
# 专题研究报告

# 第 一 章

# 三峡水库上游来水来沙变化

三峡水库上游径流和悬移质泥沙主要来自金沙江、岷江、嘉陵江、乌江和沱江等河流，三峡水库上游干流水文控制站包括屏山站、朱沱站和寸滩站，岷江、嘉陵江、乌江和沱江对应的水文控制站分别为高场站、北碚站、武隆站和富顺（李家湾）站，三峡库区河道示意图如图2.1-1所示。

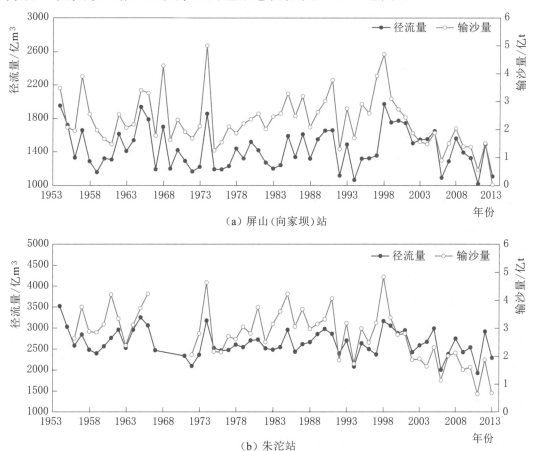

（a）屏山（向家坝）站

（b）朱沱站

图 2.1-1（一） 三峡上游干流主要水文站年径流量与输沙量历年变化过程

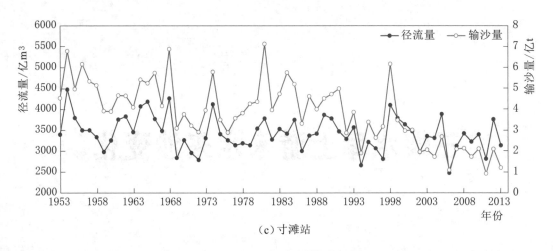

（c）寸滩站

图 2.1-1（二）　三峡上游干流主要水文站年径流量与输沙量历年变化过程

# 第一节　三峡水库上游径流量与悬移质输沙量变化

## 一、干流水沙变化

### （一）三峡水库蓄水运用前，径流量变化不大，而输沙量总体减少趋势明显

三峡水库上游屏山站、朱沱站和寸滩站年径流量和输沙量变化过程如图 2.1-1 所示。在三峡水库蓄水运用前，由于金沙江流域人类活动较少，屏山站径流量和输沙量变化趋势不明显，1961—1970 年和 1991—2002 年多年平均年径流量均为 1510 亿 m³，多年平均年输沙量分别为 2.51 亿 t 和 2.81 亿 t，如表 2.1-1 和图 2.1-2 所示。朱沱站和寸滩站的径流量与屏山站类似，总体变化趋势不明显，1990 年以前多年平均径流量分别为 2660 亿 m³ 和 3520 亿 m³；但 20 世纪 90 年代以来，受降水量变化、水利工程拦沙、水土保持减沙和河道采砂等影响，输沙量减少趋势明显。朱沱站和寸滩站 1961—1970 年多年平均年输沙量分别为 3.36 亿 t 和 4.8 亿 t，分别大于 1990 年以前多年平均年输沙量（分别为 3.16 亿 t 和 4.61 亿 t）6.3% 和 4.1%；1991—2002 年多年平均年输沙量分别为 2.93 亿 t 和 3.37 亿 t，较 1990 年以前分别减少 7.3% 和 26.9%。

干流寸滩站和乌江武隆站年径流量和输沙量之和作为三峡水库的入库水沙条件[1]。2002 年之前，三峡入库径流量随时间呈略有减少趋势，而输沙量随时间明显减少。1961—1970 年多年平均年入库径流量和输沙量分别为 4201 亿 m³ 和 5.09 亿 t，1991—2002 年分别为 3871 亿 m³ 和 3.57 亿 t。

表 2.1-1　三峡上游干支流主要水文站多年平均年径流量和输沙量变化

| 项目 | 系列 | 金沙江 屏山 | 岷江 高场 | 长江 朱沱 | 嘉陵江 北碚 | 长江 寸滩 | 乌江 武隆 | 三峡入库 寸滩＋武隆 |
|---|---|---|---|---|---|---|---|---|
| 流域面积/万 km² | | 48.5 | 13.5 | 69.5 | 15.6 | 86.7 | 8.3 | 95.0 |
| 径流量 /亿 m³ | 论证值 (1956—1986 年) | 1430 | 876 | 2640 | 701 | 3490 | 496 | 3986 |
| | 1990 年以前 | 1440 | 882 | 2660 | 704 | 3520 | 495 | 4015 |
| | 1991—2002 年 | 1510 | 815 | 2672 | 529 | 3339 | 532 | 3871 |
| | 2003—2008 年 | 1450 | 788 | 2570 | 606 | 3270 | 440 | 3710 |
| | 2009—2013 年 | 1320 | 788 | 2480 | 711 | 3290 | 400 | 3690 |
| | 2003—2013 年 | 1370 | 789 | 2503 | 665 | 3266 | 414 | 3680 |
| | 2003—2013 年与 1990 年以前相比 | −5％ | −11％ | −6％ | −6％ | −7％ | −16％ | −8％ |
| | 多年平均 | 1420 | 843 | 2630 | 657 | 3440 | 482 | 3922 |
| 输沙量 /万 t | 论证值 (1956—1986 年) | 24300 | 5020 | 31400 | 14000 | 46100 | 3170 | 49270 |
| | 1990 年以前 | 24600 | 5260 | 31600 | 13400 | 46100 | 3040 | 49140 |
| | 1991—2002 年 | 28100 | 3450 | 29300 | 3720 | 33700 | 2040 | 35740 |
| | 2003—2008 年 | 15600 | 3430 | 18500 | 2260 | 19670 | 787 | 20457 |
| | 2009—2013 年 | 11400 | 2060 | 14100 | 3800 | 17000 | 243 | 17243 |
| | 2003—2013 年 | 12900 | 2850 | 15900 | 3170 | 18100 | 527 | 18627 |
| | 2003—2013 年与 1990 年以前相比 | −48％ | −46％ | −50％ | −76％ | −61％ | −83％ | −62％ |
| | 多年平均 | 23000 | 4400 | 27800 | 10000 | 38500 | 2310 | 40810 |
| 含沙量 /(kg/m³) | 论证值 (1956—1986 年) | 1.70 | 0.570 | 1.19 | 2.11 | 1.32 | 0.64 | 1.24 |
| | 1990 年以前 | 1.71 | 0.596 | 1.19 | 1.9 | 1.31 | 0.61 | 1.22 |
| | 1991—2002 年 | 1.99 | 0.432 | 1.14 | 0.75 | 1.06 | 0.411 | 0.92 |
| | 2003—2008 年 | 1.08 | 0.435 | 0.723 | 0.372 | 0.602 | 0.179 | 0.55 |
| | 2009—2013 年 | 0.870 | 0.261 | 0.569 | 0.534 | 0.516 | 0.061 | 0.47 |
| | 2003—2013 年 | 0.945 | 0.361 | 0.635 | 0.477 | 0.554 | 0.127 | 0.51 |
| | 2003—2013 年与 1990 年以前相比 | −45％ | −39％ | −47％ | −75％ | −58％ | −79％ | −59％ |
| | 多年平均 | 1.62 | 0.522 | 1.06 | 1.52 | 1.12 | 0.479 | 1.04 |

注　1. 1990 年以前水沙统计值为初步设计采用值，1956—1986 年为三峡论证采用值。

2. 经重新核算，自 2006 年起，屏山站集水面积由原来的 485099km² 更改为 458592km²。

3. 多年平均值统计年份：屏山（向家坝）站为 1956—2013 年，高场站为 1956—2013 年，朱沱站为 1954—2013 年（缺 1967—1970 年），北碚站为 1956—2013 年，寸滩站为 1950—2013 年，武隆站为 1956—2013 年。

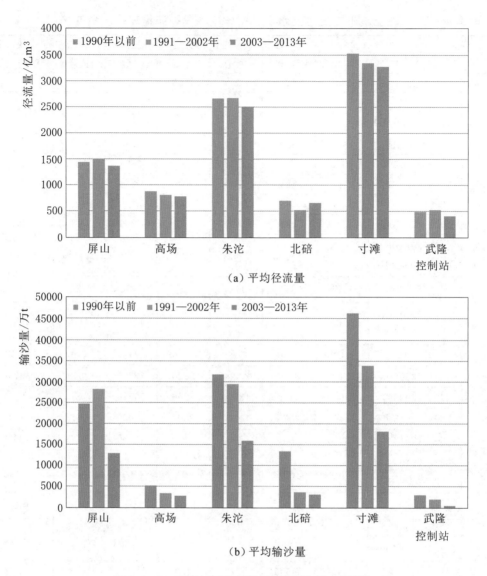

（a）平均径流量

（b）平均输沙量

图 2.1-2　三峡上游干支流水文控制站年水沙变化

## （二）三峡水库蓄水运用后，径流量略有减少，而输沙量大幅度减少

三峡水库蓄水运用以来，2003—2013 年屏山（向家坝）站、朱沱站和寸滩站多年平均年径流量分别为 1370 亿 $m^3$、2503 亿 $m^3$ 和 3266 亿 $m^3$，略小于1990 年以前多年平均值的 5%、6% 和 7%，如表 2.1-1 和图 2.1-2 所示；而输沙量则分别大幅度减少至 1.29 亿 t、1.59 亿 t 和 1.81 亿 t，比 1990 年以前减少达 48%、50% 和 61%。

2003—2013 年，三峡入库多年平均年径流量和输沙量分别为 3680 亿 $m^3$和 1.86 亿 t，较 1990 年以前均值分别减少 8% 和 62%，较 1991—2002 年均值分别减少 5% 和 48%，较论证采用值分别减少 7.6% 和 62.2%。与 1990 年以前相比，沙量减幅最大的是嘉陵江[2]，2003—2013 年北碚站多年平均年水沙量分别为 665 亿 m³ 和 0.317 亿 t；与 1990 年以前相比，北碚站多年平均水沙量分别减少了 6% 和 76%；与 1991—2002 年相比，北碚站水量增加 26%，沙量减少 15%。

2013 年长江上游新增的水库较多，主要有鲁地拉、锦屏一级、溪洛渡、向家坝、亭子口等，加之上游来水偏枯，导致三峡入库水流和沙量发生了明显变化。2013 年入库径流量和输沙量分别为 3345 亿 m³ 和 1.27 亿 t，比 2003—2012 年分别减少了 7.2% 和 37%。另外，三峡入库泥沙地区来源也发生了明显变化，2003—2012 年三峡入库泥沙主要来自金沙江、岷江和嘉陵江，其年均来沙量分别占入库沙量的 70.0%、14.4%、14.4%，沱江来沙量仅占 1%。2013 年三峡入库泥沙则主要来自沱江、嘉陵江，其来沙量分别占入库沙量的 28.3%、45.4%，金沙江来沙量则仅占 1.6%。与 2003—2012 年相比，2013 年沱江和嘉陵江来水来沙量均明显偏多，尤其是沱江来沙量达到 3600 万 t，居 1957 年以来实测最大值。其他站来水来沙量均偏少，尤以金沙江来沙量减少最为明显。

## 二、主要支流水沙变化

### （一）三峡水库蓄水运用前，径流量变化不大，而输沙量减少趋势明显

岷江高场站、嘉陵江北碚站和乌江武隆站径流量和输沙量变化过程如图 2.1-3 所示。20 世纪 90 年代前，这三条支流年径流量总体变化趋势不明显，如表 2.1-1 和图 2.1-2 所示。20 世纪 90 年代后，受降水量变化、水利工程拦沙、水土保持减沙和河道采砂等影响，三条支流输沙量减少趋势都很明显，三站 1991—2002 年多年平均年输沙量分别为 0.345 亿 t、0.372 亿 t 和 0.204 亿 t，较 1990 年以前分别减小 34.4%、72.2% 和 32.9%。

### （二）三峡水库蓄水运用后，径流量略有减少，而输沙量持续大幅度减少

三峡水库蓄水运用以来，三条支流径流量略有减少，2003—2013 年高场站、北碚站和武隆站的多年平均径流量分别为 789 亿 m³、665 亿 m³ 和 414 亿 m³，分别略小于 1990 年以前多年平均值的 11%、6% 和 16%。三峡水库蓄水运用以来，由于流域内人类活动频繁，如修建水库、实施水土保持工程等，长江上游主要支流年输沙量持续明显减少，2003—2013 年三站多年平均输沙量分别进一步减少至 2850 万 t、3170 万 t 和 527 万 t，较 1990 年以前减少达 46%、76% 和 83%。

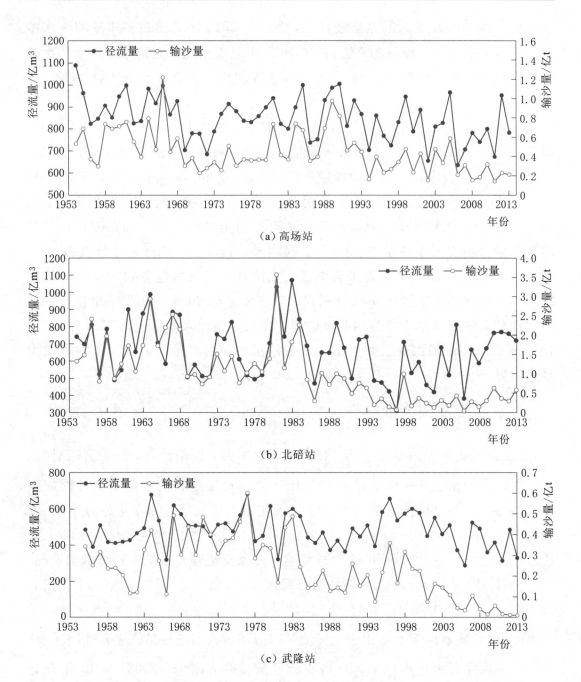

（a）高场站

（b）北碚站

（c）武隆站

图 2.1-3　长江上游主要支流水文站水沙变化过程

# 三、上游水沙年内变化与入库泥沙来源变化

**（一）三峡水库蓄水运用后，各站 9—11 月径流量较 1990 年以前明显减少，7—9 月输沙量减少最为显著**

据长江上游各站 1991—2002 年、2003—2013 年月均径流量和输沙量与

1990 年以前的对比分析可见（图 2.1-4～图 2.1-7），各站 9—11 月径流量减少非常明显。其中宜昌站 1991—2002 年减少 192.2 亿 $m^3$，2003—2013 年减少 315.1 亿 $m^3$，分别占全年减水量的 187.7％和 82.8％；寸滩站 1991—2002年、2003—2013 年分别减少 154.5 亿 $m^3$、164.6 亿 $m^3$，分别占全年减水量的 85.4％、64.8％；高场站 1991—2002 年减少 38.0 亿 $m^3$，1991—2001 年减少 48.9 亿 $m^3$，分别占全年减水量的 58.1％、53.2％；北碚站 1991—2002 年减少 93.4 亿 $m^3$，2003—2013 年减少 37.1 亿 $m^3$，分别占全年减水量的 56％、102.6％；2003—2013 年武隆站年径流量虽增加 29.4 亿 $m^3$，但 9—11 月水量减少 22.4 亿 $m^3$。

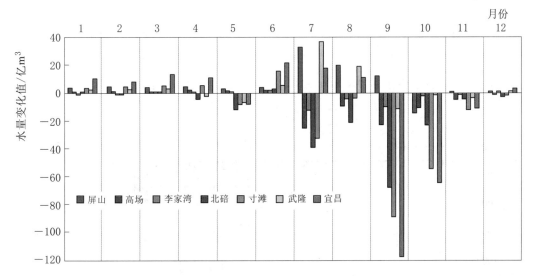

图 2.1-4　长江上游各站月径流量 1991—2002 年多年平均值与 1990 年以前多年平均值相比变化值

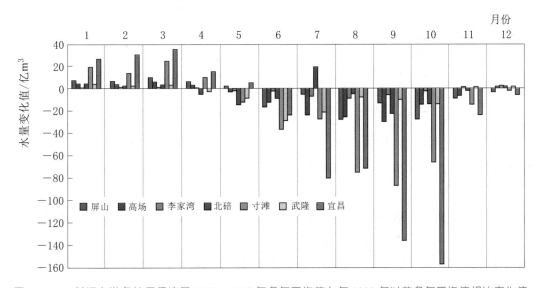

图 2.1-5　长江上游各站月径流量 2003—2013 年多年平均值与年 1990 年以前多年平均值相比变化值

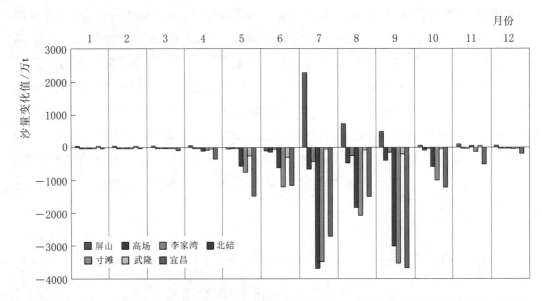

图 2.1-6　长江上游各站月输沙量 1991—2002 年多年平均值与 1990 年以前多年平均值相比变化值

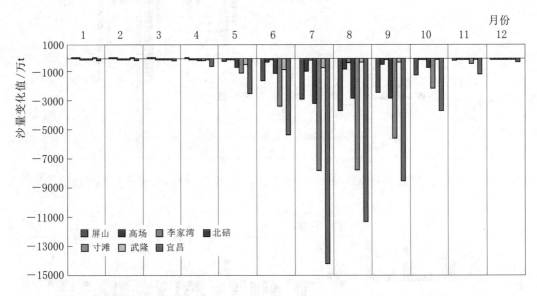

图 2.1-7　长江上游各站月输沙量 2003—2013 年多年平均值与 1990 年以前多年平均值相比变化值

对于输沙量而言，1991—2002 年除金沙江屏山站外，长江上游干、支流各站输沙量均呈减少趋势，以 7—9 月减少最为显著。其中，高场站减少 0.156 亿 t，占全年减沙量的 86.0％；李家湾站减少 0.082 亿 t，占全年减沙量的 92.4％；北碚站减少 0.860 亿 t，占全年减沙量的 82.0％；武隆站减少 0.086 亿 t，占全年减沙量的 91.4％；宜昌站减少 0.791 亿 t，占全年减沙量的 61.0％。2003—2013 年，长江干流各站输沙量均有较大幅度的减少，且仍以 7—9 月减少最为显著。与 1990 年以前相比，高场站减少 0.203 亿 t，占全年减沙量的 84.3%；李家湾站减少 0.056 亿 t，占全年减沙量的 85.9%；北碚站减少 0.859 亿 t，占全年减沙量的 77.8%；武隆站减少 0.227 亿 t，占全年减沙量的 92.4%；宜昌站减少 3.411 亿 t，占全年减沙量的 71.9%。

### （二）三峡水库蓄水运用后金沙江输沙量所占比例有所降低，嘉陵江有所增加

三峡水库蓄水运用前，1991—2002 年三峡入库（寸滩站）悬移质泥沙的 94.5% 来源于金沙江和嘉陵江，大于 1990 年以前的 84.1%。其中金沙江输沙量占寸滩站的比重由 1990 年以前的 53.3% 增大至 83.4%，而嘉陵江占寸滩的比重则由 1990 年以前的 30.8% 减小至 11.0%，岷江输沙量比重约减少 1%。三峡水库蓄水运用后，2003—2013 年三峡入库（寸滩站）悬移质泥沙的 88.9% 来源于金沙江和嘉陵江，小于蓄水前的 94.5%，大于 1990 年以前的 84.1%。其中，金沙江输沙量占寸滩站的比重为 71.7%，大于 1990 年以前的比例，而小于蓄水运用前 1991—2002 年的比重；嘉陵江占寸滩的比重为 17.5%，小于 1990 年以前的比重，而大于蓄水运用前 1991—2002 年的比例；岷江输沙量占寸滩站的比重由 1990 年以前的 11.4% 增大至 15.8%。2013 年以后，受溪洛渡、向家坝水电站蓄水影响，三峡入库泥沙来源发生明显变化，金沙江向家坝水文站 2013 年实测年输沙量仅为 0.02 亿 t，较 2003—2012 年平均值减少了 99%，仅占入库沙量的 1.6%；沱江、嘉陵江受局部强降雨影响，来沙量明显增多，其来沙量分别为 0.360 亿 t（1953 年以来最大值）和 0.576 亿 t，分别占入库沙量的 28.3% 和 45.4%。

## 四、入库悬移质泥沙颗粒级配

三峡水库蓄水运用前，朱沱站、寸滩站、万县站年均悬移质中值粒径均为 0.011mm，宜昌站为 0.009mm。粒径大于 0.125mm 的粗颗粒泥沙含量沿程减少，由朱沱站的 11.0% 减少至宜昌站的 9.0%，如表 2.1－2 所示。

表 2.1－2　　　　　　三峡入库控制站悬移质级配和中值粒径变化

| | 粒径 d 范围 | 时段 | 测 站 | | | | | | | |
|---|---|---|---|---|---|---|---|---|---|---|
| | | | 朱沱 | 北碚 | 寸滩 | 武隆 | 清溪场 | 万县 | 黄陵庙 | 宜昌 |
| 分组沙重百分数/% | d≤0.031mm | 2002 年以前平均 | 69.8 | 79.8 | 70.7 | 80.4 | | 70.3 | | 73.9 |
| | | 2003—2013 年 | 73.1 | 81.9 | 77.6 | 82.8 | 81.4 | 89.4 | 88.6 | 86.3 |
| | 0.031mm<d≤0.125mm | 2002 年以前平均 | 19.2 | 14.0 | 19.0 | 13.7 | | 20.3 | | 17.1 |
| | | 2003—2013 年 | 18.4 | 13.4 | 16.4 | 13.5 | 14.8 | 9.8 | 8.4 | 8.0 |
| | d>0.125mm | 2002 年以前平均 | 11.0 | 6.2 | 10.3 | 5.9 | | 9.4 | | 9.0 |
| | | 2003—2013 年 | 8.5 | 4.6 | 5.9 | 3.6 | 3.8 | 0.6 | 3.0 | 5.7 |

续表

| 中值粒径/mm | 时段 | 测站 | | | | | | | |
|---|---|---|---|---|---|---|---|---|---|
| | | 朱沱 | 北碚 | 寸滩 | 武隆 | 清溪场 | 万县 | 黄陵庙 | 宜昌 |
| | 2002年以前平均 | 0.011 | 0.008 | 0.011 | 0.007 | | 0.011 | | 0.009 |
| | 2003—2013年 | 0.011 | 0.009 | 0.010 | 0.007 | 0.008 | 0.007 | 0.005 | 0.006 |

注 1. 朱沱站、北碚站、寸滩站、武隆站、万县站2002年以前平均值统计年份为1987—2002年，宜昌站则为1986—2002年。

2. 清溪场站无2003年以前资料，黄陵庙站无2002年以前资料。

3. 2010—2013年长江干流各主要测站的悬移质泥沙颗粒分析均采用激光粒度仪。

三峡水库蓄水运用后，入库悬移质中值粒径有所变细，2003—2013年寸滩站悬移质中值粒径为0.010mm，小于1987—2002年的0.011mm；入库泥沙粗颗粒含量减少，寸滩站中值粒径$d>0.125$mm的比例由蓄水前的10.3%减少为5.9%。朱沱、北碚、寸滩、武隆站中值粒径分别为0.011mm、0.009mm、0.010mm、0.007mm，粗颗粒泥沙含量分别从蓄水前多年平均的11.0%、6.2%、10.3%、5.9%减少为8.5%、4.6%、5.9%、3.6%。宜昌站的悬移质中值粒径由蓄水前的0.009mm减少为0.006mm，粗颗粒泥沙含量则由9%减为5.7%。

## 第二节 三峡水库上游推移质输沙量变化

推移质泥沙包括沙质推移质（粒径1～2mm）、砾石推移质（粒径2～10mm）和卵石推移质（粒径大于10mm）。自20世纪80年代以来，进入三峡的推移质泥沙数量总体上呈下降的趋势，如图2.1-8和图2.1-9及表2.1-3和表2.1-4所示。如寸滩站1991—2002年实测沙质推移质的年均输沙量为25.83万t，约为同期悬移质输沙量的0.08%；三峡水库蓄水运用后的2003—2013年，年均沙质推移质输沙量仅为1.47万t，较1991—2002年多年平均值减少94%，约为同期悬移质输沙量的0.008%；2003—2013年多年平均卵石推移质输沙量为4.36万t，较1991—2002年多年平均值减少80%。三峡上游推移质出现大幅度减少的原因，主要与水库拦沙，河道采砂活动日益增多，以及水土保持工程实施范围扩大等因素有关[3]。

三峡水库蓄水运用后，三峡水库变动回水区不同位置推移质输移变化具有很大的差异。蓄水运用前，朱沱、寸滩和万县各测站断面砾卵石多年平均输沙量分别为26.9万t、22万t和34.1万t，2003—2013年分别减少为13.38万t、4.36万t和0.19万t，减幅分别为50.3%、80.2%和99.4%，减幅沿程向下逐渐增加，如图2.1-9和表2.1-4所示。

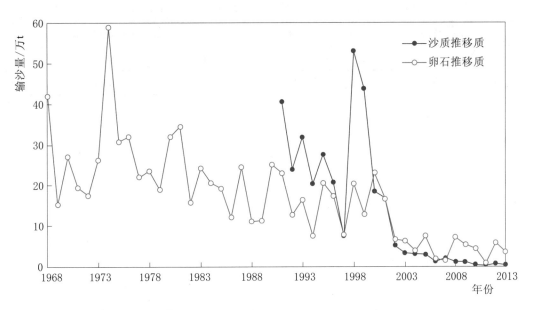

图 2.1-8　长江寸滩站卵石和沙质推移质输沙量变化过程

表 2.1-3　　　2002 年前后寸滩站实测沙质推移质年输沙量成果表

| 年份 | 1991—2002 | 2003 | 2004 | 2005 | 2006 | 2007 | 2008 | 2009 | 2010 | 2011 | 2012 | 2013 | 2003—2013 |
|---|---|---|---|---|---|---|---|---|---|---|---|---|---|
| 多年平均输沙量/万 t | 25.83 | 3.29 | 3.04 | 2.92 | 1.18 | 2.07 | 1.1 | 1.09 | 0.3 | 0.2 | 0.64 | 0.35 | 1.47 |

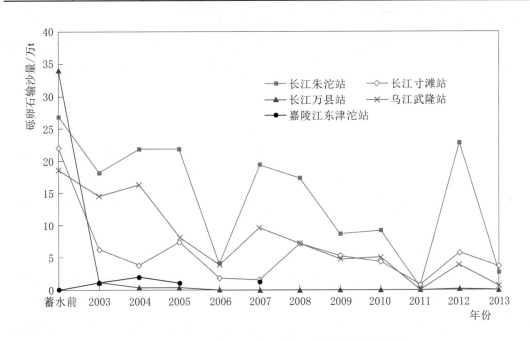

图 2.1-9　长江主要水文站砾卵石年输沙量变化过程

表 2.1-4 三峡水库蓄水运用前后上游干支流各站砾卵石年均输沙量成果表

| 河流 | 站名 | 统计年份 | 砾卵石年均输沙量/万 t |
|------|------|----------|----------------------|
| 长江 | 朱沱 | 1975—1985 年 | 32.8 |
| | | 1975—2002 年 | 26.9 |
| | | 2003—2013 年 | 13.38 |
| | 寸滩 | 1966 年、1968—1985 年 | 27.7 |
| | | 1966 年、1968—2002 年 | 22.0 |
| | | 2003—2013 年 | 4.36 |
| | 万县 | 1973—2002 年 | 34.1 |
| | | 2003—2013 年 | 0.19 |
| 嘉陵江 | 东津沱 | 2002 年 | 0.053 |
| | | 2003—2007 年 | 1.32 |
| 乌江 | 武隆 | 2002 年 | 18.7 |
| | | 2003—2013 年 | 6.43 |

**注** 由于测站测验设施受滑坡、地震和草街航电枢纽蓄水影响，东津沱站 2008 年停测。

# 第三节 三峡入库水沙变化成因与变化趋势

## 一、上游来沙量大幅度减少的主要影响因素

三峡水库上游近期来沙减少主要受水库拦沙、水土保持工程、河道采砂等人类活动和降雨等自然因素的影响，其中水库拦沙和水土保持措施对减沙的作用最为显著[4]。

### （一）水库拦沙是导致入库沙量大幅度减少的主要因素

据不完全统计，金沙江、岷江、嘉陵江和乌江流域已修建大型水库约 26 座，总库容约为 490.09 亿 m³。其中 1991—2005 年新增大型水库 11 座，总库容约 108.7 亿 m³，约为 20 世纪 90 年代以前长江上游已建大型水库总库容的 3 倍。1991—2005 年水库拦沙引起三峡水库年入库泥沙减少 1.06 亿 t，与 1990 年以前相比新增年减沙量为 0.809 亿 t，占三峡入库总减沙量的 51%。其中，宝珠寺水库基本上已将嘉陵江流域重点产沙区之一的白龙江流域的泥沙全部拦截，1995 年 7 月至 2001 年 4 月实测地形表明，水库拦沙量为 7122 万 m³，多年平均值为 1781 万 m³；二滩水电站将金沙江支流雅砻江大部分来沙拦截在水库内，1998 年 5 月建成蓄水后，年出库沙量不足入库沙量的 6%，1998—2004

年多年平均拦沙量 5205 万～6150 万 t；铜街子水库拦截了岷江支流大渡河来沙的 80％以上，1994—2000 年水库淤积泥沙量约 1.0917 亿 $m^3$，占库容的 51.7％；根据贵州省水资源公报，2000—2004 年乌江的普定、东风、乌江渡等几座大型水库泥沙淤积量之和分别为 1469 万 t、1353 万 t、1668 万 t、1106 万 t、1185 万 t，年均淤积量为 1356 万 t。

2005 年后，又有一批大中型水库建成运用，使得长江上游沙量进一步减少。尤其自 2010 年以来，金沙江中下游大型梯级陆续蓄水运用，其拦沙效果十分显著。如金沙江中游金安桥水电站于 2010 年 11 月 25 日蓄水后，导致攀枝花站沙量大幅度减少，2011 年输沙量仅为 1000 万 t，与多年平均值相比，减小 80％；向家坝水电站 2012 年 10 月初期蓄水，溪洛渡水电站 2013 年 5 月开始初期蓄水，导致金沙江下游输沙量大幅度减少，2012 年、2013 年向家坝站输沙量分别仅为 15100 万 t 和 203 万 t，分别较多年平均值减少 35％和 99％。

### （二）水土保持工程是导致三峡入库沙量减少的重要因素

长江上游水土流失重点区域包括金沙江下游及毕节地区、陕南及陇南地区、嘉陵江中下游地区和三峡库区等四大片区，土地总面积 35.1 万 $km^2$，与长江流域暴雨区相重合，形成严重的水土流失。

长江水利委员会水文局较为系统地研究了长江上游地区水土保持综合治理措施对三峡入库沙量的影响。1989—2005 年长江上游"四大片区"累积治理面积 6.63 万 $km^2$，占长江上游水土流失总面积 35.2 万 $km^2$ 的 18.8％。水土保持措施年均减蚀量为 10876 万 t，减蚀效益为 6.9％；对河流出口的减沙量为 4275 万 t，减沙效益为 8.2％。其中三峡上游年均减蚀量为 9330 万 t，对河流出口的减沙量为 3780 万 t，减沙效益为 7.7％；三峡水库库区年均减蚀量为 1546 万 t，减沙量为 495 万 t。

### （三）降雨变化对三峡水库沙量减少的作用不容忽视

目前，关于长江上游气候变化对河道输沙量影响的研究成果较少。据有关成果[5]，长江上游年均气温整体呈上升趋势，其中冬春季平均气温上升趋势明显。流域年降雨量整体呈下降趋势，但不显著。宜昌站年径流量整体呈下降趋势，这与流域内年降雨量的减少趋势相一致。其中汛期径流总量和汛后径流总量呈降低趋势，对三峡水库的汛后蓄水会造成不利的影响。而文献对川江河段研究表明[6]，川江河段气温、径流呈不同程度的减少趋势，而降水则呈小幅度增加趋势。上述研究成果表明流域气候和降雨发生一定的变化，对上游河道径流量和输沙量会产生一定的影响。

降雨因素调查研究结果表明，一方面上游地区降雨量减少，导致1991—2005年三峡水库年均入库水量较1950—1990年均值减少了112亿 $m^3$ ，减幅为3%；另一方面降雨时空分布变化，导致三峡入库输沙量减少。三峡上游气候变化（降雨分布等）导致入库年沙量减少约0.189亿t，占三峡入库总减沙量的12%，鉴于降雨因素具有随机波动性，今后来沙可能随着降雨增加而增加。

### （四）采砂等其他因素对输沙量减少产生一定的作用

据调查，长江长寿至大渡口段（长337km）和泸州至铜锣峡段（长277km）1993年、2002年砂和砾卵石采挖量分别为865万t、893万t；嘉陵江朝天门至盐井段（长75km）和朝天门至渠河嘴段（长104km）1993年、2002年砂和砾卵石采挖量分别为350万t、357万t。砂卵石采挖量远远大于推移量，导致滩面逐年下降。如重庆珊瑚坝江心洲，1977—1996年洲面平均下降近1m，局部地区下降4m左右，洲体明显变小；位于嘉陵江出口的金沙碛边滩，由于河床连年采挖，河床已露出大片基岩。另外，清华大学于2008年4月16—22日，对沱江中下游四川省金堂县至内江市长383.9km的河道采砂进行了调查；结果表明，自20世纪80年代中期开始从河道中大量采挖砂石建筑材料，年均采挖量在220万t左右。

以嘉陵江为例，嘉陵江是长江上游输沙量减少最为明显的河流。研究表明，1991—2003年期间，气候因素（降雨量减少和降雨分布变化）导致的减沙量为0.340亿～0.350亿t，占北碚站总减沙量的1/3；水库拦沙对北碚站减沙0.325亿t，约占北碚站总减沙量的30%；水土保持措施减沙0.160亿～0.180亿t，约占1/6；河道采砂357万t以及河道泥沙淤积等，占20%。

## 二、三峡入库输沙量变化趋势

### （一）溪洛渡和向家坝水库对三峡入库泥沙的影响

向家坝水电站2012年10月开始初期蓄水、溪洛渡水电站2013年5月开始初期蓄水，使进入三峡水库的悬移质泥沙大幅度减少，粒径变小。实测资料表明，2012年、2013年向家坝输沙量分别仅为15100万t和203万t，分别较多年平均值减少35%、99%。数学模型计算结果表明[7-8]，溪洛渡、向家坝水库联合运行50年，朱沱站累积悬移质输沙量为65.1亿～64.2亿t，较无库情况下减少了101.4亿～102.3亿t，减幅约61%；运行100年，朱沱站累积悬移质输沙量为150.85亿～148.81亿t，较无库情况下减少了182.15亿～184.19亿t，减幅55%。溪洛渡和向家坝水库联合运用至100年末，朱沱站悬

移质中值粒径 $d_{50}$ 为 0.026mm，均未达到 1961—1974 年汛期平均值 0.042mm。

（二）亭子口水库对三峡入库泥沙的影响

长江科学院按 1974—1980 年水沙系列计算结果表明，当亭子口水库运用 10 年时，北碚站悬移质泥沙较建库前减少 31%；亭子口水库运用至第 40 年末，北碚站悬移质泥沙减少 27.3%；水库运用至第 90 年末，北碚站悬移质泥沙仍未达到建库前实测值，悬移质泥沙减少 18.3%。

（三）三峡入库输沙量的变化趋势

综上所述，随着长江上游大型水利工程如金沙江溪洛渡、向家坝，嘉陵江亭子口、草街，岷江紫坪铺、瀑布沟，乌江彭水等枢纽的建成，以及进一步的水土保持工程建设，三峡水库在未来相当长时间内会保持较少的来沙量。但值得重视的是，上游地区一些因素（如地质灾害，航电枢纽因近年来逐渐达到淤积平衡而拦沙作用减弱等）也有可能会导致入库泥沙增多，且来沙更为集中。如 2008 年发生的汶川特大地震，产生了上百亿方的松散体，随着时间的推移，松散体中的细小颗粒泥沙会逐渐向下游地区输移，导致入库泥沙增多。2013 年 4 月四川雅安发生 7.0 级地震，7 月发生强降雨产生了泥石流，导致沱江输沙量高达 3600 万 t，较 2003—2012 年同期的均值增加了 16 倍；嘉陵江输沙量也达到 5760 万 t，较 2003—2012 年也增加了 1 倍多。上游地区大型水库虽拦沙明显，但一些低水头的中小水库、航电枢纽近年来逐渐达到淤积平衡，拦沙作用减弱。如 2010 年 7 月嘉陵江大水，导致原来淤积在嘉陵江、渠江、涪江等河流上的航电枢纽库区的泥沙部分被冲出库外，北碚站 7 月输沙量达到 4550 万 t，比 2003—2009 年多年平均输沙量偏大 1 倍多；又如 2010 年沱江输沙量达到了 627 万 t，是 2003—2009 年多年平均值的 7 倍。这些因素都会影响三峡入库泥沙的变化，对库区泥沙淤积及其分布也将产生重要影响。

# 第 二 章

# 三峡水库运行情况

## 第一节　三峡水库调度方案与实际运行情况

### 一、水库调度方案

三峡水库正常蓄水位 175m，防洪限制水位 145m，枯季消落低水位 155m。三峡水库初步设计调度方案如图 2.2－1 所示。按照三峡工程初步设计[9]，每年 5 月末至 6 月初，为腾出防洪库容，坝前水位降至汛期防洪限制水位 145m；汛期 6—9 月，水库维持在 145m 运行。在遇大洪水时，根据下游防洪需要，水库拦洪蓄水，库水位抬高，洪峰过后，仍降至 145m 运行。汛末 10月，水库蓄水水位逐步升高至 175m。12 月至次年 4 月，水电站按电网调峰要求运行，水库尽量维持在较高水位。4 月末以前水位最低高程不低于 155m，以保证发电水头和上游航道必要的航深。每年 5 月开始进一步降低库水位，5月初降至枯季消落低水位 155m，6 月 10 日降至防洪限制水位。

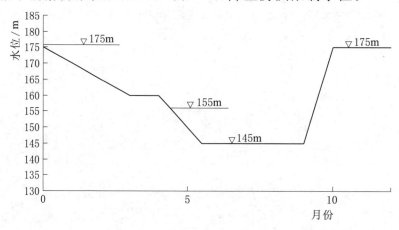

图 2.2－1　三峡水库初步设计运行方案

## 二、水库实际运行情况

三峡水库自 2003 年 6 月开始蓄水运用以来，经历了围堰发电期、初期运行期和 175m 试验性蓄水期等 3 个阶段[10]，具体运行情况如下。

### （一）围堰发电期

2003 年 6 月至 2006 年 9 月为三峡水库围堰发电期，坝前运行水位为 135（汛限水位）～139m（蓄水位）。每年 6—9 月汛期，水库水位一般维持在防洪限制水位 135m；10 月水库开始蓄水，一般年份 10 月末水库蓄水至 139m；枯水期 11 月至次年 4 月底维持 139m 运行，4 月底至 5 月中旬水库水位消落至低水位 135m。为确保三峡水利枢纽（围堰发电期）—葛洲坝水利枢纽工程安全，逐步发挥综合效益，三峡工程实施了三峡（围堰发电期）—葛洲坝梯级调度。三峡围堰发电期的主要任务是在保证工程安全的前提下，逐步发挥发电、通航效益。葛洲坝水利枢纽是三峡的航运反调节枢纽，主要任务是对三峡水利枢纽日调节下泄的非恒定流过程进行反调节，在保证航运安全和通畅的条件下充分发挥发电效益。

### （二）初期运行期

2006 年 9 月至 2008 年 9 月为三峡水库初期运行期，运行水位为 144～156m，三峡水库进入初期运行期的时间较初步设计提前了一年。根据初期运行期调度规程，全年库水位控制分为 4 个阶段：供水期（1—4 月、11 月、12 月）、汛前消落期（5 月 1 日至 6 月 10 日）、汛期（6 月 11 日至 9 月 24 日）、蓄水期（9 月 25 日至 10 月 23 日）。水位控制范围：汛期在水库没有防洪任务时控制在 143.9～145m 范围内，其他阶段控制范围为 143.9～156m。初期运行期的主要任务是在保证已建工程及施工安全的前提下，逐步发挥防洪、发电、航运、水资源利用等综合效益。防洪调度的主要任务是在保证三峡水利枢纽工程及施工安全和葛洲坝水利枢纽度汛安全的前提下，利用水库拦蓄洪水，提高荆江河段防洪标准；特殊情况下，适当考虑城陵矶附近的防洪要求。当发挥防洪作用与保证枢纽工程安全有矛盾时，服从枢纽建筑物和工程施工安全进行调度。

### （三）175m 试验性蓄水期

2008 年汛后，三峡水库开始 175m 试验性蓄水，较初步设计提前了 5 年。2008 年 11 月蓄水至 172.8m，2009 年 11 月蓄水至 171.43m，2010—2013 年实现了 175m 蓄水目标。试验蓄水期运行水位为 145（汛限水位）～175m（正常蓄水位），试验性蓄水期的主要任务是全面发挥防洪、发电、航运、水资源利用等综合效益。

# 第二节 三峡水库蓄水水位变化过程与特征值

## 一、水库蓄水位变化过程

三峡水库围堰发电期坝前水位，水库回水末端达到重庆市涪陵区李渡镇，回水长约 498km。三峡水库初期运行期，水库回水末端达到重庆铜锣峡，回水长约 598km。三峡水库 175m 试验性蓄水期，水库回水末端达到重庆江津附近，回水长度约 660km。2003 年蓄水运用以来，三峡坝前水位变化过程如图 2.2-2 所示。

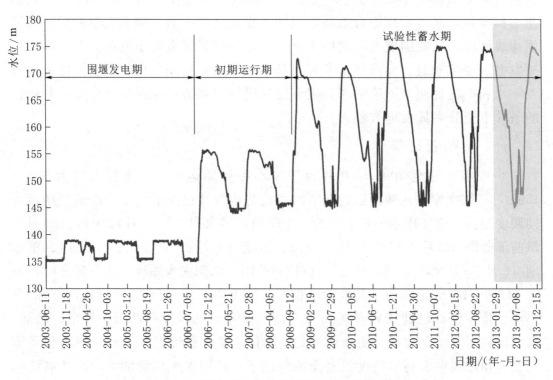

图 2.2-2 三峡水库蓄水运用以来坝前水位变化过程

## 二、水库运行特征水位与流量

2003 年 6 月蓄水运用以来，至 2013 年已运行 11 年，各年水库运行水位和汛期流量的特征值如表 2.2-1 所示[11]。

### （一）围堰发电期

三峡水库围堰发电期的特征水位和流量如表 2.2-2 和图 2.2-3 所示。由表可见，坝前平均水位为 137.21m，最高水位为 138.99m（2003 年 12 月 30

表 2.2－1　　　　　三峡水库蓄水期各年特征水位和流量统计表

| 年份 | 汛前最低水位/m | 汛期水位/m | | | 汛期入库最大洪峰流量（月－日）/(m³/s) | 汛期出库最大洪峰流量（月－日）/(m³/s) | 汛后最高蓄水位（月－日）/m |
|---|---|---|---|---|---|---|---|
| | | 最低 | 最高 | 平均 | | | |
| 2003 | 135.07 | 135.04 | 135.37 | 135.18 | 46000（9－4） | 44900（9－5） | 138.66（11－6） |
| 2004 | 135.33 | 135.14 | 136.29 | 135.53 | 60500（9－8） | 56800（9－9） | 138.99（11－26） |
| 2005 | 135.08 | 135.33 | 135.62 | 135.5 | 45200（7－12） | 45100（7－23） | 138.93（12－15） |
| 2006 | 135.19 | 135.04 | 141.61 | 135.8 | 29500（7－10） | 29200（7－10） | 155.77（12－4） |
| 2007 | 143.97 | 143.91 | 146.17 | 144.7 | 52500（7－30） | 47300（7－31） | 155.81（10－31） |
| 2008 | 144.66 | 144.96 | 145.96 | 145.61 | 39000（8－17） | 38700（8－16） | 172.80（11－10） |
| 2009 | 145.94 | 144.77 | 152.88 | 146.38 | 55000（8－6） | 40400（8－5） | 171.43（11－25） |
| 2010 | 146.55 | 145.05 | 161.24 | 151.69 | 70000（7－20） | 41500（7－27） | 175.05（11－2） |
| 2011 | 145.94 | 145.1 | 153.62 | 147.94 | 46000（9－21） | 28700（6－25） | 175.07（10－31） |
| 2012 | 145.84 | 145.05 | 163.11 | 152.78 | 71200（7－24） | 45600（7－30） | 175.02（10－30） |
| 2013 | 145.19 | 145.06 | 155.78 | 148.66 | 49000（7－21） | 35700（7－25） | 175.00（11－11） |

日），最低水位为 135.07m（2006 年 8 月 30 日）；入库平均流量为 13700m³/s，最大入库流量为 59100m³/s（2004 年 9 月 8 日），最小入库流量为 3680m³/s（2004 年 1 月 30 日）；出库平均流量为 13700m³/s，最大出库流量为 55200m³/s（2004 年 9 月 9 日），最小入库流量为 3760m³/s（2004 年 2 月 1 日）。

表 2.2－2　　　　三峡水库围堰发电期水库运行特征值统计表

| 项目 | 入库流量/(m³/s) | 出库流量/(m³/s) | 坝前水位(吴淞基面)/m | 坝下水位(吴淞基面)/m |
|---|---|---|---|---|
| 平均值 | 13700 | 13700 | 137.21 | 66.11 |
| 最大值 | 59100 | 55200 | 138.99 | 73.50 |
| 最大值时间 | 2004 年 9 月 8 日 | 2004 年 9 月 9 日 | 2003 年 12 月 30 日 | 2004 年 9 月 9 日 |
| 最小值 | 3680 | 3760 | 135.07 | 63.49 |
| 最小值时间 | 2004 年 1 月 30 日 | 2004 年 2 月 1 日 | 2006 年 8 月 30 日 | 2006 年 2 月 13 日 |

（二）初期运行期

三峡水库初期运行期的特征水位和流量如表 2.2－3 和图 2.2－4 所示。由

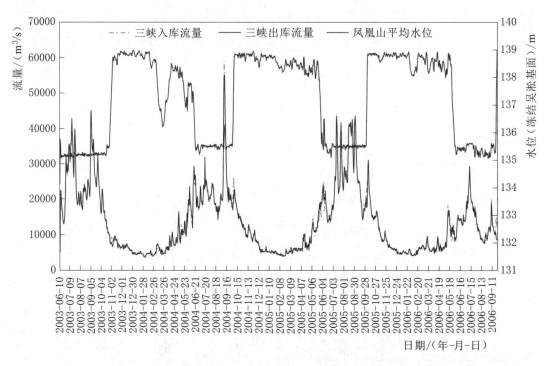

图 2.2-3 围堰发电期三峡水库坝前水位和出入库流量过程

表可见，坝前平均水位为 150.28m，最高水位为 155.82m（2007 年 10 月 31
日），最低水位为 143.99m（2007 年 7 月 8 日）；三峡入库平均流量 12700m³/s，
最大入库流量为 50500m³/s（2007 年 7 月 30 日），最小入库流量为 2770m³/s
（2007 年 2 月 27 日）；三峡水库出库平均流量为 12600m³/s，最大出库流量为
45400m³/s（2007 年 7 月 30 日），最小出库流量为 4510m³/s（2006 年 12 月
27 日）。

表 2.2-3　　　　　　三峡水库初期运行期水库运行特征值统计表

| 项目 | 入库流量/(m³/s) | 出库流量/(m³/s) | 坝前水位(吴淞基面)/m | 坝下水位(吴淞基面)/m |
|---|---|---|---|---|
| 平均值 | 12700 | 12600 | 150.28 | 66.03 |
| 最大值 | 50500 | 45400 | 155.82 | 71.34 |
| 最大值时间 | 2007 年 7 月 30 日 | 2007 年 7 月 30 日 | 2007 年 10 月 31 日 | 2007 年 7 月 31 日 |
| 最小值 | 2770 | 4510 | 143.99 | 63.92 |
| 最小值时间 | 2007 年 2 月 27 日 | 2006 年 12 月 27 日 | 2007 年 7 月 8 日 | 2007 年 5 月 21 日 |

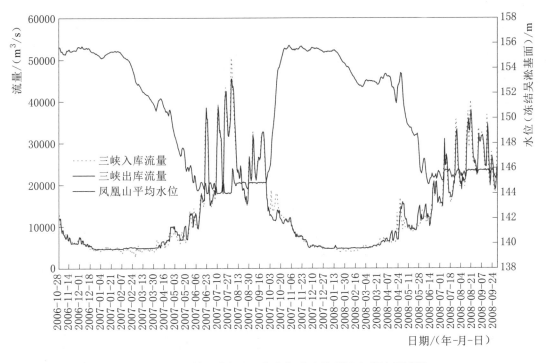

图 2.2-4 三峡水库初期运行期坝前水位和出入库流量过程

## （三）175m 试验性蓄水期

2009 年 9 月至 2013 年 12 月，175m 试验性蓄水期特征水位和流量如表 2.2-4 和图 2.2-5 所示。由表可见，坝前平均水位为 161.76m，最高水位为 175.04m（2011 年 11 月 1 日），最低水位为 144.84m（2009 年 8 月 3 日），水位变幅为 30.20m；三峡入库平均流量 12547m³/s，最大入库流量为 67900m³/s（2012 年 7 月 24 日），最小入库流量为 3320m³/s（2010 年 2 月 27 日）；三峡水位出库平均流量为 12398m³/s，最大出库流量为 45200m³/s（2007 年 7 月 28 日），最小出库流量为 5370m³/s（2009 年 1 月 16 日）。

表 2.2-4　　　三峡水库试验性运行期水库运行特征值统计表

| 项目 | 入库流量/（m³/s） | 出库流量/（m³/s） | 坝前水位(吴淞基面)/m | 坝下水位(吴淞基面)/m |
|---|---|---|---|---|
| 平均值 | 12547 | 12398 | 161.76 | 65.75 |
| 最大值 | 67900 | 45200 | 175.04 | 71.36 |
| 最大值时间 | 2012 年 7 月 24 日 | 2012 年 7 月 28 日 | 2011 年 11 月 1 日 | 2012 年 7 月 30 日 |
| 最小值 | 3320 | 5370 | 144.84 | 63.96 |
| 最小值时间 | 2010 年 2 月 17 日 | 2009 年 1 月 16 日 | 2009 年 8 月 3 日 | 2011 年 12 月 9 日 |

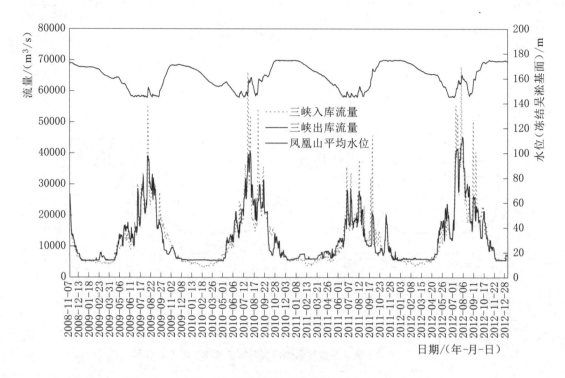

图 2.2－5　三峡水库试验性运行期坝前水位和出入库流量过程

三峡水库 175m 试验性蓄水运用后，库区变动回水区范围为江津至涪陵李渡，常年回水区范围为涪陵李渡至大坝，如图 2.2－6 所示。

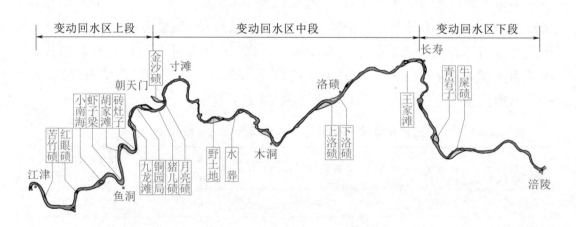

（a）变动回水区区段划分

图 2.2－6（一）　三峡水库上游河道与回水分区示意图

(b) 常年回水区

图 2.2-6（二）　三峡水库上游河道与回水分区示意图

# 第三节　三峡水库优化调度运行与调度试验

## 一、汛末提前蓄水时间

2009 年，针对三峡水库蓄水运用以来运行条件发生较大改变，为满足水利部门和航运部门从提高下游供水、防洪、航运等方面对三峡水库调度提出更高需求，水利部等有关部门组织对三峡水库进行了优化调度研究，编制了《三峡水库优化调度方案》[12]，并经国务院批准实施。《三峡水库优化调度方案》提出的蓄水调度方式：一般情况下，9 月 15 日开始兴利蓄水。蓄水期间库水位按分段控制上升的原则，9 月 30 日水位不超过 156m（视来水情况，经防汛部门批准后可蓄至 158m），10 月底可蓄至汛后最高水位。蓄水期间下泄流量：9 月根据水库来流量大小控制不小于 8000～10000m³/s；10 月上旬、中旬、下旬分别按不小于 8000m³/s、7000m³/s、6500m³/s 控制；11 月按保证葛洲坝枢纽下游（庙咀站）水位不低于 39.00m 和三峡水电站保证出力对应的流量控制；《三峡水库优化调度方案》允许防洪限制水位上浮至 146.5m。

2009 年汛末，三峡水库从 9 月 15 日开始蓄水，由于遭遇了上游来水偏枯与下游持续干旱的情况，水库蓄水至 171.43m，如图 2.2-7 所示。根据 2009 年调度的经验和教训，考虑到 9 月、10 月来水量偏少，2010 年以后，三峡水库在提前蓄水方面采取了汛末蓄水与前期防洪运用相结合的方法。根据国家防总批复意见，汛末蓄水时间进一步提前至 9 月 10 日，从 2010 年至 2013 年连续 4 年实现了 175m 蓄水目标。2009—2012 年三峡水库供水期累积向下游航运、生态和抗旱等补水 520.3 亿 m³，工程综合效益得到进一步发挥[13]。

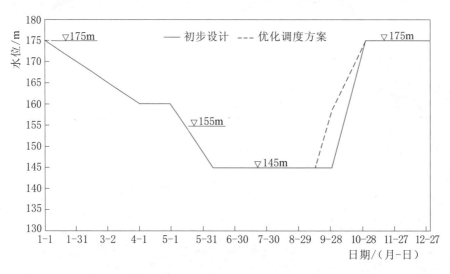

图 2.2-7　三峡水库初步设计与优化调度方案水库运行方式

## 二、中小洪水调度

2010 年国家防总《关于三峡—葛洲坝水利枢纽 2010 年汛期调度运用方案的批复》（国汛〔2010〕6 号）中明确了"当长江上游发生中小洪水，根据实时雨水情况和预测预报，在三峡水库尚不需要实施对荆江或城陵矶河段进行防洪补偿调度，且有充分把握保障防洪安全时，三峡水库可以相机进行调洪运用"，第一次明确提出了"中小洪水调度"的运用方式，并予以实施。

2008—2013 年汛期，长江上游发生多次较大洪水，根据长江中下游地方防汛部门的要求，利用实时水雨情预测预报，水库进行了中小洪水调度。如 2010 年汛期，三峡水库先后三次对入库大于 50000m³/s 的洪水实施拦蓄调度，累积调洪总量 260 多亿 m³。其中对最大入库流量 70000m³/s 的洪水，控制出库流量为 40000m³/s，削减洪峰流量 40% 以上，拦蓄水量约 80 亿 m³，库水位最高达 161.24m。2012 年汛期，先后 4 次对大于 50000m³/s 洪水实施拦蓄调度，累积调洪总量 228.2 亿 m³。其中对于三峡水库建库以来最大入库流量 71200m³/s 的洪水，控制出库流量 44100m³/s，削减洪峰流量 38%，拦蓄水量 51.75 亿 m³，库水位最高达 163.11m。

## 三、库尾减淤调度试验和生态调度试验

### （一）库尾减淤调度试验

为减小库尾重庆河段泥沙淤积，保证该河段航运畅通，在试验性蓄水期

间，2012 年 5 月 7—18 日三峡水库消落期，首次实施了库尾减淤调度试验[14]，即通过适时增加三峡水库下泄流量，加大库尾水流速度，以提高消落期库尾走沙能力，将库尾变动回水区泥沙冲刷至常年回水区的死库容中。试验期间，三峡水库水位累积降幅达 5.21m，日均水位降幅 0.43m。

（二）生态调度试验

在三峡水库蓄水期间，为促进"四大家鱼"的自然繁殖，水库于 2011 年和 2012 年实施了生态调度试验。通过 4～7 天持续增加下泄流量的方式，人工创造了适合"四大家鱼"繁殖所需水文、水力学条件的洪峰过程。

2011 年 6 月 16—19 日，三峡水库首次开展了生态调度试验，通过控制下泄流量为下游创造一个持续涨水过程，日均出库流量分别为 $14000m^3/s$、$16000m^3/s$、$17500m^3/s$ 和 $19000m^3/s$。

2012 年 5—6 月，三峡水库实施了两次生态调度。5 月 25—31 日，第一次生态调度，出库流量分别为 $18500m^3/s$、$14800m^3/s$、$11900m^3/s$、$13800m^3/s$、$18900m^3/s$、$21800m^3/s$ 和 $22400m^3/s$，先逐步减少后持续加大。6 月 20—27 日，第二次生态调度，20—21 日出库流量由 $12600m^3/s$ 减少至 $12100m^3/s$，22—23 日出库流量维持在 $12100m^3/s$ 左右，24 日出库流量开始增加，24—27 日逐日出库流量分别为 $12800m^3/s$、$15300m^3/s$、$17400m^3/s$ 和 $18600m^3/s$。

# 第 三 章

# 三峡库区泥沙淤积

## 第一节 三峡水库泥沙淤积量与淤积分布

在河道冲淤量的分析计算中,输沙量法(也称输沙率法、沙量平衡法)和地形(断面)法是两种常用方法[15]。输沙量法计算得到的泥沙冲淤量以重量计,而地形法计算得到的冲淤量以体积计。两种结果可通过泥沙干容重进行换算比较,有时会出现两者不一致的情况。长江水利委员会水文局于2005—2010年进行了库区淤积物干容重测量,其变化范围为 $0.712 \sim 1.83t/m^3$,2003—2012年三峡水库泥沙淤积量输沙量法和断面法计算得出库区淤积泥沙总量分别为13.91亿t和13.43亿t,计算结果仅相差3%。由此可见,对于三峡水库而言,采用两种方法所得出的计算结果相差不大,输沙量法主要用于分析三峡库区总体的冲淤变化情况,而断面法则主要用于描述库区的冲淤分布。

### 一、水库泥沙淤积量

根据三峡水库主要控制站——朱沱站、北碚站、寸滩站、武隆站、清溪场站、黄陵庙站(2003年6月至2006年8月三峡入库站为清溪场站,2006年9月至2008年9月为寸滩站+武隆站,2008年10月至2013年12月为朱沱站+北碚站+武隆站)水文观测资料统计分析,2003年6月至2013年12月,三峡入库悬移质输沙量为20.279亿t,出库(黄陵庙站)悬移质输沙量为4.969亿t,不考虑库区区间来沙(下同),水库淤积泥沙量为15.310亿t,年均淤积泥沙量为1.39亿t,仅为初步设计阶段数学模型采用1961—1970年水沙系列年预测值的40%左右,水库排沙比为24.5%,如表2.3-1和图2.3-1所示。

表 2.3-1　　　　　三峡水库进出库泥沙与水库淤积量统计表

| 时　段 | 入库 | | 出库 | | 水库淤积量 /亿 t | 排沙比 (出库/入库) /% |
|---|---|---|---|---|---|---|
| | 水量/ 亿 m³ | 沙量 /亿 t | 水量 /亿 m³ | 沙量 /亿 t | | |
| 2003 年 6 月至 2006 年 8 月 | 13276 | 7.004 | 14097 | 2.590 | 4.414 | 37.00 |
| 2006 年 9 月至 2008 年 9 月 | 7619 | 4.435 | 8178 | 0.832 | 3.603 | 18.80 |
| 2008 年 10 月至 2013 年 12 月 | 18582 | 8.840 | 20416 | 1.547 | 7.293 | 17.50 |
| 2003 年 6 月至 2013 年 12 月 | 39477 | 20.279 | 42691 | 4.969 | 15.310 | 24.50 |

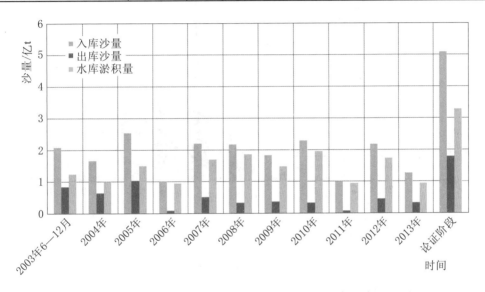

图 2.3-1　三峡水库进出库泥沙与水库淤积量变化过程

## 二、水库泥沙淤积变化过程

三峡水库围堰发电期（2003 年 6 月至 2006 年 8 月），入库悬移质泥沙量为 7.004 亿 t，出库（黄陵庙站）悬移质泥沙量为 2.590 亿 t。不考虑三峡水库区间来沙，水库淤积泥沙量为 4.41 亿 t，年均淤积泥沙量为 1.10 亿 t，水库排沙比为 37%。

三峡水库初期运行期（2006 年 9 月至 2008 年 9 月），入库悬移质输沙量为 4.435 亿 t，出库悬移质输沙量为 0.832 亿 t。不考虑库区的区间来沙，水库淤积泥沙量为 3.603 亿 t，年均淤积泥沙量为 1.80 亿 t，水库排沙比为 18.8%。

三峡水库试验性蓄水期（2008 年 10 月至 2013 年 10 月），入库悬移质输沙量为 8.840 亿 t，年均入库泥沙量为 1.768 亿 t，仅为初步设计值的 35%，年均出库悬移质泥沙量为 1.547 亿 t。不考虑库区的区间来沙，水库淤积泥沙

7.293 亿 t，年均淤积泥沙量为 1.46 亿 t，水库排沙比为 17.5%。

从历年水库泥沙淤积年内分布图（图 2.3－2）可以看出，泥沙淤积主要发生在 6—10 月，集中在 7—9 月。围堰发电期、初期运行期和试验性蓄水期，6—10 月泥沙淤积量分别占全年淤积量的 94.1%、94.2% 和 94.6%。

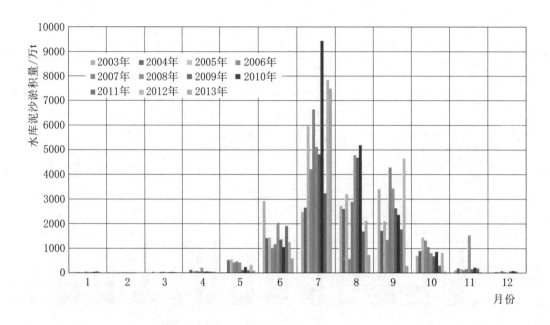

图 2.3－2　三峡水库各月泥沙淤积分布特征

# 三、水库泥沙淤积分布

## （一）库区干流泥沙淤积分布

**1. 泥沙主要淤积在常年回水区的宽谷段和弯道段，坝前段淤积强度最大**

2003—2013 年，三峡水库变动回水区（江津至涪陵段）累积冲刷泥沙 0.156 亿 $m^3$，常年回水区淤积 14.757 亿 $m^3$。在常年回水区范围内，涪陵至奉节段、奉节至庙河段和庙河至大坝段泥沙淤积分别为 9.478 亿 $m^3$、3.756 亿 $m^3$ 和 1.529 亿 $m^3$，如图 2.3－3 和表 2.3－2 所示。从库区沿程淤积强度来看，淤积强度较大的依次为大坝至庙河（长 15.1km）的 1012.6 万 $m^3$/km、白帝城至奉节（长 14.2km）的 646.9 万 $m^3$/km、云阳至万县（长 66.7km）的 432.3 万 $m^3$/km、万县至忠县（长 81.2km）的 420.3 万 $m^3$/km、忠县至丰都（长 58.8km）的 397.0 万 $m^3$/km、秭归至官渡口（长 45.8km）的 310.0 万 $m^3$/km。这些河段均为宽谷段或弯道段，河段总长 281.8km，占全库区长的 43%，但其淤积量占总淤积量的 84%。

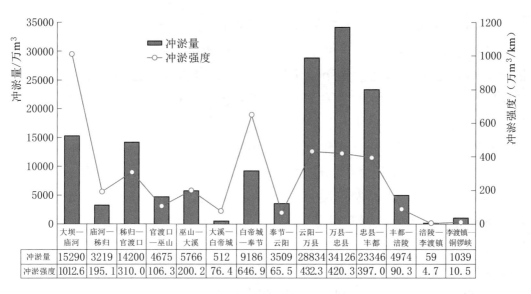

| | 大坝—庙河 | 庙河—秭归 | 秭归—官渡口 | 官渡口—巫山 | 巫山—大溪 | 大溪—白帝城 | 白帝城—奉节 | 奉节—云阳 | 云阳—万县 | 万县—忠县 | 忠县—丰都 | 丰都—涪陵 | 涪陵—李渡镇 | 李渡镇—铜锣峡 |
|---|---|---|---|---|---|---|---|---|---|---|---|---|---|---|
| 冲淤量 | 15290 | 3219 | 14200 | 4675 | 5766 | 512 | 9186 | 3509 | 28834 | 34126 | 23346 | 4974 | 59 | 1039 |
| 冲淤强度 | 1012.6 | 195.1 | 310.0 | 106.3 | 200.2 | 76.4 | 646.9 | 65.5 | 432.3 | 420.3 | 397.0 | 90.3 | 4.7 | 10.5 |

图 2.3－3　三峡水库蓄水运用以来大坝至铜锣峡河段沿程冲淤分布

表 2.3－2　　　　三峡库区干流泥沙冲淤量统计表（地形法）　　　　单位：万 m³

| 河段起止地名 | 起止断面号 | 间距/km | 1996 年 12 月至 2003 年 3 月 | | 2003 年 3 月至 2006 年 10 月 | 2006 年 10 月至 2008 年 1 月 | | 2008 年 10 月至 2013 年 10 月 | | 2003 年 3 月至 2013 年 10 月 | |
|---|---|---|---|---|---|---|---|---|---|---|---|
| | | | 50000 m³/s | 5000 m³/s | 145m | 175m | 145m | 175m | 145m | 175m | 145m |
| 大坝—庙河 | 大坝～S40－1 | 15.1 | 214 | 221 | 7418 | 3179 | 2854 | 4693.2 | 4232.7 | 15290.2 | 14504.7 |
| 庙河—秭归 | S40－1～S49 | 16.5 | 154 | 201 | 1744 | 567 | 540 | 908.2 | 806.5 | 3219.2 | 3090.5 |
| 秭归—官渡口 | S49～S70 | 45.8 | 614 | 694 | 8041 | 2720 | 2584 | 3439.2 | 3384.4 | 14200.2 | 14009.4 |
| 官渡口—巫山 | S70～S93 | 44 | 177 | 169 | 1954 | 1574 | 1487 | 1147.4 | 1069.9 | 4675.4 | 4510.9 |
| 巫山—大溪 | S93～S107 | 28.8 | 314 | 436 | 3332 | 1200 | 1148 | 1234.2 | 1167.9 | 5766.2 | 5647.9 |
| 大溪—白帝城 | S107～S111 | 6.7 | 74 | 47 | 60 | 245 | 226 | 207.1 | 197.9 | 512.1 | 483.9 |
| 白帝城—奉节 | S111～S118 | 14.2 | 223 | 199 | 4805 | 1557 | 1520 | 2824.2 | 2605.9 | 9186.2 | 8930.9 |
| 奉节—云阳 | S118～S142 | 53.6 | 464 | 316 | 1209 | 13 | 112 | 2286.9 | 2213.2 | 3508.9 | 3534.2 |
| 云阳—万县 | S142～S172 | 66.7 | －540 | 41 | 8155 | 4643 | 4769 | 16036 | 15328.7 | 28834 | 28252.7 |
| 万县—忠县 | S172～S214 | 81.2 | －228 | 127 | 11289 | 4589 | 5011 | 18247.7 | 17484.5 | 34125.7 | 33784.5 |
| 忠县—丰都 | S214～S242 | 58.8 | 473 | 299 | 6329 | 3696 | 3920 | 13320.7 | 13716 | 23345.7 | 23965 |
| 丰都—涪陵 | S242～S267 | 55.1 | －225 | －96 | 197 | －27 | 319 | 4803.6 | 4397 | 4973.6 | 4913 |
| 涪陵—李渡镇 | S267～S273 | 12.5 | | －169 | 82 | 54 | 145.5 | 88.4 | 58.5 | －26.6 |
| 李渡镇—铜锣峡 | S273～S323 | 98.9 | | | 984 | 887 | 55.4 | －361.3 | 1039.4 | 525.7 |
| 铜锣峡—江津 | S323～S368 | 62.0 | | | | | －2654 | | －2654 | |
| 大坝—江津 | 大坝～S368 | 659.9 | | | 25022 | 25431 | 66695.9 | 63677.7 | 146081 | 143472 |
| 备注 | | | 蓄水前 | 135～139m 蓄水期 | 156m 蓄水期 | 175m 试验性 蓄水期 | | 总蓄水期 | |

123

**2. 试验性蓄水运行后库区泥沙淤积逐渐向上游发展**

水库围堰发电期，2003 年 3 月至 2006 年 10 月，干流库区累积淤积泥沙量为 5.437 亿 m³。其中，奉节以上库段淤积量为 3.182 亿 m³，占总淤积量的 58.5％，年均淤积量为 9090 万 m³；奉节至庙河段和庙河至大坝段淤积量分别为 1.513 亿 m³ 和 0.742 亿 m³，分别占总淤积量的 27.8％和 13.7％。

水库初期运行期，2006 年 9 月至 2008 年 9 月，干流库区（铜锣峡至大坝，长 597.9km）累积淤积泥沙量为 2.502 亿 m³。其中，奉节以上库段淤积量为 1.554 亿 m³，占总淤积量的 62.1％，年均淤积量为 7769 万 m³；奉节至庙河段和庙河至大坝段淤积量分别为 0.631 亿 m³ 和 0.318 亿 m³，分别占总淤积量的 25.2％和 12.7％。

水库 175m 试验性蓄水期，2008 年 10 月至 2013 年 11 月，干流库区（江津至大坝，长约 660km）累积淤积泥沙量为 6.670 亿 m³。其中，江津至涪陵冲刷 2453 万 m³，涪陵至奉节、奉节至庙河段和庙河至大坝段分别淤积 5.752 亿 m³、0.694 亿 m³ 和 0.469 亿 m³，分别占总淤积量的 86.2％、10.4％和 7.0％。175m 试验性蓄水以来，奉节以上库段淤积量为 5.507 亿 m³，占总淤积量的 82.6％，年均淤积量为 1.10 亿 m³，泥沙淤积明显上移，如图 2.3－4 所示。

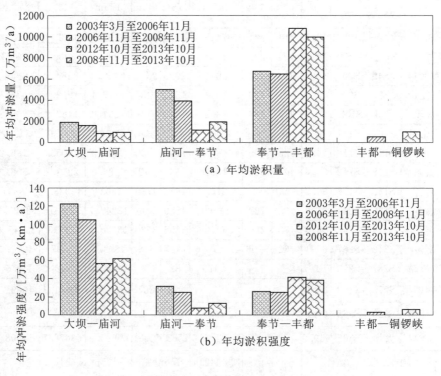

图 2.3－4　三峡水库不同运行期库区各段泥沙淤积对比

**3. 三峡水库泥沙淤积多以主槽淤积为主，绝大部分淤积在 145m 水面线以下河床内。175m 试验性蓄水运行后，145m 水面线以上河床淤积量有所增多**

从库区干流淤积部位来看，淤积量的 93.9% 集中在宽谷段（平均库区水面宽大于 600m），且以主槽淤积为主，深泓最大淤高 66m（位于坝上游 5.6km 的 S34 断面，淤后高程为 37m）；窄深段淤积相对较少或略有冲刷，其淤积量仅占总淤积量的 6.1%。

从淤积高程来看，175m 以下干流库区总淤积泥沙量约为 14.30 亿 m³，淤积在高程 145m 以下的泥沙量为 12.87 亿 m³，高程 145m 以上水库静防洪库容内淤积的泥沙量为 1.43 亿 m³。

### （二）库区主要支流泥沙淤积分布

三峡水库库区支沟密布，其主要支流从上至下有嘉陵江、龙溪河、乌江、渠溪、龙河、小江河、汤溪河、磨刀溪、梅溪河、大宁河、沿渡河、清港河、香溪等。实测固定断面资料计算表明，2003 年 3 月至 2010 年 11 月，库区 13 条主要支流累积泥沙淤积 8808 万 m³，占库区同期淤积总量的 6.9%，如表 2.3-3 所示。绝大部分泥沙淤积均集中在常年回水区内支流（涪陵—奉节段内支流淤积泥沙量为 1756 万 m³，占支流总淤积量的 20%；奉节以下支流淤积泥沙量为 6877 万 m³，占支流总淤积量的 78%）；变动回水区内支流（乌江、龙溪河、嘉陵江）淤积 175 万 m³，仅占支流总淤积量的 2%。

表 2.3-3　　　　　三峡库区主要支流断面法冲淤计算成果表　　　　单位：万 m³

| 时　段 | 香溪 | 清港溪 | 沿渡河 | 大宁河 | 梅溪河 | 磨刀溪 | 汤溪河 | 小江河 | 龙河 | 渠溪河 | 乌江 | 龙溪河 | 嘉陵江 | 支流总量 |
|---|---|---|---|---|---|---|---|---|---|---|---|---|---|---|
| 2003 年 3—10 月 | 500 | 1277 | 341 | 346 | 89 | — | — | — | — | — | — | — | — | 2552 |
| 2003 年 10 月至 2004 年 10 月 | −259.2 | 15.2 | −87.3 | 124.8 | 59.0 | — | — | — | — | — | — | — | — | −147.5 |
| 2004 年 10 月至 2005 年 10 月 | 206 | 86 | 54 | 339 | 131 | −79 | −21 | 22 | 28 | 18 | 31 | — | — | 815 |
| 2005 年 10 月至 2006 年 10 月 | 448 | 146 | 161 | 233 | 40 | 183 | 175 | 53 | 7 | 29 | −17 | — | — | 1458 |
| 2006 年 10 月至 2007 年 10 月 | 158 | 100 | 69 | 400 | 275 | 253 | 133 | 253 | −4 | 15 | 30 | −30 | — | 1652 |
| 2007 年 10 月至 2009 年 11 月 | 64 | 203 | 138 | 387 | 524 | 181 | 147 | 293 | 36 | 73 | 49 | −9 | −100 | 1986 |

| 时　段 | 香溪 | 清港溪 | 沿渡河 | 大宁河 | 梅溪河 | 磨刀溪 | 汤溪河 | 小江河 | 龙河 | 渠溪河 | 乌江 | 龙溪河 | 嘉陵江 | 支流总量 |
|---|---|---|---|---|---|---|---|---|---|---|---|---|---|---|
| 2009 年 11 月至 2010 年 11 月 | 77 | 61 | 36 | 78 | 58 | −59 | −17 | 149 | −17 | −95 | 84 | 58 | 79 | 492 |
| 2003 年 3 月至 2010 年 11 月 | 1194 | 1888 | 712 | 1908 | 1176 | 479 | 417 | 770 | 50 | 40 | 177 | 19 | −21 | 8808 |

2011 年，对库区 66 条支流回水范围内的地形进行了较为系统的测量，测量总长度约 910km。为全面、准确反映库区支流河床泥沙淤积情况，利用 1996 年 12 月嘉陵江、龙溪河、乌江、木洞河、御临河等 5 条支流实测 1：5000 地形，2002 年 12 月渠溪河、龙河、小江、汤溪河、磨刀溪、梅溪河、大宁河、沿渡河、清港河、香溪河等 10 条支流实测 1：2000 或 1：5000 地形，以及 2002 年航测 DEM 数据，分析计算了支流泥沙淤积情况。计算结果表明，2003—2011 年全库区 66 条支流高程 175m 以下淤积泥沙量为 1.80 亿 $m^3$。从泥沙淤积分布来看，泥沙主要淤积在涪陵以下支流，涪陵至坝址支流淤积量为 1.69 亿 $m^3$，占库区支流总淤积量的 94%，淤积主要分布在口门附近 10.0km 范围内，最大淤积厚度可达 20m 左右。主要支流入汇口典型断面淤积情况如表 2.3－4 所示，距坝 250km 以下支流典型断面最大淤积厚度都大于 12m 以上。此外，淤积在高程 145～175m 之间库容范围内的淤积量为 0.0658 亿 $m^3$，占全库区各支流总淤积量的 3.7%。

表 2.3－4　2003—2011 年三峡水库主要支流入汇口典型断面淤积情况统计表

| 河名 | 距坝里程 /km | 河口宽 /m | 河槽底高程（2012 年 11 月）/m | 最大淤积厚度 /m | 河名 | 距坝里程 /km | 河口宽 /m | 河槽底高程（2012 年 11 月）/m | 最大淤积厚度 /m |
|---|---|---|---|---|---|---|---|---|---|
| 香溪河* | 30.8 | 780 | 75.6 | 14.1 | 汤溪河 | 225.2 | 300 | 104.3 | 14.3 |
| 清港河 | 44.4 | 380 | 85.5 | 14.9 | 小江河 | 252 | 600 | 105.8 | 12.7 |
| 沿渡河 | 76.5 | 180 | 79.8 | 12.2 | 龙河 | 432 | 340 | 134.7 | 3.5 |
| 大宁河* | 123 | 1600 | 87.5 | 14.8 | 渠溪河 | 460 | 180 | 138.7 | 4.8 |
| 梅溪河* | 161 | 350 | 104.4 | 16.1 | 乌江 | 487 | 500 | 133 | 1.4 |
| 磨刀溪 | 221 | 265 | 104.7 | 14.7 | 嘉陵江* | 612 | 547 | 151.3 | −0.8 |

注　*表示 2013 年 11 月成果。

综上所述，按体积法计算，175m 以下干支流库区总淤积泥沙量为 16.10 亿 $m^3$，占总库容的 4.1%，淤积主要分布在奉节至大坝库段的宽河段和深槽中。从高程看，淤积在高程 145m 以下的泥沙为 14.59 亿 $m^3$，占总淤积量的

90.68%，占高程145m以下水库库容的8.5%；高程145m以上水库静防洪库容内淤积的泥沙为1.51亿 $m^3$，占防洪库容的0.68%。

## 四、水库泥沙冲淤形态

### （一）水库蓄水运用以来深泓纵剖面仍呈锯齿状形态

三峡水库蓄水运用前，库区纵剖面呈锯齿状形态。据2003年3月固定断面资料统计，蓄水运用前，库区大坝至李渡镇段深泓最低点位于距坝52.9km的S59-1断面，其高程为-36.1m，最高点高程为129.6m（S258断面，距坝468km），两者高差为165.7m。三峡水库蓄水运用后，库区深泓纵剖面有所淤积抬高，2003年3月至2013年10月，库区河床深泓平均淤积抬高7.6m，但其形态未发生明显变化，如图2.3-5所示。深泓最大淤高66m（位于坝上游5.6km的S34断面，淤后高程为37m），近坝段河床淤积抬高最为明显；其次为云阳附近的S148断面（距坝240.6km），其深泓最大淤高51.2m，淤后高程为105.2m；第三为忠县附近的黄花城S204断面（距坝355.3km），其深泓最大淤高44.4m，淤后高程为122.3m。据统计，库区铜锣峡至大坝段深泓淤高20m以上的断面有34个，深泓淤高10～20m的断面共28个，这些深泓抬高较大的断面多集中在近坝段、香溪宽谷段、臭盐碛河段、黄花城河段等淤积量较大的区域。李渡至铜锣峡段深泓除牛屎碛放宽段S277+1处抬高7.4m外（2013年冲刷2.3m），其余位置抬高幅度一般在2m以内。

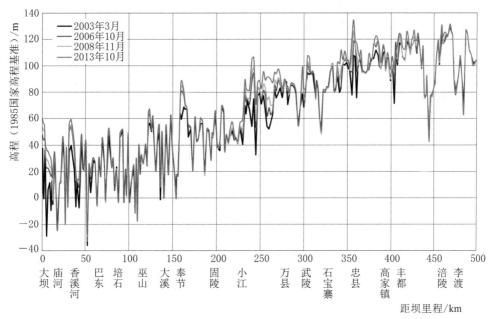

图2.3-5　三峡水库李渡至大坝干流段深泓纵剖面变化

## （二）典型横断面变化

淤积在横断面的分布，主要集中在主槽内，且常年回水区内部分分汊河段如黄花城、兰竹坝、土脑子河段等主槽淤积明显，河型逐渐向单一河型发展。库区断面淤积分布形态主要有 3 种：①主槽平淤，此淤积方式分布于库区各河段内，如坝前段、臭盐碛河段、黄花城河段等；②沿湿周淤积，此淤积方式也分布于库区各河段内；③左岸或右岸主槽淤积，此淤积形态主要出现在某些河道形态为弯道处，以土脑子河道最为典型。冲刷及冲淤基本平衡形态主要表现为主槽冲刷和沿湿周冲刷，一般出现在河道水面较窄的峡谷段和变动回水区河段位置，如瞿塘峡河段等。图 2.3－6 为三峡水库蓄水运用前后库区典型断面变化。

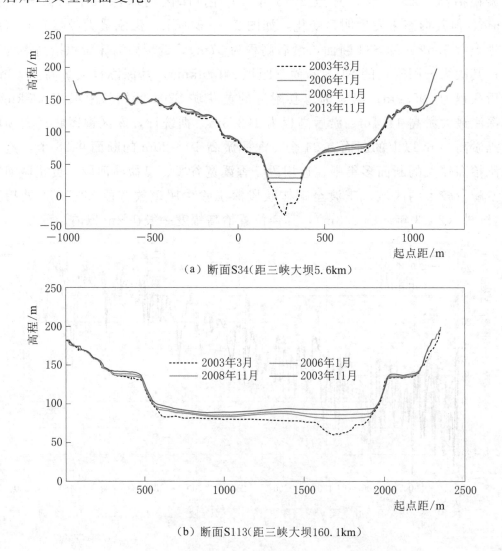

（a）断面 S34（距三峡大坝 5.6km）

（b）断面 S113（距三峡大坝 160.1km）

图 2.3－6（一）  三峡水库蓄水运用前后库区典型断面变化图

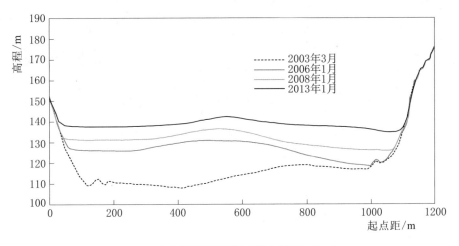

（c）断面S205（距三峡大坝356.9km）

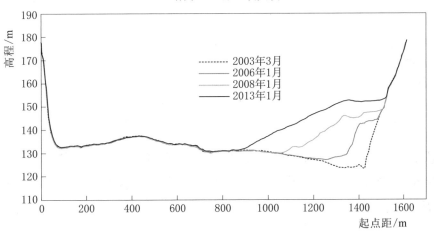

（d）断面S253（距三峡大坝455km）

图2.3-6（二）　三峡水库蓄水运用前后库区典型断面变化图

## 五、库区典型河段冲淤

三峡水库蓄水运用以来，一些位于弯曲、开阔和分汊河段的局部河段淤积明显，呈累积性淤积趋势，如变动回水区的洛碛至长寿河段、青岩子河段和常年回水区的土脑子河段、凤尾坝河段、兰竹坝河段、黄花城等河段。

### （一）洛碛至长寿河段

洛碛至长寿河段位于重庆主城区下游约50km，地处三峡水库变动回水区内，长约30.5km，出口距三峡大坝约532km，是川江上宽浅、多滩的典型河段之一，河道形势如图2.3-7所示。

三峡水库156m蓄水运用前，洛碛河段基本为天然河道，156m蓄水运用

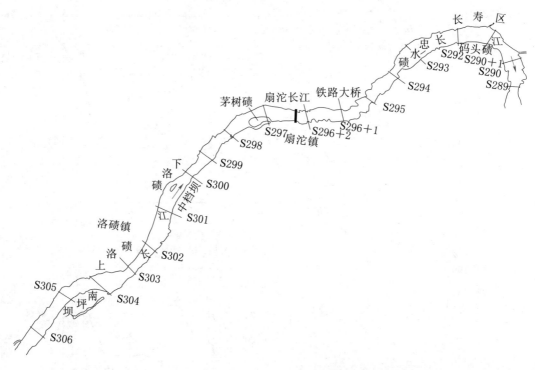

图 2.3-7 三峡库区洛碛至长寿河段河势及测量断面图

后，河段总体表现为淤积。2006 年 10 月至 2013 年 10 月，该河段淤积量为 235.4 万 m³，如表 2.3-5 所示。淤积主要集中在放宽段、回流缓流的岸边区域，河槽总体稳定。

表 2.3-5　　　　　　三峡库区洛碛至长寿河段冲淤量成果表

| 统 计 时 段 | 冲淤量/万 m³ | 单位河长冲淤量/(万 m³/km) | 备　注 |
|---|---|---|---|
| 2006 年 10 月至 2008 年 10 月 | −40.0 | −1.3 | 156m 蓄水期 |
| 2008 年 10 月至 2012 年 10 月 | 483.4 | 16.1 | 175m 试验性蓄水期 |
| 2012 年 10 月至 2013 年 10 月 | −208.0 | −6.9 | |
| 2006 年 10 月至 2013 年 10 月 | 235.4 | 7.9 | |

注　"−"表示冲刷，下同。

### (二) 青岩子河段

青岩子河段位于三峡水库 144～156m 运行期变动回水区中下段、175m 运行期变动回水区和常年回水区之间的过渡段，具有山区河流及水库的双重属性，其河势如图 2.3-8 所示。其上游为黄草峡、下游为剪刀峡，进出口均为峡谷段。峡谷段之间为宽谷段，其中有金川碛、牛屎碛等 2 个分汊段。峡谷段最窄河宽约 150m，宽谷段最大河宽 1500m。该河段内主要有沙湾、麻雀堆和燕尾碛等 3 个淤沙区，分别位于宽谷段的汇流缓流区、分汊段的洲尾汇流区和峡谷上游的壅水区。

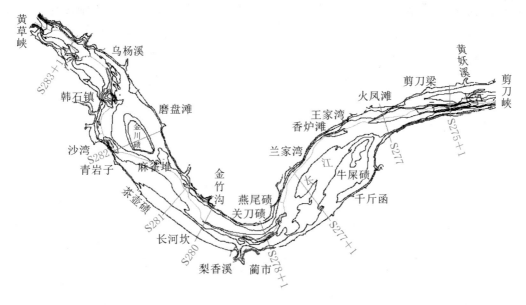

图 2.3-8　三峡库区青岩子河段河势及测量断面图

在三峡水库围堰发电期，青岩子河段为天然河道，河床总体表现为冲刷，1996 年 12 月至 2006 年 10 月，共冲刷了 113.8 万 m³。

三峡水库 156m 蓄水运用后，2006 年 10 月至 2013 年 10 月青岩子河段河床有冲有淤，淤积泥沙总量为 260.0 万 m³，如表 2.3-6 所示。淤积主要在岸边区域，河道主槽除牛屎碛放宽段外，其余区域无明显淤积。

表 2.3-6　　　　　　　　三峡库区青岩子河段冲淤量成果表

| 统 计 时 段 | 冲淤量/万 m³ | 单位河长冲淤量/(万 m³/km) | 备 注 |
|---|---|---|---|
| 2006 年 10 月至 2008 年 10 月 | 439.1 | 29.3 | 156m 蓄水期 |
| 2008 年 10 月至 2012 年 10 月 | 270.8 | 18.0 | 175m 试验性蓄水期 |
| 2012 年 10 月至 2013 年 10 月 | −449.9 | −29.9 | |
| 2006 年 10 月至 2013 年 10 月 | 260.0 | 17.3 | 总蓄水期 |

## （三）土脑子河段

土脑子河段位于涪陵珍溪镇至南沱镇之间，长约 5km，其下距三峡大坝 456.1km。该河段为分汊性河道，蓄水前枯水期水面宽约 300m，洪水期河宽大于 1000m，最大河宽达 1600m，深槽紧贴右岸，如图 2.3-9 所示。

三峡水库蓄水运用前，土脑子河段年内冲淤变化主要受来水来沙及主流摆动影响。汛期随着流量的增大，土脑子河段主流线逐渐左移，右岸土脑子一带由于水流变缓，深槽泥沙大量淤积，来沙量越大、淤积量越大。汛末10月初，随着水位下降，水流逐渐归槽，流速增大，河道迅速走沙，至12月底可将汛期淤积物基本冲走，年际冲淤基本平衡，无多年累积性淤积或冲刷现象。

三峡水库蓄水运行后，土脑子河段出现了累积性淤积。2003—2013年，该河段累积淤积泥沙量为2356万m³，单位河长冲淤量476万m³/km，如表2.3－7所示。淤积区域主要集中在S252＋1～S253＋A河段右槽内，进、出口段（S254、S252＋1、S252）淤积较小。泥沙淤积主要集中在汛期，汛后略有冲刷，但冲刷能力较弱，总体呈累积性淤积过程，淤积由右岸岸边持续向河心发展。

表 2.3－7　　三峡水库蓄水运用后库区土脑子河段冲淤成果统计表

| 统计时段 | 冲淤量/万 m³ | 单位河长冲淤量/（万 m³/km） | 年均冲淤量/（万 m³/a） | 备 注 |
|---|---|---|---|---|
| 2003 年 3 月至 2006 年 10 月 | 462 | 93 | 115 | 135～139m 蓄水期 |
| 2006 年 10 月至 2008 年 10 月 | 591 | 119 | 296 | 156m 蓄水期 |
| 2008 年 10 月至 2012 年 10 月 | 1283 | 259 | 321 | 175m 试验性蓄水期 |
| 2012 年 10 月至 2013 年 10 月 | 20.3 | 4.1 | 20.3 | |
| 2003 年 3 月至 2013 年 10 月 | 2356 | 476 | 236 | |

### （四）凤尾坝河段

凤尾坝河段距三峡大坝约431.3km，位于丰都县城附近，天然情况下凤尾坝横卧江心，将河道分为左右两槽，左槽为主槽，右槽为副槽，如图2.3－10所示。凤尾坝顶面高程160m左右，正常蓄水位时凤尾坝沉于江。

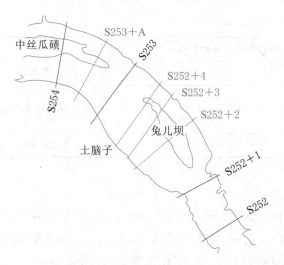

图 2.3－9　三峡库区土脑子河段河势
及测量断面布置图

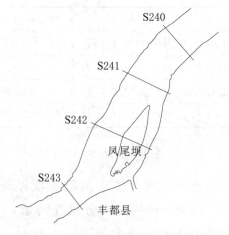

图 2.3－10　三峡库区凤尾坝河段河势
及测量断面布置图

三峡水库蓄水运用以来，该河段是淤积严重的河段之一，累积淤积泥沙量为 2462 万 m³，单位河长冲淤量 450.9 万 m³/km，淤积主要集中在放宽段的左岸深槽内，淤积过程如表 2.3－8 所示。

表 2.3－8　　三峡水库蓄水运用后库区凤尾坝河段冲淤成果统计表

| 统计时段 | 累积冲淤 | | 年均冲淤 | | 备　注 |
|---|---|---|---|---|---|
| | 冲淤量 /万 m³ | 单位河长冲淤量 /(万 m³/km) | 冲淤量 /(万 m³/a) | 单位河长冲淤量 /[万 m³/(km·a)] | |
| 2003 年 3 月至 2006 年 10 月 | 331 | 60.7 | 83 | 15.2 | 135～139m 蓄水期 |
| 2006 年 10 月至 2008 年 10 月 | 507 | 92.7 | 253 | 46. | 156m 蓄水期 |
| 2008 年 10 月至 2012 年 10 月 | 1467 | 269 | 367 | 67.2 | 175m 试验性蓄水期 |
| 2012 年 10 月至 2013 年 10 月 | 157 | 28.8 | 157 | 28.8 | |
| 2003 年 3 月至 2013 年 10 月 | 2462 | 450.9 | 246 | 45.1 | |

## （五）兰竹坝河段

兰竹坝河段距三峡大坝约 411km，天然情况下兰竹坝横卧江心，将河道分为左右两槽，左槽为主槽，右槽为副槽，如图 2.3－11 所示。兰竹坝顶面高程 138m 左右，三峡水库蓄水运用后兰竹坝沉于江底。

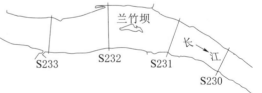

图 2.3－11　三峡库区兰竹坝河段河势及测量断面图

三峡水库蓄水运用以来，该河段是淤积最严重的河段之一，累积淤积泥沙量为 4861 万 m³，单位河长冲淤量为 799 万 m³/km，淤积区域主要集中在放宽段的左汊深槽内，淤积过程如表 2.3－9 所示。

## （六）黄花城河段

黄花城河段距三峡大坝约 355.5km，为著名"忠州三湾"之一，属弯曲分汊型河段，左槽为主槽，右槽为副槽，如图 2.3－12 所示。该河段在天然情况下就是一重要的淤沙浅滩，但汛前汛后冲刷，河床年际基本保持稳定。

表 2.3－9　　三峡水库蓄水运用后库区兰竹坝河段冲淤成果统计表

| 统计时段 | 累积冲淤 | | 年均冲淤 | | 备　注 |
|---|---|---|---|---|---|
| | 冲淤量 /万 m³ | 单位河长冲淤量 /(万 m³/km) | 冲淤量 /(万 m³/a) | 单位河长冲淤量 /[万 m³/(km·a)] | |
| 2003 年 3 月至 2006 年 10 月 | 1449 | 238.2 | 362 | 59.5 | 135～139m 蓄水期 |
| 2006 年 10 月至 2008 年 10 月 | 1204 | 197.9 | 602 | 98.9 | 156m 蓄水期 |
| 2008 年 10 月至 2012 年 10 月 | 2193 | 360 | 548.25 | 90.1 | 175m 试验性蓄水期 |
| 2012 年 10 月至 2013 年 10 月 | 15.4 | 2.5 | 15.4 | 2.5 | |
| 2003 年 3 月至 2013 年 10 月 | 4861 | 799 | 486.14 | 79.9 | |

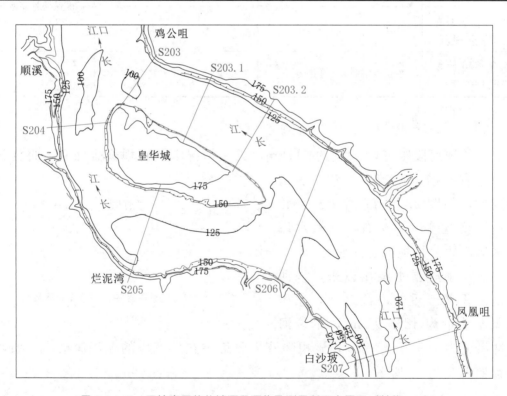

图 2.3－12　三峡库区黄花城河段河势及测量断面布置图（单位：m）

　　三峡水库蓄水运用后，黄花城河道水位较天然情况下抬升较大，泥沙大量落淤，成为淤积最严重的河段之一。2003—2013 年，该河段累积淤积泥沙量为 10479 万 m³，单位河长淤积量为 2052 万 m³/km，如表 2.3－10 所示。淤积区域主要集中在左岸深槽及左汊主槽内，S204～S207 各断面均有明显淤积，右汉出口 S203 断面形态基本稳定，无明显淤积。

表 2.3 - 10　　三峡水库蓄水运用后库区黄花城河段冲淤成果统计表

| 统计时段 | 累积冲淤 | | 年均冲淤 | | 备　注 |
|---|---|---|---|---|---|
| | 冲淤量 /万 m³ | 单位河长冲淤量 /(万 m³/km) | 冲淤量 /(万 m³/a) | 单位河长冲淤量 /[万 m³/(km·a)] | |
| 2003 年 3 月至 2006 年 10 月 | 3871 | 758 | 968 | 190 | 135～139m 蓄水期 |
| 2006 年 10 月至 2008 年 10 月 | 2525 | 494 | 1262 | 247 | 156m 蓄水期 |
| 2008 年 10 月至 2012 年 10 月 | 3782 | 741 | 946 | 185 | 175m 试验性蓄水期 |
| 2012 年 10 月至 2013 年 10 月 | 301 | 59.0 | 301 | 59.0 | |
| 2003 年 3 月至 2013 年 10 月 | 10479 | 2052 | 1048 | 205 | |

# 第二节　三峡水库有效库容变化分析

## 一、水库有效库容损失

实测成果表明[16]，2003 年 3 月至 2013 年 10 月库区高程 145～175m 之间防洪库容的泥沙淤积量为 1.51 亿 m³，占初步设计防洪库容 221.5 亿 m³ 的 0.68%，主要集中在奉节至大坝库段。2006—2013 年防洪库容年损失率为 2160 万 m³/a。

## 二、水库排沙比

三峡水库自蓄水运用以来，2003 年 6 月至 2013 年 12 月，水库淤积泥沙量为 15.31 亿 t，年均淤积泥沙量为 1.39 亿 t，水库年平均排沙比为 24.5%。水库围堰发电期、初期运行期和 175m 试验性蓄水期排沙比分别为 37%、18.8% 和 17.5%，依次逐渐减小，其主要原因是蓄水水位抬高和运行方式的变化。175m 试验性蓄水运用以来，汛期实行中小洪水调度后，汛期坝前平均水位抬高，同时汛后提前至 9 月 10 日蓄水等，也使排沙比有所减少。

三峡水库属于典型的河道型水库，库区干流长 660 余 km，最宽处达 2000m，库区平均水面宽 1000m。三峡入库泥沙主要集中在汛期，水库排沙比与入库水沙条件、水库蓄水位等密切相关，三峡水库采用"蓄清排浑"的运用方式，汛期降低水位运行有利于减轻库区泥沙淤积。除库水位外，水库排沙比与汛期洪峰流量和持续天数有关。汛期大流量天数越多，水库排沙比越大，2003—2013年主汛期入库流量大于 $30000\text{m}^3/\text{s}$ 天数与相应排沙比变化如图2.3-13所示。

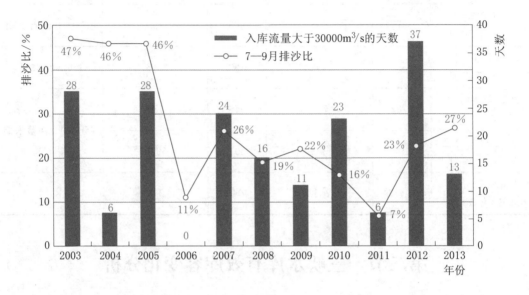

图 2.3-13　2003—2013 年三峡水库主汛期入库流量大于 $30000\text{m}^3/\text{s}$ 天数与排沙比变化

## 三、上游来沙减少对水库泥沙淤积的影响

在三峡工程论证和初步设计、"九五""十五"攻关等阶段，中国水利水电科学研究院（简称中国水科院）和长江科学院（简称长科院）采用 1961—1970 年系列（简称 60 系列）和 1991—2000 年系列（简称 90 系列）对三峡水库淤积进行了预测[17]，成果如表 2.3-11 所示。结果表明，采用 60 系列，三峡水库蓄水运用前 10 年库区干流年均淤积泥沙量为 2.752 亿～3.038 亿 $\text{m}^3$，水库平均排沙比为 31.6%～44%；淤积主要集中在大坝至丰都河段，年均淤积泥沙量为 2.435 亿～2.725 亿 $\text{m}^3$，占总淤积量的 83%以上，丰都至涪陵、涪陵至重庆、重庆以上河段淤积量分别为 0.083 亿～0.279 亿 $\text{m}^3$、0.099 亿～0.218 亿 $\text{m}^3$ 和 0.004 亿～0.019 亿 $\text{m}^3$。采用 90 系列（考虑上游水库拦沙），三峡水库蓄水运用前 10 年，三峡库区干流年均淤积泥沙量为 1.677 亿～2.266 亿 $\text{m}^3$，水库排沙比为 45%～54%，其中大坝至丰都段年均淤积泥沙量占总淤积量的 81%～89%，远小于 60 系列三峡水库库区干流河道泥沙淤积量，说明来沙减少导致库区泥沙淤积减少。

表 2.3-11　2003—2013 年三峡水库年平均冲淤计算值与实测值对比表

单位：亿 $m^3/a$

| 河段 | 实测值 | 初步设计成果 | "九五"成果（60系列） | | "十五"成果 | | | |
| --- | --- | --- | --- | --- | --- | --- | --- | --- |
| | | | 长科院 | 水科院 | 60系列 | | 90系列 | |
| | | | | | 长科院 | 水科院 | 长科院 | 水科院 |
| 坝址—万州 | 0.774 | 2.725 | 2.445 | 2.473 | 1.298 | 1.506 | 0.714 | 1.172 |
| 万州—丰都 | 0.522 | | | | 1.192 | 0.929 | 0.781 | 0.572 |
| 丰都—涪陵 | 0.045 | 0.116 | 0.279 | 0.192 | 0.199 | 0.083 | 0.091 | 0.156 |
| 涪陵—重庆 | 0.010 | 0.099 | 0.218 | 0.168 | 0.186 | 0.144 | 0.084 | 0.250 |
| 重庆以上 | / | 0.015 | 0.019 | 0.004 | 0.015 | 0.004 | 0.008 | 0.033 |
| 全库区干流 | 1.352 | 2.955 | 2.961 | 2.838 | 2.890 | 2.821 | 1.677 | 2.266 |
| 排沙比/% | 24.5 | 31.6 | 32.7～33.5 | | 43～44 | | 45～54 | |

2003 年 6 月至 2013 年 12 月三峡水库泥沙淤积实测资料表明，由于入库泥沙大幅度减少，三峡水库淤积较原预估值大为减少，库区年均泥沙淤积量为 1.39 亿 t，仅为初步设计预测值的 40% 左右；三峡水库年均排沙比为 24.5%，小于初步设计预测值。

随着长江上游干支流水库的陆续建设，进入三峡水库的泥沙量将长时间处于较低水平，有利于三峡水库有效库容的长期保持。

# 第三节　三峡水库优化调度对泥沙淤积的影响

三峡水库 175m 试验性蓄水运用前后，三峡工程泥沙专家组针对水库运行调度中的一些泥沙问题，组织相关单位开展了专题研究和现场查勘[18]。

## 一、提前实施 175m 试验性蓄水运用的可行性

由于三峡入库泥沙在 21 世纪以来已大幅度减少，在实体模型中按照新研究推荐的 1990—2000 年水沙系列进行试验研究。结果表明，水库 175m 蓄水后，九龙坡和金沙碛港口的碍航淤积量将分别小于 25 万 $m^3$ 和 17 万 $m^3$。泥沙数学模型和实测资料分析也得到了类似的结论。中国长江三峡集团有限公司认为这是一个可以接受的疏浚量，不会影响港口的正常作业。因此，三峡工程泥沙专家组建议，提前到 2008 年汛后开始实施 175m 试验性蓄水运用是可行的，建议得到了有关部门的采纳。

2008 年以来的水库运行实践证明，提前进行 175m 试验性蓄水是必要的

和可行的，不仅提前发挥了三峡水库的综合效益，检验了工程的效能，也深化了对泥沙问题的认识，探索了克服或缓解泥沙不利影响的途径与对策，取得了许多宝贵的经验。

## 二、汛后提前蓄水

在三峡工程初步设计中，水库每年从 10 月 1 日起开始蓄水，10 月底蓄至 175m，需要蓄水 221 亿 $m^3$。从 2003 年 6 月水库运行后的情况看，10 月的来水量有减少趋势，而长江中下游地区的需水量却有所增加。为保证汛后能蓄满水库和满足用水需求，水库需求提前到 9 月开始蓄水。针对提前蓄水对水库泥沙淤积的影响，水科院和长科院进行了多方案的计算比较。结果表明，不同提前蓄水方案对水库总淤积量影响不大，水库运行到第 10 年末，淤积量增加 0.045 亿～0.164 亿 $m^3$，占库区淤积总量的 0.24%～0.86%；变动回水区的淤积量增加 0.262 亿～0.650 亿 $m^3$，占变动回水区总淤积量的 12.7%～31.4%。变动回水区的淤积在水库消落期可能成为航道的碍航淤积量，需要增加航道的疏浚工作，因此，三峡工程泥沙专家组建议：三峡水库采用淤积量增加较少的方案，从 9 月 10 日开始蓄水，并在 9 月底蓄至 155～160m 水位。175m 试验性蓄水的实践证明，汛后提前到 9 月 10 日开始蓄水的方案是可行的。

## 三、汛期中小洪水调度对水库泥沙淤积的影响

三峡工程初步设计原定主要对较大洪水（来流量大于 $55000m^3/s$）进行控制，具体的汛期水位控制方案是：6 月 1 日起，库水位开始自汛前水位向下降落，6 月 10 日到达汛限水位 145m。6 月 10 日至 9 月 30 日，对一般洪水（来流量小于 $55000m^3/s$），出库流量与入库流量相同，库水位维持在汛限水位 145m 运行；当来流量大于 $55000m^3/s$ 时，水库按枝城流量 $56700m^3/s$ 控制出流，此时库水位会有所壅高。

随着长江上游地区大型水库的不断建成，为了充分发挥三峡工程的综合效益，在 2009 年汛期三峡水库进行中小洪水调度初步实践的基础上，国家防汛抗旱总指挥部在《关于三峡—葛洲坝水利枢纽 2010 年汛期调度运用方案的批复》（国汛〔2010〕6 号）中明确："当长江上游发生中小洪水，根据实时雨水情和预测预报，在三峡水库尚不需要实施对荆江或城陵矶河段进行防洪补偿调度，且有充分把握保障防洪安全时，三峡水库可以相机进行调洪运用。"

2010 年 6 月 10 日至 9 月 9 日，三峡入库洪峰流量大于 $50000m^3/s$ 的洪水出现 3 次，坝前最大洪峰流量为 $70000m^3/s$（7 月 20 日）。按照长江防总的防

洪调度指令，此期间控制三峡水库最大下泄流量为 $40000\text{m}^3/\text{s}$；此外，为疏散两坝间积压的船只，曾在退水时短期将下泄流量降至 $34000\text{m}^3/\text{s}$ 和 $25000\text{m}^3/\text{s}$，即 2010 年汛期对中小洪水进行了控制，其汛期的实际库水位：6 月 10 日库水位 146.5m，整个汛期平均库水位 151.69m，最高库水位 161.24m。由于实际水位比初步设计拟定的库水位要高，因此，库内的泥沙淤积量有所增多，排沙比有所下降。为定量评估 2010 年汛期中小洪水调度对库区泥沙淤积的影响，有关单位曾采用近似类比法和数学模型进行分析与计算。实施中小洪水调度较初步设计的调度方式多淤积泥沙量和占同期库区泥沙淤积量的百分比为：长江委水文局采用近似类比法分析，多淤 2030 万 t，占库区总淤积量的 10％；中国水科院模型计算多淤了 2070 万 t，占库区总淤积量的 10.3％；长科院计算多淤了 1200 万 t，占库区总淤积量的 6％。

2012 年 7 月，三峡入库洪峰流量大于 $50000\text{m}^3/\text{s}$ 的洪水出现了 3 次，最大洪峰流量为 $71200\text{m}^3/\text{s}$（7 月 24 日 20 时）。根据防洪与通航要求，水库进行了适时调度，控制最大下泄流量为 $41000\sim45000\text{m}^3/\text{s}$，汛期最低水位为 145.05m，最高壅水位为 163.11m，平均水位为 152.78m，共拦蓄洪水 137.9 亿 $\text{m}^3$。据长江委水文局初步计算，此调度较初步设计的调度方式，水库同期多淤积泥沙量约 2300 万 $\text{m}^3$，增幅为 15％。而且，淤积分布上移，寸滩至清溪场段（变动回水区）淤积泥沙量增加 1140 万 $\text{m}^3$（增幅为 142％），清溪场—万县段淤积泥沙量增多约 2060 万 $\text{m}^3$（增幅为 30％），万县—大坝段淤积量则减少约 910 万 $\text{m}^3$（减幅为 12％）。

## 四、库尾泥沙减淤调度试验

三峡水库 175m 试验性蓄水运用后，重庆主城区河段的主要走沙期从当年的 9—10 月转变为次年消落期的 4—6 月。重庆主城区河段的走沙能力主要受到寸滩流量、含沙量、坝前水位等因素共同影响。消落期适时增加三峡水库下泄流量，加大库尾河段水流速度，是增大库尾走沙能力的有效措施。

2011 年以来，三峡水库开展了消落期库尾减淤调度和生态调度试验[19]，加大了消落期库尾走沙能力，为坝下游河道"四大家鱼"繁殖创造了有利条件。2012 年减淤调度期间，重庆主城区河段冲刷泥沙量为 101.1 万 $\text{m}^3$，铜锣峡至涪陵河段冲刷泥沙量为 140 万 $\text{m}^3$。2013 年减淤调度期间，大渡口至涪陵段冲刷泥沙量为 441.3 万 $\text{m}^3$。

## 五、水库沙峰排沙调度试验

沙峰排沙调度是根据入库水沙的实时监测和预报情况，利用洪峰、沙峰在水库内传播时间的差异，通过调节枢纽下泄流量，使入库沙峰能够更多的输移至坝前，随下泄水流排放至下游。2012年和2013年汛期，三峡水库实施了沙峰排沙调度。监测结果表明，沙峰调度期间水库最大排沙比可达60%左右，2012年和2013年7月排沙比明显增加，排沙效果明显，如表2.3-12所示。但沙峰调度影响因素多、技术要求高，仍需要进一步研究。

表2.3-12　2009—2013年7月三峡水库入、出库沙量及排沙比统计表

| 时间 | 入库沙量/万t | 出库沙量/万t | 水库淤积量/万t | 坝前水位/m | 入库平均流量/(m³/s) | 排沙比/% |
|---|---|---|---|---|---|---|
| 2009年7月 | 5540 | 720 | 4820 | 145.86 | 21600 | 13 |
| 2010年7月 | 11370 | 1930 | 9440 | 151.03 | 32100 | 17 |
| 2011年7月 | 3500 | 260 | 3240 | 146.25 | 18300 | 7 |
| 2012年7月 | 10833 | 3024 | 7809 | 155.26 | 40100 | 28 |
| 2013年7月 | 10313 | 2812 | 7501 | 150.08 | 30600 | 27 |

# 第 四 章

# 重庆主城区河段泥沙冲淤变化

## 第一节 175m 试验性蓄水运用前河段冲淤特性

### 一、天然情况

重庆主城区河段包括大渡口至铜锣峡长约 40km 的长江干流段和井口至朝天门长约 20km 的嘉陵江河段，如图 2.4-1 所示。

天然情况下，重庆主城区河段年内演变规律一般表现为"洪淤枯冲"[20]，可概括为三个阶段，即年初至汛初的冲刷阶段、汛期的淤积阶段、汛末及汛后的冲刷阶段，具有明显的周期性，河段长期处于冲淤平衡状态。其中，汛后主要走沙期在 9 月中旬至 10 月中旬（相应寸滩站流量 25000～12000m³/s），次要走沙期在 10 月中旬至 12 月下旬（相应寸滩站流量 12000～5000m³/s），当寸滩站流量小于 5000m³/s 时，走沙过程结束，如表 2.4-1 所示。

表 2.4-1　　天然情况下重庆主城区河段汛末及汛后走沙过程与
流量（水位）关系

| 走 沙 期 | 主要走沙期 | 次要走沙期 | 走沙基本停止期 |
|---|---|---|---|
| 走沙强度/[万 m³/(d·km)] | 1.2～0.5 | 0.5～0.1 | <0.1 |
| 走沙流量（寸滩站)/(m³/s) | 25000～12000 | 12000～5000 | <5000 |
| 寸滩站相应水位（吴淞基面)/m | 171.6～165.6 | 165.6～161.1 | <161.1 |
| 寸滩站相应流速/(m/s) | 2.5～2.1 | 2.1～1.8 | <1.8 |
| 铜锣峡相应水位（吴淞基面)/m | 170.6～164.9 | 164.9～160.4 | <160.4 |

但自 1980 年以来，由于长江上游来沙量减少和河道采砂的综合影响，重庆主城区河段处于冲刷下切状态，1980 年 2 月至 2003 年 5 月冲刷泥沙 1247.2

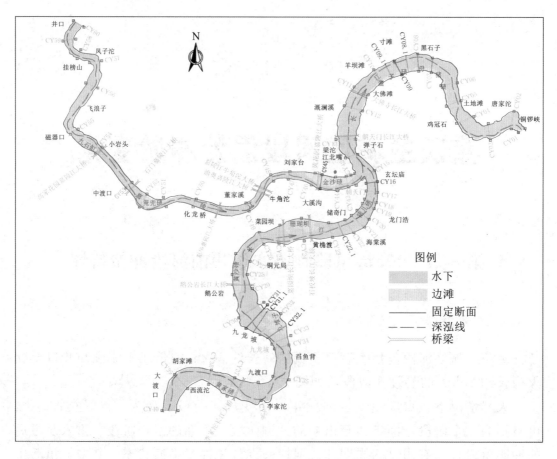

图 2.4-1　重庆主城区河段河势及测量断面图

万 m³。其中，1980 年 2 月至 1996 年 12 月冲刷 312.1 万 m³，1996 年 12 月至 2002 年 12 月冲刷 416.2 万 m³，2002 年 12 月至 2003 年 5 月冲刷 518.9 万 m³，如表 2.4-2 所示。

表 2.4-2　　　　天然情况下重庆主城区河段冲淤量成果统计表　　　　单位：万 m³

| 计 算 时 段 | 长江干流 | | 嘉陵江 | 全河段 | 备　注 |
|---|---|---|---|---|---|
| | 朝天门以上 | 朝天门以下 | | | |
| 1980 年 2 月至 1996 年 12 月 | −147.2 | −2.6 | −162.3 | −312.1 | 岸线相对稳定 |
| 1996 年 12 月至 2002 年 12 月 | −180.8 | −189.6 | −45.8 | −416.2 | 重庆滨江路建设导致河道变窄 |
| 2002 年 12 月至 2003 年 5 月 | −157.3 | −273.4 | −88.2 | −518.9 | |
| 1980 年 2 月至 2003 年 5 月 | −485.3 | −465.6 | −296.3 | −1247.2 | |

## 二、水库围堰发电期和初期运行期

在三峡水库围堰发电期和初期运行期[21]，重庆主城区河段尚未受三峡水库壅水影响，属自然条件下的演变。由表 2.4-3 可见，三峡水库围堰发电期（2003 年 5 月至 2006 年 9 月）重庆主城区河段冲刷 447.5 万 m³，初期运行期（2006 年 9 月至 2008 年 9 月）则淤积 366.8 万 m³。

表 2.4-3　　　　三峡水库试验性蓄水运用前重庆主城区河段

冲淤量成果统计表　　　　单位：万 m³

| 计 算 时 段 | 长江干流 | | 嘉陵江 | 全河段 | 备　注 |
|---|---|---|---|---|---|
| | 朝天门以上 | 朝天门以下 | | | |
| 2003 年 5—9 月 | +209.8 | +84.5 | +75.6 | +369.9 | |
| 2003 年 9—12 月 | +0.8 | +107.0 | −134.8 | −27.0 | |
| 2003 年 12 月至 2004 年 5 月 | −142.5 | −398.4 | −23.4 | −564.3 | |
| 2004 年 5—9 月 | +399.7 | +258.6 | +66.3 | +724.6 | |
| 2004 年 9—12 月 | −334.0 | −193.0 | −143.0 | −670.0 | |
| 2004 年 12 月至 2005 年 5 月 | −65.3 | −30.0 | +42.9 | −52.4 | 三峡水库 135～139m 运行期 |
| 2005 年 5—9 月 | +101.8 | +305.3 | +152.5 | +559.6 | |
| 2005 年 9—12 月 | −368.5 | −186.3 | −257.5 | −812.3 | |
| 2005 年 12 月至 2006 年 5 月 | +69.1 | −132.9 | +40.7 | −23.1 | |
| 2006 年 5—9 月 | +38.7 | +77.6 | −68.8 | +47.5 | |
| 2003 年 5 月至 2006 年 9 月 | −90.4 | −107.6 | −249.5 | −447.5 | |
| 2006 年 9—12 月 | −47.4 | +20.5 | +13.1 | −13.8 | |
| 2006 年 12 月至 2007 年 5 月 | −31.8 | −88.3 | +36.1 | −84.0 | |
| 2007 年 5—9 月 | −109.8 | +128.9 | −67.2 | −48.1 | |
| 2007 年 9—12 月 | +19.4 | +30.5 | −27.3 | +22.6 | 三峡水库 144～156m 运行期 |
| 2007 年 12 月至 2008 年 5 月 | +85.7 | +99.1 | +24.1 | +208.9 | |
| 2008 年 5—9 月 | +60.8 | +162.8 | +57.6 | +281.2 | |
| 2006 年 9 月至 2008 年 9 月 | −23.1 | +353.5 | +36.4 | +366.8 | |
| 2003 年 5 月至 2008 年 9 月 | −113.5 | +245.9 | −213.1 | −80.7 | 蓄水初期 |

# 第二节　水库 175m 试验性蓄水期河段冲淤特性

## 一、河段总体冲淤特性

三峡水库 175m 试验性蓄水运用后，重庆主城区河段的冲淤变化不仅受长江干流和嘉陵江的来水来沙影响，还与三峡水库的坝前水位密切相关。为了反映库水位的影响，分汛期、蓄水期、消落期三个时期分别统计重庆主城区河段冲淤量，如表 2.4－4 所示。需要说明的是，统计冲淤量包括了采砂的影响[22]。

表 2.4－4　　　　2008—2013 年重庆主城区河段冲淤量统计表　　　单位：万 $m^3$

| 计算时段 | 长江干流 | | 嘉陵江 | 全河段 | 备　注 |
| --- | --- | --- | --- | --- | --- |
| | 汇口以上 | 汇口以下 | | | |
| 1980 年 2 月至 2003 年 5 月 | −485.3 | −465.6 | −296.3 | −1247.2 | 天然时期 |
| 2003 年 5 月至 2006 年 9 月 | −90.4 | −107.6 | −249.5 | −447.5 | 三峡水库围堰发电期 |
| 2006 年 9 月至 2008 年 9 月 | −23.1 | 353.5 | 36.4 | 366.8 | 三峡水库初期运行期 |
| 2008 年 9—10 月 | −126.1 | −94.9 | −67.5 | −288.5 | 三峡坝前水位低于 156m |
| 2008 年 10—12 月 | 101.5 | 57.5 | ＋0.7 | ＋159.7 | 蓄水期 |
| 2008 年 12 月至 2009 年 6 月 11 日 | −73.7 | −33.5 | −18.2 | −125.4 | 消落期 |
| 2008 年 10 月至 2009 年 6 月 | 27.8 | 24.0 | −17.5 | 34.3 | 水文年 |
| 2009 年 6 月 11 日至 2009 年 9 月 12 日 | −59.9 | 42.6 | 57 | 39.7 | 汛期 |
| 2009 年 9 月 12 日至 2009 年 11 月 16 日 | 41.6 | −47.1 | −72.2 | −77.7 | 蓄水期 |
| 2009 年 11 月 16 日至 2010 年 6 月 11 日 | 16.1 | 70.4 | 94.3 | 180.8 | 消落期 |
| 2009 年 6 月 11 日至 2010 年 6 月 11 日 | −2.2 | 65.9 | 79.1 | 142.8 | 水文年 |
| 2010 年 6 月 11 日至 2010 年 9 月 10 日 | 43.0 | 70.9 | −154.3 | −40.4 | 汛期 |
| 2010 年 9 月 10 日至 2010 年 12 月 16 日 | 22.0 | 43.8 | 139.3 | 205.1 | 蓄水期 |
| 2010 年 12 月 16 日至 2011 年 6 月 17 日 | −84.8 | −113.6 | −65.9 | −264.3 | 消落期 |
| 2010 年 6 月 11 日至 2011 年 6 月 17 日 | −19.8 | 1.1 | −80.9 | −99.6 | 水文年 |
| 2011 年 6 月 17 日至 2011 年 9 月 18 日 | 29.7 | −28.9 | 16.8 | 17.6 | 汛期 |

三峡工程 175m 试验性蓄水期

续表

| 计算时段 | 长江干流 | | 嘉陵江 | 全河段 | 备　注 | |
| --- | --- | --- | --- | --- | --- | --- |
| | 汇口以上 | 汇口以下 | | | | |
| 2011年9月18日至<br>2011年12月17日 | 53.8 | 12.5 | 19.4 | 85.7 | 蓄水期 | |
| 2011年12月17日至<br>2012年6月12日 | −178.1 | −51.4 | −72.6 | −302.1 | 消落期 | |
| 2011年6月17日至<br>2012年6月12日 | −94.6 | −67.8 | −36.4 | −198.8 | 水文年 | |
| 2012年6月12日至<br>2012年9月15日 | 33.0 | 145.5 | 97.1 | 275.6 | 汛期 | |
| 2012年9月15日至<br>2012年10月15日 | −107.8 | 0 | 13.6 | −94.2 | 主要<br>蓄水期 | 三峡工程<br>175m试验性<br>蓄水期 |
| 2012年10年15月至<br>2013年6月13日 | −273 | 0.4 | −57 | −329.6 | 消落期 | |
| 2013年6月13日至<br>2013年9月10日 | −28.6 | −57.5 | −53.8 | −139.9 | 汛期 | |
| 2013年9月10日至<br>2013年12月9日 | −137.3 | −47.6 | 8.1 | −176.8 | 蓄水期 | |
| 2008年9月至<br>2013年12月9日 | −660.5 | −99 | −115.2 | −874.7 | 试验性<br>蓄水期 | |

　　汛期，重庆主城区河段不受库水位影响，为自然状态，河段有冲有淤。其中2009年淤积量为39.7万 $m^3$，2010年冲刷量为40.4万 $m^3$，2011年淤积量为17.6万 $m^3$，冲淤量较小；但2012年来水来沙量相对较大，淤积量有所增多，达到275.6万 $m^3$；2013年则冲刷了139.9万 $m^3$。

　　水库蓄水期，2008—2011年重庆主城区河段均为淤积。其中2008年与2010年来沙量接近，2008年淤积量为159.7万 $m^3$，2010年淤积量为205.1万 $m^3$，2010年较2008年淤积多，可能与2010年高水位时间较长有关，如图2.4−2所示。2009年、2012年、2013年蓄水期河段冲刷，但冲刷量不大，可能与来沙较少、河道采砂等有关。

　　汛前消落期，以冲刷为主，只有2010年表现为淤积。前期淤积较多的年份，其汛前冲刷量也较大，如2011年、2012年、2013年。

　　重庆主城区河段自2008年9月至2013年12月累积冲刷量为874.7万 $m^3$，其中滩、槽分别冲刷泥沙量为181.5万 $m^3$ 和693.2万 $m^3$。分河段看，长江干流朝天门以上河段、以下河段和嘉陵江河段全部表现为冲刷，冲刷泥沙量分别为660.5万 $m^3$、99万 $m^3$ 和115.2万 $m^3$。河段最大淤积厚度为9.5m，位于唐家沱 CY02 断面右岸码头下游回水沱内，淤后高程为 132m，在通航及港口作业区域外，对通航无影响，如表 2.4-5 所示。

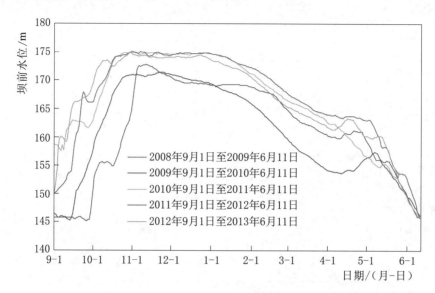

图 2.4-2　2008—2013 年蓄水期和消落期坝前水位变化过程

表 2.4-5　　　　重庆主城区河段冲淤量及冲淤厚度统计表

（2008 年 9 月 5 日至 2013 年 12 月 9 日）

| 河段 | 冲淤量 /万 m³ | 冲淤厚度/m | | |
|---|---|---|---|---|
| | | 平均 | 最大 | 最大淤积部位及影响 |
| 全河段 | −874.7 | −0.23 | 9.5 | 最大淤积厚度为 9.5m，位于 CY02 断面右岸码头下游回水沱内，淤后高程为 132m，在通航及港口作业区域外，对通航无影响 |
| 朝天门汇口以上 | −660.5 | −0.39 | 5.0 | 最大淤积厚度为 5.0m，位于 CY15 断面（干流、猪儿碛河段）深槽，淤后高程为 144.8m，对通航无影响 |
| 朝天门汇口以下 | −99 | −0.09 | 9.5 | 最大淤积厚度为 9.5m，位于 CY02 断面右岸码头下游回水沱内，淤后高程为 132m，在通航及港口作业区域外，对通航无影响 |
| 嘉陵江 | −115.2 | −0.11 | 3.6 | 最大淤积厚度为 3.6m，位于 CY52 断面深槽右侧，淤后高程为 161.5m 左右，在通航及港口作业区域外，对通航无影响 |

## 二、重点河段冲淤变化

三峡水库 175m 试验性蓄水运用以来，重庆主城区河段的冲淤特性发生变化，一些局部重点河段的冲淤变化更是备受关注，主要包括胡家滩、九龙坡、猪儿碛、寸滩、金沙碛等河段。2008 年 9 月 175m 试验性蓄水期，重点河段冲淤变化如表 2.4-6 所示。重点河段有冲有淤，胡家滩和九龙坡河段分别冲刷了 67.4 万 m³ 和 183.8 万 m³ 泥沙，猪儿碛河段、寸滩河段、金沙碛河段则分别淤积了 7.0 万 $m^3$、25.9 万 $m^3$ 和 2.5 万 $m^3$ 泥沙。

表 2.4-6　　　重庆主城区重点港区河段冲淤量及冲淤厚度统计表

(2008 年 9 月 5 日至 2013 年 12 月 9 日)

| 河段 | 冲淤量 /万 $m^3$ | 冲淤厚度/m | | |
|---|---|---|---|---|
| | | 平均 | 最大 | 最大淤积部位及影响 |
| 胡家滩河段 | −67.4 | −0.32 | | 各断面略微冲刷 |
| 九龙坡河段 | −183.8 | −0.72 | 3.9 | 最大淤积厚度为 3.9m，位于 CY33 断面右侧，淤后高程为 162m 左右，处于主航道和码头作业区外，对航道影响不大 |
| 猪儿碛河段 | 7.0 | 0.03 | 5.9 | 最大淤积厚度为 5.9m，位于 CY15 断面（干流，猪儿碛河段）深槽，淤后高程为 144.8m，对通航无影响 |
| 寸滩河段 | 25.9 | 0.13 | 3.0 | 最大淤积厚度为 3.0m，位于 CY09 断面深槽右侧，淤后高程为 145m 左右，处于主航道和码头作业区外，对航运无影响 |
| 金沙碛河段 | 2.5 | 0.02 | 3.4 | 最大淤积厚度为 3.4m，位于 CY44 断面（嘉陵江，汇合口上游约 4km）深槽右侧，淤后高程为 153m 左右，在通航及港口作业区域外，对通航无影响 |

从各典型断面冲淤情况来看，胡家滩河段各断面均略有冲刷，河段平均冲刷 0.32m，如图 2.4-3 (a) 所示。九龙坡河段各断面均表现为略微冲刷，河段平均冲刷 0.72m，最大淤积厚度为 3.9m（CY33 断面），处于主航道和码头作业区外，对航道影响不大，如图 2.4-3 (b) 所示。猪儿碛河段平均冲刷 0.03m，最大淤积厚度为 5.9m，淤后高程为 144.8m，对通航无影响，如图 2.4-3 (c) 所示。寸滩河段平均淤积 0.13 m，最大淤积厚度为 3.0m，位于 CY09 断面深槽右侧，如图 2.4-3 (d) 所示。金沙碛河段平均冲刷 0.02m，最大淤积厚度为 3.4m，位于 CY44 断面深槽右侧（嘉陵江，汇合口上游 4km 处），航深满足要求，对通航无影响，如图 2.4-3 (e) 所示。

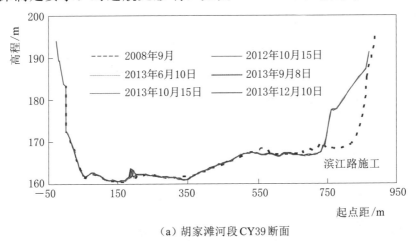

(a) 胡家滩河段 CY39 断面

图 2.4-3 (一)　三峡水库 175m 试验性蓄水运用后重点河段典型断面冲淤变化

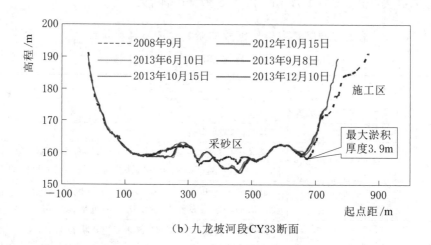

（b）九龙坡河段CY33断面

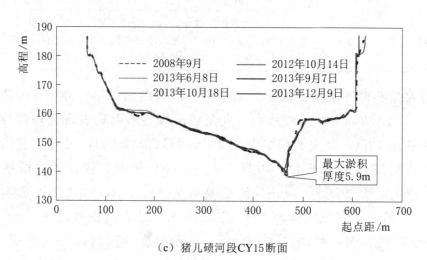

（c）猪儿碛河段CY15断面

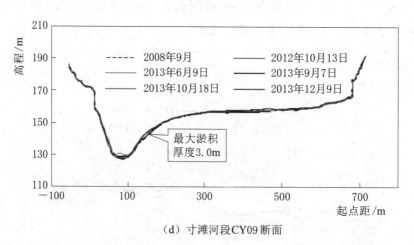

（d）寸滩河段CY09断面

图 2.4-3（二）　三峡水库 175m 试验性蓄水运用后重点河段典型断面冲淤变化

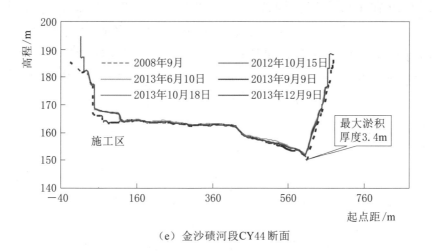

（e）金沙碛河段CY44断面

图 2.4-3（三） 三峡水库 175m 试验性蓄水运用后重点河段典型断面冲淤变化

## 三、河段采砂量

据重庆市 2014 年 6 月提供的资料表明，珞璜镇至朝天门段年采砂总量在 1800 万 t 左右，可开采量逐年减少。朝天门至涪陵段年采砂总量在 1100 万 t 左右，长寿以下开采的砂石含泥量较多。涪陵至巫山段年采砂总量在 300 万 t 左右，来沙基本为淤泥，可开采量为成库前储量，可开采砂石量逐年减少。长江委水文局 2011—2013 年开展了重庆主城区河段采砂调查，调查结果如表 2.4-7 所示。

表 2.4-7　　　2011—2013 年重庆主城区河段采砂调查统计表

| 年份 | 起止范围 | 河段长 /km | 采砂量 /万 t | 采砂强度 /(万 t/km) | 采砂点数 |
|---|---|---|---|---|---|
| 2011 | 铜锣峡—朝天门 | 14 | 79.75 | 5.70 | 12 |
| | 朝天门—大渡口 | 26 | 38.9 | 1.50 | |
| | 朝天门—井口 | 20 | 29.09 | 1.45 | 2 |
| | 合计 | | 147.74 | | 14 |
| 2012 | 铜锣峡—朝天门 | | 52.5 | | 11 |
| | 朝天门—大渡口 | | 63.4 | | |
| | 朝天门—井口 | | 7.7 | | 4 |
| | 合计 | | 123.6 | | 15 |
| 2013 | 重庆主城区河段 | | 437.5 | | 13 |

2011 年度在重庆主城区河段（干流 40km，嘉陵江 20km）内，共调查到 14 个采砂点，全部为水下采砂，无洲滩采砂。水下采砂除高水期外，其余时间一般均可开采，有效开采时间长短主要取决于沙石的销售情况，重庆主城区采砂主要集中在下半年进行。2011 年重庆主城区河段采砂量为 147.74 万 t，其中：长江干流铜锣峡至朝天门河段 79.75 万 t，采砂强度为 5.70 万 t/km；朝天门至大渡口河段采砂量为 38.9 万 t，采砂强度为 1.50 万 t/km；嘉陵江朝天门至井口河段采砂量为 29.09 万 t，采砂强度为 1.45 万 t/km。可见重庆主城区河段采砂区主要位于长江干流铜锣峡至朝天门河段内，开采强度相对较大。长江干流朝天门至大渡口河段和嘉陵江朝天门至井口河段采砂强度比较接近，且均较小。

2012 年开展了三次采砂调查，通过现场询问采砂船主、操作人员、运砂船人员，以及访问附近居民、渔民，结合运砂船吨位等方式估算采砂量。从调查情况看，2012 年重庆主城区河段发现 15 个采砂区有船作业，其中长江干流段有 11 处，嘉陵江河段 4 处，都为水下采砂，未发现有洲滩采砂情况。据统计，从 2012 年 1 月 1 日至 12 月初，重庆主城区河段共采砂约 123.6 万 t。

2013 年开展了多次采砂调查，重庆主城区河段发现 13 个采砂区有船作业。其中长江干流段有 10 处，嘉陵江河段 3 处，都为水下采砂，未发现有洲滩采砂情况。据统计，从 2013 年 1 月 1 日至 11 月底，重庆主城区河段共采砂约 437.5 万 t，其中沙量为 307 万 t，卵石量为 130.5 万 t。

综上所述，2008—2013 年重庆主城区河段年采砂量在 200 万～400 万 t，与 2008 年 9 月试验性蓄水运用以来至 2013 年的年平均实测冲刷量接近。

# 第三节　重庆主城区河段洪水位变化

## 一、水位流量关系变化

根据干流朱沱站实测水位流量成果，朱沱站 2003—2013 年水位流量关系如图 2.4-4 所示。水位流量关系在三峡水库不同运行时期基本无变化，表明三峡水库蓄水对朱沱站的水位没有明显影响。

嘉陵江北碚站于 2007 年 1 月下迁 7km，故三峡水库蓄水前与围堰发电期后的水位流量关系不具备比较基础，因此，仅比较水库初期运行期和试验性蓄水期的水位流量关系，如图 2.4-5 所示。由图可见，除 2012 年 7 月长江干流来水较大，对嘉陵江形成顶托，导致北碚站水位有所抬升外，北碚站水位流量关系基本无大的变化。

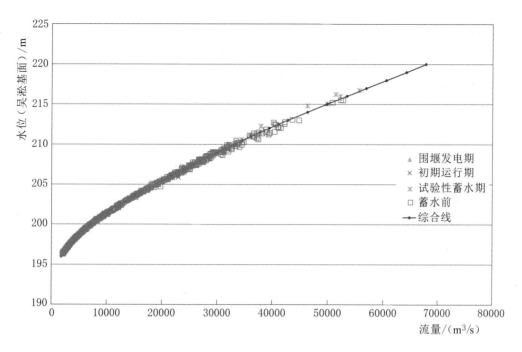

图 2.4-4　长江朱沱站不同时期水位流量关系曲线

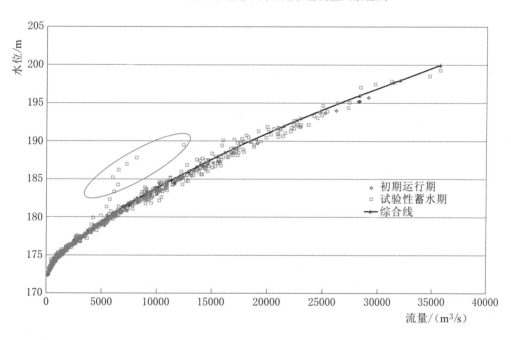

图 2.4-5　嘉陵江北碚站不同时期水位流量关系

　　根据干流寸滩站实测水位流量成果，2003—2013 年寸滩站水位流量关系如图 2.4-6 所示。三峡水库围堰发电期、初期运行期间，寸滩站水位流量关系无大的变化；但 175m 试验性蓄水运用后，蓄水期受坝前水位顶托影响较明显，同流量下水位抬升。

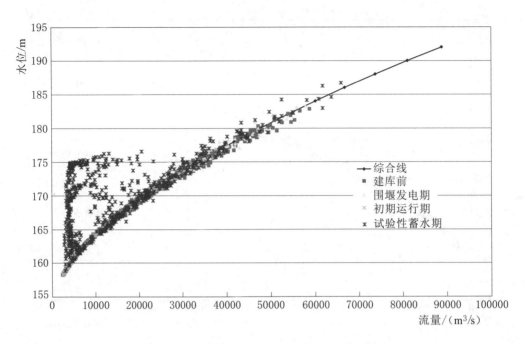

图 2.4 - 6　长江寸滩站不同时期水位流量关系

## 二、洪水水位变化

三峡水库蓄水运用后，泥沙淤积对重庆主城区洪水位的影响是初步设计报告关心的问题。重庆主城区 5 年一遇洪水流量为 61400$m^3$/s，20 年一遇洪水流量为 75300 $m^3$/s，百年一遇洪水流量为 88700$m^3$/s。初步设计报告预测，三峡水库蓄水运用 30 年后，重庆主城区 5 年一遇洪水水位为 187.49m，较天然洪水位 185.90m 抬高了 1.59m。由于三峡水库蓄水运用后还未有百年一遇和 20 年一遇洪水，只出现过 5 年一遇洪水。以下就三峡水库蓄水运用约 10 年，水库淤积对重庆主城区 5 年一遇洪水水位影响进行分析。

2010 年 7 月 19 日寸滩站日平均流量 62400 $m^3$/s，达到了 5 年一遇洪水流量，水库坝前水位 147.36m，回水未影响到重庆主城区。比较 2010 年寸滩站水位流量关系与水库蓄水运用前的水位流量关系，即反映了三峡水库蓄水运用后泥沙淤积对重庆主城区洪水位的影响，如图 2.4 - 7 所示。由图可见，2010 年寸滩站水位流量关系与三峡水库蓄水运用前的 1981 年比没有明显变化，说明三峡水库蓄水运用以来水库泥沙淤积尚未对重庆主城区洪水位产生影响。这一结果与三峡水库蓄水运用后水库泥沙淤积分布是相符的，观测资料说明，至 2012 年，变动回水区长 173.4km 河段的泥沙淤积很少，只有 0.11 亿 $m^3$。

寸滩站 1990—2013 年实测水位流量关系如图 2.4 - 8 所示。当洪水流量大于 35000$m^3$/s 时，水位流量关系没有明显变化。

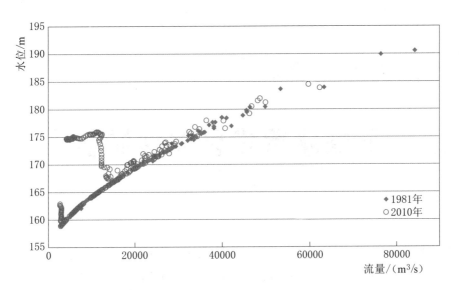

图 2.4－7　三峡水库蓄水运用前后寸滩站水位流量关系变化

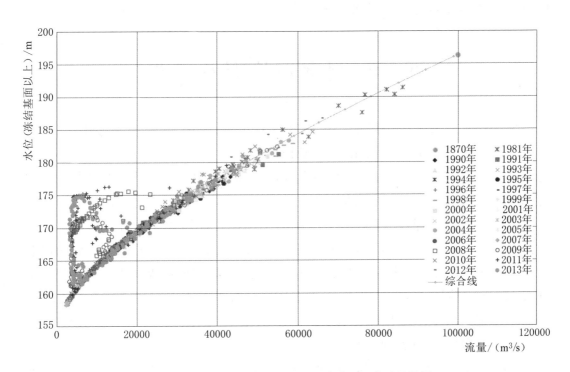

图 2.4－8　长江寸滩站 1990—2013 年实测水位流量关系

# 第 五 章

# 三峡水库坝区泥沙淤积

三峡水库坝区指上起庙河，下至三峡大坝下游的莲沱，全长约 31km，河段弯曲且河道走向多变，宽窄相间，如图 2.5-1 所示。坝区泥沙问题主要包括坝前河段、永久船闸航道、地下电站引水区域泥沙淤积，坝下游近坝河段与局部河段冲刷等问题[23]，水轮机过机泥沙。

## 第一节　坝前河段泥沙淤积

自三峡水库蓄水运用以来，2003 年 3 月至 2013 年 10 月，坝前段 175m 以下河床总淤积量为 1.529 亿 $m^3$。从淤积部位来看[24]，高程 90m 以下河床淤积泥沙量为 1.124 亿 $m^3$，占总淤积量的 74%；高程 110m 以下河床淤积泥沙量为 1.363 亿 $m^3$，占总淤积量的 89%。

表 2.5-1 为坝前段（S30+1～S40-1 库段）泥沙淤积统计，2003—2013 年共淤积 1.314 亿 $m^3$。泥沙淤积主要发生在水库围堰发电期，该时段高程 90m 下主槽泥沙淤积量占水库蓄水运用以来同高程下泥沙淤积总量的 56%。进入 175m 试验性蓄水运用期后，受上游来沙减少及水库泥沙淤积分布变化的影响，近坝河段泥沙淤积明显减少。

坝前河段深泓均表现为淤高，深泓平均淤高 33.9m，淤积厚度最大位于 S34 断面（距离大坝 5.565km），淤厚 66m。坝前断面 S30+1（距离大坝 816m）平均淤积厚度为 6.11m，深泓淤积高程达到 60.38m，如图 2.5-2 所示。坝前泥沙淤积体目前远低于电厂进水口的底板高程 108m，而且淤积物颗粒很细，对发电未造成影响。

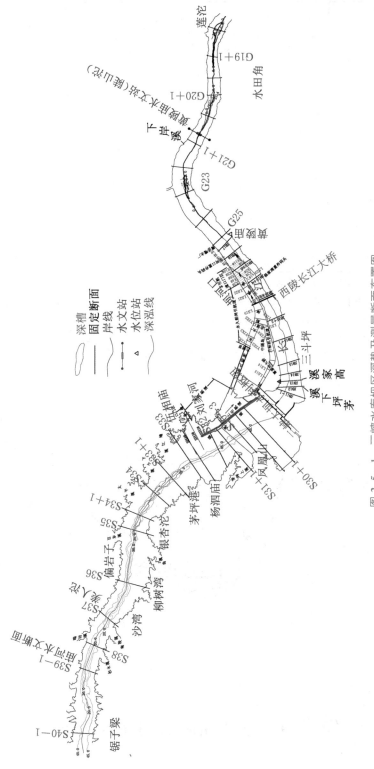

图 2.5−1　三峡水库坝区河势及测量断面布置图

表 2.5-1 2003—2013 年三峡水库坝前段（庙河—大坝）淤积量统计表

| 河 段 | S30+1~S33 | | S33~S38 | | S38~S40-1 | | S30+1~S40-1 | |
|---|---|---|---|---|---|---|---|---|
| 间距/km | 2.996 | | 7.966 | | 3.339 | | 14.301 | |
| 高程/m | 90 | 135 (156, 175) | 90 | 135 (156, 175) | 90 | 135 (156, 175) | 90 | 135 (156, 175) |
| 135~139m 运行期 | 2227 | 2772 | 2768 | 3439 | 179 | 299 | 5174 | 6510 |
| 156~145m 运行期 | 727 | 1091 | 997 | 1377 | 98 | 145 | 1822 | 2613 |
| 175m 试验性蓄水期 | 949 | 1485 | 1358 | 2117 | 352 | 416 | 2658 | 4018 |
| 自蓄水以来 | 3903 | 5348 | 5123 | 6933 | 629 | 860 | 9654 | 13141 |

注 表中 S30+1~S40-1 河段的冲淤量不包含大坝~S30+1 段（长 816m），大坝至庙河的冲淤量统计从 S30+1 开始。135~139m 运行期冲淤量计算的高水位为高程 135m，表中 135m 统计方量为高程 135m 下的淤积方量；进入 156m 运行后，2006 年 10 月至 2008 年 11 月高水位为 156m，表中 156m 统计方量为高程 156m 下的淤积方量；进入 175m 试验性蓄水期后，高水位为 175m，表中 175m 统计方量为高程 175m 下的淤积方量。

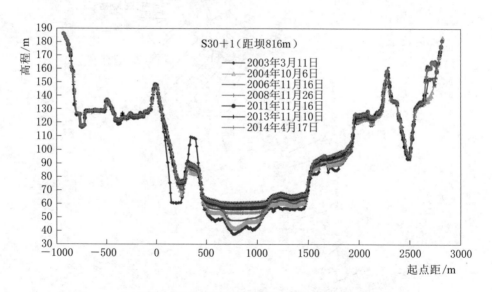

图 2.5-2 三峡水库坝前断面淤积变化

## 第二节 永久船闸航道泥沙冲淤

三峡枢纽永久通航建筑物位于左岸，由双线五级连续梯级船闸、垂直升船机及上、下游引航道组成，如图 2.5-3 所示。上游引航道全长约 2.1km，以全包防淤隔流堤与大江分隔开，船闸引航道底板设计高程为 130.0m，底宽为 180m，口门底宽 220m。下游引航道上起下闸首（YJX1），下至下游引航道口门（LS23），全长约 2.6km，包含永久船闸引航道及原临时船闸引航道。其中，永久船闸引航道设计底宽为 180～220m，闸室至岔道口段底部设计高程为 56.5m；永久船闸、原临时船闸共用引航道（岔道口至下隔流堤口）长约 1.85km，其底板通航设计高程为 58.0m。三峡工程永久船闸于 2003 年 6 月正式投入运行。

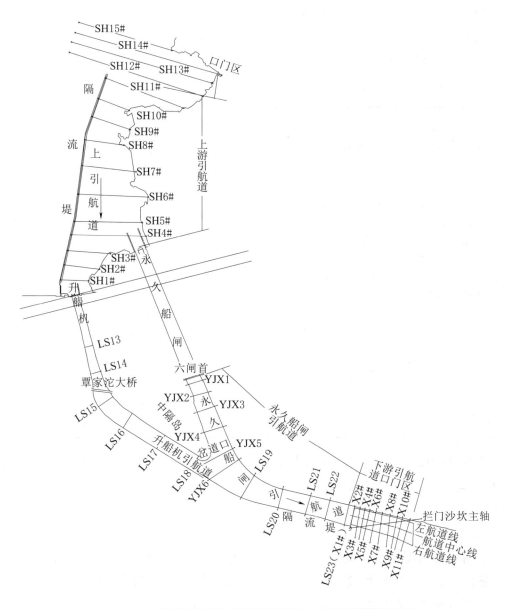

图 2.5-3　三峡工程永久船闸及升船机上、下游引航道平面图

## 一、上游引航道

自永久船闸运行以来，上游引航道及口门区均有明显的泥沙淤积，如表 2.5-2 所示。至 2012 年 11 月，上游引航道及口门区共淤积 528 万 $m^3$。其中航道内淤积量为 198 万 $m^3$，口门区淤积量为 330 万 $m^3$。水库围堰蓄水期，上游航道内和口门区淤积量分别为 55 万 $m^3$ 和 157 万 $m^3$，共淤积泥沙 212 万 $m^3$，年均淤积量为 71 万 $m^3$；三峡水库初期运行期，上游航道内和口门区分别淤积 57 万 $m^3$ 和 96 万 $m^3$，共淤积 153 万 $m^3$，年均淤积量为 76 万 $m^3$；175m 试验性蓄水运用以来，上游航道内和口门区分别淤积 86 万 $m^3$ 和 77 万 $m^3$，共淤积 163 万 $m^3$，年均淤积量为 41 万 $m^3$，淤积强度有所减少。

表 2.5-2　　　　三峡工程上游引航道及口门区淤积量统计表

| 时　　段 | 项目 | 区　　域 | | |
|---|---|---|---|---|
| | | 上游引航道内<br>（SH1♯～SH11♯） | 口门区<br>（SH11♯～SH15♯） | 上游引航道及口门区<br>（SH1♯～SH15♯） |
| 围堰发电期 | 淤积量/万 $m^3$ | 55 | 157 | 212 |
| | 比例/% | 26 | 74 | |
| 初期运行期 | 淤积量/万 $m^3$ | 57 | 96 | 153 |
| | 比例/% | 37 | 63 | |
| 175m 试验性蓄水期 | 淤积量/万 $m^3$ | 86 | 77 | 163 |
| | 比例/% | 53 | 47 | |
| 淤积量总计/万 $m^3$ | | 198 | 330 | 528 |

水库不同运行期，永久船闸上游引航道内淤积量所占淤积总量的比例在逐步增大，围堰发电期占 26%，初期运行期占 37%，175m 试验性蓄水运用以来占 53%，说明永久船闸上游引航道内泥沙的淤积从口门区向航道内发展。

上游引航道泥沙淤积横向分布以底板淤积为主，目前除升船机口门区域淤积不明显外，引航道内底板高程大多超过 131m，最大累积淤厚 3.0m，如图 2.5-4 所示。而引航道口门区的淤积则以低洼区域为主，最大累积淤厚 24.2m。

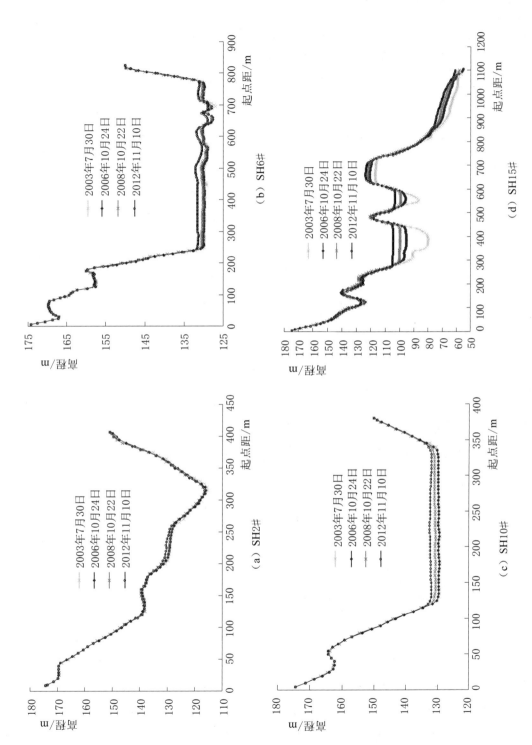

图 2.5－4 三峡工程上游引航道典型横断面变化

## 二、下游引航道

永久船闸运行以来，下游引航道及口门区均有明显淤积，如表2.5-3所示。至2013年5月，下游引航道及口门区共淤积泥沙量为184.5万 $m^3$，其中引航道内淤积108.3万 $m^3$，口门区淤积76.2万 $m^3$。下游引航道及口门区共清淤119.9万 $m^3$，其中引航道内清淤50.9万 $m^3$，口门区清淤69.0万 $m^3$。

表2.5-3　三峡水库蓄水运用后下游引航道及口门外淤积量统计表

| 年份 | 六闸首-LS23 | | | LS23-X11# | | |
|---|---|---|---|---|---|---|
| | 航道淤积量 (2.6km)/万 $m^3$ | 淤积分布 /(万 $m^3$/km) | 航道清淤量 /万 $m^3$ | 口门淤积量 (0.75km)/万 $m^3$ | 淤积分布 /(万 $m^3$/km) | 口门清淤量 /万 $m^3$ |
| 2003 | 22.5 | 8.6 | — | 27.5 | 36.7 | 24.7 |
| 2004 | 10.5 | 4.0 | — | 8.4 | 11.2 | 8.3 |
| 2005 | 36.8 | 14.2 | 28.4 | 11.7 | 15.6 | 12.7 |
| 2006 | 6.6 | 2.5 | — | 5.2 | 6.9 | — |
| 2007 | 8.8 | 3.4 | 20.6 | 8.3 | 11.1 | 12.9 |
| 2008 | 13.0 | 5.0 | — | 7.3 | 9.7 | — |
| 2009 | — | — | — | 3.4 | 4.5 | — |
| 2010 | 5.6 | 2.2 | — | 2.2 | 4.1 | — |
| 2011—2012 | 4.5 | 1.7 | 1.9 (2011年) | 2.2 | 2.9 | 3.4 (2011年) |
| 2013 | — | — | — | — | — | 7.0 |
| 总计 | 108.3 | — | 50.9 | 76.2 | — | 69.0 |

注　"—"表示没测地形或者没有进行清淤。

下游引航道口门区淤积主要发生在水库围堰发电期及初期运行期，进入175m试验性蓄水运用后，淤积大为减少，机械清淤的频率及数量也大大减少。三峡工程下游引航道与门口区典型断面淤积情况如图2.5-5所示。

下游引航道口门区曾出现过拦门沙坎，拦门沙坎主轴在水库围堰发电期淤积明显，如图2.5-6所示。2003年其最大淤高达6.7m，2008年后变化幅度大为减小。目前下游引航道及口门区的泥沙淤积采用机械清淤，基本对通航不产生影响。

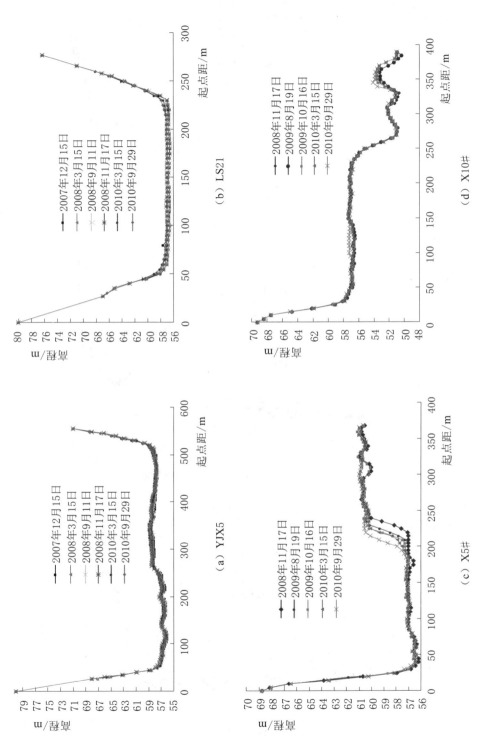

图 2.5-5　三峡工程下游引航道与口门区典型断面淤积情况

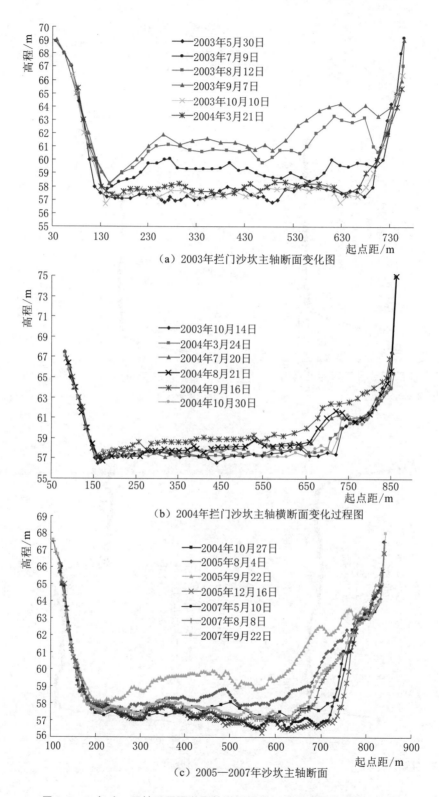

（a）2003年拦门沙坎主轴断面变化图

（b）2004年拦门沙坎主轴横断面变化过程图

（c）2005—2007年沙坎主轴断面

图 2.5-6（一） 三峡工程下游引航道口门拦门沙坎主轴横断面变化图

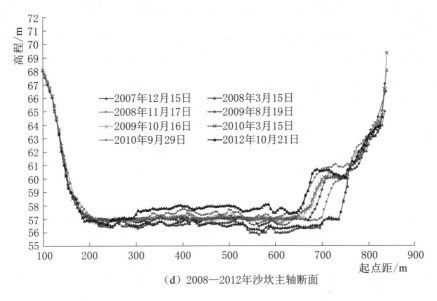

（d）2008—2012年沙坎主轴断面

图 2.5－6（二） 三峡工程下游引航道口门拦门沙坎主轴横断面变化图

# 第三节 地下电站引水区域泥沙淤积

三峡枢纽右岸地下电站引水区域位于坝前右岸一侧，止于茅坪副坝。以原偏岩子山体为界，山体右侧为右岸地下电站引水区域，山体左侧为右电厂厂前水域，如图 2.5－7 所示。地下电站布置于右岸茅坪溪白岩尖山脊下，共设 6 台机组，每台机组引流量为 900m³/s。电站进水口尺寸为 9.6m × 15m，底板高程为 111.0m，进水口前缘平台高程为 100.5m。每 2 台机组底板之间布设有排沙洞，共设 3 条排沙支洞，支洞后接 1 条排沙总洞。排沙支洞内径为 3.0m，进口底板高程为 102.5m，引水流量为 120m³/s。

## 一、泥沙淤积及其分布

2006 年 3 月至 2013 年 10 月（约 7.5 年），右岸地下电站前沿水域泥沙总淤积量为 335 万

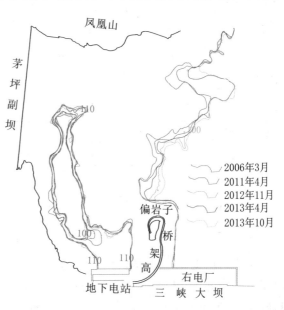

图 2.5－7 三峡工程右岸地下电站取水
水域平面示意图（单位：m）

163

$m^3$，年均淤积量为 45 万 $m^3$。从淤积分布看，以关门洞以上区域淤积较为明显，而靠近大坝的区域淤积相对较轻，如表 2.5 - 4 所示。从淤积过程看，地下电站开始运行前（约 5 年，2006 年 3 月至 2011 年 4 月），淤积量为 197 万 $m^3$，占总淤积量的 59%，年均泥沙淤积量为 39 万 $m^3$；2011 年 5 月地下电站开始陆续运行后，至 2013 年 10 月（约 2.5 年），泥沙淤积量为 138 万 $m^3$，占总淤积量的 41%，年均泥沙淤积量为 55 万 $m^3$。其中 2013 年 4—10 月，由于水库来沙量明显多于往年，泥沙淤积幅度明显加大，达到 107 万 $m^3$，占总淤积量的 32%。

表 2.5 - 4　　　　三峡工程地下电站运行以来引水区域冲淤统计表

| 时　段 | 关门洞以下段 (1#～5#, 间距200m) | | 关门洞段 (5#～11#, 间距300m) | | 文昌阁及以上段 (11#～25#, 间距700m) | | 全区域 (1#～25#, 间距1200m) | |
|---|---|---|---|---|---|---|---|---|
| | 冲淤量 /万 $m^3$ | 冲淤分布 /(万 $m^3$/m) | 冲淤量 /万 $m^3$ | 冲淤分布 /(万 $m^3$/m) | 冲淤量 /万 $m^3$ | 冲淤分布 /(万 $m^3$/m) | 冲淤量 /万 $m^3$ | 冲淤分布 /(万 $m^3$/m) |
| 2006 年 3 月至 2011 年 4 月 | 19.4 | 0.10 | 78.1 | 0.26 | 99.8 | 0.14 | 197.3 | 0.16 |
| 2011 年 4 月至 2011 年 11 月 | −2.4 | −0.01 | 1.5 | 0.00 | 3.6 | 0.01 | 2.7 | 0.00 |
| 2011 年 11 月至 2012 年 11 月 | 1.6 | 0.01 | 14.9 | 0.05 | 38.3 | 0.05 | 54.8 | 0.05 |
| 2012 年 11 月至 2013 年 4 月 | −0.5 | 0.00 | −7.9 | −0.03 | −17.3 | −0.02 | −25.7 | −0.02 |
| 2013 年 4 月至 2013 年 10 月 | 10.8 | 0.05 | 24.7 | 0.08 | 70.6 | 0.10 | 106.1 | 0.09 |
| 2011 年 4 月至 2013 年 10 月 | 9.5 | 0.05 | 33.2 | 0.11 | 95.2 | 0.14 | 137.9 | 0.11 |
| 2006 年 3 月至 2013 年 10 月 | 28.9 | 0.14 | 111.3 | 0.37 | 195.0 | 0.28 | 335.2 | 0.28 |

## 二、淤积横向分布

2006 年 3 月至 2013 年 10 月，泥沙淤积较大的区域为近右岸侧原来地势较低的低洼地，尤其是关门洞至右岸边坡的低洼区域，最大累积淤高达 10.2m。自地下电站运行以来的 2011 年 4 月至 2013 年 10 月，该低洼区域最大累积淤高达 2.9m，关门洞与文昌阁间的区域最大累积淤积高达 5.4m，如图 2.5 - 8 中 11♯断面所示。

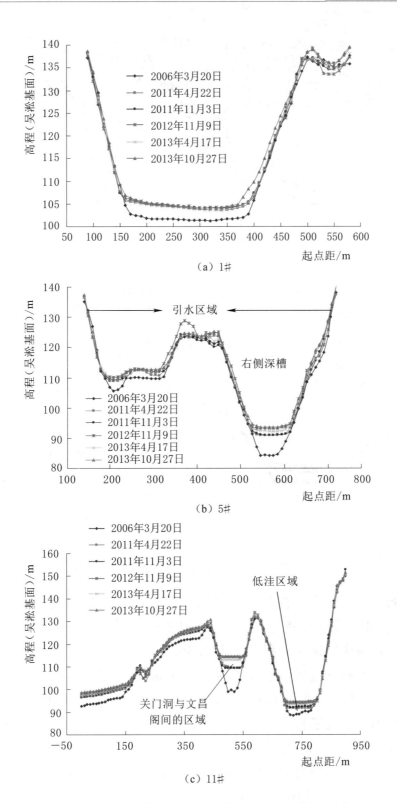

图 2.5 - 8（一）　三峡工程右岸地下电站引水区域横断面变化

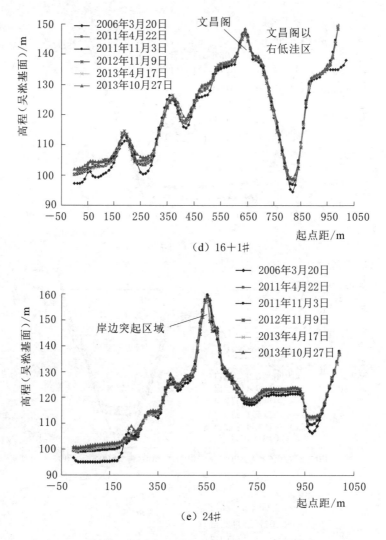

图 2.5-8（二）　三峡工程右岸地下电站引水区域横断面变化

　　文昌阁以左向江中方向的低洼区域泥沙淤积也较为明显，2006 年 3 月至 2013 年 10 月最大淤积厚度达 7.0m，如图 2.5-8 中 24♯断面所示。自地下电站运行以来，该区域最大淤积厚度为 2.6m。

　　靠近地下电站发电机组取水口前沿的区域也有泥沙淤积，2006 年 3 月至 2013 年 10 月最大累积淤积厚度达 3.0m。自地下电站运行以来，该区域淤积幅度明显减小，最大淤积厚度 1.2m，如图 2.5-8（a）中 1♯断面所示。距离地下电站取水口约 280m 的引水区域右侧深槽最大累积淤积厚度达 10.0m，但自地下电站运行以来该区域淤积幅度明显减小，最大累积淤积厚度为 2.7m，如图 2.5-8（b）中 5♯断面所示。

　　右岸地下电站取水口前沿 20～70m 水域也有一定程度的泥沙淤积。该区域底板较为平坦，2006 年 3 月至 2013 年 10 月平均淤高 3.0m，最大淤高达 3.6m。自 2011 年地下电站运行以来，最大累积淤积厚度为 0.5m，目前底板平均高程为 104.7m，高出地下电站排沙洞口底板高程 2.2m，如图 2.5－9 所示。该区域表现为逐年淤高，2011 年 4 月平均高程为 104.3m，2012 年 11 月为 104.5m，2013 年 10 月为 104.7m。

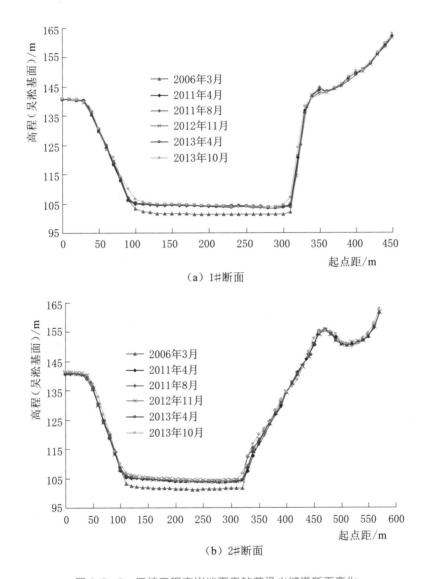

（a）1#断面

（b）2#断面

图 2.5－9　三峡工程右岸地下电站前沿水域横断面变化

## 三、冲沙试验

鉴于地下电站取水区域发生泥沙淤积，尤其是地下电站冲沙洞前沿泥沙淤积较为明显。因此，分别于 2011 年 8 月 18 日、2013 年 7 月 4—5 日开启地下电站的排沙孔对地下电厂取水区域进行了冲沙处理。地下电站排沙孔编号为排沙孔 8#，该排沙孔设 3 个进水口，连接下缘的一条排沙总洞，排沙孔内径为 3m，排沙口进口底板高程为 102.5m，引水流量为 120m³/s。

冲沙试验效果并不理想，主要原因：①冲沙期为主汛期，上游来沙相对较多，存在回淤；②仅实测试验后地形，而试验前地形采用前一年地形，期间存在泥沙沉降，导致冲沙效果评价误差。

# 第四节　坝下游近坝河段与局部河段的冲刷

## 一、河段冲刷量

坝下游近坝河段从大坝到鹰子嘴，全长 5.7km。根据监测资料，受电厂发电下泄水流及汛期泄洪的影响，坝下游河段处于持续冲刷状态，但冲刷幅度逐步减轻，特别是水库 175m 试验性蓄水期冲刷已明显减缓。2003 年 2 月至 2012 年 11 月，该河段累积冲刷量为 827.4 万 m³，如表 2.5 - 5 所示。

2003 年 2 月至 2006 年 3 月，坝下游近坝河段累积冲刷量为 644.4 万 m³，主要的冲刷区域在覃家沱至鸡公滩边滩（JB11 - 1～JB15），也即左电厂尾水泄水局部区域。2006 年 3 月以来，近坝河段表现为轻微冲刷，冲刷区域仍主要在近左岸覃家沱边滩，下游隔流堤段基本没有变化。其中 2006 年 3 月至 2009 年 5 月累积冲刷量为 82.2 万 m³，2009 年 5 月至 2012 年 11 月累积冲刷量为 100.8 万 m³。

表 2.5 - 5　　　　三峡工程坝下游大坝至黄陵庙河段冲刷量　　　　单位：万 m³

| 时段 | 2003 年 2 月至 2006 年 3 月 | 2006 年 3 月至 2009 年 5 月 | 2009 年 5 月至 2011 年 4 月 | 2011 年 4 月至 2012 年 11 月 | 2003 年 2 月至 2012 年 11 月 |
|---|---|---|---|---|---|
| 冲刷量 | -644.4 | -82.2 | -64.8 | -36 | -827.4 |

## 二、重点区域的局部冲刷

三峡水库坝下游近坝重点区域上自大坝下至覃家沱左电厂尾水冲坑处，全长 0.8km，如图 2.5 - 10 所示。三峡大坝左侧为左岸电厂，右侧布置右岸电厂，中部为泄洪坝段，有 23 个泄洪深孔。泄洪坝段与左岸电厂之间设有左导墙，左导墙上设有排漂闸，泄洪坝段与右岸电厂之间设有纵向混凝土围堰（也称右导墙）。

## （一）泄洪坝段

泄洪坝段左起左导墙，右至右导墙。泄洪坝段河床在2003年水库蓄水运用后初期即出现一定的冲刷，2005—2007年变化比较轻微。2007—2008年发生局部冲刷，2♯断面最大冲深4m，冲刷区距离左导墙约120～250m。2009年3月该区域最大冲深达4.3m，冲刷长度约500m。2012年11月地形显示，该区域河床仍处于冲刷状态，与2010年11月相比，左、右导墙中部突起区域最大冲刷

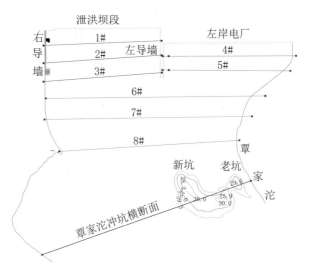

图 2.5－10　三峡水库坝下游近坝重点河段形态图
（2010 年 11 月 8 日，单位：m）

达2.8m；而于2004年冲刷形成的深坑则进一步向右侧冲深扩展，与2010年11月相比，最大冲深达到3.6m；此外靠近右导墙约50～80m的区域也有冲深，最大冲深达3.2m。

## （二）排漂闸前冲刷坑

2004年1月测得排漂闸出口下游墙体坡脚正前方存在一冲刷坑，范围约为65m×32m（5m等深线范围），最低高程为－3.0m。2005年12月，该冲坑进一步冲深扩大，最低点高程为－3.7m，范围为70m×45m。之后，对该冲坑区进行人工砂石抛填，2008年4月基本被填平。由于排漂闸孔的持续使用，使该冲刷坑后期仍有所冲刷发展，目前最低点高程为8.8m，如图2.5－11所示。

## （三）左岸电厂尾水渠

2003年大坝深孔泄流后，由于水流的冲刷作用，在左岸电厂尾水渠冲刷形成冲刷坑。2005年，该冲坑右侧区域冲刷发展，出现一个新冲坑，如图2.5－12所示。

2003年出现的老冲刷坑为一个长120m、宽50m的深槽（35m高程区域），2004年1月深槽最低高程为27.1m，深槽区域中心轴线基本与左岸平行，距左岸80m左右，距大坝700m左右。此后该冲坑变化不大，2008年4月冲坑最低点高程为27.4m，深坑的长宽均有回缩；2010年，该冲坑明显回淤，与2008年比，长度减小约一半，面积减小约51%，现面积约1993m²。老冲坑右侧的新冲刷坑，2005年12月最低点高程为28.0m（冲深达22.8m），

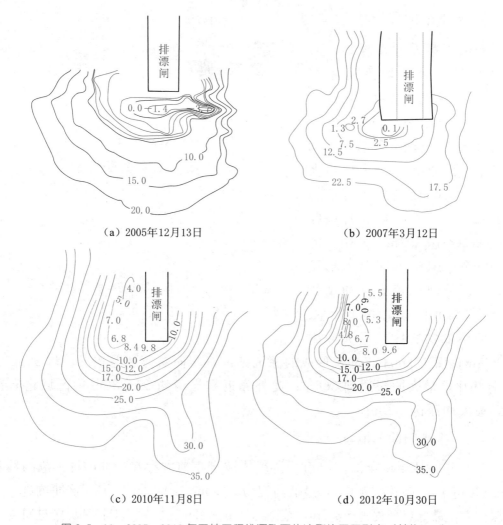

（a）2005年12月13日　　　　　　　（b）2007年3月12日

（c）2010年11月8日　　　　　　　（d）2012年10月30日

图 2.5-11　2005—2012 年三峡工程排漂孔下的冲刷坑平面形态（单位：m）

长 150m，宽 90m（35m 高程区域）。此后该冲坑有所变化。2010 年冲坑最低点高程为 28.3m，冲坑尾部向左岸横向扩展，冲坑头部略向右岸展宽和向上游发展，冲坑面积达 20317m²。

由于左岸电厂尾水的持续冲刷，35m 等高线下，2012 年老、新冲坑基本连成一个整体。相比 2010 年，老冲坑 A 坑底高程基本没有变化，新冲坑 C 坑底高程下降 0.5m。冲坑群总体表现为向下游冲刷扩展，面积有所增加，为 23784m²。

**（四）左岸电厂消能段**

左岸电厂尾水消力池段是混凝土护坦，发电初期至 2008 年 4 月，河段基本无变化，如图 2.5-13 所示。之后，受左岸电厂发电影响，左岸电厂尾水混凝土护坦以上区域没有测量信号，该区域的地形有部分为空白。

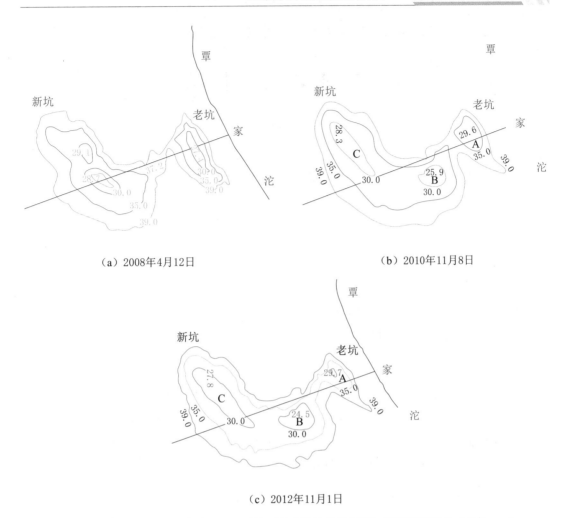

（a）2008年4月12日　　　　　　　　（b）2010年11月8日

（c）2012年11月1日

图 2.5－12　三峡工程左岸电厂尾水冲坑（覃家沱冲坑横断面）不同年份形态（单位：m）

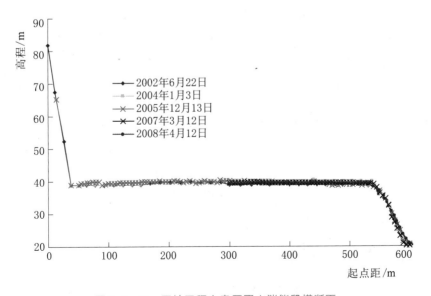

图 2.5－13　三峡工程左电厂尾水消能段横断面

至今为止，下游局部冲刷未对建筑物安全造成影响。

# 第五节　水轮机过机泥沙

为及时了解水轮机过机泥沙，研究减缓水轮机过流部件表面磨蚀破坏的各项措施，自 2010 年以来对过机泥沙进行了监测。主要监测项目包括悬移质含沙量、悬移质颗粒级配（中值粒径、平均粒径、最大粒径）、溶解氧、电导率、pH 值、浊度、水温、岩性分析等，取样位置根据需要每年进行适当的调整。

## 一、过机泥沙参数变化

### （一）平均粒径

2013 年过机泥沙的平均粒径在 0.010～0.030mm 之间，大于 2012 年 7 月的 0.013～0.015mm，接近 2011 年的 0.015～0.025mm。

### （二）中值粒径

2011 年观测表明，经过机组涡壳门和锥管门的悬移质泥沙中值粒径随着入库流量的大小变化，在 0.007～0.012mm 之间。2012 年各次监测的中值粒径均比较稳定，大部分在 0.007～0.009mm 之间。2013 年各次监测的中值粒径在 0.007～0.010mm 之间，8 月中旬相对较大。

### （三）最大粒径

经过机组涡壳门和锥管门的悬移质泥沙最大粒径值，各次监测值并不稳定，2011 年为 0.30～0.70mm，2012 年为 0.15～0.30mm，2013 年为 0.10～0.75mm。坝前垂线最大粒径一般大于涡壳门、锥管门的最大粒径，说明部分较大颗粒的泥沙未进入机组，而沉降后淤积在坝前。

### （四）机组进口悬移质含沙量

机组进口悬移质含沙量观测结果，2011 年为 0.007～0.083kg/m³，2012 年为 0.017～0.871kg/m³，2013 年为 0.018～1.410 kg/m³，含沙量变化范围上限有较大幅度的增大。因进入机组的泥沙是坝前垂线上中下部泥沙，各机组涡壳门和锥管门的含沙量一般均大于各机组坝前垂线平均含沙量。泥沙随水流进入各机组后，涡壳门和锥管门的含沙量无明显的变化。

## 二、过机泥沙岩性变化

结合泥沙矿物成分、硬度（XRD）和矿物形状分析（SEM），将 2011—

2013年泥沙大硬度矿物成分含量最多的机组做一个比较，如表2.5-6所示。2013年硬度较大的石英含量较2011年和2012年均有所增加，钠长石的含量有一定程度的减少；但硬度较小的伊利石和绿泥石的含量较2011年有较大增加，与2012年类似；同时石英断口颗粒出现的机组与2011年和2012年相比均有所减少。

表2.5-6　　2011—2013年三峡电站典型机组泥沙矿物成分比较表

| 年份 | 编　号 | 矿物成分占比/% | | | |
|------|--------|------|--------|--------|--------|
| | | 石英 | 伊利石 | 绿泥石 | 钠长石 |
| 2011 | 0810-31#ok | 17.68 | 16.23 | 7.14 | 39.12 |
| | 0811-31#ok | 27.73 | 39.21 | 7.84 | 4.15 |
| 2012 | 0711-28#zg | 22.83 | 7.56 | 31.54 | 15.00 |
| | 0727-1#zg | 15.74 | 50.64 | 10.16 | 13.44 |
| | 09-1#ok | 19.56 | 43.66 | 10.7 | 8.31 |
| 2013 | 0719-6#zg | 25.64 | 40.40 | 20.53 | 9.34 |
| | 0719-21#zg | 25.62 | 43.40 | 14.90 | 8.66 |
| | 0721-21#zg | 41.53 | 40.07 | 15.41 | 0.25 |

# 第 六 章

# 三峡库区航运条件变化

## 第一节　三峡水库蓄水运用以来通航总体变化情况

### 一、库区航道尺度大幅度增加

三峡水库蓄水运用以来，特别是175m试验性蓄水运行后，水库变动回水区和常年回水区内的航道尺度增加，航运条件大幅度改善[25]。

**（一）水库干流变动回水区上段**

三峡水库干流变动回水区上段（江津至重庆主城区河段），5—10月中旬航道条件与天然航道基本一致，中洪水期最小维护水深得到显著提升。但消落期1—4月最小维护水深仍停留在2.7m，部分区段航道条件比较紧张。江津至重庆主城区河段分月维护水深如表2.6-1所示。

表 2.6-1　三峡水库干流变动回水区江津至重庆主城区河段航道
分月维护水深表

| 年份 | 维护水深/m | | | | | | | | | | | |
|---|---|---|---|---|---|---|---|---|---|---|---|---|
| | 1月 | 2月 | 3月 | 4月 | 5月 | 6月 | 7月 | 8月 | 9月 | 10月 | 11月 | 12月 |
| 2005 | 2.7 | 2.7 | 2.7 | 2.7 | 2.9 | 3.0 | 3.0 | 3.0 | 3.0 | 3.0 | 2.9 | 2.7 |
| 2006—2010 | 2.7 | 2.7 | 2.7 | 2.7 | 3.0 | 3.0 | 3.0 | 3.0 | 3.0 | 3.0 | 3.0 | 2.7 |
| 2011—2012 | 2.7 | 2.7 | 2.7 | 2.7 | 3.2 | 3.5 | 3.7 | 3.7 | 3.7 | 3.5 | 3.2 | 2.7 |
| 2013 | 2.7 | 2.7 | 2.7 | 2.7 | 3.2 | 3.5 | 3.7 | 3.7 | 3.7 | 3.5 | 3.2 | 2.7 |

**（二）水库干流变动回水区中段**

三峡水库干流变动回水区中段（重庆主城区至长寿段）航道最小维护水深

有较大提升，由 2.9m 提升至 3.5m。中洪水期及蓄水期航道最小维护水深达到 4m 以上，分月最低维护水深如表 2.6-2 所示。

表 2.6-2　　　　三峡水库干流变动回水区重庆主城区至长寿河段
航道分月维护水深表

| 年份 | 维护水深/m | | | | | | | | | | | |
|---|---|---|---|---|---|---|---|---|---|---|---|---|
| | 1月 | 2月 | 3月 | 4月 | 5月 | 6月 | 7月 | 8月 | 9月 | 10月 | 11月 | 12月 |
| 2005 | 2.9 | 2.9 | 2.9 | 2.9 | 3.2 | 3.5 | 3.5 | 3.5 | 3.5 | 3.5 | 3.5 | 3.2 |
| 2006—2007 | 2.9 | 2.9 | 2.9 | 2.9 | 3.2 | 3.5 | 4.0 | 4.0 | 4.0 | 4.0 | 4.0 | 4.0 |
| 2008 | 3.2 | 2.9 | 2.9 | 2.9 | 3.2 | 3.5 | 4.0 | 4.0 | 4.0 | 4.0 | 4.0 | 4.0 |
| 2009 | 3.2 | 2.9 | 2.9 | 2.9 | 3.2 | 3.5 | 4.0 | 4.0 | 4.0 | 4.0 | 4.5 | 4.5 |
| 2010—2012 | 4.5 | 4.0 | 3.5 | 3.5 | 3.5 | 3.5 | 4.0 | 4.0 | 4.0 | 4.0 | 4.5 | 4.5 |
| 2013 | 4.5 | 4.0 | 3.5 | 3.5 | 3.5 | 3.5 | 4.0 | 4.0 | 4.0 | 4.0 | 4.5 | 4.5 |

### （三）水库干流变动回水区下段

175m 试验性蓄水运用以来，长寿至涪陵河段航道最小维护水深由 2.9m 增至 3.5m，航道维护尺度得到较大提高，如表 2.6-3 所示。中洪水期及蓄水期航道最小维护水深达到 4m，蓄水期最小维护水深达到 4.5m。

表 2.6-3　三峡水库干流变动回水区长寿至涪陵河段航道分月维护水深表

| 年份 | 维护水深/m | | | | | | | | | | | |
|---|---|---|---|---|---|---|---|---|---|---|---|---|
| | 1月 | 2月 | 3月 | 4月 | 5月 | 6月 | 7月 | 8月 | 9月 | 10月 | 11月 | 12月 |
| 2005 | 2.9 | 2.9 | 2.9 | 2.9 | 3.2 | 3.5 | 3.5 | 3.5 | 3.5 | 3.5 | 3.5 | 3.2 |
| 2006—2007 | 2.9 | 2.9 | 2.9 | 2.9 | 3.2 | 3.5 | 4.0 | 4.0 | 4.0 | 4.0 | 4.0 | 4.0 |
| 2008 | 3.2 | 2.9 | 2.9 | 2.9 | 3.2 | 3.5 | 4.0 | 4.0 | 4.0 | 4.0 | 4.0 | 4.0 |
| 2009 | 3.2 | 2.9 | 2.9 | 2.9 | 3.2 | 3.5 | 4.0 | 4.0 | 4.0 | 4.0 | 4.5 | 4.5 |
| 2010—2012 | 4.5 | 4.0 | 3.5 | 3.5 | 3.5 | 3.5 | 4.0 | 4.0 | 4.0 | 4.0 | 4.5 | 4.5 |
| 2013 | 4.5 | 4.0 | 3.5 | 3.5 | 3.5 | 3.5 | 4.0 | 4.0 | 4.0 | 4.0 | 4.5 | 4.5 |

### （四）水库干流常年回水区

三峡水库蓄水运用以来，干流常年回水区航道维护尺度随着水位蓄水位的抬高逐步提高，特别是 2007 年以来，最小维护水深由 2.9m 提升至 4.5m。175m 试验性蓄水运用后，常年回水区实施了航路改革，航道水深和航道宽度均有大幅度增大，航宽由原来的 60m 增加至 150m，如表 2.6-4 所示。

表 2.6－4　　　　三峡水库干流常年回水区航道维护尺度变化表

| 河段 | 航道维护尺度（深×宽×弯曲半径)/(m×m×m) | | | |
|---|---|---|---|---|
| | 2003—2005 年 | 2006 年 | 2007—2010 年 | 2011—2013 年 |
| 涪陵—丰都 | 2.9×60×750 | 2.9×60×750 | 4.5×60×750 | |
| 丰都—忠县 | 2.9×60×1000 | 2.9×150×1000 | 4.5×150×1000 | 4.5×150×1000 |
| 忠县—庙河 | 2.9×60×1000 | 2.9×140×1000 | 4.5×140×1000 | |

## 二、货运量大幅度增加

### （一）三峡水库过坝运量大幅度增加

三峡船闸规划设计通过能力 2030 年为单向 5000 万 t/a。2003 年 6 月船闸运行以来，三峡船闸货运量从 2004 年的 3431 万 t 增长到 2013 年的 9707 万 t，其中 2011 年达到了 1.003 亿 t，提前 20 年达到设计通过能力[26]，如表 2.6－5和图 2.6－1 所示。

表 2.6－5　　　　　2003—2013 年过闸与翻坝运量统计表

| 年份 | 过闸总艘次 | 运行总闸次 | 过闸定额/万 t | 过闸货运量 | | | | | 过坝总量/万 t | 翻坝总量/万 t |
|---|---|---|---|---|---|---|---|---|---|---|
| | | | | 实际过闸量/万 t | 平均每闸次过闸量/t | 上行/万 t | 下行/万 t | 上下行比例 | | |
| 2003 | 34880 | 4386 | 3033 | 1377 | 3140 | 448 | 929 | 33：67 | 1475 | 98 |
| 2004 | 75056 | 8719 | 6632 | 3431 | 3431 | 1010 | 2421 | 29：71 | 4309 | 878 |
| 2005 | 63949 | 8336 | 6932 | 3291 | 3291 | 1037 | 2254 | 32：68 | 4393 | 1102 |
| 2006 | 56383 | 8050 | 7290 | 3939 | 3939 | 1371 | 2568 | 35：65 | 5024 | 1085 |
| 2007 | 53312 | 8087 | 7811 | 4686 | 4686 | 1696 | 2990 | 36：64 | 6057 | 1371 |
| 2008 | 55351 | 8661 | 8224 | 8370 | 5370 | 2112 | 3259 | 39：61 | 6847 | 1477 |
| 2009 | 51815 | 8082 | 8174 | 6089 | 6089 | 2921 | 3168 | 48：52 | 7424 | 1336 |
| 2010 | 58302 | 9407 | 11276 | 7880 | 7880 | 3600 | 4280 | 46：54 | 8795 | 915 |
| 2011 | 55610 | 10347 | 14869 | 10032 | 10032 | 5533 | 4499 | 55：45 | 10997 | 964 |
| 2012 | 44263 | 9713 | 14670 | 8611 | 8611 | 5345 | 3266 | 62：38 | 9489 | 878 |
| 2013 | 45669 | 10770 | 16214 | 9707 | 9012 | 6029 | 3678 | 62：38 | 10558 | 851 |

### （二）重庆市水运货运量呈快速增长态势

三峡水库蓄水运用以来，重庆市水运货运量呈快速增长态势。2003 年重庆市货运量为 2214.42 万 t，2013 年增长至 14359.52 万 t，年平均增长率为

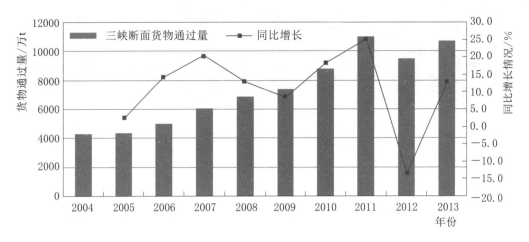

图 2.6-1   2004—2013 年三峡断面货物通过量变化过程

54.8%，如表 2.6-6 所示。

表 2.6-6      三峡水库蓄水运用以来重庆市水运量主要数据统计表

| 年份 | 港口吞吐量 /万 t | 货运量 /万 t | 货运周转量 /（亿 t·km） | 集装箱吞吐量 /万 t | 载货汽车吞吐量 /万辆 | 商品汽车吞吐量 /万辆 |
|------|------|------|------|------|------|------|
| 2003 | 3243.76 | 2214.42 | 157.70 | 9.90 | 19.64 | 10.40 |
| 2004 | 4539.00 | 2917.92 | 284.30 | 15.94 | 31.44 | 7.46 |
| 2005 | 5251.30 | 3896.26 | 400.46 | 21.98 | 30.92 | 6.14 |
| 2006 | 5420.13 | 4550.00 | 533.19 | 33.67 | 30.31 | 17.58 |
| 2007 | 6433.54 | 5904.37 | 699.86 | 43.28 | 38.32 | 18.73 |
| 2008 | 7892.80 | 6971.00 | 865.58 | 52.93 | 42.05 | 22.88 |
| 2009 | 8611.62 | 7771.34 | 968.40 | 51.78 | 37.58 | 36.04 |
| 2010 | 9668.37 | 9660.00 | 1219.27 | 56.42 | 25.08 | 30.49 |
| 2011 | 11605.67 | 11762.04 | 1557.67 | 68.40 | 26.74 | 4.32 |
| 2012 | 12474.96 | 12874.48 | 1739.95 | 79.55 | 24.92 | 35.42 |
| 2013 | 13675.89 | 14359.52 | 1982.91 | 90.58 | 28.91 | 34.43 |

## 三、船舶大型化趋势

三峡水库蓄水运用以来，从过闸船舶等级统计情况来看，船舶大型化的趋势非常明显，如表 2.6-7 所示。1000~2000t 级和 2000t 级以上的大型船舶增加幅度较大，2000t 级以上的船舶从 2008 年的 29.11% 增加至 2011 年的 49.44%，上升了 0.33%。小型船舶数量虽呈现下降趋势，但仍占一定的比例，小于 500t 级的船舶从 2008 年的 16.70% 减少至 2011 年的 9.29%，下降了 7.41%。

表 2.6－7　　　　　　　　　　　三峡船闸船舶过闸等级统计表

| 年份 | 船型 | ≤300t级 | 301～500t级 | 501～1000t级 | 1001～2000t级 | ＞2000t级 | 合计 |
|---|---|---|---|---|---|---|---|
| 2003 | 数量/艘 | 10959 | 8097 | 10927 | 4672 | 225 | 34880 |
| | 所占比例/% | 31.42 | 23.21 | 31.33 | 13.39 | 0.65 | 100 |
| 2004 | 数量/艘 | 9585 | 14653 | 26739 | 22301 | 4016 | 77294 |
| | 所占比例/% | 12.40 | 18.96 | 34.59 | 28.85 | 5.20 | 100 |
| 2005 | 数量/艘 | 3475 | 9255 | 23443 | 25942 | 1834 | 63949 |
| | 所占比例/% | 5.43 | 14.47 | 36.66 | 40.57 | 2.87 | 100 |
| 2006 | 数量/艘 | 2819 | 5638 | 15224 | 18606 | 14096 | 56383 |
| | 所占比例/% | 5.00 | 10.00 | 27.00 | 33.00 | 25.00 | 100 |
| 2007 | 数量/艘 | 2132 | 4798 | 10662 | 18126 | 17593 | 53312 |
| | 所占比例/% | 4.00 | 9.00 | 20.00 | 34.00 | 33.00 | 100 |
| 2008 | 数量/艘 | 5388 | 3854 | 12990 | 17005 | 16114 | 55351 |
| | 所占比例/% | 9.74 | 6.96 | 23.47 | 30.72 | 29.11 | 100 |
| 2009 | 数量/艘 | 5921 | 2616 | 11895 | 14939 | 16444 | 51815 |
| | 所占比例/% | 11.43 | 5.05 | 22.96 | 28.83 | 31.73 | 100 |
| 2010 | 数量/艘 | 4165 | 1922 | 11927 | 17121 | 23167 | 58302 |
| | 所占比例/% | 7.14 | 3.30 | 20.46 | 29.37 | 39.73 | 100 |
| 2011 | 数量/艘 | 3200 | 1203 | 6454 | 13097 | 23423 | 47377 |
| | 所占比例/% | 6.75 | 2.54 | 13.62 | 27.65 | 49.44 | 100 |
| 2012 | 数量/艘 | 2976 | 1119 | 6002 | 12311 | 25062 | 47470 |
| | 所占比例/% | 6.27 | 2.35 | 12.64 | 25.93 | 52.81 | 100 |
| 2013 | 数量/艘 | 2797 | 1052 | 5642 | 12926 | 26816 | 49233 |
| | 所占比例/% | 5.68 | 2.14 | 11.46 | 26.25 | 54.47 | 100 |

# 第二节　三峡干流变动回水区河段航道变化

三峡水库蓄水运用后，天然情况的大量滩险被淹没，航道条件总体上得到较大改善。但由于泥沙淤积、礁石等原因，水库局部区段、少量时段存在碍航现象。

## 一、江津至重庆主城区河段

### （一）天然情况的航道条件

重庆主城区至江津河段主要河道特征为连续弯曲，河道宽窄相间，江中多碍航浅滩。天然情况下，该河段主要碍航滩险有猪儿碛、铜元局、九龙坡、芭蕉滩、砖灶子、胡家滩、渣角、小南海、红眼碛等。经过一系列整治后，重点碍航的滩险主要为猪儿碛、三角碛、砖灶子、胡家滩、红眼碛等。碍航主要原因是水深、航宽不足，碍航时间多集中在 11 月至次年 3 月。整治主要是筑坝、炸礁、疏浚，维护主要手段是疏浚，重点滩段每年均需要进行维护才能满足通航条件。

重庆主城区河段两岸有众多港口码头，主要有新港作业区、九龙坡作业区、朝天门中心作业区和寸滩作业区，对重庆市的发展起着不可替代的作用。重庆主城区河段为川江著名的弯窄浅险河段，分布众多碍航浅滩。航道条件最为紧张的是朝天门至大渡口河段，该河段由胡家滩、李家沱、谢家碛、猪儿碛四个大的弯道组成。该河段航道主要碍航问题是枯水期航道弯、窄、浅、险，著名碍航浅滩段有胡家滩、九龙坡、猪儿碛等部位。

### （二）蓄水运用后航道变化特点

三峡水库蓄水运用后，变动回水区上段航道变化特点如下。

（1）汛期与天然情况冲淤规律一致，卵砾石运动明显，汛期会发生一定的卵石淤积。9 月中旬后，逐渐受水库蓄水影响，水动力条件减弱，卵砾石、细沙逐渐淤积在河段内，蓄水期航道基本稳定。消落期航道自上而下逐渐进入天然状态，水动力条件逐渐加强，泥沙逐渐开始冲刷下移，航道主要表现为冲刷；此时长江上游正值枯水期，主流集中在主槽，泥沙输移主要集中在主航槽。

（2）泥沙淤积主要体现在消落期卵砾石不完全冲刷及消落初期卵砾石在主航道内集中输移引起的微小淤积，累积性淤积不明显。由于消落期航道富余水深不多，虽然泥沙淤积量不大，但对航道条件影响较大。碍航较为明显的主要集中在重庆主城区河段的胡家滩、三角碛、猪儿碛。

（3）该河段在从水库过渡至天然河段及恢复天然河段后，航道条件较差，消落期易出现海事事故。发生这类事故的原因是多方面的，从客观上说，主要是前期泥沙淤积导致航槽移位或淤高的河床未能及时冲刷，而此时流量又较小，因而航深不足；同时水库 175m 试验性蓄水运行后，部分河段的冲淤规律有所变化，出现了一些船舶驾驶员不熟悉的新情况，如推移质的积聚和游移等。

（4）消落期航道流态不稳定。如表 2.6－8 所示，消落期典型航道流速、流向及河心比降测量结果表明：坝前水位为 163.91m、上游来流为 3630m³/s 时，九龙坡港区流速基本为 2.5m/s 以上，最大达到 3.4m/s，比降基本在

0.2‰，最大达到 2‰，三角碛主航道流速为 1.7～2.4m/s，比降为－1.2‰～1.3‰；当坝前水位 153.8m、上游来流为 4100m³/s 时，九龙坡港区流速在2.7m/s 以上，最大达到 3.8m/s，比降基本在 0.4‰以上，三角碛主航道流速为 0.8～2.4m/s，比降为－1.0‰～0.8‰。

表 2.6－8　　　　三峡库区三角碛主航道消落期流速及比降统计表

| 流量/(m³/s) | 坝前水位/m | 位　置 | 流速/(m/s) | 比　降 |
|---|---|---|---|---|
| 3630 | 163.9 | 九龙坡港 | 2.5～3.4 | 0.2‰～2‰ |
| | | 三角碛主航道 | 1.7～2.4 | －1.2‰～1.3‰ |
| 4100 | 153.8 | 九龙坡港 | 2.7～3.8 | ＞0.4‰ |
| | | 三角碛主航道 | 0.8～2.4 | －1.0‰～0.8‰ |

### （三）重点滩段航道条件

重庆主城区河段重点滩段主要包括胡家滩水道、三角碛水道、猪儿碛水道等，位置如图 2.4－1 所示。

#### 1. 胡家滩水道（上游航道里程 675.0～681.0km）

胡家滩河段为一急弯河段，位于重庆主城区新港区内。右岸为一巨大的卵石边滩，名为倒钩碛，边滩上卵石中值粒径为 10cm 左右；左岸主要是一些专用码头，岸边有多处石梁。河段江中有一潜碛，最小水深 0.8m，将河床分为左右两槽，左槽弯曲狭窄，有明暗礁石阻塞；右槽顺直，是主航槽，但水深较小，在兰巴段航道工程中炸礁至设计水位下 2.7m。胡家滩中洪水时，江面宽度达 1000m 左右，过水面积大，下游又有石梁束窄河床产生壅水，致使滩段流速比降减小。主流经倒钩碛而下，卵石输移带偏向右岸，在放宽段淤积，枯水期则出浅碍航。

胡家滩水道在三峡水库蓄水接近或达到 165.8m 以上时受到坝前水位壅水影响。其中影响较大的主要是汛后蓄水，受壅水影响，泥沙在航道内淤积，因此造成了汛后（9—11 月）泥沙淤积的局面。蓄水期间及消落期随着水位逐渐下降，胡家滩水道逐渐转为天然航道，但此时上游来流量不大，对泥沙冲刷作用不明显，因此出现消落期地形变化不大的情况（11 月至次年 3 月），此时往往最小水深接近最小维护尺度，给消落期航道维护带来很大困难。另外近年来在胡家滩水道倒钩碛边滩出现采砂船无序采砂，破坏了原有控制节点，边滩泥沙不断冲蚀，滩面高程降低，增大过水面积，造成主航道流速降低，泥沙更易在主航道淤积。

据胡家滩水道跟踪观测，三峡水库蓄水运用后，在胡家滩主航道、倒钩碛附近出现少量淤积，年际淤积量约 3 万 $m^3$，虽然淤积量不大，但淤积在主航槽，使得航槽变浅变窄，造成航道水深和航宽不满足维护尺度而碍航。2010年消落期曾出现船舶搁浅现象。2009 年、2010 年消落期均对胡家滩实施了维护性疏浚，经过维护性疏浚的胡家滩水道，航道尺度满足维护要求。近年来，胡家滩水道主航道淤积了 0.5m 左右泥沙，航道 3m 等深线向主航道推进 60m左右，因此泥沙淤积对胡家滩水道航道条件影响明显。

### 2. 三角碛水道（上游航道里程 667.0～675.0km）

三角碛水道航道弯曲，三角碛江心洲将河道分为左右两槽，右槽为主航道，为川江著名枯水期弯窄浅滩，航道弯曲狭窄，九龙滩水位 3m（航行基面，下同）以下最为突出，设有三角碛通行控制河段，三角碛碛翅有斜流，碛尾有旺水，左岸龙凤溪以下有反击水。枯水期右岸鸡心碛暗翅伸出，与左岸芭蕉滩之间形成的航槽浅窄、流急。

在天然情况下，三角碛下游 200m 处大石梁的作用，九堆子滩面出现缓流区，右岸边滩出现回流，在回流和缓流区出现泥沙淤积。汛末水位下降由于右汊河床高程较高，加之上游千金岩石梁和九堆子碛坝等的阻水作用，主流又复归左汊枯水河槽，回流逐渐减弱，大梁的顶托作用亦渐减弱，将九龙坡和滩子口一带汛期淤积的泥沙冲刷。因此，九龙坡河段泥沙淤积和走沙的主要原因可归结为水位涨落，主流摆动及回流的影响，形成退水冲沙。但三角碛右槽淤积的卵石常得不到有效冲刷，枯水期易形成碍航浅区，需靠疏浚维护航深。

三峡水库蓄水运用以来，特别是试验性蓄水运用以来，三角碛水道卵砾石泥沙淤积量虽然不大，少量淤积发生在主航道，造成消落期航道尺度紧张，对航道条件影响大。航道在消落期逐渐由库区恢复至天然，在此期间比降和流速逐步增大至天然航道水平，转化时间受水库消落速度影响，转化时间长短对变动回水区航道条件影响较大。受汛后蓄水影响，适合推移质走沙期缩短，但其主要走沙天数减少不大。消落期航道条件较差，需采取维护性疏浚手段，保障消落期航道畅通。

在实际维护过程中，三角碛水道是该段航道中最为紧张的水道，设标困难、维护难度大、船舶航行困难，行船单位多次呼吁改善航道条件。2011—2012 年度对三角碛水道中的三角碛实施了维护性疏浚，疏浚量为 7.1 万 $m^3$。2012—2013 年度蓄水期，对三角碛水道入口鸡心碛、鼓鼓碛实施了维护性疏浚。疏浚实施后，当年效果较好，均达到了预期效果，航道条件有所改善，碍航情况有所缓解，消落期船舶搁浅事故减少。但受三角碛水道河势条件限制，河段内弯、窄、浅、险等碍航局面仍然存在，需要通过系统整治彻底解决。

### 3. 猪儿碛水道（上游航道里程 660.0～667.0km）

猪儿碛水道平面形态较为复杂，河道有江心洲，南北分流，沿河两岸基岩出露，如鸡翅膀等，该河段河床及河岸边界条件较为稳定。猪儿碛河段主要有猪儿碛（上游航道里程 661.2km）和月亮碛（上游航道里程 660.0km）两淤沙浅滩。猪儿碛位于河心偏左，潜于河中，碛上最小水深为 0.9m，枯水期为川江最浅险航道，窄弯流急，其下月亮碛碛脑暗翅伸入河心较开。枯水期，主流偏右直泄鸡翅膀，扫湾下行。

三峡水库蓄水运用后，受水库壅水与嘉陵江大水顶托的双重影响，每年消落期水位较低时，猪儿碛滩段就会出浅，需经 20 多天的冲刷走沙，水流才能相对集中和归顺，每年都有多艘船舶出浅碍航。究其原因主要是试验性蓄水运行后航道走沙期推迟至次年水库消落期，走沙能力减弱，走沙期缩短，航道淤积变浅。

资料分析表明，猪儿碛水道浅点仍主要集中在猪儿碛碛脑与鸡翅膀之间。2010 年年初适逢上游来水偏枯，坝前水位消落过快，猪儿碛河段在 2010 年 2 月基本恢复为天然河道，航槽中已有泥沙淤积，出现了 2 处 3m 等深线不贯通，为保证通航，进行了疏浚。2011—2012 年度猪儿碛水道浅点仍主要集中在猪儿碛碛脑与鸡翅膀之间。2012 年 4 月猪儿碛淤积厚度在 0.3m 左右，浅区即出现 3m 等深线不贯通的情形。2013 年 3 月泥沙淤积继续压缩主航道，出现了 3m 等深线不能贯通的现象，对猪儿碛水道造成很大影响。如消落期水位消落快，则猪儿碛水道必然碍航。如 2009 年、2010 年，三峡水库消落期消落速度快，则猪儿碛碍航特别明显，2011 年、2012 年、2013 年三峡水库消落期放慢消落速度，猪儿碛碍航情况便得到一定缓解，因此水库消落速度是猪儿碛航道条件影响的重要因素。

月亮碛淤沙期延长，走沙期推迟且历时缩短，悬移质泥沙累积淤积量增大。库水位消落期，上段冲刷下来的泥沙至月亮碛上淤积，使月亮碛比建库前淤高并扩大，扩大的宽度为 100～200m；由于右侧深槽仍保持稳定，故泥沙的冲淤变化未对航道产生大的不良影响，但对月亮碛一带码头影响较大，船舶无法靠泊码头作业。

### 4. 占碛子水道（上游航道里程 715～716.5km）

占碛子河段中，大中坝将长江分为两汊，占碛子位于左汊，为主航道。中洪水期右汊分流，左汊流速减缓，航道淤积，浅碛增大，至枯水期很易出浅碍航。2009 年 10 月观测到占碛子航槽内淤积体有较大增加，航深和航宽得不到保证。

三峡水库蓄水运用后，占碛子水道汛期冲淤变化与天然情况一致，水库蓄水运用主要影响汛后冲刷。占碛子水道虽然每年淤积量不大，但常造成消落期航道尺度不足，2010—2011 年、2011—2012 年、2012—2013 年、2013—2014 年消落期均进行了维护性疏浚，疏浚后均有不同程度的回淤。

## 二、重庆主城区至长寿河段

### （一）天然情况航道条件

重庆主城区至长寿河段，河道受两岸地形束缚，河道相对窄深，其中上段较为弯曲，下段较为顺直，急弯河段多存在大型卵石碛坝，如图 2.3-7 所示。该河段航道主要存在两类问题，一类是礁石碍航，另一类是浅滩碍航，部分滩险二者兼得。

主要碍航滩险有洛碛、王家滩等 11 处，碍航时间主要集中在枯水期 1—3 月，整治措施主要是炸礁、筑坝、疏浚，其中浅滩碍航滩险维护主要采取疏浚手段，如下洛碛、码头碛等每年均需疏浚。

### （二）蓄水运用后航道变化特点

三峡水库自蓄水运用以来，变动回水区中段（重庆主城区至长寿段）的航道条件也发生一定的变化，主要特点如下。

（1）三峡水库蓄水运用以来，特别是 175m 试验性蓄水运用以来，该段重点浅滩已经出现卵石累积性淤积，但淤积发展速度相对较缓。该河段在三峡水库 144～156m 蓄水期开始受到影响，此阶段该河段处于变动回水区上段，受蓄水影响较小。175m 试验性蓄水运行后，该河段受蓄水影响明显增加，泥沙淤积也表现出一定的规律性，卵石累积性淤积初步显现。从目前观测资料来看，河段淤积主要集中在回水沱、缓流区的边滩，受上游卵石输移量大幅度减少的影响，该河段年际间累积性淤积量并不大。典型滩险主要有长寿和洛碛水道。

（2）三峡水库 175m 试验性蓄水运行后，重庆主城区至长寿河段受三峡水库蓄水影响时间相对较长，航道条件也有较大改善，但在汛前由于水位快速降低，部分河段出现水深航宽不足的碍航情况，也多次出现海事事故。自 9 月中旬开始蓄水至次年 4 月中旬汛前降水，河段受水库蓄水影响，水位抬高、流速减小，航道条件得到较大改善。4—6 月汛前消落期坝前水位快速消落，重庆主城区至长寿河段快速转变为天然航道，汛期淤积卵砾石冲刷不及时，停留在主航道，造成航宽、水深不足而碍航，使该段在 4—6 月出现多起海事事故。

综上所述，三峡水库蓄水运用以来，特别是 175m 试验性蓄水运用以来，变动回水区中段受上游来水来沙及坝前水位调度影响较大，已出现卵石累积性淤积。淤积主要发生在汛期，但淤积发展速度相对较缓，碍航多受浅滩演变与礁石交错影响。三峡水库试验性蓄水运用以来，该段航道最低维护水深由2.9m提升至3.5m，航道维护尺度得到较大提升，航道条件也有较大改善，但在汛前由于水位快速降低，部分河段出现水深航宽不足的碍航情况；泥沙淤积引起浅滩碛扩张，使得主航道尺度缩小，给航道条件带来不利影响甚至出现碍航。

### （三）重点河段的航道条件

**1. 长寿水道（上游航道里程 580～589km）**

长寿水道是川江著名的"瓶子口"河段，忠水碛纵卧河心，将河道分为左右两槽：左槽为柴盘子，入口处航道弯曲半径仅500m左右；右槽为王家滩，槽窄流急，只供小型船只和拖排船航行。大型船队在水位1.5m以上时，下行才走右槽，上行需航行水尺2m以上的水位。

长寿水道在三峡水库蓄水运用前采取过整治措施，主要解决蓄水初期的泥沙淤积问题，这些工程措施在目前仍发挥一定作用，如柴盘子顺坝、忠水碛岛尾坝、灶门子丁坝等。

三峡水库蓄水运用后，长寿水道出现累积性淤积，但累积性淤积量不大，淤积速度和强度均小于常年回水区河段。汛期是长寿水道主要淤积时段，丰水丰沙年泥沙淤积更为明显，消落期长寿水道有一定冲刷，但冲刷幅度不大。在2012年大水后发生了较明显的泥沙淤积，河床普遍淤积在0.5m以上。长寿水道虽然累积性泥沙淤积量不大，但淤积处于忠水碛右侧主航道，造成右侧航道水深和航宽减小，低水位期上下行船舶航行十分困难，加上肖家石盘、恶狗堆等礁石影响，消落期航道条件差。

经过多次整治后，长寿水道航道条件略有改善。三峡水库175m试验性蓄水运行后，蓄水期长寿水道航道条件良好，汛期坝前水位消落至汛限水位后，长寿水道基本恢复为天然航道。据近几年观测分析，王家滩水域卵砾石泥沙不断淤积侵占主航道，消落期长寿水道维护尺度常徘徊在维护标准附近，低水位期航道条件恶劣，极大地限制了库区大型船舶的航行，成为大型船舶进入重庆主城区港区的重大障碍。

**2. 洛碛水道（上游航道里程 599.3～605.3km）**

洛碛水道分为上洛碛和下洛碛。下洛碛平面形态较为顺直，左岸为下洛碛卵石滩，右岸为中挡坝卵石滩，碛顶低平，天然情况下枯水期常出现浅包碍航。上洛碛上游是南坪坝将河道分为左右两槽，右槽河底高程较高，在流量达

15000m³/s 时，才有少量分流；左槽受南坪坝和下游上洛碛的夹逼作用，平面形态较为弯曲。河段中部上洛碛附近，河道微弯，碛翅突出江心，伸向右岸，为枯水期著名的弯浅险槽。

为解决三峡工程施工期 156m 蓄水期碍航问题，同时兼顾改善 135m 蓄水期和天然状态下的航行条件，2001 年 11 月至 2002 年 5 月疏浚左岸的上洛碛碛翅，在右岸布置整治建筑物 5 座。整治后，航槽由枯水期最小航深 2m 增至 3m 以上，航宽达 80m，弯曲半径达 900m。实测资料显示，航槽均保持稳定，并略有冲深，流态得到较大改善，消除了原天然情况下航道弯、窄、浅的碍航问题，达到了预期的整治目的和效果。

三峡水库蓄水运用后，洛碛水道出现累积性泥沙淤积，但累积性淤积量不大，泥沙淤积主要发生在汛期，消落期洛碛水道有一定冲刷。对比 2012 年 11 月测图与 2007 年 12 月测图，泥沙淤积主要发生在上下洛碛边滩，上洛碛右侧深槽，其中上洛碛在洛碛镇附近出现最大淤积 8.6m。

目前，上洛碛在低水位期航道弯曲半径仅为 800m 左右，过渡段浅区低水位期水深仅为 4.5m 左右。低水位期航道最窄处航道宽度不满足 150m，船舶航行十分困难。洛碛水道目前在现行维护尺度下有效航宽和水深富余不多，消落期航道条件较差，如要提升航道等级，则必须采取整治措施。

### 三、长寿至涪陵河段

#### （一）天然情况航道条件

长寿至涪陵河段河道较为顺直，除青岩子—牛屎碛段航道略弯曲放宽外，其余河段均较为窄深。天然情况下碍航主要表现在黄草峡、马风堆、青岩子、杆子碛等 4 处，碍航时段主要集中在 2—3 月。1961 年以前每年均需疏浚，1961 年后每隔 5~10 年左右需要疏浚。

#### （二）蓄水运用后航道变化

三峡工程自蓄水以来，特别是 175m 试验性蓄水运用以来，变动回水区下段的航道条件变化具有如下特点。

（1）受坝前水位影响，变动回水区下段河段汛期表现出明显的细沙累积性淤积，防洪调度对该段泥沙淤积产生影响。汛期上游来水来沙大，防洪调度调节作用大的年份，该河段泥沙淤积明显。

（2）该段航道维护尺度得到较大提升，最低维护水深由 2.9m 提升至 3.5m。目前泥沙淤积虽然未对现行航道维护尺度造成明显影响，由于主要发生在主航道附近，其发展趋势对航道条件的影响应重点关注。

（三）重点河段的航道条件

变动回水区下段的重点河段主要是青岩子至牛屎碛水道（上游航道里程565.0km，距三峡坝址518.5km），如图2.3-8所示。该河段上下段较顺直，中段弯曲，存在多个卡口段。经航道整治后，原在144.4m水位以下形成的碍航浅包已不复存在，水深4m以上的航宽超过100m，弯曲半径由整治前的小于500m，增大至1000m。三峡水库156m蓄水运用前，又炸除了进口段内的鸡心石和花园石，拓宽了航道，航道条件得到改善，满足156m蓄水期的通航要求。

175m试验性蓄水运用后，水位进一步抬高，青岩子至牛屎碛水道通航条件进一步改善，但泥沙累积性淤积强度较大。如2008—2009水文年该河段淤积了约100.5万 $m^3$，2011年9月至2012年11月淤积了188.5万 $m^3$。从目前观测看，五羊溪、麻雀堆、牛屎碛部位的淤积可能对航道条件造成影响。

# 第三节　三峡水库常年回水区河段航道条件变化

三峡大坝至涪陵为常年回水区，长约500km（按航道里程计）。

## 一、天然情况航道条件

涪陵至丰都段航道相对弯曲、狭窄，碍航主要体现为礁石碍航，有著名的和尚滩、花滩、观音滩等8处碍航礁石。丰都至忠县石宝寨段航道相对较宽，出现众多浅滩，其中有著名的忠州三湾等淤沙浅滩。从碍航情况看，主要存在礁石与浅滩相互影响而碍航的问题。忠县石宝寨以下属于窄深河段，主要存在礁石碍航问题，同时在局部放宽段也存在少量淤沙浅滩，如臭盐碛等。石宝寨以下航道在1980年以前，维护性疏浚较多，后经整治，疏浚量大为减少，主要靠天然走沙过程维持航道相对平衡。

## 二、蓄水运用后航道特点

三峡水库蓄水运用以来，常年回水区航道条件大为改善，航道维护尺度也逐步提高。2007年以来，航道最小维护水深由2.9m提升至4.5m。试验性蓄水运行后，航道宽度由60m提升至150m。但常年回水区是当前的主要泥沙淤积区，特别是在河宽大、弯道、汊道、回水沱等局部河段航道泥沙累积性淤积发展较快，导致边滩扩展、深槽淤高、深泓摆动、汊道淤死。常年回水区的黄花城、兰竹坝、丝瓜碛等水道出现了航槽移位现象。由于多数淤沙浅滩并未达到冲淤平衡，黄花城、丝瓜碛等重点水道泥沙淤积对航道条件的影响仍然值得重视。

三峡水库蓄水运用以来，常年回水区上段（万州至涪陵）泥沙淤积与航道条件发生了明显变化，主要特点如下。

（1）根据近年来跟踪观测成果，局部区段呈现大面积、大范围累积性淤积，淤积部位年际间基本保持一致，重点淤积区仍以年均1～2m的淤积厚度逐年递增，目前并未达到冲淤平衡，仍需继续观测。

（2）在部分时段，局部区段仍然存在流速大、流态坏的礁石碍航现象。涪陵至丰都段航道狭窄，存在多处礁石、卡口河段，如观音滩、和尚滩等，汛期滩口流速、比降大，船舶上滩困难。同时，该河段存在老虎梁、鸡飞梁、佛面滩等礁石深入江中，造成礁石附近水流条件差，严重影响了上行船舶航行安全，航道维护难度较大，希望通过工程措施炸除礁石，改善航道条件。

（3）泥沙淤积造成边滩扩展、深槽淤高、深泓摆动，局部滩险出现航槽移位现象。土脑子河段深泓向江中偏移750m，低水期主航槽自右岸向江心偏移，传统航槽已经淤平，航槽向兔儿坝一侧移动。黄花城水道泥沙淤积造成左汊低水位期不能通航，航槽改移为右汊，也出现了航槽移位。

总之，三峡水库蓄水运用以来，常年回水区上段航道内泥沙累积性淤积发展较快，需引起高度重视。

## 三、重点河段的航道情况

### （一）黄花城河段（上游航道里程402～410km）

该河段位于常年回水区上段，为弯曲分汊型河段，整体河型呈"S"形，左槽为原主航槽，右槽为副槽，如图2.3-12所示。天然河道中副槽上、下口及槽中有大量高大石梁与石盘阻塞，常年不通航；主航槽为弯曲航道，上口左侧有关门浅暗礁，下口左侧为高鱼子乱石坡。

在三峡水库139m蓄水阶段，该航段泥沙淤积量约为4505万 $m^3$，单位河长淤积量为643.6万 $m^3$/km，最大淤积厚度为33m；三峡水库144～156m蓄水期，其淤积量约为3500万 $m^3$，单位河长淤积量为500万 $m^3$/km，最大淤积厚度为45.2m；175m试验性蓄水期间，黄花城水道仍然存在累积性淤积，2008年至2012年年初共淤积3373万 $m^3$，最大淤积厚度约为50m。2012年3月与2003年3月测图比较，黄花城水道淤积量约11378万 $m^3$，单位河长淤积量为1565万 $m^3$/km，最大淤积厚度超过52m。黄花城水道淤积仍未达到平衡，左汊是重点淤积部位，淤积体从左汊入口逐渐向左汊内部伸入，河床呈现均匀抬升的状态，淤积厚度在20m以上。黄花城水道右汊河床冲淤变化相对较小。

汛期水库调蓄洪水，坝前水位抬升较大，黄花城水道泥沙大量淤积。2012

年汛期由于上游来水来沙和坝前水位抬升双重影响，黄花城水道淤积有所增加，淤积量约为 2390m³。泥沙淤积厚度较以往年份有所增加，其中左汊淤积厚度约为 4m，右汊淤积厚度在 2m 左右。2013 年一个汛期，黄花城水道左汊 145m 等高线向主航道推进了 576m，左汊淤积体最高点高程已经达到 148m。坝前水位降低至防洪限制水位附近时，淤积体露出水面，低水位期左汊不能通航，航槽调整至右汊双向通航。汛期主流呈现带状分布，弯道、汊道多呈现缓流，主流偏向右汊，主流附近流速相对较大，泥沙不易淤积，缓流区泥沙淤积明显。黄花城水道淤积区上延，倒脱靴弯道和麻柳嘴成为淤积最为明显的区域，年内最大淤积厚度达到 8m 以上。目前两弯道淤积均向主航道推移，二者淤积发展对入口航道条件的影响，值得今后密切关注。

2010 年开始实行库区船舶定线制。2010 年 9 月开通黄花城水道右槽，10 月 1 日将下行航道改至右槽，左槽为上行航道。根据实测资料，2011 年 6 月左岸一侧淤至高程 144～145m；2012 年汛期左槽最高淤积点高程达到 148m。因此，当黄花城水位消落到 150m 以下时，左槽航道尺度达不到维护要求，需要封航。如 2011 年 6 月 4 日临时关闭左槽，上行船舶也改行右槽，而右槽的出口弯曲半径不足，上下行船舶通视性不佳、船舶航线较差等，存在较大安全隐患。2012 年为避免汛期封航，在高水位之前于 6 月 9 日对左槽浅点进行疏浚，7 月 2 日完工，疏浚量为 15.64 万 m³，基本达到航道维护标准，保持了两槽通航格局。

目前黄花城水道蓄水期左右分边航行，低水位期上下行船舶皆走右汊，目前右汊存在出口弯曲半径小、上下行船舶航线交叉、出口通视性不足等问题，易诱发海损事故。

### （二）兰竹坝河段（上游航道里程 455～468km）

该河段兰竹坝纵卧江心，分航道为南北二槽，如图 2.3-11 所示。蓄水运用前，北槽为正槽主航道，南槽为副槽。三峡水库蓄水运用后，兰竹坝深埋江底，处于常年回水区范围内，表现出累积性泥沙淤积，且未达到冲淤平衡。至 2012 年淤积量达 2816 万 m³，目前边滩最大淤积高程已经接近 147m，最大淤积厚度接近 25m。兰竹坝水道年内和年际间淤积部位基本一致，淤积范围基本覆盖整个左汊，长度约为 4.5km，宽度约为 700m，年内淤积厚度在 2～4m 之间。由于泥沙淤积影响，兰竹坝深泓线发生明显偏移，从左汊摆动到右汊，至 2012 年 10 月，最大偏移了 950m，有出现航槽移位的迹象。深泓线高程也逐年抬升，最大抬高值约为 23m；边滩也不断发展，至 2012 年 10 月，140m 等高线已向主航道推进 460m。泥沙淤积不断挤压主航道，低水位期航道边界不断向河心推进，此类问题在常年回水区普遍存在。

**（三）平绥坝—丝瓜碛河段（上游航道里程 504～518km）**

平绥坝—丝瓜碛位于涪陵至丰都之间，河型呈现"Ω"形，滩险周围航道条件比较复杂。平绥坝为江中高大的江心洲，将河道一分为二，左侧为现行主航道。出平绥坝后，进入弯道河段，河道中有上、中、下丝瓜碛，河道相对开阔，为弯道放宽河段。土脑子河段位于下丝瓜碛，受地质构造作用的影响，土脑子河段边界条件比较复杂，深槽紧贴右岸；枯水期下丝瓜碛露出，河道狭窄，河宽仅 300m 左右。土脑子位于平绥坝—丝瓜碛出口河段，是川江三大淤沙河段之一，河段航迹线年内呈周期性往复摆动。蓄水前，本河道枯水期航行条件较差，航道的显著特点是航槽弯曲、窄浅、水流湍急，属通航控制性河段。三峡水库 135～139m 运行期，土脑子河段处于水库变动回水区，水位约壅高 0.7～6.0m，流速较蓄水前约减少 7%～80%，河床总体呈累积性泥沙淤积。

平绥坝河段弯曲分汊，天然航道时，由于右汊入口花滩礁石的影响，左汊分流大于右汊，左汊河床年际间基本保持稳定。三峡水库蓄水运用后，左右汊分流比出现一定变化，汛期右汊分流略大于左汊，左汊出现累积性泥沙淤积。丝瓜碛河段右侧土脑子仍然持续累积性泥沙淤积，边滩持续向主航道推移，主航道有效水深和航宽逐渐萎缩。平绥坝及土脑子深泓出现变化，其中平绥坝深泓向河心最大偏移 270m，土脑子深泓最大偏移 750m，出现航槽移位迹象，航槽由边滩推移至河道中心。深泓高程有所抬高，中丝瓜碛抬高 20.5m，土脑子抬高 40m。土脑子边滩持续发展，2003 年 10 月 140m 等高线基本靠近河岸，2011 年 9 月 140m 等高线向主航道推进了 390m，2012 年 11 月 140m 等高线向主航道推进了 636m，边滩不断向主航道推进，不断挤压主航道，造成主航道有效航宽和水深不断变小。平绥坝河段河势条件与黄花城水道类似，淤积部位也比较相仿，因此平绥坝河段泥沙淤积对航道条件的影响值得深入研究，考虑到右汊入口存在碍航礁石，航道条件不满足通航条件，如果左汊由于泥沙淤积造成碍航，则必须考虑采取综合整治措施解决。

# 第四节　三峡水库变动回水区中上段船舶搁浅事故与应对措施

## 一、变动回水区船舶搁浅事故

### （一）江津至重庆主城区河段（变动回水区上段）

在水库消落期，重庆主城区河段水位下降，比降流速加大，引起航道条件变化。2009—2014 年分别在 4 月底、2 月底、4 月中旬、5 月上旬、5 月初和 5 月初降到坝前水位 160m，重庆主城区河段处于天然状态，河床地形若没有恢复到前期状态，在一些重点河段就会出现碍航事故。从几个轮船公司收集的资料来看，2009—2014 年重庆主城区河段出现了 60 起船舶搁浅现象和事故，各年分别为 7 次、25 次、12 次、4 次、8 次、4 次，如表 2.6-9 所示。2009 年事故主要出现在 3—5 月，2010 年在 1—6 月，2011 年在 3—5 月，2012 年在 5—6 月，2013 年在 1—3 月，2014 年在 3—5 月。可见，事故主要集中在 1—5 月，为水库消落期，该段恢复为天然航道期间。一般情况下，消落期 1—4 月，入库流量较小、水位较低，容易发生搁浅事故。从数量上看，试验性蓄水运行后的第一个消落期（2009 年汛前）和第二个消落期（2010 年汛前）事故比较多。

表 2.6-9　　　　　三峡水库变动回水区上段 2009—2014 年
消落期船舶搁浅和事故统计表

| 年份 | 搁浅次数 | 序号 | 船名 | 时间 | 载重/t | 出事位置/航道里程/km | 原因 | 坝前水位/m | 设计水位/m |
|---|---|---|---|---|---|---|---|---|---|
| 2009 | 7 | 1 | 渝港集 6 | 3 月 3 日 | | 九龙坡/673 | 搁浅 | 164.14 | 164.45 |
| | | 2 | 民望 | 3 月 24 日 | | 九龙坡/673 | 搁浅 | 161.29 | 164.45 |
| | | 3 | 民有 | 3 月 25 日 | | 九龙坡/673 | 搁浅 | 161.09 | 164.45 |
| | | 4 | 渝鑫 618 | 5 月 2 日 | 3000 | 倒钩碛/679.5 | 搁浅 | 158.91 | 166.42 |
| | | 5 | 顺风 555 | 5 月 3 日 | 5000 | 三角碛/670.5 | 搁浅 | 158.53 | 163.67 |
| | | 6 | 贵龙 809 | 5 月 6 日 | 5000 | 三角碛/670.5 | 搁浅 | 157.15 | 163.67 |
| | | 7 | 涪港 893 | 5 月 13 日 | | 何家滩/675 | 搁浅 | 155.87 | 164.88 |
| 2010 | 25 | 1 | 大洋 9 号 | 1 月 6 日 | | 车亭碛/700.5 | 搁浅 | 168.81 | 171.82 |
| | | 2 | 启祥 6 号 | 1 月 20 日 | | 包家碛/674 | 搁浅 | 167.50 | 164.88 |
| | | 3 | 易州 6 号 | 1 月 21 日 | 1200 | 三角碛/672.5 | 搁浅 | 167.37 | 164.35 |
| | | 4 | 圣通 | 1 月 24 日 | | 胡家滩/680.8 | 搁浅 | 167.03 | 166.42 |
| | | 5 | 渝顺 888 | 1 月 30 日 | | 胡家滩/680.6 | 搁浅 | 166.17 | 166.42 |
| | | 6 | 航远 939 | 1 月 30 日 | 3700 | 胡家滩/680 | 搁浅 | 166.17 | 166.42 |
| | | 7 | 鸿洋 918 | 1 月 31 日 | | 柯家碛/723.9 | 搁浅 | 166.0 | 176.94 |
| | | 8 | 结盟 209 | 2 月 2 日 | | 胡家滩/680.6 | 搁浅 | 165.6 | 166.42 |
| | | 9 | 乔泰 3 号 | 2 月 8 日 | 1800 | 胡家滩/680 | 搁浅 | 164.52 | 166.42 |
| | | 10 | 远洋 807 | 2 月 12 日 | 空载 | 胡家滩/680 | 搁浅 | 163.61 | 166.42 |
| | | 11 | 泰升 15 | 2 月 20 日 | 500 | 胡家滩/680.6 | 搁浅 | 161.72 | 166.42 |
| | | 12 | 兴舟 807 | 2 月 26 日 | 3500 | 红眼碛对面/711.8 | 搁浅 | 160.29 | 174.78 |
| | | 13 | 帝豪 988 | 3 月 2 日 | | 车亭碛/700.2 | 搁浅 | 159.29 | 171.82 |

续表

| 年份 | 搁浅次数 | 序号 | 船名 | 时间 | 载重/t | 出事位置/航道里程/km | 原因 | 坝前水位/m | 设计水位/m |
|---|---|---|---|---|---|---|---|---|---|
| 2010 | 25 | 14 | 民洋 | 3月3日 | 310 | 胡家滩/680 | 搁浅 | 159.08 | 166.42 |
| | | 15 | 名泽 | 3月3日 | | 胡家滩/680.3 | 搁浅 | 159.08 | 166.42 |
| | | 16 | 正鸿8号 | 3月19日 | | 三角碛/670.9 | 搁浅 | 156.37 | 163.67 |
| | | 17 | 川利 | 3月24日 | | 胡家滩/680.6 | 搁浅 | 155.37 | 166.42 |
| | | 18 | 祥鹏18号 | 4月14日 | | 三角碛/670.4 | 搁浅 | 153.96 | 163.67 |
| | | 19 | 祥龙316 | 4月24日 | | 三角碛/671 | 搁浅 | 154.88 | 163.67 |
| | | 20 | 国宇1号 | 5月30日 | | 三角碛/671.5 | 搁浅 | 150.44 | 163.67 |
| | | 21 | 大为802 | 6月4日 | | 巫木桩/685 | 搁浅 | 149.19 | 167.89 |
| | | 22 | 进平2号 | 6月19日 | | 占碛子/712 | 搁浅 | 145.19 | 174.9 |
| | | 23 | 航兴819 | 6月20日 | 3000 | 鸢钩碛/690.5 | 搁浅 | 145.31 | 169.29 |
| | | 24 | 天华403 | 7月30日 | | 占碛子/716.5 | 搁浅 | 160.17 | 175.9 |
| | | 25 | 渝生1505 | 12月5日 | | 占碛子/716.3 | 搁浅 | 174.61 | 175.9 |
| 2011 | 12 | 1 | 渝多816 | 2月2日 | — | 红眼碛/711.4 | 搁浅 | 171.01 | 174.78 |
| | | 2 | 厥溪301 | 3月10日 | 空载 | 红眼碛/711 | 搁浅 | 165.63 | 174.78 |
| | | 3 | 盛通818号 | 3月16日 | | 九龙坡港/671.6 | 碰撞 | 165.02 | 163.67 |
| | | 4 | 永胜999号 | 3月30日 | — | 江津长江大桥/735.8 | 搁浅 | 163.01 | 180.59 |
| | | 5 | 仲泰55号 | 4月4日 | — | 胡家滩/680 | 搁浅 | 162.32 | 166.42 |
| | | 6 | 启航03 | 5月3日 | 2500 | 猪儿碛/661.2 | 搁浅 | 156.34 | 160.82 |
| | | 7 | 夔峡658 | 5月4日 | 2000 | 三角碛/670.8 | 搁浅 | 156.23 | 163.67 |
| | | 8 | 路航9号 | 5月24日 | 空载 | 九堆子/670.4 | 搁浅 | 152.92 | 163.67 |
| | | 9 | 江集运1211 | 5月26日 | 4000 | 三角碛/670.6 | 搁浅 | 152.44 | 163.67 |
| | | 10 | 江华118 | 5月29日 | 2500 | 九堆子/670.6 | 搁浅 | 150.87 | 163.67 |
| | | 11 | 仙子19 | 6月20日 | 3000 | 白沙沱/704.1 | 撞桥 | 145.88 | 171.82 |
| | | 12 | 江海6666 | 8月12日 | 4300 | 三角碛/669.6 | 搁浅 | 150.86 | 163.67 |
| 2012 | 4 | 1 | 佳能902 | 2月8日 | 3900 | 苦竹碛/730.3 | 搁浅 | 171.34 | 180.15 |
| | | 2 | 路海689 | 5月7日 | 3500 | 三角碛/670.5 | 搁浅 | 161.75 | 163.67 |
| | | 3 | 力源2号 | 5月9日 | — | 包家碛/675.0 | 搁浅 | 160.6 | 164.88 |
| | | 4 | 博远 | 6月15日 | 空船 | 鹅公岩大桥/669.4 | 搁浅 | 145.45 | 163.25 |
| 2013 | 8 | 1 | 渝武航517 | 1月26日 | 3000 | 乌木桩/684.5 | 划舱 | 171.46 | 167.89 |
| | | 2 | 安达998 | 1月30日 | 2000 | 大梁猪场间/669.5 | 搁浅 | 170.79 | 163.67 |
| | | 3 | 巨龙39 | 2月2日 | 1500 | 苦竹碛/728.8 | 划舱 | 170.22 | 180.15 |

续表

| 年份 | 搁浅次数 | 序号 | 船名 | 时间 | 载重/t | 出事位置/航道里程/km | 原因 | 坝前水位/m | 设计水位/m |
|---|---|---|---|---|---|---|---|---|---|
| 2013 | 8 | 4 | 民泰 83 号 | 2 月 16 日 | — | 胡家滩脑/680.6 | 搁浅 | 167.51 | 166.42 |
| | | 5 | 长讯 26 号 | 2 月 20 日 | 5000 | 三角碛/670.7 | 搁浅 | 166.68 | 163.67 |
| | | 6 | 华航 698 号 | 3 月 7 日 | — | 李家沱大桥/676.8 | 搁浅 | 164.65 | 165.58 |
| | | 7 | 云胜 66 号 | 4 月 30 日 | 1000 | 鱼洞/692 | 触损 | 160.18 | 169.29 |
| | | 8 | 永益 5 号 | 5 月 27 日 | 1000 | 车亭子/701.4 | 搁浅 | 153.33 | 172.66 |
| 2014 | 4 | 1 | 新长江 06033 号 | 3 月 4 日 | 5000 | 九堆子 3♯红浮/671.5 | 搁浅 | 162.61 | 163.67 |
| | | 2 | 皓航 16 号 | 3 月 26 日 | 2700 | 九堆子 1♯红浮/670.5 | 搁浅 | 160.86 | 163.67 |
| | | 3 | 港盛 1013 | 5 月 1 日 | 2000 | 李家沱大桥 1-2♯红浮黄家碛/676.7 | 搁浅 | 161.83 | 165.58 |
| | | 4 | 祥龙 306 号 | 5 月 21 日 | — | 猪儿碛/661.7 | 搁浅 | 152.99 | 160.82 |

## （二）重庆主城区至长寿河段（变动回水区中段）

三峡水库 175m 试验蓄水运用后，自 9 月中旬开始蓄水至次年 4 月中旬汛前降水，河段受蓄水影响，水位抬高、流速减小，航道条件得到较大改善。4—6 月汛前消落期坝前水位快速消落，该河段快速进入天然航道，汛期淤积卵砾石冲刷不及时，停留在主航道，造成航宽、水深不足而碍航，该段在 4—6 月出现多起海事事故，如表 2.6-10。

表 2.6-10　　　三峡水库变动回水区中段 2009—2014 年
消落期船舶搁浅统计表

| 年份 | 搁浅次数 | 序号 | 船名 | 时间 | 载重/t | 出事位置/航道里程/km | 原因 | 坝前水位/m | 设计水位/m |
|---|---|---|---|---|---|---|---|---|---|
| 2009 | 10 | 1 | 河牛 17 | 5 月 6 日 | 5000 | 忠水碛尾/586.5 | 搁浅 | 157.15 | |
| 2010 | 7 | 1 | 三马 999 轮 | 3 月 1 日 | 3000 | 洛碛上/608.3 | 搁浅 | 159.53 | 153.29 |
| | | 2 | 夔峡 666 | 3 月 14 日 | | 广阳坝/638 | 搁浅 | 156.99 | 157.91 |
| | | 3 | 中平 808 | 3 月 25 日 | | 鱼嘴海坝碛/629.5 | 搁浅 | 155.3 | 156.14 |
| | | 4 | 启祥 5 号 | 4 月 29 日 | | 洛碛下/598.1 | 搁浅 | 156.11 | 151.5 |
| | | 5 | 新平江 1013 | 5 月 2 日 | | 长叶碛上/634.7 | 搁浅 | 156.52 | 156.82 |
| | | 6 | 五龙 519 | 6 月 22 日 | | 洛碛下/599 | 搁浅 | 148.04 | 151.73 |
| | | 7 | 五星 66 号 | 9 月 26 日 | | 广阳坝/636 | 搁浅 | 161.71 | 157.91 |

| 年份 | 搁浅次数 | 序号 | 船名 | 时间 | 载重/t | 出事位置/航道里程/km | 原因 | 坝前水位/m | 设计水位/m |
|---|---|---|---|---|---|---|---|---|---|
| 2011 | 5 | 1 | 兴怡13号 | 5月4日 | 5200 | 忠水碛/586.0 | 触礁搁浅 | 156.23 | 150.78 |
| | | 2 | 津舟656 | 5月11日 | 1300 | 大箭滩/620.2 | 划舱 | 154.83 | 155.09 |
| | | 3 | 东金9号 | 5月29日 | 3000 | 大箭滩/620.0 | 搁浅 | 153.48 | 155.09 |
| | | 4 | 同华168 | 5月30日 | 3000 | 搬针梁/616.1 | 搁浅 | 150.37 | 154.35 |
| | | 5 | 易舟8号 | 6月11日 | 2400 | 肖家石盘/587.5 | 搁浅 | 145.87 | 150.78 |
| 2012 | 6 | 1 | 兴豫889 | 5月20日 | 3000 | 腰膛碛/638.0 | 搁浅 | 156.02 | 157.91 |
| | | 2 | 新华168 | 6月10日 | 600 | 洛碛豆子堆/598.0 | 搁浅 | 146.35 | 151.5 |
| | | 3 | 博远 | 6月15日 | 空船 | 鹅公岩大桥/669.4 | 搁浅 | 145.45 | 163.25 |
| | | 4 | 蕲春555 | 6月17日 | — | 剪刀峡/553 | 划舱 | 145.65 | 146.97 |
| | | 5 | 兴豫889 | 5月20日 | 3000 | 腰膛碛/638.0 | 搁浅 | 156.02 | 157.91 |
| | | 6 | 新华168 | 6月10日 | 600 | 洛碛豆子堆/598.0 | 搁浅 | 146.35 | 151.5 |
| 2013 | 6 | 1 | 长运9号 | 5月21日 | 4200 | 炉子梁水道鸭子石/607.6 | 划舱 | 155.34 | 153.29 |
| | | 2 | 金江3号 | 5月25日 | 1300 | 大箭滩/620 | 搁浅 | 153.03 | 154.86 |
| | | 3 | 兴盛号 | 6月2日 | 1000 | 广阳坝大背角/640.5 | 翻覆 | 150.3 | 158.89 |
| | | 4 | 乔泰32 | 6月3日 | 4500 | 长寿恶狗堆/587.8 | 搁浅 | 149.56 | 150.78 |
| | | 5 | 长讯26 | 6月4日 | 6240 | 长寿恶狗堆/587.8 | 搁浅 | 149.01 | 150.78 |
| | | 6 | 龙昊916 | 6月4日 | — | 鱼嘴大桥右2号/629.7 | 搁浅 | 149.01 | 155.14 |
| 2014 | 16 | 1 | 渝海81号 | 4.19 | 2000 | 滥巴碛尾/622.0 | 搁浅 | 163.62 | 155.32 |
| | | 2 | 和谐11号 | 5月19日 | — | 腰膛碛/637.5 | 搁浅 | 154.02 | 157.91 |
| | | 3 | 港昌擎1#机驳 | 5月20日 | — | 鸡公嘴/626.8 | 翻覆 | 153.53 | 155.84 |
| | | 4 | 扬州2607号 | 5月20日 | — | 腰膛碛/638 | 搁浅 | 153.53 | 157.91 |
| | | 5 | 楚天806 | 5月20日 | — | 鱼嘴桥右2号海坝碛/630.5 | 搁浅 | 153.53 | 156.14 |
| | | 6 | 港盛817 | 5月20日 | — | 左岸马铃子/623.5 | 划舱 | 153.53 | 155.72 |
| | | 7 | 三通888号 | 5月22日 | 货车20辆 | 左岸鱼嘴/631.5 | | 152.73 | 156.34 |
| | | 8 | 路海689 | 5月23日 | — | 广阳坝猪儿石/639.2 | | 152.47 | 157.91 |

续表

| 年份 | 搁浅次数 | 序号 | 船名 | 时间 | 载重/t | 出事位置/航道里程/km | 原因 | 坝前水位/m | 设计水位/m |
|------|------|------|------|------|------|------|------|------|------|
| 2014 | 16 | 9 | 明泰69号 | 5月23日 | 3500 | 鱼嘴大桥右2-3号标/629.5 | | 152.47 | 156.14 |
| | | 10 | 金江888 | 5月28日 | 250个集装箱 | 鱼嘴大桥右2-3号标/629.5 | 搁浅 | 150.82 | 155.14 |
| | | 11 | 国平16 | 5月29日 | 6000 | 饿狗堆/587.8 | 搁浅 | 150.28 | 150.78 |
| | | 12 | 华海69 | 5月29日 | 4000 | 大箭滩/620.4 | 划舱 | 150.28 | 154.86 |
| | | 13 | 兴舟805 | 5月29日 | 2000 | 广阳坝石板滩/637 | 搁浅 | 150.28 | 157.91 |
| | | 14 | 华陵908 | 6月1日 | 4600 | 长寿增塘堡/585.2 | 搁浅 | 148.93 | 150.03 |
| | | 15 | 长兴055号 | 6月5日 | 2000 | 洛碛草帽石水域/599.2 | 搁浅 | 147.19 | 151.73 |
| | | 16 | 祁连山号 | 6月5日 | 货车42辆 | 广阳坝麻二梁/636.4 | 划舱搁浅 | 147.19 | 157.91 |

## 二、船舶搁浅原因初步分析

根据调研及资料分析，对近期变动回水区海损事故原因有以下初步分析。

（1）航运标准和航道要求的变化。随着重庆市航运发展的要求，船舶尺度与航运量都有较大幅度的增加，重庆主城区河段的航运标准与航道要求也相应提高，当新的航运标准和航道要求没有得到满足时，船舶将可能会出现碍航事故。

（2）航道泥沙淤积。汛期与天然情况冲淤规律一致，卵砾石运动明显，汛期会发生一定的卵石淤积；汛后10月中旬后，水库蓄水造成河道卵砾石、细沙逐渐淤积在河段内，消落期泥沙逐渐开始冲刷下移，若不能把前期淤积泥沙完全冲走，特别是粗颗粒泥沙，将会存在碍航的可能。

（3）水流条件变化。三峡水库试验性蓄水运行后，消落初期水位降落缓慢，库水位维持较高，对于改善变动回水区航道条件较为有利。如变动回水区上段的三角碛2010年、2011年水道事故均为6起，主要发生在1—4月初，2012—2014年事故有所减少，仅有2起，除与水库水位较高有关外，航道部门提前疏浚也有一定影响，但总体而言消落初期航道条件有所改善。消落期末，坝前水位快速消落，日均降幅0.4m左右，甚至达到0.5m，回水末端附近水流条件变化造成碍航。2014年，铜锣峡至长寿段5月19日至6月5日（16天）共发生事故15起，其中5月20日一天发生4起事故。

（4）上游来水情况。从事故数据看出，消落期丰水则事故少，如2012年；

消落期来水枯则事故多，如 2010 年、2013 年和 2014 年。特别是 4 月中旬至 5 月底，如果上游来流偏枯，而此时库水位快速消落，则变动回水区航道条件有所恶化，海事事故增多。

（5）库水位快速消落期间水流条件变化。船舶行船主要根据当地水流条件确定船舶航路和航法，船员基本有一定的操作规程。由于坝前水位快速消落，造成滩险附近水流条件较天然河段有较大变化，特别是在水库与天然河段交界区域，水流特性出现明显变化，对行船人员造成较大的误导作用，因此也造成海事事故增加。

（6）船舶运营管理方面。在库区航运条件较天然河道变化的条件下，船舶超载、偏离主航道等均会导致海事事故发生。

对变动回水区水流条件变化及由此引起的卵石运动规律的改变，对航道条件及船舶航行等造成的影响，非常有必要进行深入的分析及专题研究，以探索碍航原因。

## 三、库区碍航应对措施

为了应对三峡水库 175m 试验性蓄水运行后泥沙淤积对航道条件的影响，除了开展一些航道整治与建设工程措施外，还开展了试验性、维护性、应急性疏浚工程，同时利用水库调度和开展船舶运营管理，减少碍航事故的发生。就目前航道情况和水库运行技术水平，挖泥疏浚仍然是维护航运条件最有效的措施。

### （一）航道建设

除了充分利用三峡水库蓄水改善库区航道条件外，航道部门还针对不同蓄水阶段的航道特点，进行了一系列的航道建设。其中，在 135～139m 蓄水期，进行了"7250 工程"库区航路改革配套设施建设工程；在 144～156m 蓄水期，进行了涪陵至铜锣峡段炸礁工程和长江干线丰都至忠县段航路改革配套设施建设工程；在 175m 试验性蓄水期，则进行了铜娄段炸礁工程、木娄段航标设施完善建设工程、变动回水区碍航礁石炸除一期工程和长江干线涪陵至丰都段航路改革配套设施建设工程。

另外，库区航运效益的提升也极大地促进了长江上游的航运发展。为了促进长江上游航道改善，延伸库区航运效益，交通运输部于 2005—2009 年对重庆主城区至宜宾段航道进行了整治，使航道等级提升至Ⅲ级，主要包括泸渝段航道建设工程和叙泸段航道建设工程。

### （二）库区航道维护性疏浚

交通运输部根据三峡后续工作规划安排，2010—2014 年逐年对重点碍航水道实施维护性疏浚，具体实施情况如表 2.6 - 11 所示。通过近几年的探索，已经形成了较为完整的应急清淤机制，为保障消落期变动回水区航道畅通提供有力支撑。

表 2.6 - 11　　　　　三峡库区近 5 年重点滩险疏浚情况统计表

| 年　份 | 疏浚滩险 | 工　程　量 |
|---|---|---|
| 2010 | 胡家滩 | 疏浚 46424m³/守槽 1600h |
| | 占碛子 | 疏浚 7320m³ |
| | 猪儿碛 | 疏浚 4804m³ |
| 2011 | 胡家滩 | 疏浚 14500 m³ |
| | 占碛子 | 疏浚 9724 m³/守槽 432h |
| | 三角碛 | 疏浚 74300 m³ |
| 2012 | 占碛子 | 疏浚 55150 m³ |
| | 三角碛 | 疏浚 21000 m³ |
| 2013 | 三角碛 | 疏浚 106000 m³ |
| | 长寿 | 疏浚 50627 m³ |
| | 黄花城 | 疏浚 217395 m³ |
| | 占碛子 | 疏浚 9000 m³ |
| | 洛碛 | 疏浚 16000 m³ |
| 2014 | 洛碛 | 疏浚 30000 m³ |
| | 三角碛 | 疏浚 76000 m³ |

### （三）水库调度与船舶运行管理

三峡水库蓄水运用后，库区航运条件得到大幅度改善，但是在变动回水区中上段仍然会发生局部碍航问题，偶有碍航事故发生。针对上述问题，除利用航道整治、挖泥疏浚等措施外，还可以利用水库调度的方式来改变变动回水区的泥沙淤积和水流条件，减少变动回水区的泥沙淤积，特别是推移质泥沙的淤积，加大航道水流深度。在主观上，则是管理、运行方面在新的条件下需要有一个适应和摸索的过程，需要提高船舶运营管理水平。例如，针对航深紧张、部分船舶吃水超标的现象，重庆海事部门要求在整个消落期主城区河段的船舶减载，将吃水控制在 2.4m（船舶载重不超过 1000t），结果事故就明显减少。说明防止船舶超载、吃水过深是十分重要的。针对胡家滩河段右槽淤积较多，而两岸码头众多、江面船舶密集、船舶尺度巨大，水位消落出浅时，挖泥船布设钢缆对过往船舶影响较大，施工与通航的矛盾特别突出等情况，航道部门在

2010 年 12 月高水位之前对此河段进行预先疏浚，这对保障该河段下一个消落期的航行安全十分有利。当然，它要求对河段内的淤积发展趋势有明确的预测，做到有的放矢。

在近期淤积量不很大的情况下，通过不断总结经验、加强和改进管理、提前与及时进行疏浚，加上库水位的适当调度，便有可能将本河段冲淤变化对航运的影响大大减少，避免船舶搁浅等事故的发生。

# 第 七 章

# 结 论 与 建 议

## 第一节 主 要 结 论

### 一、入库水沙变化

（1）三峡水库上游干支流径流量和三峡入库径流量多年来总体变化趋势不明显，但三峡水库蓄水运用以来略有减少。2003—2013 年与 1990 年以前比，岷江和乌江径流量减少了 11％和 16％，干流各站径流量减少 5％～7％。由于流域内的水库修建、水土保持、河道采砂等人类活动影响，三峡水库上游各站输沙量明显减少，特别是 2003 年三峡水库蓄水运用以来，入库沙量大幅度减少。2003—2013 年与 1990 年以前比，干流各站输沙量减少了 48％～61％，支流减少了 46％～83％。

（2）三峡水库蓄水运用前，长江上游干流各水文站粒径大于 0.125mm 的粗颗粒泥沙含量沿程减少。三峡水库蓄水运用后，入库泥沙中值粒径有所变细，粗颗粒泥沙含量有所减少。另外，20 世纪 80 年代以来，进入三峡水库的推移质泥沙数量总体上呈下降趋势。2003—2013 年，寸滩站年均沙质推移质输沙量为 1.47 万 t，较 1991—2002 年多年平均值减少了 94％；年均卵石推移质输沙量为 4.36 万 t，较 1991—2002 年多年平均值减少了 80％。

（3）三峡水库蓄水运用以来，2003—2013 年入库年平均径流量和悬移质输沙量分别为 3684 亿 $m^3$ 和 1.863 亿 t，分别为 1990 年以前多年平均值的 91.8％和 37.9％。其中，175m 试验性蓄水运用以来，入库径流量和悬移质输沙量分别为 3690 亿 $m^3$ 和 1.72 亿 t，分别为 1990 年以前多年平均值的 91.9％和 35.1％。

（4）影响三峡水库上游输沙量大幅度减少的主要因素包括水库拦沙、水土保持、河道采砂等。随着金沙江干流向家坝、溪洛渡水电站的运用和未来上游干支流更多水电站的开工建设，三峡入库沙量将进一步减少，并长期处在一个较低的水平，预计未来 30 年内年均入库泥沙在 1.0 亿 t 左右。但在总体沙量减少的同时，也可能存在上游个别支流在大洪水时出现沙量较大的现象，如嘉陵江支流渠江近几年就曾出现较大洪水和沙量。

## 二、水库泥沙淤积

（1）2003 年 6 月至 2013 年 12 月，三峡水库泥沙淤积量为 15.31 亿 t，年均泥沙淤积量为 1.39 亿 t，仅为初步设计预测值的 40% 左右，水库排沙比为 24.5%。其中，水库围堰发电期淤积量为 4.41 亿 t，排沙比为 37%；水库初期运行期淤积量为 3.603 亿 t，年均淤积量为 1.80 亿 t，排沙比为 18.8%；175m 试验性蓄水运用以来淤积量为 7.293 亿 t，年均淤积量为 1.46 亿 t，排沙比为 17.5%。水库运用的三个时期，水库排沙比逐步降低。

（2）三峡水库蓄水运用以来，干流库区大部分泥沙淤积在常年回水区，其淤积量为 14.757 亿 $m^3$；变动回水区累积泥沙冲刷量为 0.156 亿 $m^3$，铜锣峡以上库段冲刷泥沙量为 0.265 亿 $m^3$，铜锣峡至涪陵段则泥沙淤积量为 0.109 亿 $m^3$，以铜锣峡为界表现为"上冲下淤"。

（3）三峡水库蓄水运用以来，干流库区泥沙淤积多以主槽淤积为主，沿程深泓剖面仍呈锯齿状。泥沙大多淤积在常年回水区内宽谷段、弯道段，常年回水区和变动回水区局部河段淤积明显，部分分汊河段逐渐向单一河道转化。

（4）三峡水库蓄水运用以来，绝大部分泥沙淤积在 145m 水面线以下，水库防洪库容内淤积量为 1.51 亿 $m^3$，占初步设计防洪库容的 0.68%。2006—2013 年防洪库容年损失率为 2160 万 $m^3/a$，175m 试验性蓄水运行后，145m 水面线以上河床淤积占比有所增加，淤积向上游发展，应引起足够重视。在现有来沙量大幅度减少和水库淤积减少的情况下，从充分利用水资源和尽量减少淤积出发，三峡水库仍应遵循"蓄清排浑"的运行原则，通过开展水库优化调度，控制合理的有效库容年损失率。

## 三、重庆主城区河段冲淤变化

（1）三峡水库 175m 试验性蓄水运用前，重庆主城区河段属自然条件下的河床冲淤演变，表现为年初至汛初冲刷、汛期淤积、汛末及汛后冲刷，具有明显的周期性。由于上游来沙量减少和采砂的影响，2003 年 5 月至 2008 年 9 月，重庆主城区河段冲刷泥沙约 80.7 万 $m^3$。其中围堰发电期冲刷量为 447.5 万 $m^3$，初期运行期淤积量为 366.8 万 $m^3$。

（2）175m试验性蓄水运用后，重庆主城区河段受到水库壅水影响，河道冲淤规律发生了变化。汛期（6—9月）仍为自然冲淤状态，有冲有淤；蓄水期（10—12月）多数为淤积；消落期（12月至次年6月），多数为冲刷。2008年9月至2013年12月，重庆主城区河段累积冲刷泥沙量为874.7万 $m^3$。

（3）175m试验性蓄水运用以来，变动回水区淤积较少，水库泥沙淤积尚未对重庆主城区洪水位产生影响。汛期当流量大于35000 $m^3/s$时，寸滩站水位流量关系尚无明显变化。

## 四、坝区泥沙淤积

（1）2003年3月至2013年10月，坝前段高程175m以下河床总淤积量为1.529亿 $m^3$，淤积主要分布在高程90m以下河道主槽内。175m试验性蓄水以来，坝前段泥沙淤积速度有所减缓，共淤积泥沙4018万 $m^3$，目前坝前淤积面高程仍低于电站进水口底板高程。

（2）自三峡工程永久船闸运行以来，引航道及口门区均有明显的泥沙淤积。至2012年11月，上游引航道及口门区共淤积528万 $m^3$，目前底板高程多在131~133m之间，不影响通航。至2013年5月，下引航道及口门区共淤积泥沙184.5万 $m^3$。其中围堰发电期及初期运行期淤积较多，拦门沙坎淤积明显；175m试验性蓄水运用以来泥沙淤积减缓，拦门沙坎主轴断面变化幅度变小，机械清淤的频率也大为变小。

（3）2006年3月至2013年10月，右岸地下电站前引水区域淤积量为335万 $m^3$，关门洞以上区域淤积较为明显。期间，地下电站冲沙洞前沿20~70m水域河床平均淤高3.0m，对应的床面平均高程为104.7m，虽然低于电进水口底板高程，但已高出排沙洞口底板高程2.2m，其发展趋势应予以重视。

（4）电厂过机泥沙颗粒平均中值粒径约0.007~0.010mm，含沙量变化范围为0.007~1.410 $kg/m^3$。过机泥沙中硬度大于5的矿物成分含量平均为30%，过机泥沙未对水轮机磨损及运行产生明显影响。

（5）坝下近坝段河床发生局部冲刷，未危及枢纽建筑物安全。

## 五、库区航道条件变化

（1）三峡水库蓄水运用以来，库区大量滩险被淹没，航道条件总体上得到很大改善。但由于变动回水区河段泥沙冲淤变化、礁石等原因，当坝前水位降至165m以下、而来流量又较小时，局部河段存在碍航现象，出现了一些船舶搁浅事故，需引起足够重视。

（2）变动回水区不同河段的碍航机理与碍航条件具有一定的差异。变动回水区上段（江津至重庆主城区），主要是卵砾石不完全冲刷及消落初期卵砾石集中输移引起的微小淤积，碍航浅滩位置较为固定。重庆主城区河段在坝前水位消落至165m及其以下时，重点河段的泥沙淤积造成碍航问题。变动回水区中段（重庆主城区至长寿），主要为少量卵石累积性淤积，由浅滩演变与礁石交错引起，需重视变动回水区中段卵石淤积位置、边滩的上延下伸以及对航道条件的影响。变动回水区下段（长寿至涪陵），主要是细沙累积性淤积，虽未对现行航道维护尺度造成影响，但其淤积发展趋势应引起关注。

（3）水库175m试验性蓄水运用后，常年回水区河段航道维护尺度得到显著提升，航道条件大幅度改善。但航道泥沙累积性淤积发展较快，大多数浅滩未达到冲淤平衡，在部分时段、局部区段存在礁石碍航和细沙累积性淤积碍航现象，值得重视。

（4）三峡水库蓄水运用以来，针对存在的碍航河段和出现的碍航事故，采取的主要措施包括航道建设、维护性疏浚、水库调度和船舶运行管理等，取得了较好的效果。

# 第二节　建　议

为充分发挥三峡工程综合效益，根据175m试验性蓄水期的经验，对库区泥沙监测和研究工作提出如下建议。

（1）继续加强库区泥沙原型观测研究工作。三峡库区泥沙淤积是一个长期的过程，需要持续跟踪观测研究，抓紧启动2019—2039年三峡工程水文泥沙观测的规划工作。除现行的观测内容外，应补充较大支流库区的泥沙观测，加强重庆主城区以上河段的卵石运动观测和航道观测，加强地下电厂进水口前的淤积观测。同时应组织相关院校与科研生产单位对原型观测资料进行较为系统的分析研究，总结经验、探索规律、深化认识、提高水平。

（2）密切关注重庆主城区河段泥沙冲淤规律和航运问题，启动变动回水区碍航特性及整治方案研究。三峡水库蓄水运用以来，重庆主城区河段航运条件得到改善。但水库175m试验性蓄水运用时间尚短，重庆主城区河段的冲淤规律变化、碍航特征、潜在泥沙问题还没有充分显现，对该河段的泥沙冲淤规律仍需进一步加强研究。同时启动变动回水区碍航特性及整治方案研究，提升涪陵至重庆主城区河段航道尺度。

（3）三峡水库蓄水运用以来，主要是初期运行期以来，水库防洪库容累积淤积量为1.51亿m³，防洪库容年损失率为2160万m³/a，应引起足够的重视。三峡水库上游许多大型水库将陆续建成，对三峡水库泥沙淤积、航道演变等产生一定的影响。建议抓紧研究实施三峡水库优化调度和上游大型水库群联合调度方案，科学确定汛期水库调度方式，控制合理的有效库容年损失率，充分发挥水库群的综合效益。

# 参 考 文 献

［1］ 长江水利委员会水文局长江上游水文水资源勘测局. 三峡水库来水来沙特性、水库淤积分析［R］. 2014.

［2］ 许全喜，陈松生，熊明，等. 嘉陵江流域水沙变化特性及原因分析［J］. 泥沙研究，2008（2）：1-8.

［3］ 中国工程院三峡工程阶段性评估项目组. 三峡工程阶段性评估报告（综合卷）［M］. 北京：中国水利水电出版社，2010.

［4］ 三峡工程泥沙专家组. 长江三峡工程试验性蓄水期泥沙问题阶段性评估报告［R］. 2013.

［5］ 孙甲岚，雷晓辉，蒋云钟，等. 长江流域上游气温、降水及径流变化趋势分析［J］. 水电能源科学，2012（5）：1-4.

［6］ 王顺久. 长江上游川江段气温、降水及径流变化趋势分析［J］. 资源科学，2009，31（7）：142-149.

［7］ 三峡工程泥沙专家组. 长江三峡工程泥沙问题研究（1996—2000）第3～8卷［M］. 北京：知识产权出版社，2002.

［8］ 三峡工程泥沙专家组. 长江三峡工程泥沙问题研究（2001—2005）第1～6卷［M］. 北京：知识产权出版社，2008.

［9］ 水利部长江水利委员会. 三峡水利枢纽初步设计报告：第十一篇环境保护［R］. 1992.

［10］ 中国水利水电科学研究院，长江航道规划设计研究院，中国水电工程顾问集团有限公司. 长江三峡水利枢纽工程竣工环境保护验收调查：水文泥沙情势影响调查专题报告［R］. 2014.

［11］ 长江水利委员会水文局，中国水电工程顾问集团有限公司. 长江三峡水利枢纽工程竣工环境保护验收调查：水文泥沙情势专题报告［R］. 2014.

［12］ 陆佑楣，曹广晶，等. 长江三峡工程［M］. 北京：中国水利水电出版社，2010.

［13］ 三峡水利枢纽梯级调度通信中心文件. 2009年、2010年、2011年、2012年水库调度工作总结的报告［R］.

［14］ 中国长江三峡集团公司. 三峡工程可持续运行水沙调度和生态环保技术研讨会会议

材料 [C]. 2013.

[15] 长江水利委员会水文局. 三峡水库进出库水沙特性、水库淤积及坝下游河道冲刷分析（2011 年度）[R]. 2012.

[16] 曹广晶，王俊. 长江三峡工程水文泥沙观测与研究 [M]. 北京：科学出版社，2015.

[17] 中国水利水电科学研究院，长委会三峡水文水资源勘测局. 三峡水库 2007 年坝前水位上升过程水文泥沙观测资料分析和研究 [R]. 2008.

[18] 三峡工程泥沙专家组. 长江三峡工程泥沙问题研究（2006—2010）第 1～8 卷 [M]. 北京：中国科学技术出版社，2013.

[19] 长江勘测规划设计研究有限责任公司. 三峡水库减淤调度方案研究 [R]. 2013.

[20] 三峡工程泥沙专家组. 长江三峡水库围堰发电期（2003—2006 年）水文泥沙观测简要成果 [M]. 北京：中国水利水电出版社，2008.

[21] 三峡工程泥沙专家组. 长江三峡水库初期运行期（2007—2008 年）水文泥沙观测简要成果 [M]. 北京：中国水利水电出版社，2009.

[22] 中国水利水电科学研究院. 长江三峡工程 2003—2009 年泥沙原型观测资料分析研究 [R]. 2010.

[23] 水利部科技教育司，交通部三峡工程航运领导小组办公室. 长江三峡工程泥沙与航运关键技术研究报告（上、下）[M]. 武汉：武汉工业大学出版社，1993.

[24] 长江水利委员会长江三峡水文水资源勘测局，中国工程院三峡工程建设泥沙课题评估专家组. 三峡坝区泥沙问题座谈会汇报材料 [C]. 2014.

[25] 长江航道局. 对航道冲淤及航道条件的评估 [R]. 2014.

[26] 长江航道局. 三峡库区航道条件及航运发展简要汇报材料 [C]. 2014.

# 第三篇
# 三峡工程坝下游泥沙专题研究报告

# 第 一 章

# 坝下游河道水沙变化

## 第一节 坝下游各站水沙变化

图 3.1-1 为三峡工程坝下游长江干流示意图。长江干流宜昌至湖口为长江中游，长 955km；湖口以下为长江下游，长 938km。

图 3.1-1 三峡工程坝下游长江干流示意图

## 一、水沙量变化

在三峡工程可行性论证阶段，分析了坝下游河道水沙变化趋势[1]。水库运用初期拦沙量大，排沙比较小，进入下游河道的沙量将大幅度减少，含沙量降低。随着时间的推移，排沙比逐渐增大，进入下游河道的沙量增多。当水库淤积到一定程度后，在整个排沙期平均而言水库发生冲刷，进入下游河道的含沙量加大。

三峡水库蓄水运用前后坝下游各主要水文站实测年均径流量和输沙量如表 3.1-1 所示。三峡水库蓄水运用前，坝下游宜昌、枝城、沙市、监利、螺山、汉口、大通站多年平均年径流量分别为 4369 亿 $m^3$、4450 亿 $m^3$、3942 亿 $m^3$、3576 亿 $m^3$、6460 亿 $m^3$、7111 亿 $m^3$、9052 亿 $m^3$，输沙量分别为 4.92 亿 t、5.00 亿 t、4.34 亿 t、3.58 亿 t、4.09 亿 t、3.98 亿 t、4.27 亿 t。

表 3.1-1 三峡坝下游主要水文站年均径流量和悬移质输沙量统计表

| 项 目 | | 宜昌 | 枝城 | 沙市 | 监利 | 螺山 | 汉口 | 大通 |
|---|---|---|---|---|---|---|---|---|
| 径流量 /亿 $m^3$ | 2002 年以前 | 4369 | 4450 | 3942 | 3576 | 6460 | 7111 | 9052 |
| | 2003—2006 年 | 3920 | 3981 | 3708 | 3538 | 5857 | 6734 | 8258 |
| | 2003—2006 年与蓄水前相比/% | −10 | −11 | −6 | −1 | −9 | −5 | −9 |
| | 2007—2008 年 | 4095 | 4231 | 3836 | 3726 | 5886 | 6589 | 8000 |
| | 2007—2008 年与蓄水前相比/% | −6 | −5 | −3 | 4 | −9 | −7 | −12 |
| | 2009—2013 年 | 3934 | 4035 | 3722 | 3634 | 5872 | 6636 | 8522 |
| | 2009—2013 年与蓄水前相比/% | −10 | −7 | −5 | 2 | −7 | −3 | 0 |
| | 2003—2013 年 | 3958 | 4051 | 3738 | 3616 | 5869 | 6663 | 8331 |
| | 2003—2013 年与蓄水前相比/% | −9 | −8 | −5 | 1 | −9 | −5 | −7 |
| 输沙量 /万 t | 2002 年以前 | 49200 | 50000 | 43400 | 35800 | 40900 | 39800 | 42700 |
| | 2003—2006 年 | 7020 | 8510 | 9750 | 10400 | 11900 | 13300 | 16300 |
| | 2003—2006 年与蓄水前相比/% | −86 | −83 | −78 | −71 | −71 | −67 | −62 |
| | 2007—2008 年 | 4240 | 5360 | 6220 | 8500 | 9340 | 10800 | 13400 |
| | 2007—2008 年与蓄水前相比/% | −91 | −89 | −86 | −76 | −77 | −73 | −69 |
| | 2009—2013 年 | 2937 | 3373 | 4374 | 6130 | 7754 | 9716 | 12916 |
| | 2009—2013 年与蓄水前相比/% | −93 | −92 | −89 | −82 | −80 | −75 | −65 |
| | 2003—2013 年 | 4657 | 5602 | 6665 | 8112 | 9532 | 11213 | 14251 |
| | 2003—2013 年与蓄水前相比/% | −89 | −87 | −82 | −75 | −75 | −70 | −64 |

注 各站 2002 年以前径流量和输沙量统计年份：宜昌站 1950—2002 年；枝城站为 1952—2002 年，其中 1960—1991 年采用宜昌＋长阳站；沙市站为 1956—2002 年（1956—1990 年采用新厂站资料，缺 1970 年）；监利站为 1951—2002 年（缺 1960—1966 年）；螺山、汉口、大通站为 1954—2002 年。

三峡水库蓄水运用后，2003—2013 年上述各站年平均径流量分别为 3958 亿 $m^3$、4051 亿 $m^3$、3738 亿 $m^3$、3616 亿 $m^3$、5869 亿 $m^3$、6663 亿 $m^3$、8331 亿 $m^3$，年平均输沙量分别为 0.47 亿 t、0.56 亿 t、0.67 亿 t、0.81 亿 t、0.95 亿 t、1.12 亿 t、1.43 亿 t。坝下游各站除监利站径流量较蓄水前增大 1% 外，

其他各站径流量减少 5%~9%；各站输沙量都明显减少，减少幅度为 89%~64%，且减幅沿程递减，说明沿程河床冲刷，输沙量沿程有所恢复。

坝下游各站年水沙量变化过程如图 3.1-2 和图 3.1-3 所示。水库围堰发电期（2003—2006 年），坝下游各站径流量与多年平均值差别不大，各站偏小幅度在 1%~11%，但输沙量大幅度减少，这是三峡水库拦截泥沙和水库上游来沙偏少共同作用的结果。自上而下，输沙量减少的幅度沿程递减，减少幅度为 86%~62%。

125m 水库初期蓄水期（2007—2008 年）与蓄水前相比，各站径流量除监利站偏大 4% 外，其他站均略有减少。但输沙量则继续大幅度减少，自上而下减少幅度为 91%~69%。

试验性蓄水期（2009—2013 年）与蓄水前相比，各站径流量除监利站受荆江三口分流减少的影响而偏大 2% 外，其他站均略有减少。但输沙量则保持继续大幅度减少的趋势，自上而下减少幅度为 93%~65%。

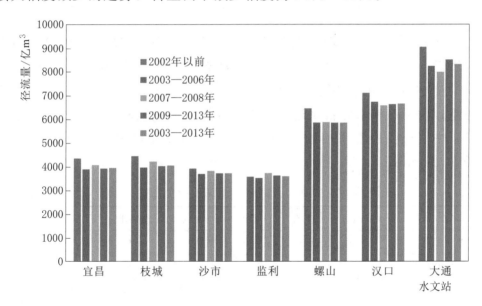

图 3.1-2　三峡水库蓄水运用前后坝下游各站年均径流量变化

## 二、泥沙级配变化

三峡水库蓄水运用后，一方面，大部分粗颗粒泥沙被拦截在库内，出库泥沙颗粒变细（表 3.1-2），宜昌站 2003—2013 年悬沙中值粒径为 0.005mm，与蓄水前的 0.009mm 相比，泥沙粒径明显偏细；另一方面，坝下游河床沿程冲刷，水流含沙量沿程恢复[2]。由于河床冲刷开始快，之后会随河床粗化而减慢，沿程各站粗颗粒泥沙含量会有一个先明显增多，后又减少的过程。这一发

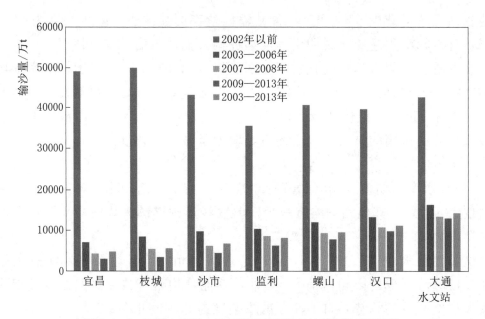

图 3.1-3　三峡水库蓄水运用前后坝下游各站年均输沙量变化

展过程会随各站距三峡大坝的距离远近而不同。其中，宜昌和枝城站，由于距三峡大坝近，河床冲刷粗化完成快，悬沙粗化过程不明显；沙市和监利站2008 年之前悬沙为粗化过程，2009 年之后又开始变细，但仍比三峡水库蓄水运用前粗；由于三峡水库蓄水运用后下荆江河段冲刷剧烈，监利站悬沙粗化最为明显，中值粒径由蓄水前的平均粒径 0.009mm 变粗为 2003—2013 年的平均粒径 0.055mm。

表 3.1-2　　　三峡坝下游主要水文站悬移质泥沙中值粒径统计表　　　单位：mm

| 时段 | 宜昌 | 枝城 | 沙市 | 监利 | 螺山 | 汉口 | 大通 |
|---|---|---|---|---|---|---|---|
| 2002 年以前 | 0.009 | 0.009 | 0.012 | 0.009 | 0.012 | 0.01 | 0.009 |
| 2003—2006 年 | 0.006 | 0.009 | 0.018 | 0.036 | 0.015 | 0.013 | 0.007 |
| 2007—2008 年 | 0.003 | 0.008 | 0.017 | 0.078 | 0.016 | 0.014 | 0.013 |
| 2009—2013 年 | 0.006 | 0.008 | 0.013 | 0.037 | 0.011 | 0.015 | 0.01 |
| 2003—2013 年 | 0.005 | 0.008 | 0.023 | 0.055 | 0.015 | 0.014 | 0.01 |

注　各站 2002 年以前统计年份：宜昌、监利两站悬移质泥沙中值粒径资料统计年份为 1986—2002 年，枝城站为 1992—2002 年，沙市站为 1991—2002 年，螺山、汉口、大通站均为 1987—2002 年。

由于河道沿程冲刷，悬移质细颗粒泥沙沿程是逐渐恢复的。根据汉口站及大通站的实测悬移质级配和输沙量资料，2003—2012 年汉口站小于 0.01mm 的细颗粒泥沙年均沙量约为 0.506 亿 t，而三峡水库蓄水运用前（1987—2002 年）此值约为 2.03 亿 t。也就是说在三峡水库蓄水运用后的 10 年期间，汉口站小于 0.01mm 的细颗粒沙量恢复到 25%，小于初步设计预测值 74%。同样大通站 2003—2012 年小于 0.01mm 的细颗粒沙量为 0.761 亿 t，与 1987—2002 年平均值 2.20 亿 t 相比，恢复到 35%。

## 第二节　宜昌站枯水位变化与应对措施

### 一、宜昌站枯水位变化

宜昌站枯水位是保证船队安全通过葛洲坝枢纽船闸下闸槛和下游引航道的关键。葛洲坝水利枢纽位于三峡工程下游约 38km，葛洲坝三江下游引航道底高程和 2 号船闸下游闸坎坎顶高程分别为 34.5m 和 34.0m，船队过闸坎和通过下引航道需要一定的水深及相应的水位。交通部门要求，船闸下游三江航道（庙咀站）最低通航水位为 38m（三峡水库 135m 运行期）、38.5m（三峡水库 156m 运行期）和 39m（三峡水库 175m 运行期）（资用吴淞基面）。经重新核算和 2013 年观测资料，庙咀站水位 39m 对应的宜昌站水位为 39.19m（冻结吴淞基面）。

在三峡工程论证期间，采用泥沙数学模型对宜昌站枯水位降低过程进行了预测[1]。与葛洲坝工程设计采用的水位流量关系线相比，宜昌水位在接近冲刷平衡时可能降低 1.7m，维持最低通航水位的下泄流量为 5300m$^3$/s。论证阶段的结论是："下阶段应研究满足下游引航道最低通航水位 39m 要求的各项措施"。初步设计经过分析计算，认为三峡水库下游宜昌站枯季水位最终下降 1.8m 左右。三峡枢纽正常运用后，枯季调节流量增大，当葛洲坝枢纽下泄流量 5500m$^3$/s 时可以满足枢纽下游引航道最低通航水位 39m 的要求。在枢纽运行初期，下泄枯水流量不能达到 5500m$^3$/s，对于下游同流量水位可能已降低 1.8m 的情况，可以开挖下游引航道，保持枯水期最小水深大于 3m。必要时考虑河道整治并限制宜昌至沙市河段滥采砂石，以保持所需水深。

实测资料表明，三峡水库围堰发电期，宜昌站枯水位仅微有下降，如图 3.1-4 所示。2006 年汛后，宜昌站 4000m$^3$/s 流量时水位为 38.37m（冻结吴淞基面，下同），较 2002 年下降约 0.08m（较 1973 年设计线低 1.32m）。

三峡水库初期蓄水运用期，宜昌站枯水位尚未出现明显变化，如图 3.1-5 所示。2008 年汛后，宜昌站 4000m$^3$/s 流量时水位仍为 38.37m。其原因一方面是宜枝河段河床冲刷强度有所减弱；另一方面，胭脂坝段护底试验性工程已完成，对河床有一定的保护和加糙作用。由于三峡水库已具有调节能力，2007 年和 2008 年下泄的最小流量分别为 4020m$^3$/s（1 月 9 日）和 4360m$^3$/s（1 月 7 日），宜昌站实际的最低水位分别为 38.39m 和 38.50m，通航未受影响。

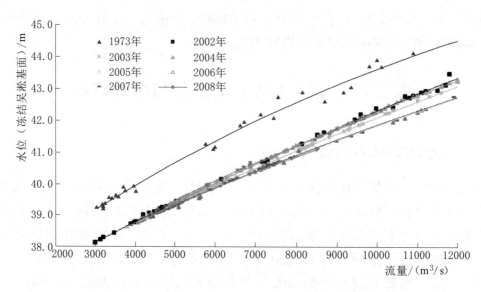

图 3.1 - 4　三峡水库蓄水运用前后宜昌站枯水水位流量关系

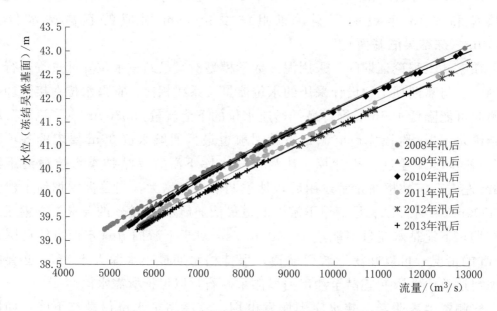

图 3.1 - 5　2008 年以来汛后宜昌站枯水水位流量关系

三峡水库 175m 试验性蓄水运行后，宜昌站枯水位出现明显下降，如表 3.1 - 3 所示。2013 年当流量为 5500m³/s 时，对应的水位值为 39.2m，与 2008 年对应水位值下降 0.4m，较 1973 年的设计线累积下降了 1.8m，较三峡水库蓄水运用前的 2002 年累积下降了 0.5m。枯水位下降主要发生在 2009 年和 2011 年，其原因主要是宜昌至枝城河段枯水河床及控制节点发生了明显冲刷。2009 年虽然关洲、芦家河等节点河段保持稳定，但胭脂坝头（深泓下切 0.6m）、胭脂坝尾（深泓下切 0.2m）、虎牙滩（深泓下切 0.6m）、古老背（深泓下切 1.3m）、南阳碛上口（深泓下切 3.7m）等控制节点都有明显冲刷，应是宜昌站枯水位下降的主要原因。2011 年受水流冲刷和河道采砂等因素影响，宜都、枝江河段内枯水控制节点河床深泓高程明显降低。如宜都河段的外河坝枝 2 断面深泓降低达 4.1m，大石坝宜 69、宜 70 断面深泓分别降低 1.8m、1.6m，南阳碛上口的宜 62 断面深泓降低 0.8m；枝江河段内柳条洲江 1 断面、关洲上口荆 5 断面深泓分别降低 4.7m、4.2m。2010 年、2012 年和 2013 年汛后，宜昌站枯水位未出现明显下降，主要与枯水控制节点保持稳定有关。

表 3.1-3 坝下游宜昌站不同时期汛后枯水水位流量关系（冻结基面）　　单位：m

| 年份 | $Q=4000\text{m}^3/\text{s}$ | | $Q=4500\text{m}^3/\text{s}$ | | $Q=5000\text{m}^3/\text{s}$ | | $Q=5500\text{m}^3/\text{s}$ | | $Q=6000\text{m}^3/\text{s}$ | | $Q=7000\text{m}^3/\text{s}$ | |
| --- | --- | --- | --- | --- | --- | --- | --- | --- | --- | --- | --- | --- |
| | 水位 | 累积下降值 | 水位 | 累积下降值 | 水位 | 累积下降值 | 水位 | 累积下降值 | 水位 | 累积下降值 | 水位 | 累积下降值 |
| 1973 | 40.05 | 0.00 | 40.31 | 0.00 | 40.67 | 0.00 | 41.00 | 0.00 | 41.34 | 0.00 | 41.97 | 0.00 |
| 1997 | 38.95 | −1.10 | 39.19 | −1.12 | 39.51 | −1.16 | 39.80 | −1.20 | 40.10 | −1.24 | 40.65 | −1.32 |
| 1998 | 39.48 | −0.57 | 39.76 | −0.55 | 40.14 | −0.53 | 40.49 | −0.51 | 40.85 | −0.49 | 41.52 | −0.45 |
| 2002 | 38.81 | −1.24 | 39.06 | −1.25 | 39.41 | −1.26 | 39.70 | −1.30 | 40.03 | −1.31 | 40.68 | −1.29 |
| 2003 | 38.81 | −1.24 | 39.07 | −1.24 | 39.46 | −1.21 | 39.80 | −1.20 | 40.10 | −1.24 | 40.68 | −1.29 |
| 2004 | 38.78 | −1.27 | 39.07 | −1.24 | 39.41 | −1.26 | 39.70 | −1.30 | 40.03 | −1.31 | 40.63 | −1.34 |
| 2005 | 38.77 | −1.28 | 39.07 | −1.24 | 39.35 | −1.32 | 39.65 | −1.35 | 39.93 | −1.41 | 40.49 | −1.48 |
| 2006 | 38.73 | −1.32 | 39.00 | −1.31 | 39.31 | −1.36 | 39.60 | −1.40 | 39.88 | −1.46 | 40.36 | −1.61 |
| 2007 | 38.73 | −1.32 | 39.00 | −1.31 | 39.31 | −1.36 | 39.61 | −1.39 | 39.90 | −1.44 | 40.40 | −1.57 |
| 2008 | — | | — | | 39.31 | −1.36 | 39.60 | −1.40 | 39.88 | −1.46 | 40.39 | −1.58 |
| 2009 | — | | — | | 39.02 | −1.65 | 39.37 | −1.63 | 39.71 | −1.63 | 40.31 | −1.66 |
| 2010 | — | | — | | — | | 39.36 | −1.64 | 39.68 | −1.66 | 40.28 | −1.69 |
| 2011 | — | | — | | — | | 39.24 | −1.76 | 39.52 | −1.82 | 40.08 | −1.89 |
| 2012 | — | | — | | — | | 39.24 | −1.76 | 39.51 | −1.84 | 39.99 | −1.98 |
| 2013 | — | | — | | — | | 39.20 | −1.80 | 39.48 | −1.86 | 39.99 | −1.98 |

**注**　宜昌站基面换算关系：冻结基面−吴淞基面=0.364m；冻结基面−1985 国家高程基准=2.070m。

## 二、应对措施

### （一）水库调度措施

三峡水库围堰发电期，水库尚无调节能力，2003—2006 年宜昌站最小流量分别为 2930m³/s、3520m³/s、3650m³/s、4040m³/s。三峡水库初期蓄水运用后，具有一定调节能力，2007 年和 2008 年下泄最小流量分别为 4020m³/s（1

月 9 日）和 4360m³/s（1 月 7 日），宜昌站实际最低水位分别为 38.39m 和 38.5m，基本达到了三峡水库 156m 运行期最低通航水位 38.5m 的要求，通航未受影响。

175m 试验性蓄水运行后，由于水库已具有调节能力，2009—2013 年宜昌站各年最小流量分别为 4910m³/s（1 月 18 日）、5310m³/s（3 月 17 日）、5530m³/s（12 月 22 日）、5530m³/s（12 月 4 日）、5510m³/s（12 月 2 日），实际最低水位分别为 39.17m、39.17m、39.21m、39.19m、39.18m，达到了葛洲坝枢纽下游引航道最低通航水位要求，通航未受影响。

（二）整治工程

宜昌水位属长河槽控制，其下游约 100km 长河段的众多控制节点均对宜昌站枯水位产生影响，尤其芦家河、胭脂坝、宜都弯道等影响较大。为了抑制下游河床冲刷下切所引起的宜昌站枯水位的下降，中国长江三峡集团有限公司先后在宜昌胭脂坝段实施了护底工程和胭脂坝坝头保护工程[3]。胭脂坝护底试验工程，分 4 个阶段实施，分别于 2004 年、2005 年、2008 年、2011 年汛前在胭脂坝洲左侧主槽及胭脂坝头布置。

护底加糙工程施工由 3 种不同类型护底带组成，各条护底带紧密连接，分为沉排护底带、抛枕护底带和下游抛块石护底带，如图 3.1-6 和图 3.1-7 所示。2004 年护底加糙试验工程于汛前完成，位于胭脂坝尾部下游附近主槽，采用了 3 种护底结构型式，从左向右分别为混凝土系结块软体排、抛石、抛枕。在 2004 年护底加糙试验效果综合分析基础上，2005 年扩大护底试验工程，均采用混凝土系结块软体排结构材料型式，于汛前在胭脂坝头左侧主槽和下部左侧主槽实施。2008 年在汛前实施了胭脂坝头防护工程、胭脂坝中部左侧主槽及胭脂坝尾左侧主槽护底。2011 年汛前在胭脂坝头部左侧主河槽实施了应急护底工程，工程实施前对主河槽低洼区域进行了块石回填处理。

图 3.1-6　坝下游护底工程（沉排）

图 3.1-7　坝下游护底工程（抛枕）

　　工程试验效果监测表明，由于混凝土沉排在排体下铺有土工材料，对河床有较好的保护作用，护底后基本不冲，护底工程没有受到破坏。三峡水库蓄水运用后，宜昌河段除了2003—2004年度冲刷量超过1000万 m³以外，其余年份均未超过600万 m³，这固然主要是由前期的累积冲刷所造成，但是2004年以后逐步实施的护底试验工程也起到了一定的作用。近年来监测表明，胭脂坝洲体自2008年汛前实施坝头防护工程后，洲体保持基本稳定，其头部因泥沙淤积向上游延伸了近50m，并向右侧扩展约60m，洲体面积约有增加。护底工程守护范围以外的河床仍发生一定幅度的冲刷，说明护底试验工程有效防止了河床冲刷，在相当程度上控制了河段侵蚀基面的下降。同时护底工程增加了河床糙率，也对控制宜昌站枯水位降低发挥了作用。

# 第三节　坝下游各站水位流量关系变化

　　在三峡工程可行性论证阶段，预测了水库蓄水运用对下游河道枯水期水位的影响。三峡水库下游河道，四五十年内将发生长距离冲刷，在同流量下，水位有所下降。宜昌枯水期水位下降值范围约为1.5～2.0m，平均约1.7m；荆江枯水位降低，松滋口下降1.0～2.5m，太平口下降1.5～5m，沙市下降1.1～6m，藕池口下降4～8m；城陵矶以下枯水位降低，螺山降低一般在1～3.5m之间，龙口降低0.5～2m，汉口降低0.5～1.5m。

　　三峡水库蓄水运用后的水文观测资料表明，随着坝下游河道冲刷下切，沿程各站枯水期同流量下水位有不同程度的降低，降低值均在预测范围内[2]。2013年，宜昌站流量5500m³/s时，水位下降了0.50m；枝城站流量7000m³/s时，下降了0.58m；沙市站流量6000m³/s时，下降了1.50m；大通站水位流量关系无明显变化。各站大流量时水位流量关系未见明显变化。

　　各站枯水期实际低水位变化取决于两方面因素，一方面河道冲刷，使枯水位下降；另一方面水库调节，使枯季流量增加，导致水位上升。各站枯水位的变化取决于此两方面作用大小的对比。冲刷多的河段（如沙市）枯期水位下降，冲刷较少的河段则枯期水位上升。

## 一、枝城站

　　2003年三峡水库蓄水运用以来，随着宜都及枝江河段河床的持续冲刷，枝城站枯水位有所下降，如表3.1-4和图3.1-8所示，由图表可知，2003—2013年，当流量为7000m³/s时，枝城站水位累积降低0.58m；当流量为10000m³/s时，水位累积降低0.75m，且主要发生在2006—2013年。

表3.1-5为枝城站月平均流量和水位变化。三峡水库不同蓄水运用阶段，枝城站汛前枯水期月平均流量均较蓄水前有所增加。与1992—2002年相比，三峡水库围堰发电期1—3月流量有所增加，平均增幅为390m³/s；初期蓄水期1—4月平均流量有所增加，平均增幅为848m³/s；175m试验性蓄水期1—5月平均流量有所增加，平均增幅为1561m³/s。但三峡水库不同蓄水运用阶段，枝城站月平均水位变化有升有降，说明枯水流量增加对水位的抬升作用很大程度上被河床冲刷对水位的降低作用所抵消。

表3.1-4　　　三峡水库蓄水运用以来坝下游枝城站同流量水位变化

| 流量级/(m³/s) | 水位变化/m | | | | | | | | | |
|---|---|---|---|---|---|---|---|---|---|---|
| | 2003—2004年 | 2003—2005年 | 2003—2006年 | 2003—2007年 | 2003—2008年 | 2003—2009年 | 2003—2010年 | 2003—2011年 | 2003—2012年 | 2003—2013年 |
| 5000 | 0.01 | 0.00 | −0.10 | −0.13 | −0.13 | −0.27 | −0.29 | | | |
| 7000 | 0.00 | −0.02 | −0.18 | −0.25 | −0.25 | −0.41 | −0.41 | −0.49 | −0.54 | −0.58 |
| 10000 | 0.10 | 0.09 | −0.19 | −0.30 | −0.33 | −0.50 | −0.50 | −0.62 | −0.72 | −0.75 |

注　"−"表示水位降低，下同。

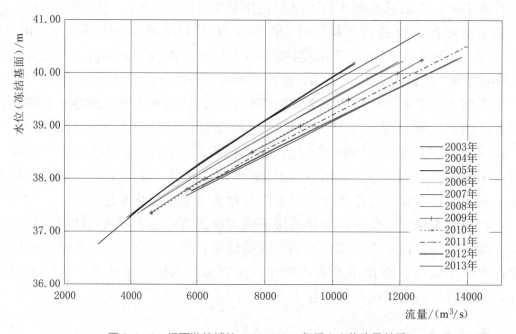

图3.1-8　坝下游枝城站2003—2013年低水水位流量关系

## 二、沙市站

沙市站2003—2013年枯水期水位流量关系如表3.1-6和图3.1-9所示。2013年水位与2003年水位相比，当流量为6000m³/s时，水位下降约

1.50m。随着流量增大，差值逐渐收窄。当流量为 10000m³/s 时，水位下降 1.11m 左右；当流量为 14000m³/s 时，水位下降 0.84m 左右。

表 3.1-5　　不同时期坝下游枝城站月平均流量和水位变化统计表

单位：水位，m；流量，m³/s

| 时段 | 1992—2002 年 | | | 2003—2006 年 | | | 2007—2008 年 | | | 2009—2013 年 | | |
|---|---|---|---|---|---|---|---|---|---|---|---|---|
| 统计项 | 平均流量 | 平均水位 | 最低水位 | 平均流量 | 平均水位 | 最低水位 | 平均流量 | 平均水位 | 最低水位 | 平均流量 | 平均水位 | 最低水位 |
| 1 月 | 4600 | 37.66 | 37.39 | 4870 | 37.72 | 37.42 | 4930 | 37.64 | 37.53 | 6480 | 38.04 | 37.84 |
| 2 月 | 4250 | 37.48 | 37.25 | 4480 | 37.50 | 37.19 | 4990 | 37.67 | 37.54 | 6360 | 38.00 | 37.83 |
| 3 月 | 4840 | 37.72 | 37.35 | 5510 | 37.95 | 37.51 | 5480 | 37.84 | 37.61 | 6398 | 38.01 | 37.82 |
| 4 月 | 6990 | 38.60 | 37.73 | 6810 | 38.48 | 37.67 | 8670 | 38.96 | 37.93 | 7512 | 38.37 | 37.88 |
| 5 月 | 11600 | 40.30 | 38.64 | 11500 | 40.27 | 38.48 | 10400 | 39.70 | 38.71 | 13334 | 40.27 | 38.45 |
| 6 月 | 19000 | 42.45 | 40.03 | 17200 | 41.91 | 39.70 | 17200 | 41.88 | 39.50 | 17120 | 41.48 | 39.73 |
| 7 月 | 31300 | 45.25 | 42.62 | 26100 | 44.20 | 42.22 | 27400 | 44.59 | 41.73 | 29120 | 44.59 | 41.74 |
| 8 月 | 27500 | 44.61 | 42.52 | 22000 | 43.10 | 41.83 | 26800 | 44.50 | 42.37 | 24820 | 43.64 | 41.19 |
| 9 月 | 22000 | 43.43 | 41.97 | 23400 | 43.40 | 41.48 | 25500 | 44.30 | 41.67 | 17960 | 41.73 | 39.72 |
| 10 月 | 16300 | 41.97 | 40.48 | 14500 | 41.38 | 39.82 | 12100 | 40.37 | 39.03 | 10436 | 39.34 | 38.47 |
| 11 月 | 9580 | 39.75 | 38.69 | 8500 | 39.30 | 38.43 | 11200 | 40.02 | 38.42 | 8636 | 38.75 | 37.97 |
| 12 月 | 5830 | 38.25 | 37.73 | 6010 | 38.21 | 37.60 | 5840 | 38.03 | 37.68 | 6152 | 37.94 | 37.78 |

表 3.1-6　　　　2003 年以来坝下游沙市站同流量水位变化

| 流量级 /(m³/s) | 水位变化/m | | | | | | | | | |
|---|---|---|---|---|---|---|---|---|---|---|
| | 2003—2004 年 | 2003—2005 年 | 2003—2006 年 | 2003—2007 年 | 2003—2008 年 | 2003—2009 年 | 2003—2010 年 | 2003—2011 年 | 2003—2012 年 | 2003—2013 年 |
| 6000 | −0.31 | −0.31 | −0.44 | −0.48 | −0.43 | −0.76 | −1.01 | −1.28 | −1.30 | −1.50 |
| 8000 | −0.33 | −0.29 | −0.37 | −0.42 | −0.33 | −0.71 | −0.77 | −1.09 | −1.16 | −1.34 |
| 10000 | −0.34 | −0.23 | −0.30 | −0.38 | −0.28 | −0.66 | −0.69 | −0.99 | −1.09 | −1.11 |
| 14000 | −0.25 | 0.16 | 0.04 | 0.02 | −0.23 | −0.38 | −0.42 | −0.65 | −0.75 | −0.84 |

此外，从沙市站月平均流量和水位变化来看（表 3.1-7），三峡水库蓄水运用后不同蓄水运用阶段，汛前枯水期平均流量均较蓄水前同期有所增加。与 1991—2002 年相比，三峡水库围堰发电期 1—5 月平均流量的平均增幅为 246m³/s，初期蓄水期 2—4 月平均流量的平均增幅为 669m³/s，试验性蓄水运用期 1—5 月平均流量的平均增幅为 1270m³/s。相反，汛后水库蓄水期流量以减少为主。与 1991—2002 年相比，主要蓄水时段 10 月，三峡水库运用三个阶

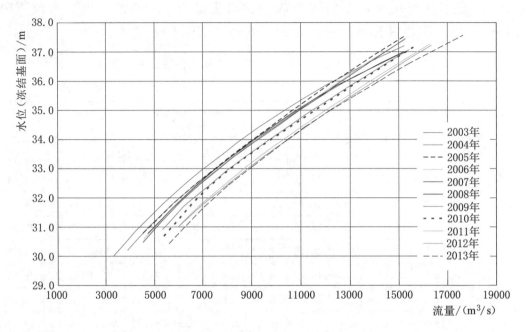

图 3.1-9 坝下游沙市站低水水位流量关系（2003—2013 年）

段的月平均流量分别减小 1500m³/s、3900m³/s 和 5200m³/s。三峡水库蓄水运用后不同蓄水运用阶段，沙市站月平均水位和月最低水位的变化均有升有降，其中枯水期 1—4 月三峡水库运用 3 个阶段与蓄水前比，月平均水位分别下降 0.33m、0.46m 和 0.34m，月最低水位均值分别下降 0.38m、0.31m 和 0.10m。

表 3.1-7　　不同时期坝下游沙市站月平均水位和流量变化统计表

单位：水位，m；流量，m³/s

| 时段 | 1956—1990 年（新厂） | | | 1991—2002 年 | | | 2003—2006 年 | | | 2007—2008 年 | | | 2009—2013 年 | | |
|---|---|---|---|---|---|---|---|---|---|---|---|---|---|---|---|
| 统计项 | 平均流量 | 平均水位 | 最低水位 | 平均流量 | 平均水位 | 最低水位 | 平均流量 | 平均水位 | 最低水位 | 平均流量 | 平均水位 | 最低水位 | 平均流量 | 平均水位 | 最低水位 |
| 1 月 | 4300 | 33.13 | 32.76 | 4910 | 31.72 | 31.32 | 5100 | 31.36 | 30.89 | 4890 | 30.93 | 30.76 | 6510 | 31.57 | 31.28 |
| 2 月 | 3870 | 32.77 | 32.52 | 4480 | 31.38 | 31.02 | 4660 | 30.92 | 30.43 | 4920 | 30.97 | 30.78 | 6390 | 31.46 | 31.23 |
| 3 月 | 4380 | 33.10 | 32.61 | 5050 | 31.80 | 31.17 | 5810 | 31.79 | 31.09 | 5430 | 31.31 | 30.97 | 6400 | 31.50 | 31.21 |
| 4 月 | 6460 | 34.41 | 33.14 | 6990 | 33.13 | 31.92 | 7070 | 32.64 | 31.51 | 8180 | 33.02 | 31.70 | 7310 | 32.14 | 31.30 |
| 5 月 | 10900 | 36.50 | 34.77 | 11100 | 35.37 | 33.40 | 11100 | 35.13 | 33.05 | 10000 | 34.28 | 33.15 | 12200 | 34.95 | 32.54 |
| 6 月 | 15900 | 38.19 | 36.35 | 17000 | 37.63 | 35.27 | 15500 | 36.86 | 34.48 | 15700 | 36.76 | 34.50 | 15400 | 36.68 | 34.83 |
| 7 月 | 25500 | 40.48 | 38.74 | 26900 | 40.49 | 38.03 | 22800 | 39.30 | 37.55 | 23700 | 39.30 | 36.91 | 24500 | 39.64 | 37.19 |
| 8 月 | 22600 | 39.97 | 38.26 | 24200 | 39.81 | 37.96 | 19400 | 38.07 | 36.86 | 22800 | 39.57 | 37.74 | 21500 | 38.81 | 36.58 |

续表

| 时段 | 1956—1990 年（新厂） | | | 1991—2002 年 | | | 2003—2006 年 | | | 2007—2008 年 | | | 2009—2013 年 | | |
|---|---|---|---|---|---|---|---|---|---|---|---|---|---|---|---|
| 统计项 | 平均流量 | 平均水位 | 最低水位 | 平均流量 | 平均水位 | 最低水位 | 平均流量 | 平均水位 | 最低水位 | 平均流量 | 平均水位 | 最低水位 | 平均流量 | 平均水位 | 最低水位 |
| 9 月 | 22500 | 39.76 | 38.34 | 19700 | 38.55 | 37.16 | 20500 | 38.30 | 36.42 | 22100 | 39.37 | 36.94 | 16200 | 36.80 | 34.76 |
| 10 月 | 16400 | 38.26 | 36.90 | 15200 | 36.98 | 35.49 | 13700 | 36.13 | 34.41 | 11300 | 35.15 | 33.38 | 10000 | 33.81 | 32.65 |
| 11 月 | 9520 | 35.97 | 34.86 | 9680 | 34.56 | 33.31 | 8650 | 33.70 | 32.58 | 10600 | 34.65 | 32.73 | 8470 | 32.79 | 31.53 |
| 12 月 | 5870 | 34.14 | 33.45 | 6230 | 32.63 | 31.87 | 6250 | 32.14 | 31.13 | 5920 | 31.80 | 31.18 | 6240 | 31.31 | 31.03 |

### 三、螺山站

螺山站 2003—2013 年枯水期水位流量关系如表 3.1-8 和图 3.1-10 所示。2013 年水位与 2003 年相比，当流量为 8000m³/s 时，水位下降了约 0.95m；当流量为 18000m³/s 时，水位下降了 0.84m 左右。

此外，从螺山站月平均流量和水位变化来看（表 3.1-9），三峡水库蓄水运用后不同运用阶段，汛前枯水期平均流量均较蓄水前同期有所增加。与 1956—2002 年相比，三峡水库围堰发电期 1—3 月平均流量的平均增幅为 1990m³/s，初期蓄水期的平均增幅为 300m³/s，175m 试验性蓄水期的平均增幅为 1700m³/s。相反，汛后水库蓄水期螺山站流量以减小为主，与 1956—2002 年相比，主要蓄水时段 10 月，三峡水库蓄水运用后三个阶段月平均流量分别减小 6850m³/s、3600m³/s 和 7800m³/s。三峡水库蓄水运用后不同运用阶段，螺山站月平均水位和月最低水位的变化均表现为有升有降。其中枯水期 1—3 月各月平均有所抬升，三峡水库蓄水运用 3 个阶段较 1956—2002 年 1—3 月分别抬升 1.60m、0.89m 和 1.44m。

表 3.1-8　　　　　2003 年以来坝下游螺山站同流量水位变化

| 流量级/(m³/s) | 水位变化/m | | | | | | | | | |
|---|---|---|---|---|---|---|---|---|---|---|
| | 2003—2004 年 | 2003—2005 年 | 2003—2006 年 | 2003—2007 年 | 2003—2008 年 | 2003—2009 年 | 2003—2010 年 | 2003—2011 年 | 2003—2012 年 | 2003—2013 年 |
| 8000 | −0.42 | −0.29 | −0.47 | −0.47 | −0.52 | −0.54 | −0.57 | −0.59 | −0.73 | −0.95 |
| 10000 | −0.44 | −0.30 | −0.47 | −0.47 | −0.42 | −0.42 | −0.47 | −0.67 | −0.79 | −0.79 |
| 14000 | −0.55 | −0.43 | −0.43 | −0.43 | −0.50 | −0.58 | −0.60 | −0.81 | −0.81 | −0.79 |
| 16000 | −0.59 | −0.54 | −0.51 | −0.51 | −0.58 | −0.65 | −0.66 | −0.89 | −0.83 | −0.82 |
| 18000 | −0.53 | −0.52 | −0.45 | −0.45 | −0.61 | −0.69 | −0.71 | −0.92 | −0.75 | −0.84 |

注　"−"表示降低。

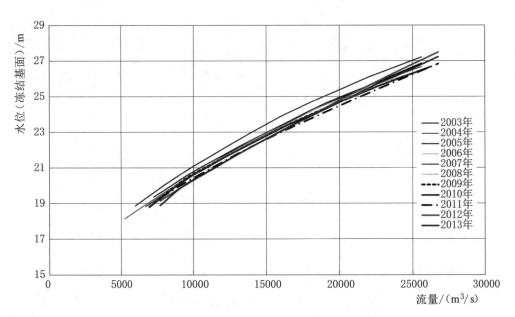

图 3.1 – 10  坝下游螺山站低水水位流量关系（2003—2013 年）

表 3.1 – 9  不同时期坝下游螺山站月平均水位和流量变化统计表

单位：水位，m；流量，m³/s

| 时段 | 1956—1990 年 | | | 1991—2002 年 | | | 2003—2006 年 | | | 2007—2008 年 | | | 2009—2013 年 | | |
|---|---|---|---|---|---|---|---|---|---|---|---|---|---|---|---|
| 统计项 | 平均流量 | 平均水位 | 最低水位 | 平均流量 | 平均水位 | 最低水位 | 平均流量 | 平均水位 | 最低水位 | 平均流量 | 平均水位 | 最低水位 | 平均流量 | 平均水位 | 最低水位 |
| 1 月 | 7560 | 18.10 | 17.60 | 9980 | 19.80 | 19.30 | 9620 | 19.86 | 19.31 | 8600 | 19.27 | 18.89 | 10900 | 20.15 | 19.69 |
| 2 月 | 8940 | 18.15 | 17.42 | 10900 | 19.85 | 19.14 | 13300 | 20.10 | 19.16 | 9250 | 19.47 | 18.99 | 10500 | 19.98 | 19.54 |
| 3 月 | 12700 | 19.32 | 18.27 | 16000 | 21.00 | 19.83 | 14200 | 21.72 | 20.74 | 13800 | 20.82 | 19.94 | 14900 | 21.06 | 20.00 |
| 4 月 | 21700 | 21.82 | 19.67 | 22100 | 23.02 | 21.46 | 16600 | 22.31 | 21.17 | 18100 | 21.89 | 21.05 | 19300 | 22.51 | 20.89 |
| 5 月 | 30400 | 24.81 | 22.66 | 29000 | 25.17 | 23.18 | 30700 | 25.41 | 22.78 | 19000 | 23.16 | 22.02 | 27400 | 25.14 | 23.31 |
| 6 月 | 39300 | 26.27 | 24.47 | 40800 | 27.18 | 25.04 | 36400 | 27.11 | 25.61 | 33100 | 25.93 | 23.79 | 34700 | 27.23 | 25.68 |
| 7 月 | 47600 | 28.76 | 26.76 | 52600 | 30.41 | 27.99 | 43900 | 28.78 | 27.44 | 40900 | 27.97 | 26.62 | 41200 | 28.89 | 27.28 |
| 8 月 | 40200 | 27.69 | 26.21 | 46500 | 29.29 | 27.87 | 34200 | 27.10 | 25.92 | 45300 | 28.96 | 27.53 | 40200 | 28.23 | 26.49 |
| 9 月 | 38900 | 27.21 | 25.73 | 37500 | 27.55 | 26.03 | 35300 | 26.90 | 25.01 | 37900 | 28.65 | 27.02 | 28600 | 25.86 | 24.54 |
| 10 月 | 30500 | 25.53 | 23.80 | 27900 | 25.49 | 23.97 | 23000 | 24.30 | 22.29 | 26300 | 23.86 | 21.50 | 22000 | 22.95 | 21.51 |
| 11 月 | 20300 | 22.62 | 20.93 | 19400 | 22.86 | 21.35 | 14700 | 21.81 | 20.74 | 25900 | 23.39 | 20.79 | 15700 | 21.37 | 20.34 |
| 12 月 | 12200 | 19.72 | 18.59 | 11600 | 20.65 | 19.73 | 10900 | 20.13 | 19.12 | 12100 | 20.04 | 19.32 | 11200 | 20.01 | 19.44 |

### 四、汉口站

三峡水库蓄水运用以来，特别是近 3 年以来，螺山至汉口河段河床持续冲刷，汉口站枯水位有所下降。2003—2013 年期间，当流量为 10000m³/s 时，汉口站水位累积降低 1.18m；流量为 20000m³/s 时，水位累积降低 0.87m。随着流量增大水位累积降低幅度缩窄，同一流量下水位降低主要发生在 2006—2012 年，如表 3.1 - 10 和图 3.1 - 11 所示。

表 3.1 - 10　　　2003—2013 年期间坝下游汉口站同流量水位变化

| 流量 /(m³/s) | 水位变化/m | | | | | | | | | |
|---|---|---|---|---|---|---|---|---|---|---|
| | 2003—2004 年 | 2003—2005 年 | 2003—2006 年 | 2003—2007 年 | 2003—2008 年 | 2003—2009 年 | 2003—2010 年 | 2003—2011 年 | 2003—2012 年 | 2003—2013 年 |
| 10000 | −0.17 | −0.25 | −0.35 | −0.35 | −0.53 | −0.66 | −0.63 | −0.90 | −1.11 | −1.18 |
| 15000 | −0.51 | −0.52 | −0.52 | −0.59 | −0.61 | −0.71 | −0.50 | −0.96 | −0.98 | −1.00 |
| 20000 | −0.63 | −0.55 | −0.55 | −0.58 | −0.57 | −0.69 | −0.31 | −0.89 | −0.78 | −0.87 |
| 25000 | −0.49 | −0.33 | −0.33 | −0.33 | −0.33 | −0.45 | −0.21 | −0.62 | −0.29 | −0.51 |

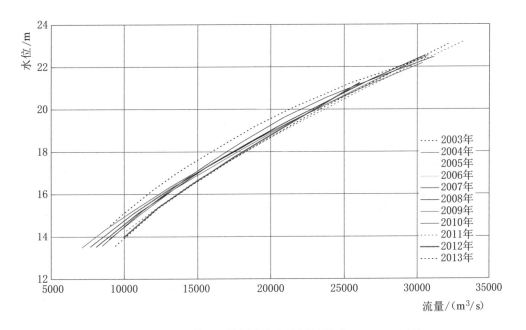

图 3.1 - 11　坝下游汉口站低水水位流量关系（2003—2013 年）

此外，从汉口站月平均流量和水位变化来看（表 3.1 - 11），三峡水库蓄水运用后不同蓄水阶段，汛前枯水期平均流量均较蓄水前同期有所增加。与 1956—2002 年相比，水库围堰发电期和初期蓄水期 1—3 月平均流量的平均增

幅分别为 $2600m^3/s$ 和 $1060m^3/s$，175m 试验性蓄水期 1—4 月平均流量的平均增幅为 $2070m^3/s$。相反，汛后水库蓄水期流量以减小为主。与 1956—2002 年相比，主要蓄水期 10 月，三峡水库蓄水运用三个阶段的月平均流量分别减少 $4820m^3/s$、$7320m^3/s$ 和 $8770m^3/s$。三峡水库蓄水运用后，各个蓄水阶段汉口站月平均水位、月最低水位的变化有升有降。其中枯水期 1—3 月三峡水库蓄水运用三个阶段的月平均水位分别较蓄水前抬升 1.28m、0.24m、0.86m，枯水期 1—3 月的月最低水位平均值分别较蓄水前抬升 1.28m、0.41m 和 0.94m。

表 3.1－11　不同时期坝下游汉口站月平均水位和流量变化统计表

单位：水位，m；流量，$m^3/s$

| 时段 | 1956—1990 年 | | | 1991—2002 年 | | | 2003—2006 年 | | | 2007—2008 年 | | | 2009—2013 年 | | |
|---|---|---|---|---|---|---|---|---|---|---|---|---|---|---|---|
| 统计项 | 平均流量 | 平均水位 | 最低水位 | 平均流量 | 平均水位 | 最低水位 | 平均流量 | 平均水位 | 最低水位 | 平均流量 | 平均水位 | 最低水位 | 平均流量 | 平均水位 | 最低水位 |
| 1 月 | 7660 | 13.67 | 13.15 | 9550 | 14.93 | 14.43 | 10100 | 15.03 | 14.52 | 8960 | 14.07 | 13.67 | 11300 | 14.96 | 14.50 |
| 2 月 | 7860 | 13.67 | 12.95 | 9840 | 14.95 | 14.28 | 10800 | 15.21 | 14.38 | 9380 | 14.24 | 13.81 | 10900 | 14.77 | 14.34 |
| 3 月 | 10300 | 14.91 | 13.85 | 12500 | 16.10 | 14.92 | 14200 | 16.82 | 15.81 | 12200 | 15.61 | 14.66 | 13100 | 16.04 | 14.88 |
| 4 月 | 16400 | 17.42 | 15.38 | 17100 | 18.16 | 16.65 | 15500 | 17.38 | 16.39 | 14800 | 16.73 | 15.95 | 16900 | 17.33 | 15.94 |
| 5 月 | 25300 | 20.32 | 18.39 | 23800 | 20.29 | 18.48 | 24200 | 20.35 | 17.86 | 17700 | 17.98 | 16.99 | 24700 | 19.99 | 18.26 |
| 6 月 | 30200 | 21.71 | 20.14 | 31100 | 22.22 | 20.18 | 30800 | 22.09 | 20.76 | 26500 | 20.71 | 18.45 | 31100 | 22.25 | 20.78 |
| 7 月 | 41500 | 23.98 | 22.15 | 46800 | 25.33 | 23.17 | 38600 | 23.59 | 22.47 | 35200 | 22.94 | 21.89 | 38300 | 23.78 | 22.51 |
| 8 月 | 35700 | 22.96 | 21.74 | 40400 | 24.24 | 23.01 | 31600 | 22.12 | 20.93 | 39200 | 23.86 | 22.63 | 35300 | 23.17 | 21.66 |
| 9 月 | 34500 | 22.49 | 21.21 | 32300 | 22.64 | 21.21 | 32300 | 21.86 | 20.12 | 36500 | 23.54 | 22.08 | 26900 | 20.96 | 19.68 |
| 10 月 | 27600 | 21.05 | 19.53 | 24300 | 20.61 | 18.98 | 22000 | 19.50 | 17.67 | 19500 | 18.25 | 16.64 | 18000 | 18.10 | 16.62 |
| 11 月 | 17500 | 18.30 | 16.65 | 16300 | 18.08 | 16.61 | 14400 | 17.04 | 16.00 | 19500 | 18.25 | 15.73 | 14100 | 16.26 | 15.31 |
| 12 月 | 10600 | 15.34 | 14.17 | 11100 | 15.86 | 14.93 | 10500 | 15.33 | 14.33 | 10630 | 15.10 | 14.24 | 11000 | 14.90 | 14.32 |

## 五、大通站

2003—2013 大通站低水水位流量关系如图 3.1－12 所示。三峡水库蓄水运用后至 2013 年，大通站水位流量关系没有明显变化。

此外，从大通站月平均流量和水位变化来看（表 3.1－12）。三峡水库蓄水运用后不同蓄水阶段，汛前枯水期平均流量均较蓄水前同期有所增加，汛后水库蓄水期流量以减少为主。与蓄水前 1956—2002 年相比，主要蓄水期 10 月，三峡水库蓄水运用后 3 个阶段的月平均流量分别减少 $5600m^3/s$、

5800m³/s 和 9100m³/s。三峡水库蓄水运用后，与蓄水前同期相比，各个蓄水阶段大通站平均水位和月最低水位的变化有升有降。其中枯水期 1—3 月三峡水库围堰发电期和试验性蓄水期的月平均水位分别较蓄水前抬升 0.58m 和 0.60m，初期蓄水期则下降 0.17m；枯水期 1—3 月三峡水库围堰发电期和试验性蓄水期的月最低水位平均值分别较蓄水前抬升 0.58m 和 0.60m，初期蓄水期变化较小。

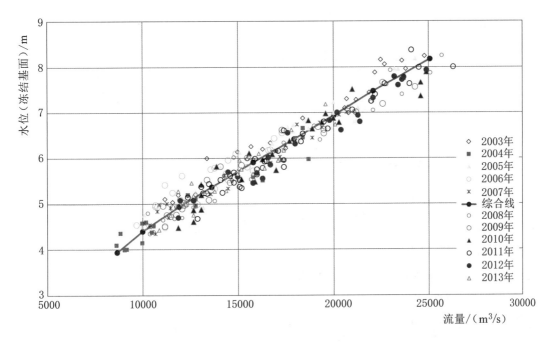

图 3.1 - 12　坝下游大通站 2003—2013 年低水水位流量关系

表 3.1 - 12　不同时期坝下游大通站月平均水位和流量变化统计表

单位：水位，m；流量，m³/s

| 时段 | 1956—1990 年 | | | 1991—2002 年 | | | 2003—2006 年 | | | 2007—2008 年 | | | 2009—2013 年 | | |
|---|---|---|---|---|---|---|---|---|---|---|---|---|---|---|---|
| 统计项 | 平均流量 | 平均水位 | 最低水位 | 平均流量 | 平均水位 | 最低水位 | 平均流量 | 平均水位 | 最低水位 | 平均流量 | 平均水位 | 最低水位 | 平均流量 | 平均水位 | 最低水位 |
| 1 月 | 9910 | 4.58 | 4.03 | 13200 | 5.35 | 4.84 | 12700 | 5.24 | 4.65 | 10700 | 4.63 | 4.20 | 14100 | 5.34 | 4.80 |
| 2 月 | 10700 | 4.77 | 4.02 | 13800 | 5.50 | 4.84 | 14300 | 5.54 | 4.75 | 12100 | 4.89 | 4.29 | 14400 | 5.43 | 4.89 |
| 3 月 | 15000 | 5.91 | 4.87 | 18100 | 6.51 | 5.43 | 19300 | 6.74 | 5.84 | 15700 | 5.77 | 4.93 | 20400 | 6.82 | 5.60 |
| 4 月 | 23400 | 7.75 | 6.26 | 25800 | 8.24 | 7.14 | 21600 | 7.25 | 6.49 | 20400 | 6.87 | 5.95 | 23600 | 7.45 | 6.45 |
| 5 月 | 34000 | 9.88 | 8.48 | 33100 | 9.77 | 8.59 | 32100 | 9.49 | 7.63 | 22500 | 7.32 | 6.37 | 33000 | 9.31 | 8.07 |
| 6 月 | 39400 | 10.92 | 9.78 | 41200 | 11.21 | 9.58 | 39300 | 10.89 | 10.12 | 32300 | 9.41 | 6.97 | 42000 | 11.05 | 9.94 |
| 7 月 | 48300 | 12.33 | 11.04 | 57600 | 13.55 | 12.18 | 43500 | 11.77 | 11.07 | 39900 | 11.15 | 10.56 | 46100 | 11.98 | 11.08 |

续表

| 时段 | 1956—1990 年 | | | 1991—2002 年 | | | 2003—2006 年 | | | 2007—2008 年 | | | 2009—2013 年 | | |
|------|------|------|------|------|------|------|------|------|------|------|------|------|------|------|------|
| 统计项 | 平均流量 | 平均水位 | 最低水位 | 平均流量 | 平均水位 | 最低水位 | 平均流量 | 平均水位 | 最低水位 | 平均流量 | 平均水位 | 最低水位 | 平均流量 | 平均水位 | 最低水位 |
| 8 月 | 41300 | 11.47 | 10.68 | 49200 | 12.53 | 11.79 | 36000 | 10.74 | 9.64 | 44100 | 11.88 | 11.15 | 42000 | 11.43 | 10.59 |
| 9 月 | 38400 | 10.98 | 10.17 | 41400 | 11.38 | 10.22 | 36400 | 10.36 | 9.21 | 42700 | 11.64 | 10.95 | 32400 | 9.71 | 8.83 |
| 10 月 | 33000 | 10.04 | 9.01 | 30900 | 9.63 | 8.48 | 26900 | 8.65 | 7.21 | 26700 | 8.55 | 6.33 | 23400 | 7.83 | 6.44 |
| 11 月 | 22900 | 8.01 | 6.70 | 21700 | 7.65 | 6.44 | 17700 | 6.64 | 5.89 | 22500 | 7.40 | 5.62 | 17100 | 6.26 | 5.46 |
| 12 月 | 13700 | 5.70 | 4.73 | 15200 | 5.99 | 5.18 | 13200 | 5.38 | 4.62 | 14000 | 5.44 | 4.53 | 14500 | 5.51 | 4.91 |

# 第四节 三峡水库对坝下游的补水作用及灌溉取水的影响

## 一、对坝下游的补水作用

三峡水库具有 165 亿 $m^3$ 的调节库容，水库建成后可使宜昌以下的最枯流量从约 $3000m^3/s$ 提高至 $5000m^3/s$ 以上。枯水流量的增加，可为航运、生态及供水提供有利的水源条件。自 2006 年开始，三峡水库依据初期运行期调度规程及汛末蓄水实际情况，枯水期对长江中下游进行了航运和生态及抗旱补水调度，改善了枯水期长江中下游航运条件，并对生态及抗旱有明显的补水作用[5]。三峡水库各年对坝下游的补偿调度方式和补水量如表 3.1－13 所示。

表 3.1－13 三峡水库各年对坝下游的补偿调度方式和补水量统计表

| 年 份 | 补偿调度方式 | 补水量/亿 $m^3$ |
|------|------|------|
| 2006 | 航运补偿调度 | 4.21 |
| 2007 | 航运补偿调度 | 33.9 |
| 2008 | 航运补偿调度 | 23.76 |
| 2009 | 航运补偿调度 | 71.64 |
| 2010 | 航运及生态补水调度 | 121.9 |
| 2011 | 航运、抗旱及生态补水调度 | 221.68 |
| 2012 | 航运、抗旱及生态补水调度 | 214.3 |

由表 3.1－13 可见，2006 年 12 月 15 日至 12 月 31 日实施航运流量补偿调度，补水量 4.21 亿 $m^3$。2007 年 1 月 1 日至 1 月 4 日、2 月 2 日至 4 月 1 日、12 月 8 日至 12 月 25 日对航运实施流量补偿调度，补水总量 33.9 亿 $m^3$，补水日数 76 天。2008 年 1 月 11 日至 2 月 24 日及 12 月 19 日至 12 月 31 日对航运

实施流量补偿调度，补水总量 23.76 亿 m³，补水日数 58 天。2009 年 1 月 1 日至 1 月 5 日、1 月 18 日至 4 月 10 日及 11 月 25 日至 12 月 31 日对航运实施流量补偿调度，补水总量 71.64 亿 m³，补水日数 125 天。2010 年 1 月 1 日至 4 月 11 日、4 月 18 日至 4 月 20 日和 12 月 29 日至 31 日实施航运及生态补水调度，补水总量 121.9 亿 m³，补水日数 107 天。2011 年三峡水库向下游累积补水 221.68 亿 m³，其中枯季航运补偿调度补水量 160.38 亿 m³，抗旱补水总量 54.75 亿 m³，生态调度补水量 6.55 亿 m³。2012 年三峡水库向下游累积补水 214.3 亿 m³，其中用于确保航运及生态补水量为 108.9 亿 m³。

## 二、对坝下游灌溉取水的影响

初步设计阶段主要分析了三峡水库蓄水运用对湖北四湖（长湖、三湖、白露湖和洪湖）地区排水的影响。现通过荆江河段典型灌区调查，分析三峡水库下游河道水位降低对灌溉区、取水口的影响情况。

### （一）典型灌区选取

四湖流域沿江灌区的春灌水源主要通过沿江涵闸从外江引水，保证率不高，常因外江水位偏低而引水不足。这次调查选取的典型灌区为江陵县观音寺灌区和颜家台灌区，灌溉期都为 4—10 月。观音寺、颜家台灌区地处江汉平原四湖水网地区中上游，由观音寺大闸、颜家台大闸引长江水灌溉江陵、沙市、潜江等县市区 110 万亩农田，年平均引水量为 4.0 亿 m³。观音寺、颜家台沿江引水大闸分别位于荆江大堤桩号 740＋750、703＋532 处，引水流量分别为 77m³/s 和 60m³/s。为解决春季长江低水位时抗旱用水，灌区内建有两座沿江电灌站，观音寺电灌站设计流量为 20m³/s、颜家台电灌站设计流量为 15m³/s。调查表明，三峡水库蓄水运用后，干流水位下降对沿江涵闸春灌引水造成了一定影响，主要是自流引水机会减少。

### （二）干流水位下降对引水的影响

观音寺闸位于荆州市下游约 15km，闸底板高程为 31.76m。由于观音寺闸离荆州市较近，虽然闸前干流水位比沙市站低，但三峡水库蓄水运用后闸前干流水位变化与沙市站应差别不大，可近似用沙市站的水位变化来反映观音寺闸前干流水位变化。颜家台闸位于新厂站上游约 12km，可近似用新厂站的水位变化来反映颜家台闸前干流水位变化。由于灌区的灌溉期都为 4—10 月，以 4 月春灌用水量最大，而 4 月又是灌溉期水位最低的月份（图 3.1-13），自灌保证率不高。因此，三峡水库蓄水运用后，干流水位变化对灌区取水的影响以 4 月左右影响较大。

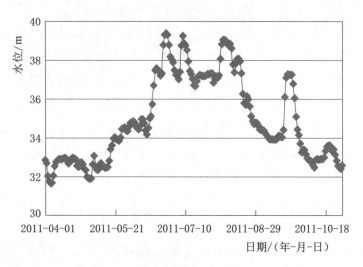

图 3.1-13　坝下游沙市站 2011 年水位过程

水文站实测资料说明，三峡水库蓄水运用后，沙市站和新厂站 4 月流量比三峡水库蓄水运用前略有增加，但同流量下水位因河道冲刷下降明显，如图 3.1-14 和图 3.1-15 所示，至 2011 年都已累积下降 1.3m 左右。同时，实测资料说明，三峡水库蓄水运用后沙市站枯期同流量下的水位下降过程还在继续，如图 3.1-16 所示。随着时间的推移，自灌缺水量将随干流枯水位下降而增加，需要的提水电量将同步增加。

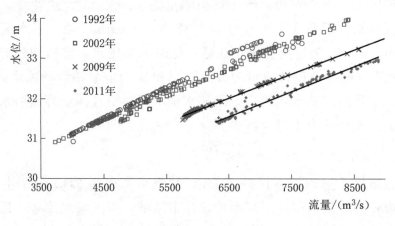

图 3.1-14　三峡水库蓄水运用前后坝下游沙市站同流量下枯水位下降

### （三）河道冲淤对引水的影响

三峡水库蓄水运用以来，干流冲刷，河槽下切，加之长江航道部门实施筑坝拦洪、主泓南移工程后，对颜家台闸引水影响较大。导致北岸泥沙淤塞严重，泥沙逐年淤积在颜家台电灌站上下游，形成大面积沙丘，不能自流引水，

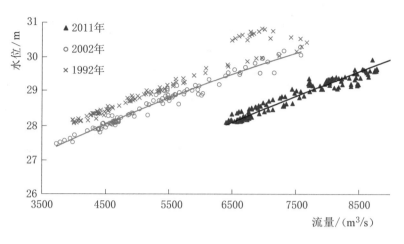

图 3.1-15　三峡水库蓄水运用前后坝下游新厂站同流量下枯水位下降

如图 3.1-17 所示。如 2013 年 4 月，电灌站抽水口沙滩高程为 31.4m，颜家台闸底板高程为 30.5m，电灌站提水口淹没高程为 27.8m，淤积面已分别超出闸底板及抽水口高程 0.9m、3.6m。为了保证灌区不误农时，江陵县紧急启动了颜家台闸前沙丘疏通工程。

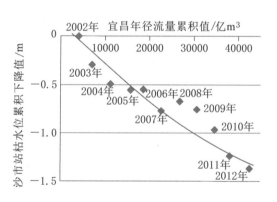

图 3.1-16　坝下游沙市站枯水位变化过程

图 3.1-17　坝下游颜家台闸前淤滩情况

# 第 二 章

# 坝下游河道冲刷及河势变化

三峡水库蓄水运用以来，下泄水流含沙量减小，泥沙粒径细化，引起坝下游河道冲刷，对长江中下游同流量下水位、浅滩演变、航道水深、崩岸变化和江湖关系等都可能造成影响，是工程设计所关心的重要问题之一。三峡枢纽初步设计阶段对三峡水库下游河道冲刷进行了多方案的计算，认为三峡水库蓄水运用后下游河道会发生长距离冲刷，其冲刷河段将超过九江。各河段达到最大累积冲刷量的时间：宜昌至城陵矶河段为 40～50 年，最大累积冲刷量约 33.1亿～42.1 亿 t；城陵矶至武汉河段为 60～70 年；武汉以下河段为更长一些时间。下面对三峡水库蓄水运用前后，坝下游河道冲淤及河床演变情况分析如下。

## 第一节　三峡水库蓄水运用前坝下游
河道冲淤变化

三峡水库坝下游河道，按河道特性可分为：三峡大坝至葛洲坝的两坝间河段、宜昌至枝城河段（近坝段，长约 61km）、枝城至城陵矶河段（荆江河段，长约 347km）、城陵矶至湖口河段（长约 547km）、湖口至江阴（湖口至徐六泾长 756.2km）和长江口河段（含江阴至徐六泾和河口南支、北支段，长约278.6km）。

在三峡工程修建前的数十年中，受自然演变和人类活动双重影响，长江中下游河床冲淤变化较为频繁[6]，其中下荆江裁弯和葛洲坝修建影响较大。宜昌至湖口河段总体上是上冲下淤，但全河段累积冲淤积量较小，接近冲淤平衡。三峡水库蓄水运用前不同时期长江中游各河段平滩河槽年平均冲淤量如表 3.2-1所示。

宜昌至枝城河段是从山区河流进入平原河流的过渡段，为顺直微弯型河道，右岸有清江入汇，两岸有低山丘陵和阶地控制，河岸抗冲能力较强，河床为卵石夹砂组成，局部有基岩出露。三峡水库蓄水运用前，河床总体呈冲刷状态，1966—2002 年年均冲刷量为 0.039 亿 $m^3$，但河道平面形态和洲滩格局保持基本不变，河势相对稳定。

表 3.2-1　　不同时期长江中游各河段平滩河槽年平均冲淤量统计表

| 项目 | 时段 | 河 段 | | | | | | | |
|---|---|---|---|---|---|---|---|---|---|
| | | 宜昌—枝城 | 上荆江 | 下荆江 | 荆江 | 城陵矶—汉口 | 汉口—湖口 | 城陵矶—湖口 | 宜昌—湖口 |
| 河段长度/km | | 60.8 | 171.7 | 175.5 | 347.2 | 251 | 295.4 | 546.4 | 954.4 |
| 总冲淤量/万 $m^3$ | 1966—1981 年 | −6263 | −14439 | −20154 | −34593 | 11340 | 24400 | 35740 | −5116 |
| | 1981—1993 年 | −5664 | −13404 | −3773 | −17177 | 25330 | 4095 | 29425 | 6584 |
| | 1993—1998 年 | 1874 | −4993 | 17594 | 12601 | −11220 | 45865 | 34645 | 49120 |
| | 1998—2002 年 | −4021 | −23029 | −10350 | −33379 | −3485 | −14034 | −17519 | −54928 |
| | 1966—2002 年 | −14403 | −41188 | −8170 | −49358 | 18756 | 40927 | 59683 | −4078 |
| 年平均冲淤量/(万 $m^3$/a) | 1966—1981 年 | −251 | −578 | −806 | −1384 | 454 | 976 | 1430 | −205 |
| | 1981—1993 年 | −472 | −1117 | −314 | −1431 | 2111 | 341 | 2452 | 549 |
| | 1993—1998 年 | 375 | −999 | 3519 | 2520 | −2244 | 9173 | 6929 | 9824 |
| | 1998—2002 年 | −1088 | −2088 | −459 | −2547 | −2231 | −11144 | −13376 | −15619 |
| | 1966—2002 年 | −389 | −1113 | −221 | −1334 | 507 | 1106 | 1613 | −110 |
| 年平均冲淤强度/[万 $m^3$/(km·a)] | 1966—1981 年 | −4.1 | −3.4 | −4.6 | −4.0 | 1.8 | 3.3 | 2.6 | −0.2 |
| | 1981—1993 年 | −7.8 | −6.5 | −1.8 | −4.1 | 8.4 | 1.2 | 4.5 | 0.6 |
| | 1993—1998 年 | 6.2 | −5.8 | 20.0 | 7.3 | −8.9 | 31.1 | 12.7 | 10.3 |
| | 1998—2002 年 | −17.9 | −12.2 | −2.6 | −7.3 | −8.9 | −37.7 | −24.5 | −16.4 |
| | 1966—2002 年 | −6.4 | −6.5 | −1.3 | −3.9 | 2.0 | 3.7 | 2.9 | −0.1 |

枝城至城陵矶河段称为荆江，其中枝城至藕池口的上荆江，长 171.7km，为弯曲分汊型河道，河床组成主要为中细沙，床沙平均中值粒径为 0.2mm，上段枝城至江门段河床有砾卵石；藕池口至城陵矶为下荆江，长 175.5km，自然条件下属典型的蜿蜒型河道，河岸大部分为现代河流沉积物组成的二元结构，河岸抗冲能力较上荆江弱。河床由中细沙组成，卵石层深埋床面以下，床沙平均中值粒径约为 0.165mm。三峡工程修建前，荆江河床冲淤变化频繁。1966—1981 年在下荆江裁弯期及裁弯后，荆江河床一直呈持续冲刷状态，累积冲刷泥沙 3.5 亿 $m^3$；1981 年葛洲坝水利枢纽建成后，荆江河床继续冲刷，1981—1993 年冲刷泥沙 1.7 亿 $m^3$。至三峡水库蓄水运用前，荆江河床冲刷强度变小。1966—2002 年荆江河段年均冲刷泥沙 0.13 亿 $m^3$。

城陵矶以下河道两岸分布有对河势起控制作用的节点，由山丘和阶地出露的基岩组成，形成藕节状宽窄相间的分汊型河道。河床组成一般为细沙和极细沙，床沙中值粒径约为 0.16mm。三峡水库蓄水运用前，城陵矶至汉口河段河床冲淤大致可以分两个大的阶段：第一阶段为 1966—1996 年，主要受下荆江系统裁弯的影响，城汉河段持续淤积，年均淤积量为 0.13 亿 m³；第二阶段为 1996—2002 年，河床表现为持续冲刷，年均冲刷量为 0.333 亿 m³。1966—2002 年，城汉河段累积淤积量为 1.88 亿 m³，年均淤积量为 0.051 亿 m³。

三峡水库蓄水运用前，汉口至湖口河段河床冲淤也大致可以分两个大的阶段：第一阶段为 1966—1998 年，河床持续淤积，年均淤积量为 0.23 亿 m³；第二阶段为 1998—2002 年，河床大幅度冲刷，年均冲刷量为 1.11 亿 m³。1966—2002 年，汉口至湖口河段累积淤积量为 4.09 亿 m³，年均淤积量为 0.11 亿 m³。

长江下游湖口至江阴河段，1981—2002 年冲刷 0.85 亿 m³。河段总体表现为"冲槽淤滩"，湖口至江阴段枯水河槽冲刷量为 5.71 亿 m³，枯水位以上河槽淤积泥沙 4.86 亿 m³。1981—1998 年湖口至江阴段总体冲淤平衡，1998 年大水后至 2002 年，湖口至江阴河段河床冲刷量为 0.997 亿 m³。

长江河口段，1991—2002 年总体表现为冲刷，平滩河槽冲刷泥沙 2.95 亿 m³。从冲淤分布来看，澄通河段冲刷量为 0.355 亿 m³，北支段淤积泥沙 0.322 亿 m³，南支段则冲刷 2.92 亿 m³。

# 第二节　三峡水库蓄水运用后坝下游河道冲淤变化

三峡水库蓄水运用后坝下游河道冲刷及河床演变分析，包括三峡大坝至葛洲坝的两坝间河段和宜昌至江阴河段，长江口河段冲淤变化则在第三篇第五章进行分析。以下介绍的河道冲淤变化，除另有说明外，均为平滩河槽冲淤量，即宜昌站流量 30000m³/s 所对应的水面线以下的河槽内的冲淤量。

三峡水库蓄水运用后，2002 年 10 月至 2013 年 10 月，两坝间河段冲刷量为 0.41 亿 m³，年均冲刷量为 0.037 亿 m³。同期，宜昌至湖口河段（城陵矶至湖口河段为 2001 年 10 月至 2013 年 10 月）总体为冲刷，平滩河槽总冲刷量为 11.90 亿 m³，年均冲刷量为 1.06 亿 m³/a，年均冲刷强度为 11.1 万 m³/(km·a)。其中：三峡水库围堰发电期冲刷较多，总冲刷量为 6.17 亿 m³，年均冲刷量为 1.44 亿 m³；初期蓄水期间，该河段略有冲刷，总冲刷量为 0.24 亿 m³，年均冲刷量为 0.12 亿 m³；试验性蓄水运用以来，冲刷强度有所增大，总冲刷量为 5.49 亿 m³，年均冲刷量为 1.10 亿 m³。

　　宜昌以下长江中下游河道，不同河段不同时段冲淤发展情况不同。表 3.2-2 列举了三峡水库蓄水运用不同时段各河段冲淤总体情况，图 3.2-1 给出了 1975 年以来各河段不同时段年均冲淤量对比。三峡水库围堰发电期，各河段基本上是冲刷，宜枝河段冲刷强度最大，荆江河段冲刷量最多；初期蓄水期，宜昌至汉口河段基本保持冲刷态势，但汉口至湖口河段则有所淤积；175m 试验性蓄水运行后，各河段冲刷强度均较大，且以荆江河段冲刷量和冲刷强度最大。

　　需要说明的是，本书所采用的地形法河床计算结果包括了河道采砂所带来的影响。据初步统计，如表 3.2-3，2004—2013 年长江中下游干流湖北、江西、安徽、江苏等 4 省经许可实施的采砂总量为 4.58 亿 t（合 3.52 亿 m³）。另据 2005 年不完全调查统计，本属于禁采区的宜昌至沙市河段 2003—2005 年采砂总量在 2070 万～3830 万 t。由于非法采砂活动猖獗，长江中下游河道实际采砂量要大于该数字。河道采砂导致计算得到的河道冲刷量要比实际的大。三峡水库蓄水运用后各河段冲淤变化特点如下。

表 3.2-2　不同时期三峡水库下游宜昌至湖口河段平滩河槽冲淤量统计表

| 项目 | 时段 | 河 段 | | | | | | | |
|---|---|---|---|---|---|---|---|---|---|
| | | 宜昌—枝城 | 上荆江 | 下荆江 | 荆江 | 城陵矶—汉口 | 汉口—湖口 | 城陵矶—湖口 | 宜昌—湖口 |
| 河段长度/km | | 60.8 | 171.7 | 175.5 | 347.2 | 251 | 295.4 | 546.4 | 954.4 |
| 总冲淤量/万 m³ | 2002 年 10 月至 2006 年 10 月 | −8140 | −11682 | −21148 | −32830 | −7759 | −12927 | −20686 | −61650 |
| | 2006 年 10 月至 2008 年 10 月 | −2230 | −4246 | 679 | −3567 | 85 | 3275 | 3360 | −2437 |
| | 2008 年 10 月至 2013 年 10 月 | −4021 | −23029 | −10350 | −33379 | −3485 | −14034 | −17519 | −54928 |
| | 2012 年 10 月至 2013 年 10 月 | 167 | −5853 | −1807 | −7660 | 4734 | 2550 | 7284 | −209 |
| | 2002 年 10 月至 2013 年 10 月 | −14391 | −38957 | −30819 | −69776 | −11159 | −23686 | −34845 | −119015 |
| 年均冲淤量/(万 m³/a) | 2002 年 10 月至 2006 年 10 月 | −2035 | −2921 | −5287 | −8208 | −1552 | −2585 | −4137 | −14380 |
| | 2006 年 10 月至 2008 年 10 月 | −1115 | −2123 | 359 | −1764 | 43 | 1638 | 1680 | −1200 |
| | 2008 年 10 月至 2013 年 10 月 | −804 | −4606 | −2070 | −6676 | −697 | −2807 | −3504 | −10986 |
| | 2002 年 10 月至 2013 年 10 月 | −1308 | −3542 | −2802 | −6344 | −930 | −1974 | −2904 | −10555 |

续表

| 项目 | 时段 | 河 段 | | | | | | | |
|---|---|---|---|---|---|---|---|---|---|
| | | 宜昌—枝城 | 上荆江 | 下荆江 | 荆江 | 城陵矶—汉口 | 汉口—湖口 | 城陵矶—湖口 | 宜昌—湖口 |
| 年均冲淤强度/[万m³/(km·a)] | 2002年10月至2006年10月 | −33.5 | −17 | −30.1 | −23.6 | −6.2 | −8.8 | −7.6 | −15.1 |
| | 2006年10月至2008年10月 | −18.3 | −12.4 | 2 | −5.1 | 0.2 | 5.5 | 3.1 | −1.3 |
| | 2008年10月至2013年10月 | −13.23 | −26.82 | −11.79 | −19.23 | −2.78 | −9.50 | −6.41 | −11.51 |
| | 2002年10月至2013年10月 | −21.52 | −20.63 | −15.96 | −18.27 | −3.70 | −6.68 | −5.31 | −11.1 |

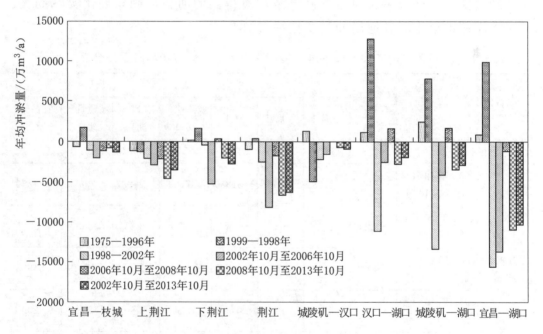

图 3.2-1 三峡水库蓄水运用前后坝下游宜昌至湖口河段平滩河槽年均泥沙冲淤量对比

表 3.2-3 长江中下游河道采砂量统计表（2004—2013 年）

| 年份 | 采砂总量 | 规划采区采砂量 | 工程采砂量 | 备 注 |
|---|---|---|---|---|
| 2004 | 2662 | 1120 | 1186* | 湖北省 280m³，江苏省 906m³ |
| 2005 | 3353 | 1270 | 1602* | 江苏省 1580m³，江西省 22m³ |
| 2006 | 2595 | 1355 | 1240 | 湖北省 550 万 t，江苏省 690 万 t |
| 2007 | 2240 | 550 | 1690 | 湖北省 90 万 t，江苏省 1600 万 t |

续表

| 年份 | 采砂总量 | 规划采区采砂量 | 工程采砂量 | 备　注 |
|---|---|---|---|---|
| 2008 | 5600 | 460 | 5140 | 湖北省 390 万 t，江苏省 4490 万 t，安徽省 260 万 t |
| 2009 | 7294 | 274 | 7020 | 湖北省 580 万 t，江苏省 6440 万 t |
| 2010 | 4430 | 4430 | | 湖北省 330 万 t，江苏省 4100 万 t |
| 2011 | 4407 | 8247 | | 实际实施工程许可采砂量 4407 万 t |
| 2012 | 5203 | 7529 | | 主要在大通以下，实际实施工程许可采砂量 5203 万 t |
| 2013 | 8055 | 9606 | | 主要在大通以下，实际实施工程许可采砂量 8055 万 t |

**注**　* 表示此处数据单位为万 $m^3$，工程采砂量栏中其他数据单位均为万 t。

## 一、两坝间河段

### （一）冲刷量与分布

三峡大坝至葛洲坝的两坝间河段为葛洲坝水库常年回水区段，在葛洲坝独立运行期，1979 年 12 月至 2002 年 11 月，两坝间河道（G0～G30）总淤积量为 8387 万 $m^3$。

三峡水库蓄水运用后，两坝间河段则处于持续的冲刷状态，如表 3.2-4 所示。2003—2013 年两坝间葛洲坝至黄陵庙河段共计冲刷泥沙 4127 万 $m^3$，其中主槽冲刷量为 3671 万 $m^3$，占总冲刷量的 90%。从冲刷过程来看，三峡水库围堰发电期冲刷量最大，占总冲刷量的 73.8%；初期运行期冲刷速度明显下降，占总冲刷量的 11.2%；175m 试验性蓄水运用后，河床逐渐趋于稳定，冲刷量占总冲刷量的 15.0%。

表 3.2-4　　　　坝下游葛洲坝至黄陵庙河段冲淤量统计表　　　　单位：万 $m^3$

| 时　段 | 冲淤部位 | 葛洲坝～G1（南津关）2.34km | G1～G12（石牌）12.8km | G12～G20（陡山沱）9.64km | G20～G25（黄陵庙）6.67km | 葛洲坝—黄陵庙 31.5km |
|---|---|---|---|---|---|---|
| 135～139m 运行期（2002 年 12 月至 2006 年 11 月） | 72m 以下河段 | −282.2 | −1620.1 | −540.9 | −603.5 | −3046.7 |
| | 53m 以下河段 | −195.7 | −1525.3 | −525.9 | −535.9 | −2782.8 |
| 156～145m 运行期（2006 年 11 月至 2008 年 10 月） | 72m 以下 | −31.6 | −117.5 | −166.6 | −148.2 | −463.9 |
| | 53m 以下 | −28.8 | −91.4 | −143.9 | −93.5 | −357.6 |

| 时　段 | 冲淤部位 | 葛洲坝～G1（南津关） | G1～G12（石牌） | G12～G20（陡山沱） | G20～G25（黄陵庙） | 葛洲坝—黄陵庙 |
|---|---|---|---|---|---|---|
| | | 2.34km | 12.8km | 9.64km | 6.67km | 31.5km |
| 试验性蓄水运用期（2008年10月至2013年10月） | 72m以下 | −16.9 | −269.1 | −175.8 | −154.8 | −616.6 |
| | 53m以下 | −14.6 | −245.4 | −158.4 | −112.5 | −530.9 |
| 2002年12月至2013年10月 | 72m以下 | −330.7 | −2006.7 | −883.3 | −906.5 | −4127.2 |
| | 53m以下 | −239.1 | −1862.1 | −828.2 | −741.9 | −3671.3 |

## (二) 深泓变化

从纵向深泓冲淤变化来看，2003年10月至2013年10月，两坝间深泓有冲有淤，但总体上以冲刷为主。深泓平均冲深1.2m，冲深最大的断面为G6（距葛洲坝7.4km），达15.3m，其他断面的冲刷幅度均在5.0m以内。其中也有个别断面淤积抬高，最大淤高1.3m，发生在G23断面（距坝29.3km），如图3.2-2所示。从深泓变化过程来看，三峡水库围堰发电期，深泓冲刷幅度较大，平均冲深1.2m，最大冲深14.3m（距坝7.4km），其他断面的冲刷幅度均在3.0m以内。三峡水库初期运行期，深泓总体保持稳定，冲淤变化基本在1.0m以内，个别断面冲刷幅度大于2.0m，如G1（距坝2.3km）、G9（距坝13.3km）断面。三峡水库175m试验性蓄水期，该河段的冲刷幅度稍大于初期运行期，深泓平均冲深0.8m，以G5断面（距坝6.4km）冲刷幅度最大，冲深4.1m，其他断面的冲淤幅度基本在1.5m以内。典型横断面变化如图3.2-3所示。

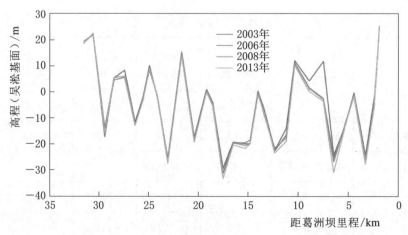

图3.2-2　坝下游两坝间河段深泓纵剖面变化（2003—2013年）

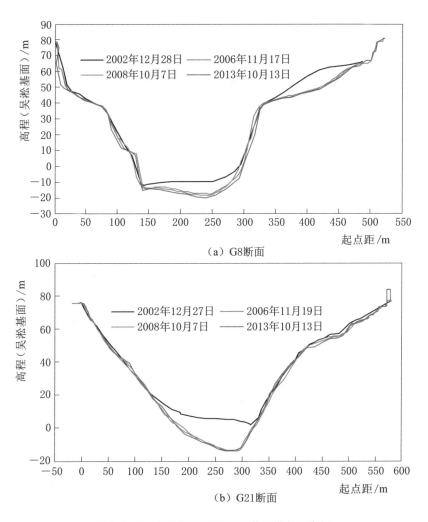

图 3.2－3   坝下游两坝间河段典型横断面变化

## 二、宜昌至枝城河段

### （一）冲刷量与分布

三峡水库蓄水运用后，宜昌至枝城河段河床冲刷剧烈。2002 年 10 月至 2013 年 10 月，宜枝河段平滩河槽累积冲刷量为 1.44 亿 $m^3$，冲刷主要位于宜都河段，其冲刷量为 1.27 亿 $m^3$，约占河段总冲刷量的 87%。宜枝河段年均冲刷量为 0.13 亿 $m^3/a$，不仅大于葛洲坝水利枢纽建成后 1975—1986 年的 0.069 亿 $m^3/a$（其中还包括建筑骨料的开采量），也大于三峡水库蓄水运用前 1975—2002 年的 0.053 亿 $m^3/a$。宜昌至枝城河段冲刷主要集中在三峡水库蓄水运用后的前几年，水库围堰发电期冲刷量为 8140 万 $m^3$，约占河段总冲刷量的 56%；2012 年后冲刷量增加已较小，冲刷明显减弱。

## （二）深泓变化

三峡水库蓄水运用后，宜昌至枝城河段冲刷以下切为主，深泓纵剖面变化如图 3.2-4 所示。2002 年 10 月至 2013 年 10 月，深泓纵剖面平均冲刷下切 3.9m。其中：宜昌河段平均冲深 1.74m，最大冲深 5.6m；宜都河段平均冲深 5.7m，最大冲深为 19.3m。分时段具体如下。

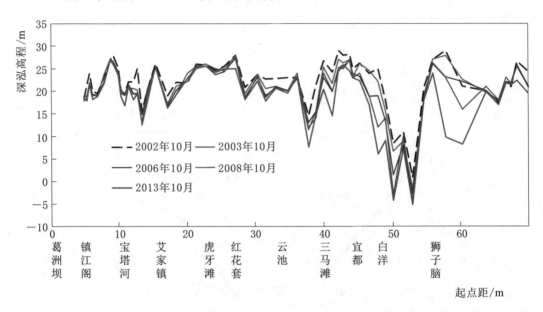

图 3.2-4 三峡水库蓄水运用后坝下游宜昌至枝城河段深泓纵剖面变化

三峡水库围堰发电期，宜昌至枝城河段深泓下切趋势较为明显，尤以镇江阁至艾家镇段和红花套至枝城段下切较大。横断面形态基本稳定，冲淤变化较大的有胭脂坝和白洋河段。胭脂坝河段深泓最大下降 6.1m（距葛洲坝约 10km）；白洋河段最大下降 9.4m。其他河段冲淤变化不大，一般小于 2m。

三峡水库初期运行期间的 2006 年 10 月至 2007 年 10 月，深泓整体冲刷下切。虎牙滩以上河段深泓基本稳定，冲淤相间，冲淤幅度一般在 1.0m 以内；宜都至枝城段深泓冲刷相对明显，白洋弯道附近的宜 70 断面最大冲深 8.1m，枝城上游约 3.5km 的荆 2 断面最大冲深 7.6m；虎牙滩至宜都段深泓则冲淤变化不大。三峡水库初期运行期间的 2007 年 10 月至 2008 年 10 月，深泓基本稳定，冲淤幅度一般在 1m 以内，宝塔河附近最大淤高 2.1m（昌 15 断面），白洋附近（宜 72 断面）最大冲深 1.3m。

三峡水库 175m 试验性蓄水期，2008 年 10 月至 2013 年 10 月，深泓平均冲刷下切 1.6m。虎牙滩以上河床深泓平均下切 0.9m；宜都附近深泓冲刷相对明显，白洋弯道附近的宜 71 断面最大冲深 5.0m，枝城上游约 6.0km 的枝 2

断面最大冲深 13.3m。

　　宜昌至枝城河段，洲滩面积萎缩，如胭脂坝（39.0m）、南阳碛（33.0m）洲体面积分别由 2002 年 9 月的 1.89km² 和 0.82km² 减少至 2008 年 12 月的 1.48km² 和 0.33km²；临江溪、三马溪、杨家咀、大石坝、外河坝边滩（35m）面积之和也由 2002 年的 4.82km² 萎缩至 2008 年的 2.65km²，减少幅度达 45%。典型断面变化如图 3.2-5 所示。

## 三、荆江河段

### （一）冲刷量与分布

　　三峡水库蓄水运用以来，根据断面观测资料统计，2002 年 10 月至 2013 年 10 月，荆江河段平滩河槽累积冲刷量为 6.98 亿 m³，上、下荆江冲刷量分

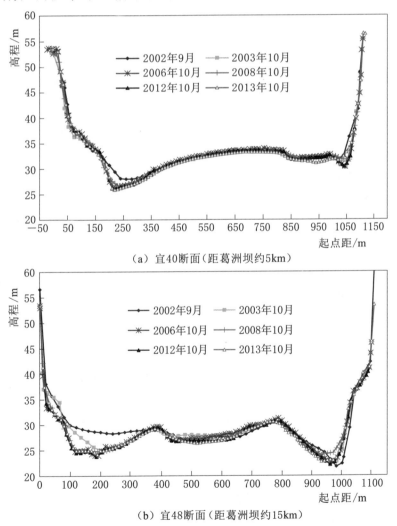

（a）宜40断面（距葛洲坝约5km）

（b）宜48断面（距葛洲坝约15km）

图 3.2-5（一）　坝下游宜昌至枝城河段典型断面冲淤变化

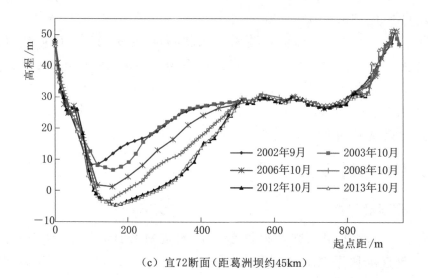

（c）宜72断面（距葛洲坝约45km）

图 3.2 - 5（二）　坝下游宜昌至枝城河段典型断面冲淤变化

别占总冲刷量的 56% 和 44%。期间，年均冲刷量为 0.63 亿 $m^3$，远大于三峡水库蓄水运用前 1975—2002 年年均冲刷量 0.14 亿 $m^3$。三峡水库蓄水运用以来，冲刷主要集中在枯水河槽，累积冲刷泥沙 6.07 亿 $m^3$。

从冲淤量沿程分布来看，枝江、沙市、公安、石首、监利河段冲刷量分别占荆江冲刷量的 21%、17%、16%、25% 和 21%，冲刷强度则以石首河段的 21.2 万 $m^3$/km 为最大，其次为沙市河段的 20.9 万 $m^3$/km。

从冲刷过程看，在三峡水库蓄水运用之初荆江河段冲刷强烈。其中，围堰发电期冲刷量为 3.28 亿 $m^3$，约占总冲刷量的 54%，年均冲刷量为 0.82 亿 $m^3$；初期蓄水期冲刷量为 0.357 亿 $m^3$，年均冲刷量为 0.18 亿 $m^3$；175m 试验性蓄水运行后至 2013 年冲刷量为 3.33 亿 $m^3$，年均冲刷量为 0.66 亿 $m^3$。

### （二）深泓变化

由于河势控制工程的作用，荆江河段总体上平面变形不大，以冲刷下切为主，深泓纵剖面变化如图 3.2 - 6 所示。2002 年 10 月至 2013 年 10 月期间，深泓平均冲深为 1.19m。最大冲深为 15.0m，位于乌龟洲附近的荆 144 断面。其次为石首河段向家洲段，冲深为 14.9m（荆 92 断面）。枝江河段深泓平均冲深为 1.61m，最大冲深为 5.0m，位于董市洲中部（董 11 断面）；沙市河段深泓平均冲深为 1.77m，最大冲深位于金城洲段，冲深为 9.6m（荆 49 断面）；公安河段平均冲深为 0.69m，最大冲深为 7.4m（新厂水位站附近）；石首河段深泓平均冲深为 2.29m，最大冲深为 14.9m，位于向家洲段；监利河段深泓平均冲深为 1.16m，最大冲深为 15.0m，位于乌龟洲段。分时段看，深泓变化情况如下。

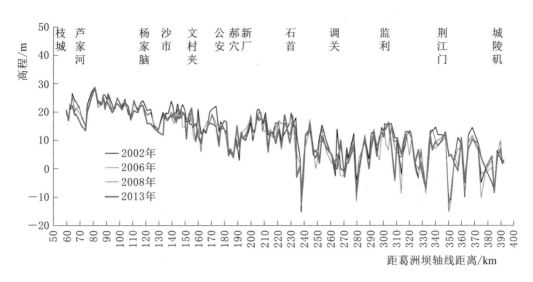

图 3.2-6　坝下游荆江河段深泓纵剖面冲淤变化

在三峡水库围堰发电期，上荆江公安以上深泓普遍冲深，特别是沙市至文村夹段冲刷幅度大，最大冲深为 11.0m（二郎矶断面）；下荆江深泓冲淤相间，石首弯道有所淤积，调关以下冲刷明显，但江湖汇流段深泓有所淤积。

初期运行期间，2006 年 10 月至 2007 年 10 月，荆江河段冲刷趋势与围堰发电期基本一致。2007 年 10 月至 2008 年 10 月，荆江河段深泓高程变化较小，芦家河附近深泓略有淤高，沙市河段深泓冲淤相间，总体为淤；公安河段的文村夹、新厂附近深泓冲深下切，监利河段的监利、城陵矶附近深泓有所淤积。

175m 试验性蓄水运行后，2008 年 10 月至 2013 年 10 月期间，荆江河段深泓平均冲深为 0.33m，最大冲深为 11.1m，位于乌龟洲附近的荆 144 断面。除公安、监利河段以外，其他河段均以冲刷下切为主，其中枝江河段冲深最大，平均冲深达 1.1m。

荆江河段典型断面冲淤变化如图 3.2-7 所示。

## 四、城陵矶至汉口河段

### （一）冲刷量与分布

三峡水库蓄水运用后，城陵矶至汉口河段河床有冲有淤，总体表现为冲刷。2002 年 10 月至 2013 年 10 月期间，平滩河槽冲刷量为 1.11 亿 $m^3$，冲刷强度为 3.7 万 $m^3$/（km·a），远小于同期荆江河段的冲刷强度 18.27 万 $m^3$/（km·a），甚至小于汉口至湖口河段的冲刷强度。城陵矶至汉口河段冲刷也主要集中在枯水河槽，冲刷量为 0.83 亿 m³，占总冲刷量的 75%。

从冲淤沿程分布看，嘉鱼以上河段（长约 97.1km），河床冲淤相对平衡，特别是位于江湖汇流口下游的白螺矶河段（城陵矶至杨林山，长约 21.4km）、界牌河段（杨林山至赤壁，长约 51.1km），2003 年 10 月至 2013

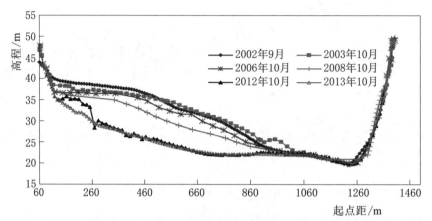

（a）枝城荆3断面（葛洲坝下游59.3km）

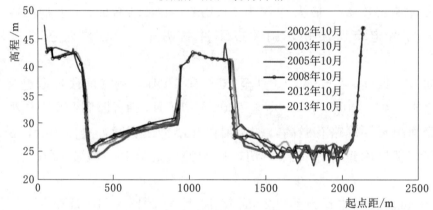

（b）柳条洲荆18断面（葛洲坝下游103.9km）

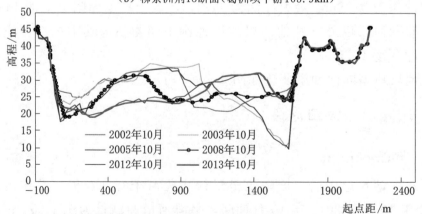

（c）沙市三八滩荆42断面（葛洲坝下游149.5km）

图 3.2-7（一）　坝下游荆江河段典型断面冲淤变化

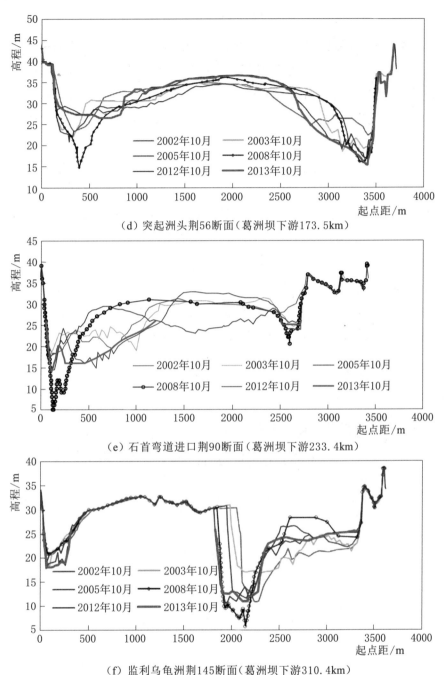

（d）突起洲头荆56断面（葛洲坝下游173.5km）

（e）石首弯道进口荆90断面（葛洲坝下游233.4km）

（f）监利乌龟洲荆145断面（葛洲坝下游310.4km）

图 3.2-7（二）　坝下游荆江河段典型断面冲淤变化

年 10 月河床出现淤积，平滩河槽分别淤积泥沙 0.129 亿 m³ 和 0.187 亿 m³，中低滩分别淤积泥沙 0.051 亿 m³ 和 0.007 亿 m³。嘉鱼以下河床则以冲刷为主，嘉鱼、簰洲和武汉上段平滩河槽冲刷量分别为 0.056 亿 m³、0.285 亿 m³ 和 0.625 亿 m³。

## （二）深泓变化

城陵矶至汉口河段深泓变化如图 3.2 - 8 所示。在三峡水库围堰发电期，冲淤变化相对较大，界牌河段深泓最大冲深为 12.7m（南门洲附近），陆溪口河段深泓最大冲深为 10.3m，簰洲湾河段深泓最大冲深为 9.3m（潘家湾附近），武汉河段深泓最大冲深为 13.1m（长江大桥附近）；其余河段冲淤变幅相对较小。深泓变化分时段具体如下。

三峡水库初期蓄水期间，2006 年 10 月至 2007 年 10 月，深泓纵剖面总体略有冲刷，陆溪口河段深泓最大冲深为 11.7m（陆溪口附近），簰洲湾河段深泓最大冲深为 9.3m（潘家湾附近），武汉河段深泓最大冲深为 5.9m（长江大桥附近）；其余河段冲淤变幅相对较小。2007 年 10 月至 2008 年 10 月，深泓总体变化较小，除局部河段，深泓冲淤变化均在 1.0m 以内。

175m 试验性蓄水运用以来，2008 年 10 月至 2013 年 10 月，深泓冲淤变化不大，总体有所淤积抬高，平均抬高 0.25m。最大淤积幅度为 10.1m（石矶头上游附近），最大冲刷幅度为 13.9m（沌口附近）。

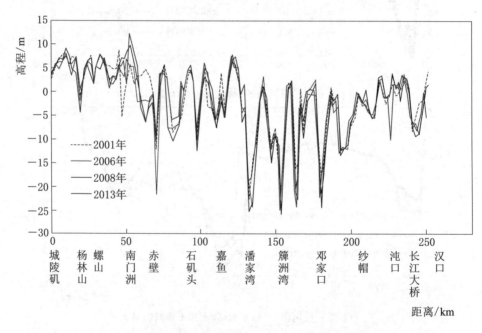

图 3.2 - 8　坝下游城陵矶至汉口河段深泓纵剖面冲淤变化

城陵矶至汉口河段断面形态未发生明显变化。除界牌河段螺山边滩冲刷下移、新堤夹分流比减小和新淤洲头部冲刷坑面积扩大，以及簰洲湾进口段深泓左摆外，河势总体稳定。坝下游城陵矶至汉口河段典型断面冲淤变化如图 3.2 - 9 所示。

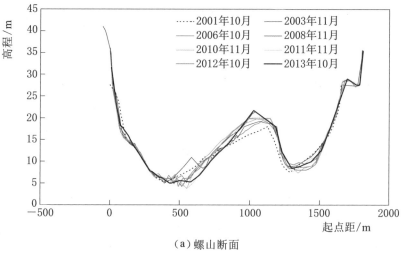

（a）螺山断面

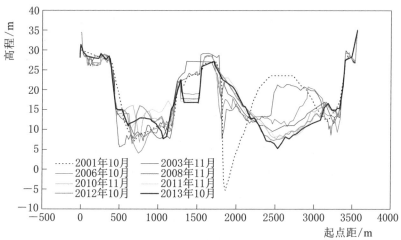

（b）界 Z3-1 断面（螺山断面下约 18km）

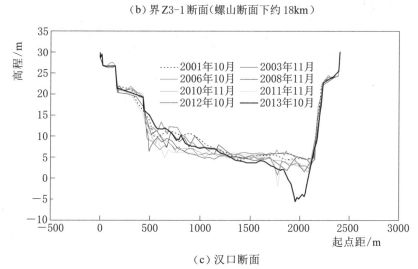

（c）汉口断面

图 3.2－9　坝下游城陵矶至汉口河段典型断面冲淤变化

## 五、汉口至湖口河段

### (一) 冲刷量与分布

三峡水库蓄水运用后，汉口至湖口河段 295km 河道河床有冲有淤，总体表现为冲刷。2002 年 10 月至 2013 年 10 月平滩河槽冲刷量为 2.37 亿 m³，冲刷强度为 6.68 万 m³/ (km·a)，冲刷强度也较小。汉口至湖口河段冲刷也主要集中在枯水河槽，枯水河槽至平滩河槽间同期略有淤积，淤积量为 0.25 亿 m³。

该河段冲刷主要集中在九江至湖口河段（包括九江河段，大树下至锁江楼，长约 20.1km；张家洲河段，锁江楼至八里江口，干流长约 31km），其冲刷量约为 1.12 亿 m³，占河段总冲刷量的 43%。九江以上河段，以黄石为界，主要表现为"上冲下淤"；汉口至黄石的回风矶（长约 124.4km）冲刷量较大，其平滩河槽累积冲刷泥沙 1.33 亿 m³；黄石至田家镇段（长约 84km）则淤积泥沙 0.565 亿 m³。

### (二) 深泓变化

三峡水库蓄水运用后，汉口至湖口河段深泓纵剖面有冲有淤，除黄石、韦源口和田家镇河段深泓平均淤积抬高外，其他各河段均以冲刷下切为主。至 2013 年 10 月，汉口至湖口河段深泓平均冲深为 0.94m，如图 3.2 - 10 所示。河段内河床高程较低的白浒镇、西塞山和田家镇马口深槽历年有冲有淤，除了白浒镇深槽冲深 2.3m 外，西塞山和田家镇马口深槽分别抬升 9.9m 和 1.2m；

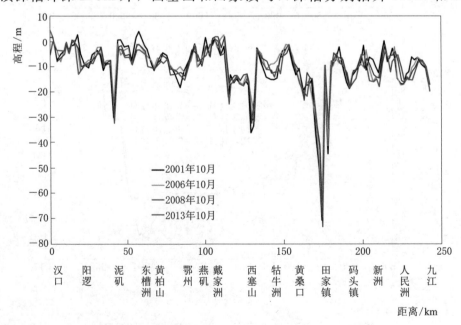

图 3.2 - 10　坝下游汉口至九江河段深泓纵剖面冲淤变化

张家洲河段深泓平均冲深为 0.88m，最大冲深为 7.4m（ZJA03 断面处），汉口至湖口河段河床形态未发生明显变化，河床冲淤以主河槽为主。深泓变化分时段具体如下。

水库围堰发电期，汉口至九江河段冲淤变化较小，平均淤积抬高幅度为 0.13m。变化较大的主要为戴家洲、黄石和龙坪河段，深泓纵向冲淤变幅约为 7m。

三峡水库初期蓄水期间，2006 年 10 月至 2007 年 10 月，深泓纵剖面总体略有冲刷，汉口以下冲淤变化较小，变化最大的龙坪河段冲淤变幅约为 9m。2007 年 10 月至 2008 年 10 月，城陵矶至九江河段深泓纵剖面总体变化较小，除局部河段，深泓冲淤变化均在 1.0m 以内。

175m 试验性蓄水运用以来，2008 年 10 月至 2013 年 10 月，汉口至九江河段深泓冲淤变化相对较小。

坝下游汉口至九江河段典型断面冲淤变化如图 3.2－11 所示。

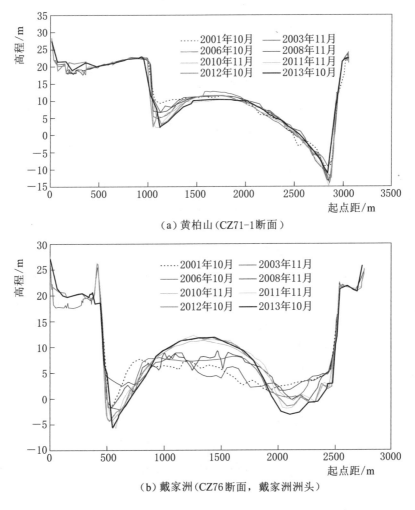

（a）黄柏山（CZ71-1断面）

（b）戴家洲（CZ76断面，戴家洲洲头）

图 3.2－11（一）　坝下游汉口至九江河段典型断面冲淤变化

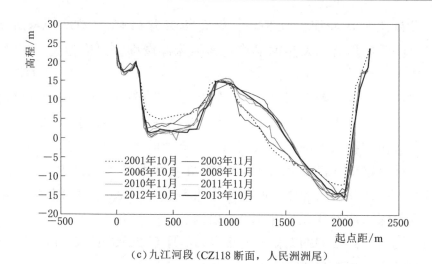

（c）九江河段（CZ118断面，人民洲洲尾）

图3.2-11（二）　坝下游汉口至九江河段典型断面冲淤变化

## 六、湖口至江阴河段

湖口至江阴河段长659km，为宽窄相间、江心洲发育、汊道众多的藕节状分汊型河段。三峡水库蓄水运用前，本河段分汊河道主支汊呈单向变化或周期性冲淤交替变化，洲滩则主要表现为切滩及洲滩兼并等。各段河道演变概括为：上下三号洲河段中汊发展，左右两汊衰退。马当河段左汊衰退、右汊发展，搁排洲右缘受冲后退，瓜子号左汊有所发展。安庆河段官洲尾至广成圩江岸继续维持冲刷趋势，安庆石化码头一带近岸淤积。铜陵河段成德洲洲头持续崩退，右汊有所发展，南夹江近年来有进一步的发展。黑沙洲河段黑沙洲头持续崩退及天然洲左缘淤积下延，导致左汊分流比增大，小江坝一带深泓贴岸冲刷、崩岸严重，中汊不断淤积萎缩，目前枯水期基本断流。芜裕河段陈家洲左右汊主流线摆动频繁，左汊发展。马鞍山河段小黄洲尾部不断下移，水下与新生洲头连成一体，对新济洲河段的河势稳定产生了不利的影响。南京河段新生洲、新济洲左汊分流比持续减小，中汊发展，八卦洲左汊仍处于缓慢衰退之中。镇杨河段世业洲左汊进一步发展，如果不加以控制，将使和畅洲汊道的河势继续向不利的方向发展。扬中河段嘶马弯道顶冲点下移，崩岸继续向下游发展。

三峡水库蓄水运用后的2001—2011年[1]，湖口至江阴河道平滩河槽冲刷泥沙6.88亿 $m^3$（其中大通至江阴段冲刷量为5.32亿 $m^3$），冲刷强度为10万 $m^3$／（km·a）。由于各分汊河段的河型和河床边界组成各不相同，不同河段的冲淤变化有所不同。湖口至大通在平滩水位下除马垱河段表现为淤积外，其

---

❶　因缺少2003年的相关数据，故本书中以2001—2002年数据作为替代，特此说明。

他河段均出现冲刷，冲刷量最大的是贵池河段，最小的是上下三号洲河段。

坝下游湖口至江阴河段典型断面冲淤变化如图 3.2 - 12 所示。

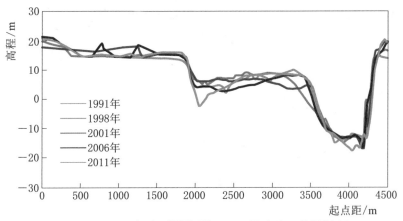

（a）上下三号洲河段SXA04断面（上三号洲洲头）

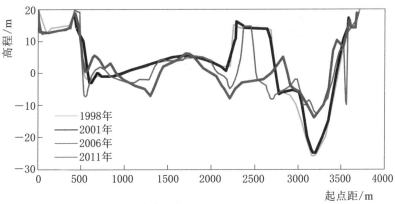

（b）东流河段 DLA05 断面（棉花洲）

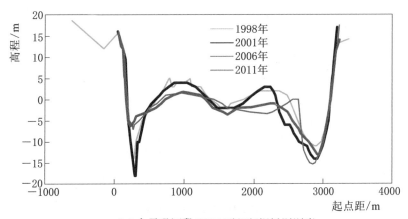

（c）太子矶河段 TZA06 断面（铜板洲洲头）

图 3.2 - 12（一） 坝下游湖口至江阴河段典型断面冲淤变化

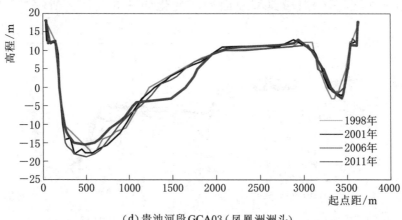

（d）贵池河段GCA03（凤凰洲洲头）

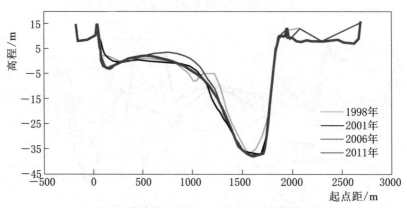

（e）铜官山河段TGA13 断面（汀家洲洲尾）

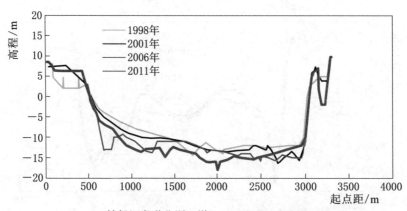

（f）镇杨河段世业洲汊道ZYA04断面（世业洲洲尾）

图 3.2－12（二）　坝下游湖口至江阴河段典型断面冲淤变化

## 第三节　河势调整及重点河段河床演变

### 一、平面形态与河势变化

河道演变分析表明，三峡水库蓄水运用前半个世纪，长江中游河道宏观上平面变化不大，但河床冲刷或淤积变化则较明显，是自然演变和人类活动双重影响的结果，其中下荆江裁弯和葛洲坝修建影响较大[7]。荆江裁弯段以上河床表现为冲刷，以下则以淤积为主，部分河段冲淤幅度较大，导致局部河势变化较大。宜昌至枝城河段河岸与河床比较稳定，岸线顺直，但葛洲坝水利枢纽建成后对坝下游河床的冲刷作用较大。荆江河段局部主泓摆动频繁，洲滩时有冲刷切割，河床冲淤变化较大。城陵矶至湖口段的分汊河道，主支汊易位现象时有发生。下荆江裁弯和葛洲坝修建的影响至 1990 年已明显减弱，特别是 1998 年长江全流域性大洪水后，长江中游河道的河势控制和崩岸治理得到加强，河道稳定性逐步增强。

三峡水库蓄水运用后，长江中下游河道产生显著冲刷，河势出现了一定的调整，局部河段河势变化较大，但平面形态仍保持总体稳定，河型没有发生变化[8]，演变特点主要表现如下。

#### （一）局部河势调整加剧

宜昌至枝城河段，距离三峡大坝较近，三峡水库蓄水运用后，河床变形以下切冲刷为主，河床内洲滩面积萎缩、深槽冲刷发展，床沙粗化十分明显。由于河岸组成抗冲性较强，河道横向变形受到抑制，护岸工程较为稳定。

荆江河段，枯水河槽平均冲深达 1.6m，如表 3.2-5 所示。在河床冲深的同时，部分河段伴随着横向展宽，河岸受到冲刷。特别是在一些稳定性较差的分汊河段（如上荆江的沙市河段太平口心滩、三八滩和金城洲段）、弯道段（如下荆江的石首河湾、监利河湾和江湖汇流段），以及一些顺直过渡段，河势处于调整变化之中。河床冲刷及局部河势的调整，引起一些河段水流顶冲位置改变。特别是下荆江弯曲半径较小的弯道段，出现了凸冲凹淤和切滩撤弯现象，对河岸及已建护岸工程的稳定造成影响，河道崩岸仍时有发生。

城陵矶至湖口河段，河道平面形态和河势总体稳定。但有的弯道段，进口段主泓横向摆动大，河势调整较大（如簰洲弯道进口段）；分汊段，河床冲淤变化较大，主要表现为主泓摆动，深槽上提、下移，洲滩分割、合并，滩槽冲淤交替等；顺直型汊道，洲滩变化较大，边滩冲刷下移（如界牌河段）；鹅头型汊道内，各汊分流分沙比变化较大（如陆溪口、团风、龙坪河段）。

表 3.2-5　　　　　三峡水库蓄水运用以来坝下游荆江河段
枯水河槽冲淤深度统计表

| 河段名称 | 河长/km | 河宽/m | 冲淤深度/m | | | |
|---|---|---|---|---|---|---|
| | | | 围堰发电期（2003年6月至2006年8月） | 初期运行期（2006年9月至2008年9月） | 试验性蓄水期（2008年10月至2013年10月） | 三峡蓄水运用以来（2003年6月至2013年10月） |
| 枝江河段 | 60 | 1312 | -0.30 | -0.15 | -1.25 | -1.70 |
| 沙市河段 | 54 | 1335 | -0.58 | -0.21 | -0.97 | -1.75 |
| 公安河段 | 57.7 | 1126 | -0.45 | -0.34 | -0.75 | -1.54 |
| 石首河段 | 81.5 | 991 | -0.76 | -0.30 | -0.65 | -1.70 |
| 监利河段 | 94 | 895 | -0.97 | 0.20 | -0.61 | -1.37 |
| 上荆江 | 171.7 | 1258 | -0.44 | -0.23 | -1.00 | -1.67 |
| 下荆江 | 175.5 | 939 | -0.86 | -0.04 | -0.63 | -1.54 |
| 荆江 | 347.2 | 1282 | -0.62 | -0.15 | -0.84 | -1.60 |

**注**　"-"表示冲刷，下同。

**（二）洲滩普遍冲刷**

三峡水库蓄水运用后，坝下游大部分洲滩呈冲刷萎缩状态，如上荆江的关洲、董市洲、柳条洲、江口洲、火箭洲、三八滩、金城洲面积分别由 2002 年 10 月 的 4.87km²、1.14km²、1.45km²、0.56km²、1.72km²、2.05km²、4.32km²（面积之和为 16.11km²）减少为 2011 年 10 月的 4.20km²、0.98km²、1.24km²、0.03km²、1.52km²、0.78km²、1.46km²（面积之和为 10.21km²）；下荆江的乌龟洲面积由 8.96km² 减少至 2008 年 10 月的 8.10km²。只有少部分洲滩有少量淤长，如太平口心滩和突起洲面积分别由 2002 年 10 月的 0.85km² 和 6.78km² 增大为 2011 年 10 月的 1.84km² 和 7.92km²，其中突起洲左汊已建有护滩工程。

**（三）分汊段出现了淤支冲干现象**

在三峡水库蓄水运用初期，坝下游汊道段尚未出现明显的淤支冲干现象。2001—2008 年期间，坝下游河床除少数汊道段表现为主、支汊均淤积，或支汊淤积、主汊冲刷外，多数汊道都表现为主、支汊显著冲刷，也有一部分汊道表现为支汊冲刷而主汊淤积，如表 3.2-6 所示。特别是冲刷强度较大的宜昌至城陵矶段，主、支汊均有所冲刷，但主汊冲刷强度一般大于支汊。

表 3.2-6　　坝下游主要汊道段泥沙冲淤统计表（2001—2008 年）

| 汊道名称 | 所在河段 | 计算高程/m | 冲淤量/万 m³ | |
|---|---|---|---|---|
| | | | 左汊 | 右汊 |
| 关洲 | 枝江河段 | 35 | −399 | −376 |
| 董市洲 | 枝江河段 | 35 | −84 | −93 |
| 柳条洲 | 枝江河段 | 35 | −19 | −283 |
| 火箭洲 | 枝江河段 | 35 | −169 | −717 |
| 马羊洲 | 沙市河段 | 35 | −15 | −4327 |
| 太平口 | 沙市河段 | 30 | −219 | −438 |
| 三八滩 | 沙市河段 | 30 | −75 | 534 |
| 突起洲 | 公安河段 | 30 | −660 | −406 |
| 蛟子渊 | 公安河段 | 30 | 60 | −312 |
| 五虎朝阳 | 公安河段 | 30 | −456 | 160 |
| 乌龟洲 | 监利河段 | 25 | −226 | 3028 |
| 孙良洲 | 监利河段 | 25 | −202 | −90 |
| 南阳洲 | 城螺河段 | 20 | 425 | −83 |
| 南门洲 | 城螺河段 | 20 | 839 | −1358 |
| 中洲 | 陆溪口河段 | 20 | 282 | 701 |
| 护县洲 | 嘉鱼河段 | 20 | −524 | 20 |
| 白沙洲 | 嘉鱼河段 | 20 | −325 | −277 |
| 团洲 | 簰洲河段 | 20 | −993 | 249 |
| 铁板洲 | 武汉河段 | 15 | 130 | −110 |
| 白沙洲 | 武汉河段 | 15 | −122 | −6 |
| 天兴洲 | 武汉河段 | 15 | −663 | −898 |
| 沐鹅洲 | 团风河段 | 15 | −28 | −787 |
| 东槽洲 | 团风河段 | 15 | 876 | 179 |
| 戴家洲 | 戴家洲河段 | 15 | −267 | −712 |
| 牯牛洲 | 蕲州河段 | 15 | 609 | −142 |
| 新洲 | 龙坪河段 | 15 | 1629 | −765 |
| 人民洲 | 龙坪河段 | 15 | −1325 | 1212 |
| 张家洲 | 张家洲河段 | 15 | −2571 | −2868 |

2008 年汛期三峡水库实施中小洪水调度以来，城陵矶以下河段河床冲刷强度不大且沿程分布不均，部分主、支汊相差悬殊的分汊段出现了主汊冲刷、支汊略有冲刷甚至淤积的现象，即淤支冲干现象，如表 3.2-7 所示。中小洪调度对长江中下游河道断面形态的调整及其产生的影响今后需要加以关注和研究。

表 3.2-7　　　　三峡水库蓄水运用后坝下游城陵矶以下
主要汊道段泥沙冲淤统计表

| 汊道名称 | 所在河段 | 冲淤量/万 m³ | | | |
|---|---|---|---|---|---|
| | | 2001 年 10 月至 2008 年 10 月 | | 2008 年 10 月至 2012 年 10 月 | |
| | | 左汊 | 右汊 | 左汊 | 右汊 |
| 中洲 | 陆溪口河段 | 282 | 701（主汊） | 1650 | −3070 |
| 护县洲 | 嘉鱼河段 | −524（主汊） | 20 | −300 | 200 |
| 团洲 | 簰洲河段 | −993（主汊） | 249 | −2430 | 150 |
| 天兴洲 | 武汉河段 | −663 | −898（主汊） | 1410 | −260 |
| 戴家洲 | 戴家洲河段 | −267 | −712（主汊） | 290 | −1420 |
| 牯牛洲 | 蕲州河段 | 609（主汊） | −142 | −600 | 100 |
| 新洲 | 龙坪河段 | 1629 | −765（主汊） | 500 | −900 |

### （四）下荆江出现了凸冲凹淤和切滩撇弯现象

三峡水库蓄水运用前，荆江河段弯曲河道普遍变化规律为凹岸冲蚀、凸岸淤长；也有少数河段表现为凸岸边滩的冲刷，主要出现在河道弯曲半径较小的急弯段，如尺八口弯道。尺八口河道形成畸弯（弯道圆心角大于 180°的弯道），1997—2002 年连续数年汛期流量较大，洪水持续时间长，凸岸边滩被冲刷，出现了窜沟甚至切滩撇弯的现象。

三峡水库蓄水运用后，绝大部分河段都由原来的凸岸边滩淤积、凹岸冲刷转变为凸岸边滩冲刷侵蚀、凹岸淤积的现象，如调关、莱家铺弯道，如图 3.2-13 所示。下荆江许多弯道段的凸岸边滩，如石首北门口以下北碾子湾对岸边滩、调关弯道的边滩、监利河湾右岸边滩、荆江门对岸的反咀边滩、七弓岭对岸边滩、观音洲对岸的七姓洲边滩等，均产生了不同程度的冲刷，有的甚至有切割成心滩之势；而尺八口弯道段凸岸边滩窜沟发展加剧，凸冲凹淤现象更为明显，如图 3.2-14 所示。

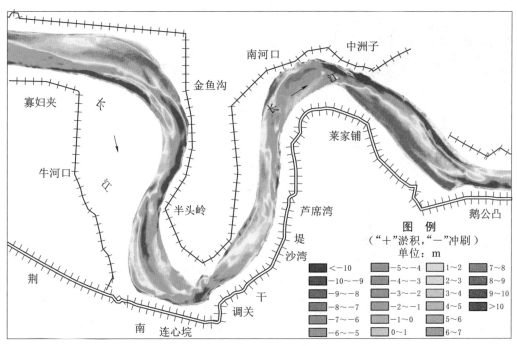

（a）1987—1998年

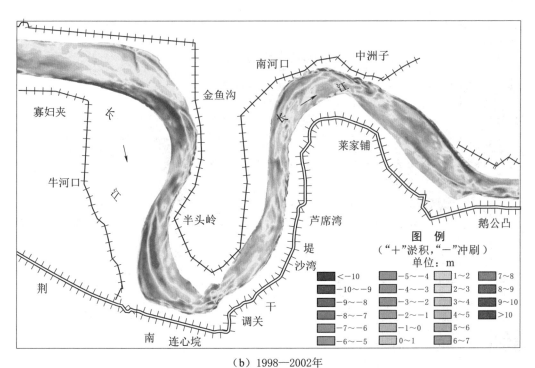

（b）1998—2002年

图 3.2-13（一）　坝下游调关弯道冲淤平面分布

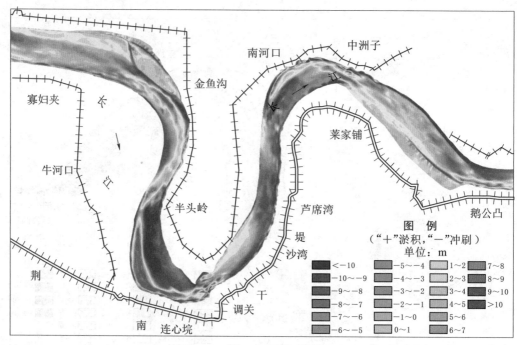

（c）2002—2013年

图 3.2－13（二）　坝下游调关弯道冲淤平面分布

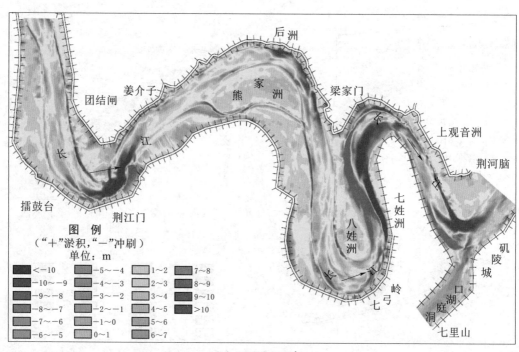

（a）1987—1998年

图 3.2－14（一）　坝下游尺八口弯道冲淤平面分布

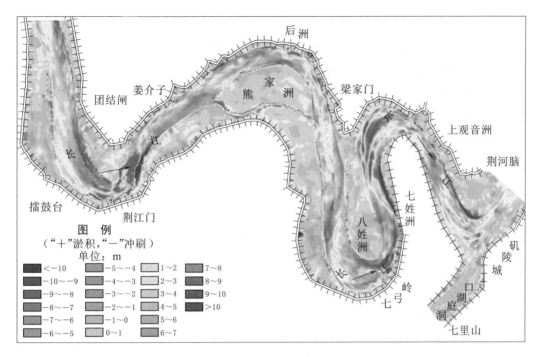

（b）1998—2002年

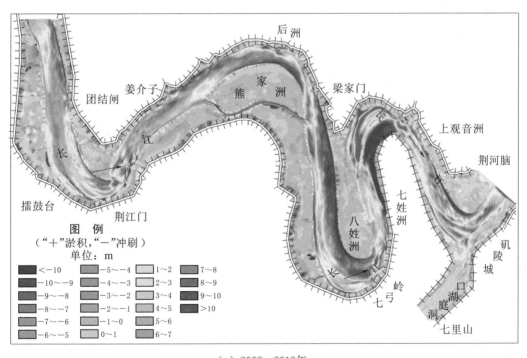

（c）2002—2013年

图 3.2-14（二）　坝下游尺八口弯道冲淤平面分布

（五）坝下游河道冲刷重心逐渐向下发展，河势调整仍在发展之中

三峡水库蓄水运用后，坝下游河道冲刷呈逐步向下发展趋势，即呈现上段较下段先发生冲刷、上段冲刷多时下段冲刷少甚至暂时不冲刷的特征。从2002年10月至2003年10月，宜昌至城陵矶河段和城陵矶至汉口河段河床分别冲刷泥沙1.36亿 $m^3$ 和0.48亿 $m^3$，汉口以下至九江段淤积泥沙0.43亿 $m^3$。而从河床冲淤量沿程分布来看，距三峡大坝较近的宜昌至城陵矶河段处于持续冲刷过程；而距大坝较远的城陵矶至湖口河段在2003年10月至2004年10月和2005年10月至2006年10月表现为少量淤积，但次年则又表现为明显冲刷。这些变化体现了坝下游沿程冲刷在宏观上逐步向下游发展的特征。

## 二、重点弯道段河床演变

三峡水库蓄水运用后，下荆江弯曲河型没有发生变化，河势出现了一定的调整，一些河段水流顶冲位置发生改变。一些重点弯道段河床演变情况如下。

### （一）沙市河湾

沙市河湾从陈家湾到观音寺，自上而下分为太平口顺直分汊段、三八滩微弯分汊段及金城洲微弯分汊段。太平口过渡段，多年来一直存在着随长江上游不同来水来沙条件的变化主流左右摆动，从而导致下游洲滩形态、位置及三八滩左右汊分流比发生相应变化。

三峡水库蓄水运用以来，太平口心滩高程30m面积增大，滩顶淤高，左右槽高程降低，滩槽高差变大。受主泓南移和深泓贴岸影响，2007年度腊林洲围堤外滩发生崩塌，最大崩宽为10m。2008年汛前曾经对腊林洲围堤上部进行水下加固，但由于守护方量较少，崩岸情况没有得到有效控制，崩岸长度和宽度进一步发展。

三八滩段深泓由右汊腊林洲过渡到左汊，右汊经历北摆、南摆又北摆的过程。中低水位下，三八滩北汊过流能力有所减弱，南汊则有所增强。由于顶冲点下移，腊林洲段发生崩岸，其对面学堂洲护岸段处于淤积状态。

由于上游三八滩河段河势的调整，2004年金城洲受冲刷缩窄变小，最后发育完整且位置稳定。金城洲分汊段在绝大多数年份主流走左汊，也有少数年份主流走右汊。近年来航道部门在金城洲洲头采取了守护工程，并在右汊抛护了潜坝和护滩带，把水流逼向左汊，形成了主流走左汊的稳定局面。

### （二）公安河湾

公安河湾上起观音寺，下至马家寨，全长约25.4km，属弯曲分汊河段，河段内有突起洲和马家嘴边滩。该河段河势变化受突起洲上游长顺直过渡段主

流摆动的影响较为明显。

三峡水库蓄水运用前，观音寺至杨厂段深泓除突起洲进口文村夹附近变化较大外，其余河段变化较小。1998—2002年，马家咀边滩崩退240m，深泓大幅度右移，且进入突起洲左右汊的分流点上提2.3km，致使左汊过流量增大。2002年，文村夹一带出现一深槽，近岸河床冲深十几米，于2002年3月发生崩岸。受突起洲汊道分流比变化的影响，公安河湾凸岸30m边滩冲刷后退，局部岸线后退。

三峡水库蓄水运用后，突起洲左右汊分流点变化不大，但左缘中上部继续冲刷后退，进一步加大了突起洲左汊的过流能力。2004年，突起洲左汊中下部出现15m深槽，且2002年左汊下部出现的20m深槽继续扩大上延至左汊中部。2005年12月位于2002年文村夹崩岸险段下游约1km处发生崩岸。2006—2007年枯水期，随着文村夹段护岸工程的实施及马家咀枯期水道航道整治一期工程护滩带的实施，文村夹段近岸深槽淤积下缩右摆，文村夹段岸坡明显变缓。

### （三）石首河湾

石首河段上起新厂下至鱼尾洲，长约31km。1998年后，新厂至茅林口上段主流一直贴左岸，导致茅林口段发生大范围的崩岸后退，天星洲相应淤涨。1998年，30m等高线封闭藕池口口门，至2002年天星洲高程30m洲滩后退，天星洲头部形成新的30m心滩。2002—2006年心滩不断向藕池口口门推进，藕池口进流条件进一步恶化。

古长堤以下河段1998—2006年深泓逐年左移，相应新生滩淤积。2002年分成上、中、下三个心滩，2004年上心滩下移与下心滩合并，致使新生滩右汊进口口门淤积。2006年新生滩头部后退，新生滩左汊扩大，并在左汊进口形成新心滩，形成三汊并存的局面。

北门口右岸深泓线1998年后大幅度右移，左岸鱼尾洲主流顶冲点则大幅度下移。近年来，由于鱼尾洲及上游北门口实施护岸工程，顶冲点下移趋缓。

### （四）熊家洲至城陵矶段

熊家洲至城陵矶段属下荆江尾闾，由熊家洲、七弓岭、观音洲三个连续弯道组成，自然状态下为典型的蜿蜒型河段。其演变主要表现为凹岸不断崩退、凸岸不断淤长、弯顶逐渐下移，整个弯道向下游蠕动。随着该段凹岸护岸工程的不断实施与加固，熊家洲、七弓岭、观音洲弯道岸线得到有效控制。

三峡水库蓄水运用以来，该河段河槽冲刷下切，熊家洲弯道出口段深泓逐年下挫，过渡段随之下延，七弓岭弯道主流顶冲点不断下移。2010年，主流出熊家洲弯道后不再向右岸过渡，而直接贴八姓洲狭颈西侧下行至七弓岭弯道，深泓线较 2008 年向左最大摆幅达到 1330m，弯道顶冲点下移4600m 至弯顶中下段，七弓岭弯道凸岸发生撇弯切滩现象。2006 年七弓岭弯道出口段深泓逐渐下挫，2008 年出口段主流贴岸位置下延至七姓洲头部附近，2010 年主流出七弓岭弯道后直接贴七姓洲西侧下行至观音洲弯道。随着七姓洲狭颈西侧岸线持续崩退，观音洲弯道也开始发生撇弯切滩现象。荆河脑边滩遭受冲刷，深泓也出现向凸岸移动的现象，相应于洞庭湖出口的汇流点有所下移。

## 三、重点分汊河段河床演变

三峡水库蓄水运用以来，坝下游多数汊道表现为主、支汊显著冲刷，也有一部分汊道表现为支汊冲刷而主汊淤积。2008 年以来，城陵矶以下河段部分主、支汊相差悬殊的分汊段出现了淤支冲干现象。以下选取簰洲河段、蕲州河段和龙坪河段作为典型分汊河段，对三峡水库蓄水运用以来其河床演变进行简要分析。

### （一）簰洲河段

该河段位于城陵矶至汉口间。从历史演变情况来看，该河段深泓和河势复杂多变，河道崩岸时有发生。近年来，随着河湾进出口段护岸工程的实施，岸线基本稳定，河势也逐渐趋于稳定，但滩槽仍随不同水文年的来水来沙条件变化而有所冲淤变化。

（1）1976—2011 年该河段河势基本稳定，但局部河段受上游来水来沙变化影响，深泓、岸线变化较大。如 1976—1996 年，左（主）汊进口新滩口附近深泓线向右最大摆幅近 1000m；1996—2011 年，深泓左右摆动不定，最大摆幅近 700m。其中，三峡蓄水后的 2001—2006 年深泓线向左最大摆幅近220m，2006—2008 年深泓线向右最大摆幅近 670m，2008—2011 年深泓线向左最大摆幅近 700m。

（2）1976—2011 年该河段平滩河槽淤积量为 5382 万 $m^3$，且以枯水河槽淤积为主。其中三峡蓄水后 2001—2011 年该河段冲刷泥沙 3371 万 $m^3$，占总冲刷量的 63%。从该河段的冲淤分布来看：2001—2006 年河床总体冲淤变化不大，河床淤积主要集中在土地洲、团洲洲头左右缘、新东荆河口和通津以下河段；2006—2008 年河床主槽以冲刷为主，泥沙淤积则主要集中在上北洲、团洲洲头右缘附近，最大淤积厚度在 5.5m 左右。2008—2011 年河床总体冲淤变化不大，河床淤积主要集中在弯道凹岸。

## （二）蕲州河段

该河段内沿程主要有西塞山深槽、岚头矶深槽和蕲州深槽，各深槽冲淤变化不大，总体以淤积萎缩为主。近年来，牯牛洲边滩变化剧烈，2001—2013年往河心淤积约360m，对该河段的河势变化产生了一定的影响。

2001—2008年，该河段淤积泥沙2213万 $m^3$。其中在西塞山深槽附近和潜洲洲尾附近淤积比较剧烈，最大淤积幅度达到17m；而潜洲左侧冲刷较为严重，最大冲刷幅度达到15m。2008—2013年，该河段则冲刷泥沙2743万 $m^3$，其中在西塞山深槽段、茅山港段、九边矶段、双沟永二堤段都有明显的冲刷，最大冲刷幅度约18m；而西塞山附近和潜洲附近有明显的淤积，最大淤积幅度约16m。

## （三）龙坪河段

龙坪河段（武穴河段）自码头镇至大树下，长约22km。该河段两岸基本上受山丘、矶头节点控制，岸线变化较小。1970—2013年，该河段平滩河槽冲刷量为5746万 $m^3$，枯水河槽冲刷量为1765万 $m^3$。三峡水库蓄水运用后，2001—2008年该河段有冲有淤，以鸭儿洲心滩洲头和洲尾、赤心堤附近的心滩淤积较为严重，最大淤积幅度约25m；鸭儿洲和龙坪新洲交界处冲刷较为剧烈，最大冲刷幅度约21m。2008—2013年该河段有冲有淤，其中以鸭儿洲心滩洲尾淤积较为严重，最大淤积幅度约27m；鸭儿洲心滩右侧冲刷较为剧烈，最大冲刷幅度约24m。

龙坪河段以龙坪新洲鹅头型汊道段深泓线位置变化较大，主要表现为汊道进口段分流点不同程度的上提或下移。三峡水库蓄水运用后，2001—2008年分流点上提230m，2008—2013年上提1800m左右。受左岸边界条件与水流顶冲作用影响，左汊进口段与新洲洲头处深泓平面位置摆动剧烈，摆幅最大达700m。新洲洲尾汇流段，随着洲尾淤长，左汊深泓线向左岸摆动，最大摆幅有650m左右。右汊洲尾处深泓线有右偏趋势，深泓线的汇流点有不同程度的上提和下移，2001—2006年汇流点下移了2260m左右，2008—2013年汇流点消失。近年来，对鸭蛋洲进行了护岸工程，龙坪新洲洲尾趋于稳定。

# 第四节　河道崩岸及治理措施

三峡工程初步设计报告分析了水库下游河床演变对崩岸浅滩的影响：根据丹江口等水库下游河床演变实测资料，水库下游由于流量过程调平，下泄沙量减少，河床冲刷、比降调平，滩槽高差加大，河势调整的主要趋势是朝较为稳定的方向转化。根据新中国成立以来长江中下游崩岸和实施护岸工程资料分析，由于大部分崩岸河段均已实施护岸工程，有比较坚实的基础；三峡水库蓄水运用后，加强监测，进行必要的加固，崩岸的发生和影响会有所减少，是可控的。

## 一、荆江河段护岸段近岸河床冲刷情况

三峡水库蓄水运用后，荆江河段是冲刷最为剧烈的河段，也是三峡工程初步设计重点关心的河段。为了解三峡水库蓄水前后荆江河段重点险工近岸河床冲淤变化情况，长江委水文局选取上荆江沙市段、盐观段、祁冲段、灵黄段、郝龙段 5 个重点险工护岸段和新增文村夹崩岸段，下荆江向家洲段、北门口段、北碾子湾段和七弓岭段 4 个险工护岸段，开展了局部地形的重点观测，并结合相关的水沙资料和河床组成、岸坡地质状况等资料，对荆江重点险工护岸段所处河段河床冲淤情况进行了分析[9]，来说明部分护岸段近岸河床出现的冲刷。现选取沙市河湾重点险工护岸段，公安、郝穴河湾重点险工护岸段和七弓岭险工段冲刷情况介绍如下。

### （一）沙市河湾重点险工护岸段

沙市河湾险工护岸段，共计 3.4km，上段处于三八滩汊道左汊出口处上游 2km，下段位于三八滩汊道左汊出口处上游 0.9km。盐观险工护岸段，共计 4.6km，上段处于金城洲汊道左汊出口处上游 1.3km，下段位于金城洲汊道左汊出口处下游 2.2km。沙市城区段边滩窄处不到 10m；盐卡堤外边滩仅宽 15～20m，最窄处不到 8m；整个堤段迎流顶冲，是荆江大堤的重点险段之一。由于早年已修建护岸工程，并经多年整修加固，该险段基本稳定。

沙市河湾险工段近岸河床变化特点与该段河势变化具有一定的相关性，1998 年大洪水后三八滩左汊萎缩，致使荆江大堤沙市城区段护岸险工近岸河床淤积，有利于河岸稳定。同时，金城洲左汊发育，导致盐卡至观音寺段护岸近岸河床冲刷，滩槽高差加大。从水下坡比变化情况来看，1998 年后荆江大堤矶头水下坡比基本能满足岸坡稳定。三峡水库蓄水运用后，与蓄水前相比除刘大巷矶以外，其余岸坡均有所变陡，其中以杨二月矶和箭堤矶处岸坡最陡，说明三峡蓄水后清水河床冲刷对岸坡的稳定不利，如表 3.2－8 所示。2007 年之后的水下坡比无明显趋势性变化。

选取沙市河段重点险工护岸段位于矶头下腮的 5 个典型半江断面，对其年际及年内变化进行分析。

表 3.2-8　　坝下游沙市及盐观段险工护岸段矶头下
腮水下坡比蓄水前后对比表

| 险工段 | 沙　市 | | 盐　　观 | | |
|---|---|---|---|---|---|
| 冲刷坑 | 观音矶 | 刘大巷矶 | 杨二月矶 | 箭堤矶 | 篙子垱 |
| 桩号 | 760+100 | 758+960 | 745+619 | 744+273 | 742+183 |
| 蓄水前坡比 | 1:4.0 | 1:2.5 | 1:2.5 | 1:3.1 | 1:3.0 |
| 蓄水后坡比 | 1:3.1 | 1:2.9 | 1:2.3 | 1:2.4 | 1:2.9 |

**1. 年际变化**

由于崩岸险情一般发生在主汛过后的退水期，故年际变化主要选取
1998—2011 年汛后断面进行比较。沙市河段重点险工护岸半江断面在三峡水
库蓄水运用前后年际冲淤变化对比表现为：自 2002 年以来，沙市段和盐观段
的深槽均呈冲刷下切状态，其中以盐观段的箭堤矶冲刷幅度最大，其次为沙市
段的观音矶，如图 3.2-15 所示。观音矶矶头于 2000 年进行了整治，1998—
2002 年，受三八滩右槽冲刷、左槽淤积的影响，该断面大幅度淤积。三峡水
库蓄水运用后，沙市河段普遍冲刷，2011 年比 2002 年冲深 7.9m，最深点位
置有所外移，如图 3.2-15（a）所示。箭堤矶位于金城洲分汊的左汊，自
1998 年以来金城洲主泓由右（南）汊转为左（北）汊，致使左汊近岸深槽冲
刷。2008 年冲刷坑最深点为近期最低，比 2002 年冲深 8.7m，2009 年与 2008
年比较，冲刷坑最深点高程和位置变化不大，2011 年比 2009 年有所回淤，如
图 3.2-15（c）所示。

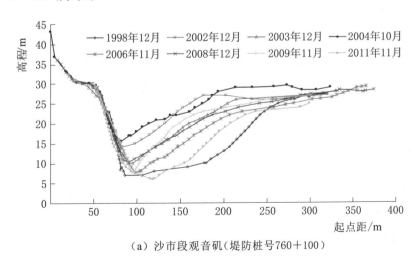

（a）沙市段观音矶（堤防桩号760+100）

图 3.2-15（一）　坝下游沙市段和盐观段近岸年际冲淤变化图

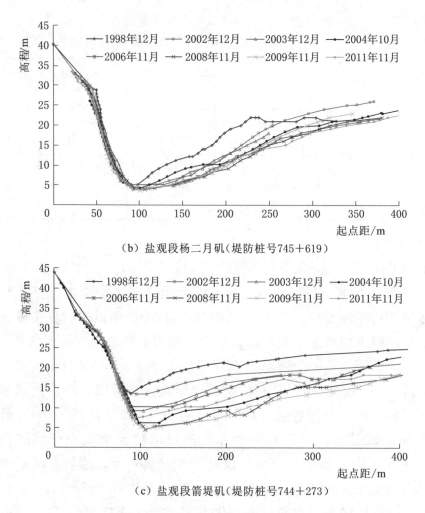

（b）盐观段杨二月矶（堤防桩号745＋619）

（c）盐观段箭堤矶（堤防桩号744＋273）

图 3.2－15（二）　坝下游沙市段和盐观段近岸年际冲淤变化图

### 2. 年内变化

主要分析三峡水库蓄水运用后 2009 年、2011 年各典型断面的年内变化。2011 年观音矶、刘大巷矶和盐观段箭堤矶的年内变化均表现为汛期冲刷外移，枯季淤积内靠。以刘大巷矶年内变幅最大，冲淤变幅为 1.1m；盐观段的杨二月矶和篙子埒矶近岸断面冲淤变幅则相对较小，其中 2011 年的年内变幅小于 2009年。2011 年与 2009 年同期比较，观音矶近岸断面汛前、汛期和汛后均表现为冲刷，以汛前最大，达 4.2m；箭堤矶则表现为淤积，刘大巷矶表现为枯季冲刷，汛期淤积，以汛前幅度最大，达 1.7m，杨二月矶和篙子埒矶冲淤变幅较小。

### （二）公安、郝穴河湾重点险工护岸段

公安、郝穴河湾重点险工护岸包括祁冲、灵黄、郝龙三段，为多年来重点观测及守护的护岸段。该重点险工段近岸河床变化特点与河段河势变化亦具有

一定的相关性。主泓线的大幅度摆动，导致了近期突起洲洲头大幅度崩退、左汊冲深及分流比增大，左汊近岸河床冲深，危及文村夹荆江大堤段和左汊青安二圣洲围堤的岸坡稳定，导致 2002 年 3 月、2005 年 1 月文村夹岸段和 2005 年 12 月初围堤岸段发生崩岸。从水下坡比的变化情况看，三峡水库蓄水运用后与蓄水前比较，除铁牛矶和黄林垱矶以外，其他岸坡均有所变陡，如表 3.2 - 9 所示。特别是郝龙段的龙二渊矶水下坡比为 1∶1.9，已不能满足岸坡稳定的要求，应加强抛石护脚。其他段岸坡虽然变陡，但尚能够满足岸坡稳定要求，仍应加强观测。

表 3.2 - 9　　　　　坝下游公安、郝穴河湾重点险工护岸段矶头
下腮水下坡比蓄水前后对比表

| 险工护岸段 | 祁　冲 | | 灵　黄 | | 郝　龙 | |
|---|---|---|---|---|---|---|
| | 冲和观矶 | 谢家榨矶 | 黄林垱矶 | 灵官庙矶 | 龙二渊矶 | 铁牛矶 |
| 桩号 | 720＋714 | 719＋930 | 716＋900 | 714＋500 | 710＋300 | 709＋775 |
| 蓄水前坡比 | 1∶3.2 | 1∶3.3 | 1∶2.8 | 1∶3.0 | 1∶2.4 | 1∶2.7 |
| 蓄水后坡比 | 1∶2.8 | 1∶3.0 | 1∶2.8 | 1∶2.8 | 1∶1.9 | 1∶3.1 |

选取公安、郝穴河湾重点险工段位于矶头下腮的 6 个典型半江断面对其年际及年内变化进行分析。

**1. 年际变化**

年际变化主要选取 1998—2011 年汛后断面进行比较，如图 3.2 - 16 所示。公安、郝穴河段重点险工护岸半江断面在三峡水库蓄水运用前后年际冲淤变化对比表现为：2002 年以来，祁冲段深槽有冲有淤；冲和观矶 2002—2011 年冲深 3m，其中 2009—2011 年冲深 2.8m，最深点位置有所外移；谢家榨矶 2002—2011 年略淤高 0.3m，而其中 2009—2011 年冲深 1.3m，最深点位置有所内靠；黄林垱矶 2002—2011 年冲深 3m，最深点位置较稳定。灵官庙矶 2002—2011 年冲深 3m，其中 2009—2011 年冲深 2m，最深点位置有所内靠；龙二渊矶 2002—2011 深槽淤高 2.6m，最深点位置有所内靠；铁牛矶 2002—2011 年淤高 2.5m，最深点位置有所内靠。

**2. 年内变化**

主要分析三峡水库蓄水运用后 2009 年、2011 年各典型断面的年内变化。2011 年祁冲段的冲和观矶、灵黄段的灵官庙矶和郝龙段的铁牛矶、龙二渊矶的年内变化均表现为汛前冲刷外移，汛期淤积内靠，以灵官庙的年内变幅最大，冲淤变幅为 5.1m。灵黄段的黄林垱矶和祁冲段的谢家榨矶的年内变化则

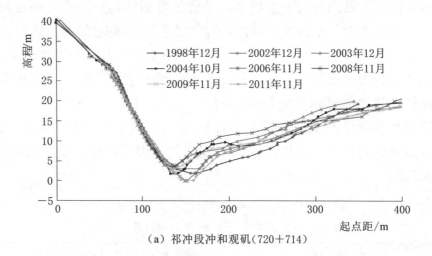

（a）祁冲段冲和观矶（720＋714）

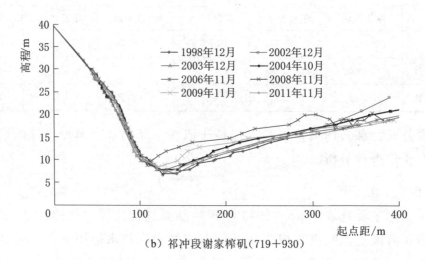

（b）祁冲段谢家榨矶（719＋930）

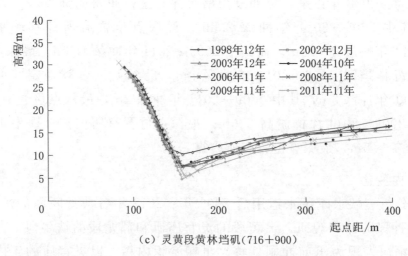

（c）灵黄段黄林垱矶（716＋900）

图 3.2－16（一）　坝下游公安、郝穴河湾段近岸年际变化

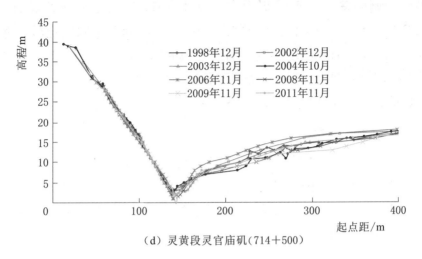

（d）灵黄段灵官庙矶（714＋500）

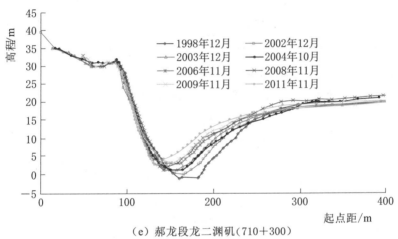

（e）郝龙段龙二渊矶（710＋300）

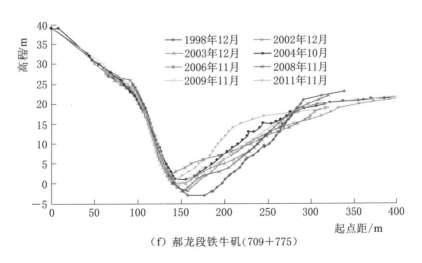

（f）郝龙段铁牛矶（709＋775）

图 3.2－16（二）　坝下游公安、郝穴河湾段近岸年际变化

表现为汛期冲刷外移，枯季淤积内靠，其中 2011 年的年内变幅灵官庙矶和冲和观矶大于 2009 年，其余小于 2009 年。2011 年与 2009 年同期比较：谢家榨矶、灵官庙矶近岸断面汛前、汛期和汛后均表现为冲刷，以汛后变幅最大，达 2m；冲和观矶、黄林垱矶表现为枯季冲刷，汛期淤积，以汛前幅度最大，达 2.9m；铁牛矶和龙二渊矶则表现为汛期冲刷，枯季淤积，以汛期幅度最大，达 3.4m。

### （三）七弓岭险工段

七弓岭险工段位于八姓洲河湾凹岸，至 1997 年护岸长 6.4km。1998 年、1999 年大水后，对原有护岸段进行了加固，崩岸段实施了削坡护岸。为分析七弓岭段的近期河床变化情况及崩岸发展趋势，在冲刷坑和岸坡较陡段分别取 6 个断面（七弓岭断面 1～断面 6）进行分析。

从水下坡比来看，表现为中间岸坡较陡，两端岸坡较缓。特别是自 2002 年以来，岸坡明显变陡，如断面 3～断面 5，2008 年和 2011 年水下坡比甚至大于 1∶2.50，岸坡逐渐失稳。崩岸段水下坡比由大到小排序依次是断面 4、断面 5、断面 3、断面 2、断面 6、断面 1。由于三峡水库蓄水运用后各断面水下坡比明显变陡，朝不稳定方向发展，特别是断面 4 至断面 5 段有潜在的崩岸险情，如表 3.2-10 所示。从冲刷坑特征值的变化来看，冲刷坑最深点的位置下移约 1.3km，距岸边距离变化较小，冲刷坑的最深点高程深达 −14.8m（2008 年汛后），平均高程下切 0.4m，5m 等高线冲刷坑面积有所变小，如表 3.2-11 所示。

表 3.2-10 坝下游七弓岭段水下坡比统计表

| 时间 | 七弓岭断面 1 | 七弓岭断面 2 | 七弓岭断面 3 | 七弓岭断面 4 | 七弓岭断面 5 | 七弓岭断面 6 |
|---|---|---|---|---|---|---|
| 蓄水前 | 1∶4.48 | 1∶3.17 | 1∶2.98 | 1∶3.00 | 1∶2.61 | 1∶4.03 |
| 蓄水后 | 1∶3.48 | 1∶2.87 | 1∶2.57 | 1∶2.28 | 1∶2.35 | 1∶2.86 |

表 3.2-11 坝下游七弓岭段近岸河床特征值变化统计表

| 时间 | 最深点变化 | | | 冲刷坑面积（−5m 等高线）/m² |
|---|---|---|---|---|
| | 平均高程/m | 相对位置/m | | |
| | | 距标准线 | 距岸线 | |
| 蓄水前 | −10.3 | 185 | 141 | 111876 |
| 蓄水后 | −10.7 | 201 | 130 | 65352 |

从半江断面的年际变化情况来看（图 3.2-17），险工段的中段表现为一定的淤积内靠，险工段的中下部则表现为冲刷外移，顶冲点向下游移动。位于

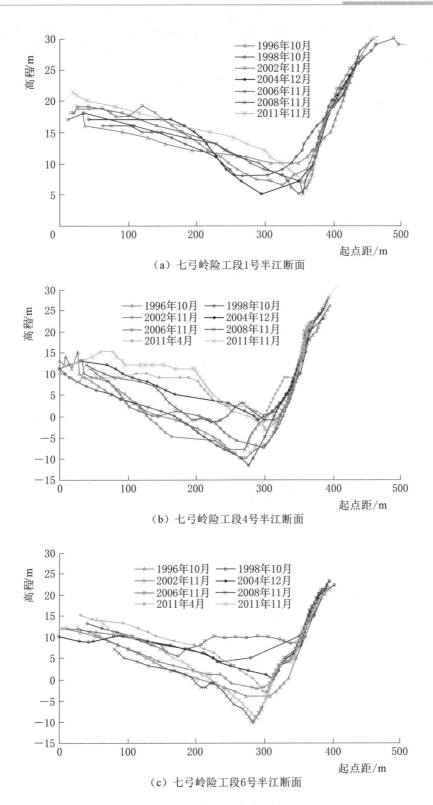

（a）七弓岭险工段1号半江断面

（b）七弓岭险工段4号半江断面

（c）七弓岭险工段6号半江断面

图 3.2-17　坝下游七弓岭险工段断面年际变化

险工段上部的断面 1 总体表现为冲刷，最深点向右岸脚靠近，岸坡变陡。1996—2004 年以冲深外移为主，冲深幅度为 5m；2004 年以来最深点高程变化不大，但深槽位置明显内靠。处于弯道下游的断面 4，三峡水库蓄水前断面变化不大，蓄水后断面以淤积为主。位于下部的断面 6，断面总体以冲刷为主，最深点高程以 2006 年最高，2008 年、2011 年最低，冲淤变幅大。

2008 年断面年内变化表现为：七弓岭险工段中下部表现为汛后冲刷内靠，汛前淤积外移；中部表现为汛前冲刷居中，汛后淤积内靠；上中部年内无明显变化规律，且变幅较小，最大变幅不超过 1.5m。2011 年（汛期未测）该段中下部表现为汛后冲刷，汛前淤积，上中部年内无明显变化规律且变幅较小。

综上所述，受荆江河势控制工程及护岸工程等影响，荆江河段河势总体基本稳定，所分析的重点险段保持相对稳定的态势。三峡水库蓄水运用后，上荆江河段发生较剧烈的沿程冲刷，目前亟待加固的护岸段有龙二渊矶、灵官庙矶等处。

## 二、荆江河段河道治理措施

三峡水库蓄水运用后，2004 年 9 月，长江水利委员会根据近年来荆江局部河段出现的河势变化情况，提出了《长江荆江河段河势控制应急工程可行性报告》（送审稿），后编制了《长江荆江河段河势控制应急工程 2006 年度实施项目初步设计报告》。同时，为确保荆江河段安全度汛，选定文村夹下段和洪水港段作为第一批 2006 年汛前崩岸应急治理工程范围（第一期 5000 万元）。同时，根据湖北省水利厅、湖南省水利厅的要求，将湖北省、湖南省已实施的天字一号重大崩岸应急抢护工程、北碾子湾下段（春风垸）崩岸应急抢护及堤防退挽工程、文村夹段抢护工程、调关段护坡抢护工程等纳入 2006 年度汛前崩岸应急工程实施方案中。2007 年水利部又下达第二期 5000 万元资金，并于 2008 年汛前安排实施了南五洲、北碾子湾下段、铺子湾、天字一号等河段等工程。2010 年实施了下荆江河势控制工程（湖北段），工程位于荆州市石首市、监利县，共包括中洲子、团结闸、观音洲、金鱼沟、天星阁、熊家洲等，工程累积水上护岸（坡）约 21km，水下护脚约 18km。部分重点治理工程情况如下。

### （一）公安河湾文村夹段治理工程

文村夹位于公安河湾突起洲进口，文村夹崩岸段应急治理工程于 2006 年汛前完成。工程实施后，遏制了文村夹段崩岸，目前主汊已经稳定在右汊，文村夹段近岸已经出现大面积淤积现象。在右汊进口段，马家咀边滩及吴鲁湾局部未护岸的堤段出现大范围的岸坡崩塌现象。

**（二）郝穴河湾南五洲段护岸工程**

南五洲段位于郝穴河湾下段右岸，三峡水库初期蓄水运用后南五洲持续出现崩岸险情。2008 年 2 月实施南五洲护岸工程，建筑长度为 640m，工程完成水下抛石护脚、水上钢丝网石垫护坡，如图 3.2-18 所示。工程对控制局部河势发挥了重要作用。

**（三）石首河湾北碾子湾护岸工程**

北碾子湾处于沙滩子自然裁弯段上游，此河段受 1994 年向家洲撇弯的影响，沙滩子段发生较大的变化，2000 年北碾子湾开始实施护岸工程。三峡水库初期蓄水运用后，北碾子湾和寡妇夹护岸工程起到了控制河势的作用。2008 年 5 月北碾子湾下段护岸工程完工，工程内容主要包括水下抛石护脚、水上预制混凝土块护坡，如图 3.2-19 所示。但 2012 年出现水毁工程现象，如图 3.2-20 所示。

图 3.2-18　铅丝笼卵石护岸工程

图 3.2-19　坝下游北碾子湾护岸工程

图 3.2-20　坝下游北碾子湾 3 号崩窝（2012 年）

## （四）天字一号河段

2000 年天字一号河段经实施卡口拓宽工程后深槽右移，根据长江荆江河段河势控制应急工程实施项目，2007 年度按投资计划实施工程（湖南段），进行了天字一号河段 A 段和 B 段护岸工程。工程实施内容包括水上混凝土预制块护坡和水下抛石工程，工程实施后起到了控制河势的效果。

总体来看，随着护岸工程的逐渐实施，长江中下游崩岸强度、频次逐渐减轻，崩岸的危害是可控的。但今后坝下游河床面临长期冲刷，局部河势不断调整，新的崩岸还会出现，仍需要继续加强监测、防护和整治。

### 三、坝下游河道河岸和洲滩的崩岸情况

三峡水库蓄水运用后，荆江大堤和长江干堤护岸工程基本保持安全。曾经发生过崩岸的地段进行了修护和加固，岸坡稳定。加之这几年由于三峡水库汛期实施了削峰调度，汛期大坝最大下泄流量基本控制在 $45000 \mathrm{m}^3/\mathrm{s}$ 以内，长江中游未经历大的洪水，未发生重大险情。但河岸和洲滩的崩岸仍时有发生，经过及时抢护，均已消除险情。三峡水库蓄水运用后，长江中下游干流河道发生的崩岸险情统计如表 3.2－12 所示。

2003—2013 年期间，长江中下游河道共发生崩岸 698 处，崩岸总长度 521.4km。从崩岸区域来看，湖北省境内最多，其次是湖南省和安徽省。从发生时间来看，三峡水库蓄水运用初期的 2004 年崩岸发生最多，达 109 处，2003—2008 年崩岸总体呈减少趋势。175m 试验性蓄水运行后的 2009 年为第二多的年份，崩岸达 105 处，之后又恢复减少趋势。2012 年发生 17 次，2013 年发生 44 次。2013 年荆江河段新增崩岸 7 处，部分老崩岸出现了扩展态势。

表 3.2－12　　三峡坝下游干流河道崩岸统计表（2003—2013 年）

| 年份 | 2003 | 2004 | 2005 | 2006 | 2007 | 2008 | 2009 | 2010 | 2011 | 2012 | 2013 | 总计 |
|------|------|------|------|------|------|------|------|------|------|------|------|------|
| 崩岸总长/km | 29.2 | 133.5 | 108.8 | 39.4 | 20.9 | 19.5 | 45.5 | 47.7 | 44.8 | 6.6 | 25.5 | 521.4 |
| 崩岸处数 | 41 | 109 | 96 | 73 | 30 | 51 | 105 | 67 | 65 | 17 | 44 | 698 |

## 第五节　坝下游河道冲淤发展趋势

三峡工程论证阶段对坝下游河道冲刷发展过程的评价是：从蓄水开始三峡水库下游河道即发生长距离冲刷，其冲刷河段已超过武汉，甚至也超过九江。总的趋势是：上段冲刷多时，下段冲刷就少，甚至暂时不冲刷。从宜昌至武汉

最大累积冲刷量约 48.7 亿～51.8 亿 t，发生在第 60 年前后。各河段达到最大累积冲刷量的时间：宜昌至城陵矶为 40～50 年，城陵矶至武汉河段为 60～70 年，武汉以下河段时间更长一些。之后开始回淤，累积冲刷量减少。

实测水文泥沙资料表明，三峡入库泥沙近二十多年来出现了趋势性减少，且随着金沙江梯级水电站的建设等，三峡水库淤积速度将减缓[10]，坝下游河道冲刷平衡时间将更长。近年来针对新水沙条件下长江中下游河道冲刷发展趋势开展了一些分析与模拟预测，主要结果介绍如下。

## 一、宜昌至城陵矶河段冲刷随时间变化

三峡水库蓄水运用后，宜昌至枝城河段冲刷发展最快。2002 年 10 月至 2013 年 10 月期间，宜枝河段平滩河槽累积冲刷泥沙 1.44 亿 $m^3$。点绘宜昌至枝城河段平滩河槽年累积冲刷量变化过程，如图 3.2 - 21 所示，冲刷量增加逐渐减慢、规律明显，至 2013 年总冲刷量增加已较小。当然，局部冲刷和深泓变化等会继续存在，同时随着枝城以下河段的未来冲刷的不断发展，也可能带动本河段继续冲刷。

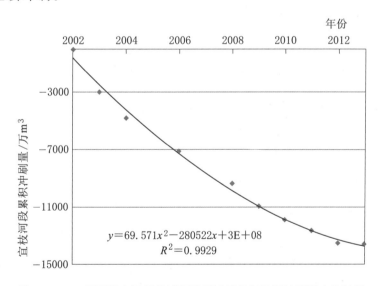

图 3.2 - 21　坝下游宜昌至枝城河段平滩河槽年累积冲刷量变化过程

三峡水库蓄水运用后，荆江河段冲刷发展较快，点绘荆江河段累积冲刷量与累积径流量变化关系，如图 3.2 - 22 所示。冲刷累积量变化过程可以细分为两个阶段，2003—2008 年为三峡水库围堰发电和初期蓄水阶段，荆江河段冲刷减缓趋势明显；2008 年后为第二阶段，荆江河段冲刷又明显加剧，可能与三峡水库 175m 试验性蓄水运用后下泄沙量进一步减少和实行中小洪水调度有关。中小洪水调度减少了漫滩洪水出现时间，汛期更加集中在主河槽过流，会

增加河槽冲刷量。前述冲淤量观测资料分析也说明荆江河段冲刷主要发生在枯水河槽。由于地形法统计的河床冲刷量包括了河道采砂量，而真实采砂量尚没有准确的统计数据，如果能扣除河道采砂的影响，则冲刷量变化趋势会更加明确。

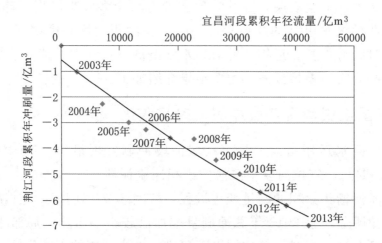

图 3.2-22 坝下游荆江河段平滩河槽累积冲刷量与累积径流量变化关系

三峡水库蓄水运用后，城陵矶以下河段冲刷强度较小，冲刷正在发展之中，冲刷速度变化规律不明显。

## 二、坝下游河道冲刷趋势数学模型预测结果

中国水利水电科学研究院和长江科学院等采用 1991—2000 年水文系列，考虑三峡水库及其上游干支流主要水库（溪洛渡、向家坝、二滩、瀑布沟、紫坪铺、宝珠寺、洪家渡、乌江渡等）运用后的出库条件，模拟预测了三峡水库下游河道冲刷过程，如表 3.2-13 所示[11]。

表 3.2-13　　　三峡水库下游河道冲刷预测结果统计表　　　单位：亿 m³

| 模拟预测 | | 宜昌—枝城 | 枝城—藕池口 | 藕池口—城陵矶 | 城陵矶—武汉 | 武汉—大通 | 宜昌—大通 |
|---|---|---|---|---|---|---|---|
| 水科院模型 | 2006—2012 年 | −0.09 | −0.97 | −1.91 | −1.57 | −0.92 | −5.46 |
| | 2006—2022 年 | −0.13 | −1.43 | −4.78 | −4.81 | −1.91 | −13.06 |
| | 2006—2032 年 | −0.16 | −1.59 | −6.79 | −6.29 | −3.27 | −18.10 |

| 模拟预测 | | 宜昌—松滋口 | 松滋口—太平口 | 太平口—藕池口 | 藕池口—城陵矶 | 城陵矶—武汉 | 武汉—九江 | 九江—大通 | 宜昌—大通 |
|---|---|---|---|---|---|---|---|---|---|
| 长科院模型 | 2006—2012 年 | −0.62 | −0.76 | −2.28 | −4.00 | −1.26 | 0.21 | −0.18 | −8.89 |
| | 2006—2022 年 | −0.64 | −0.77 | −3.05 | −9.89 | −2.48 | 1.40 | 0.21 | −15.23 |
| | 2006—2032 年 | −0.64 | −0.81 | −3.18 | −13.06 | −5.55 | 0.88 | 1.14 | −21.21 |

由表 3.2-13 可见，预测计算至 2032 年，两家模型结果都说明三峡水库下游河道冲刷还在发展之中，2006—2032 年宜昌至大通河段冲刷量在 20 亿 m³ 左右。

从分段冲淤量看，两家结果有所差别。2006—2032 年宜昌至枝城河段预测冲刷量为 0.16 亿～0.64 亿 m³；枝城至藕池口河段，预测冲刷量为 1.59 亿～3.99 亿 m³；藕池口至城陵矶河段为沙质河床，预测冲刷量达 6.79 亿～13.1 亿 m³；城陵矶至武汉河段，预测冲刷量为 5.55 亿～6.29 亿 m³；武汉至大通河段，水科院模型计算为冲刷，长科院模型略有淤积。宜昌至大通河段总冲刷量，两家计算结果差别不大，为 18.10 亿～21.21 亿 m³。两家结果都表明，藕池口至城陵矶，即下荆江河段冲刷强度最大，断面平均冲刷面积为 7118m²，主槽平均冲刷深达 5.5m。

从冲刷过程看，宜昌至枝城河段主要冲刷在 2012 年以前完成，枝城至藕池口河段冲刷在 2022 年后趋缓，藕池口以下河段在 2032 年后冲刷仍在发展之中。

# 第 三 章

# 洞庭湖及鄱阳湖与长江关系变化及其影响

三峡工程初步设计阶段，就三峡水库蓄水运用后对洞庭湖的影响进行了分析预测。其中对荆江三口分流分沙变化预测认为，由于三峡水库蓄水运用后下游河道冲刷，水位下降，三口分流分沙会大幅度减少，有利于减轻洞庭湖区的洪涝灾害和湖区淤积。

三峡工程初步设计环境影响报告认为，三峡水库蓄水运用后鄱阳湖全湖淤积量无明显变化，但对湖口冲淤变化有一定影响，长江干流冲、淤调整将可能加重湖口段淤积的情况。

2003 年三峡水库蓄水运用后，遭遇了连续枯水年，水库蓄水对两湖的影响成为社会关注的热点，以下根据观测资料对相关影响进行分析。

## 第一节 长江与洞庭湖关系变化及其影响

### 一、三峡水库蓄水运用前荆江三口分流河道冲淤与分流分沙变化

洞庭湖水系位于长江中游南岸，其流域面积约为 26.28 万 km²，约占长江流域面积的 14%。洞庭湖区有湘、资、沅、澧四水及汨罗江、新墙河等汇入。长江由松滋、太平、藕池、调弦（已于 1958 年冬堵塞）四口分流入湖。四水及四口（现为三口）水流经洞庭湖调节后由城陵矶注入长江。洞庭湖区四口河道情况如图 3.3-1 所示。

#### （一）三口分流河道冲淤变化

据分析，1860 年和 1870 年的大水导致藕池、松滋先后决口成河，洞庭湖

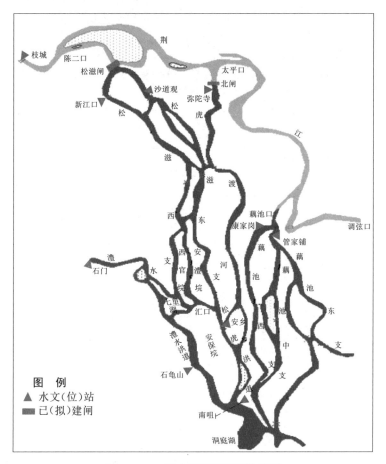

图 3.3 - 1　洞庭湖区四口河道情况

形成四口分流分沙的态势后，长江大量泥沙进入洞庭湖，使湖底抬高，湖面缩小，加上人工围垦，洞庭湖的面积容积不断减小。由于四口分流河道不断向洞庭湖淤积延伸，比降调平，分流分沙能力整体处于下降状态[12]。

1967—1972 年下荆江系统裁弯后，使荆江裁弯以上河段产生溯源冲刷，水位下降，上、下荆江经历了长达近 20 年的河道调整过程，加快了藕池河淤积和分流分沙急剧减少[13]，同时也减缓了洞庭湖的淤积速度。三峡水库蓄水运用前，长江委荆江水文局采用 1952 年和 1995 年所测地形图，用切割断面法计算三口分流河道淤积情况如表 3.3 - 1 所示。

1952—1995 年期间，高水水面线下三口五河洪道淤积量为 5.67 亿 $m^3$，平均每年淤积量为 1300 万 $m^3/a$。其中松滋河淤积量为 1.67 亿 $m^3$，平均淤积面积为 $575m^2$，年平均淤积量为 381 万 $m^3/a$。虎渡河淤积量为 0.70 亿 $m^3$，平均淤积面积为 $526m^2$，年平均淤积量为 161 万 $m^3/a$。松虎洪道淤积量为 0.44 亿 $m^3$，断面平均淤积面积为 $2665m^2$。藕池河淤积量为 2.86 亿 $m^3$，断面平均淤积面积为 $921m^2$。

表 3.3 - 1　下荆江裁弯和葛洲坝建设前后荆江三口分流河道冲淤量
统计表（1952—1995 年）

| 河名 | 河段范围 | 河段长度 /km | 水面线比降 /(1/万) | 起算断面水位 （黄海）/m | 淤积量 /亿 m³ |
|---|---|---|---|---|---|
| 松滋东支 | 大口—莲支河上口 | 19.4 | 0.3 | 42.43 | 0.20 |
| | 莲支河上口—中河口 | 36.3 | 0.3 | 41.89 | −0.056 |
| | 中河口—瓦窑河口 | 23.6 | 0.3 | 40.8 | −0.19 |
| | 瓦窑河口—小望角 | 40 | 0.3 | 40.1 | 0.21 |
| | 小望角—新开口 | 20.1 | 0.3 | 38.89 | 0.41 |
| 小计 | | 139.4 | | | 0.57 |
| 松滋河中支 | 青龙窖—张九台—小望角 | 34.9 | 0.3 | 40.41 | 0.64 |
| 松滋西支 | 大口—莲支河口 | 25 | 0.3 | 43.09 | 0.11 |
| | 莲支河口—苏家渡 | 24.9 | 0.3 | 42.38 | 0.12 |
| | 苏家渡—瓦窑河 | 32.7 | 0.3 | 41.64 | 0.55 |
| | 瓦窑河—五里河 | 34.5 | 0.3 | 40.65 | −0.32 |
| 小计 | | 117.1 | | | 0.46 |
| 松滋河合计 | | 291.4 | | | 1.67 |
| 虎渡河 | 北闸—闸口 | 60.1 | 0.25 | 41.87 | 0.15 |
| | 闸口—南闸 | 31.7 | 0.25 | 40.42 | 0.27 |
| | 南闸—安宏 | 42.7 | 0.25 | 39.63 | 0.28 |
| 虎渡河合计 | | 134.5 | | | 0.70 |
| 松虎洪道 | 新开口—肖家湾 | 16.6 | 0.3 | 38.24 | 0.44 |
| 藕池东支 | 管家铺—鲇鱼溪 | 20.1 | 0.2 | 37.35 | 0.20 |
| | 鲇鱼溪 | 26.2 | 0.2 | 37.04 | 0.16 |
| | 南县—注滋口（注滋口河） | 40.6 | 0.2 | 36.52 | 0.27 |
| | 南县—茅草街（沱江） | 39.1 | 0.2 | 36.54 | 0.43 |
| | 红湖学校—南县（梅田湖河） | 25.2 | 0.2 | 37.04 | 0.10 |
| 小计 | | 151.2 | | | 1.16 |
| 藕池河西支 | 藕池镇—下柴市（安乡河） | 67.2 | 0.15 | 37.35 | 0.69 |
| 藕池河中支 | 黄金闸—茅草街 | 74.1 | 0.2 | 37.35 | 0.81 |
| | 一姓湖—五四河坝（南鼎垸） | 19.1 | 0.2 | 36.65 | 0.20 |
| 小计 | | 93.2 | | | 1.01 |
| 藕池河合计 | | 311.6 | | | 2.86 |
| 总计 | | 754.1 | | | 5.67 |

1995—2003 年期间，三口河道继续呈淤积态势，淤积量为 0.4676 亿 m³，淤积主要集中在中、高水河床。其中藕池河淤积量占 66%，虎渡河占 28%，松滋河占 7%，松虎洪道则略有冲刷，冲刷量为 0.0095 亿 m³。

（二）三口分流分沙变化

三峡水库蓄水运用前，三口分流分沙量变化如表 3.3－2 所示，变化过程如图 3.3－2 所示。1954—1958 年期间，三口年平均分流量为 1541 亿 m³，其中藕池口分水量最大为 786 亿 m³，约占 51%。下荆江裁弯后（1973—1980 年），三口的平均年水量减少到 834 亿 m³，其中松滋口分水量最大为 427 亿 m³，约占 51%；藕池口减少到 247 亿 m³，约占 30%，变成了第二大分水口。下荆江裁弯对三口分水量的影响明显，藕池口离裁弯河段近，受影响最大，如藕池河管家铺站年水量变化过程就明显地反映了这一点，如图 3.3－3 所示。

表 3.3－2　　　洞庭湖三口不同时段的平均年水量和年沙量统计表

| 时　　段 | | 1954—1958 年 | 1959—1966 年 | 1967—1972 年 | 1973—1980 年 | 1981—1990 年 | 1991—2002 年 |
|---|---|---|---|---|---|---|---|
| 平均年水量 /(亿 m³/a) | 松滋口 | 541 | 490 | 445 | 427 | 410 | 338 |
| | 太平口 | 214 | 215 | 186 | 160 | 143 | 123 |
| | 藕池口 | 786 | 631 | 390 | 247 | 208 | 161 |
| | 三口合计 | 1541 | 1336 | 1021 | 834 | 761 | 622 |
| 平均年沙量 /(万 t/a) | 松滋口 | 6360 | 5336 | 4813 | 4710 | 5024 | 3207 |
| | 太平口 | 2544 | 2363 | 2095 | 1936 | 1896 | 1231 |
| | 藕池口 | 14443 | 11066 | 7206 | 4408 | 3799 | 2189 |
| | 三口合计 | 23347 | 18765 | 14114 | 11054 | 10719 | 6627 |
| 平均含沙量 /(kg/m³) | 松滋口 | 1.17 | 1.09 | 1.08 | 1.10 | 1.23 | 0.95 |
| | 太平口 | 1.19 | 1.10 | 1.13 | 1.21 | 1.33 | 1.00 |
| | 藕池口 | 1.84 | 1.76 | 1.85 | 1.78 | 1.83 | 1.36 |
| | 三口平均 | 1.51 | 1.40 | 1.38 | 1.33 | 1.41 | 1.06 |
| | 沙市站 | 1.07 | 1.14 | 1.22 | 1.20 | 1.15 | 0.89 |

## 二、三峡水库蓄水运用后坝下游荆江三口分流河道冲刷与湖区淤积情况

（一）三口分流河道口门段冲淤变化

三峡水库蓄水运用前，1986—2002 年期间，松滋口口门附近的长江干流

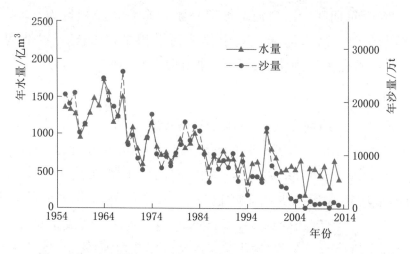

图 3.3 - 2 坝下游荆江三口分流分沙量变化过程（1956—2013 年）

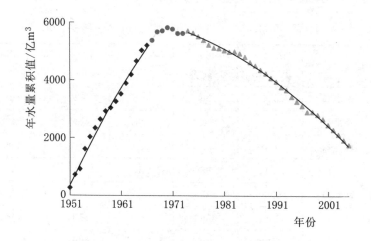

图 3.3 - 3 坝下游藕池河管家铺站年水量累积曲线

段河道呈冲刷状态，最大冲刷幅度达 11m；松滋口口门附近呈淤积状态，最大淤积幅度约 2m。三峡水库蓄水运用后，2002—2013 年期间，口门附近河道呈冲刷状态，在松滋河入口处冲刷较大，最大冲深约 17m。其中：2002—2011 年口门附近长江干流段最大冲刷幅度约 13m，松滋口口门最大冲刷幅度约 7m；2011—2013 年口门附近最大冲刷幅度约 10m。

1986—2002 年期间，太平口口门附近长江干流段最大冲刷幅度约 13m，太平口口门内最大冲刷幅度约 6m。2002—2013 年期间，太平口口门附近河道冲淤变化主要表现在弯道处，在太平口口门处形成冲刷坑，使得大量泥沙在太平口心滩处微淤。受水流顶冲影响，腊林洲洲头岸线冲刷崩退，最大冲深达 23m；洲尾落淤，最大淤积厚度约 11m，同时在荆州市沿岸则表现一定的冲刷。其中：2002—2011 年口门附近河道呈冲刷状态，长江段最大冲刷幅度约 9m，太平口口门最大冲刷幅度约 3m；2011—2013 年口门附近河道冲刷变化不大。

1986—2002 年期间，藕池口口门附近长江段河道呈冲刷状态，最大冲刷幅度约 7m；藕池口口门附近河道呈淤积状态，最大淤积幅度约 10m。2002—2013 年期间，藕池口口门附近河段冲淤变化整体表现为凸岸边滩淤积，凹岸冲刷。受上游来水来沙影响，天星洲洲头岸线不断崩退，则主流逐渐偏向贴向右岸，而左岸岸线不断淤长，其最大淤积厚度约 13m，最大冲深约 31m。其中：2002—2011 年口门附近长江段河道呈冲刷状态，最大冲刷幅度约 7m，藕池口口门附近河道呈淤积状态，最大淤积幅度约 5m；2011—2013 年口门段河道冲刷变化不大。

### （二）三口分流河道冲淤变化

依据三口河道 1∶5000 水道地形资料，统计计算 2003—2011 年河道冲淤变化结果，如图 3.3-4 和表 3.3-3 所示。由图表可见三峡水库蓄水运用后，三口河道发生了普遍冲刷，改变了三峡水库蓄水运用前的长期累积性淤积趋势。

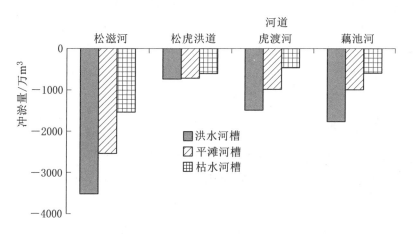

图 3.3-4　坝下游三口河道各水面线下河床冲淤变化（2003—2011 年）

表 3.3-3　　　　　坝下游三口河道冲淤量分时段比较　　　　　单位：亿 m³

| 项目 | 时段 | 松滋河＋松虎洪道 | 虎渡河 | 藕池河 | 三口总计 |
|---|---|---|---|---|---|
| 总冲淤量 | 1952—1995 年 | 2.11 | 0.71 | 2.87 | 5.69 |
| | 1995—2003 年 | 0.0243 | 0.132 | 0.311 | 0.467 |
| | 2003—2011 年 | −0.426 | −0.149 | −0.177 | −0.752 |
| 年均冲淤量 | 1952—1995 年 | 0.0389 | 0.0165 | 0.0667 | 0.132 |
| | 1995—2003 年 | 0.0030 | 0.0165 | 0.0388 | 0.0585 |
| | 2003—2011 年 | −0.0532 | −0.0187 | −0.0221 | −0.0940 |

1952—1995 年期间三口河道泥沙总淤积量为 5.69 亿 $m^3$，其中松滋河淤积量为 1.67 亿 $m^3$，约占进口两站同期总输沙量的 10.4%（泥沙干容重取 1.3，下同）；虎渡河淤积量为 0.71 亿 $m^3$，约占弥陀寺站同期总输沙量的 10.7%；松虎洪道淤积量为 0.44 亿 $m^3$，藕池河淤积量为 2.87 亿 $m^3$，约占进口两站同期总输沙量的 13.6%。

1995—2003 年期间，三口河道枯水位以下河床冲淤基本平衡，泥沙淤积主要集中在中、高水河床，总淤积量为 0.467 亿 $m^3$。其中以藕池河淤积最为严重，淤积量为 0.311 亿 $m^3$，占淤积总量的 66%，淤积强度为 9.1 万 $m^3$/km；虎渡河次之，淤积量为 0.132 亿 $m^3$，占总淤积量的 28%，淤积强度为 9.8 万 $m^3$/km；松滋河淤积量不大，淤积量为 0.0348 亿 $m^3$，仅占总淤积量的 7%，淤积强度为 1.1 万 $m^3$/km。松虎洪道则略有冲刷。

三峡水库蓄水运用后，2003—2011 年期间，三口河道洪水河槽总冲刷量为 0.752 亿 $m^3$。其中松滋河冲刷量为 0.352 亿 $m^3$，占三口河道总冲刷量的 47%；虎渡河冲刷量为 0.149 亿 $m^3$，占总量的 20%；松虎洪道冲刷量为 0.074 亿 $m^3$，占总量的 10%；藕池河总冲刷量为 0.177 亿 $m^3$，占总量的 23%。其中，松滋口口门段表现为较强的冲刷，冲刷量为 750 万 $m^3$，滩槽均表现为冲刷；虎渡河和藕池河口门段均表现为冲刷，冲刷量分别为 270 万 $m^3$ 和 227 万 $m^3$。

### （三）三峡水库蓄水运用后湖区淤积情况

三峡水库蓄水运用后湖区淤积情况如表 3.3-4 所示，1991—2002 年三口四水进入洞庭湖的平均年水沙量分别为 2486 亿 $m^3$ 和 0.86 亿 t；三峡水库蓄水运用后，2003—2013 年分别为 2010 亿 $m^3$ 和 0.19 亿 t，分别减少了约 19% 和 78%。三口分流量减少主要是由于长江干流来水偏少，分沙量减小主要是由于干流沙量减少。

表 3.3-4　不同时段进出洞庭湖的平均年水量和平均年沙量统计表

| 时　段 | | 1959—1966 年 | 1967—1972 年 | 1973—1980 年 | 1981—1990 年 | 1991—2002 年 | 2003—2013 年 |
|---|---|---|---|---|---|---|---|
| 平均年水量 /(亿 $m^3$/a) | 三口四水入湖年水量 | 2875 | 2747 | 2533 | 2316 | 2486 | 2010 |
| | 城陵矶出湖年水量 | 3091 | 2981 | 2789 | 2592 | 2859 | 2289 |
| | 水量差 | -217 | -234 | -256 | -276 | -372 | -276 |
| 平均年沙量 /(亿 t/a) | 三口四水入湖年沙量 | 2.17 | 1.82 | 1.47 | 1.31 | 0.86 | 0.19 |
| | 城陵矶出湖年沙量 | 0.61 | 0.58 | 0.38 | 0.32 | 0.24 | 0.185 |
| | 沙量差 | 1.55 | 1.24 | 1.09 | 0.99 | 0.61 | 0.005 |

坝下游城陵矶出湖水沙量变化过程如图 3.3-5 所示。1991—2002 年年平均出湖水沙量分别为 2859 亿 m³ 和 0.24 亿 t，2003—2013 年为 2289 亿 m³ 和 0.185 亿 t，分别减少了约 20% 和 23%。2003—2013 年其他小支流和湖区进入洞庭湖的平均年水量为 276 亿 m³，与其他时段比变化不大。

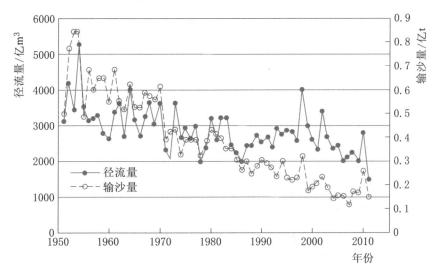

图 3.3-5　坝下游城陵矶出湖水沙量变化过程

1991—2002 年三口分流河道和洞庭湖区年平均淤积沙量为 0.61 亿 t，三峡水库蓄水运用后为 0.005 亿 t。三峡水库蓄水运用后洞庭湖进出湖沙量总体基本达到了平衡，极大地缓减了三口分流河道和洞庭湖区的淤积萎缩。进一步的统计分析说明，三峡水库蓄水运用后，洞庭湖枯水期（9 月至次年 4 月）都是冲刷的，汛期都是淤积的，仍然保持了三峡水库蓄水运用前汛期淤积、枯期冲刷的规律。

依据长江委水文局 1995 年、2003 年和 2011 年的洞庭湖区实测地形，对比三峡水库蓄水运用前后 9 年洞庭湖区泥沙冲淤分布情况，三峡水库蓄水运用前，1995—2003 年洞庭湖以淤积为主，包括西洞庭湖的目平湖、南洞庭湖杨柳潭以东及东洞庭湖均处于淤积状态。以东洞庭湖泥沙淤积幅度最大，最大淤积厚度达 3m 以上，整个湖区泥沙平均淤积厚度约为 3.7cm。三峡水库蓄水运用后，2003—2011 年洞庭湖区由淤转冲（包括挖沙的作用），与蓄水前形成鲜明对比，少量淤积主要发生在南洞庭湖西部和东洞庭湖的南部，湖区的泥沙平均冲深约为 10.9cm，东洞庭湖泥沙平均冲深最大约为 19cm。

## 三、三峡水库蓄水运用后荆江三口分流分沙变化

### （一）三口分流分沙变化

三峡水库蓄水运用后荆江三口分流分沙变化如表 3.3-5 所示，由表可见

1991—2002 年三口平均年水量为 622.3 亿 m³/a，三峡水库蓄水运用后，2003—2013 年平均年水量为 484.4 亿 m³/a，减少了 137.9 亿 m³，减幅为 22%。其中：松滋口减少了 49.8 亿 m³，减幅为 15%；太平口减少了 33 亿 m³，减幅为 27%；藕池口减少了 54.9 亿 m³，减幅为 34%。

表 3.3−5　　　三峡水库蓄水运用前后三口分流分沙变化统计表

| 时 段 | 总水沙量（枝城） | 松滋口 | | 太平口 | 藕池口 | | 三口合计 | 分流分沙比/% |
| --- | --- | --- | --- | --- | --- | --- | --- | --- |
| | | 新江口 | 沙道观 | 弥陀寺 | 康家岗 | 管家铺 | | |
| 平均年水量/(亿 m³/a) | | | | | | | | |
| 1991—2002 年 | 4458 | 269.0 | 69.3 | 123.0 | 9.4 | 151.6 | 622.3 | 14.0 |
| 2003—2007 年 | 4020 | 235.3 | 55.0 | 93.0 | 5.0 | 104 | 492.5 | 12.3 |
| 2008—2013 年 | 4108 | 236.0 | 51.2 | 87.2 | 3.6 | 100 | 477.7 | 11.6 |
| 2003—2013 年 | 4069 | 235.6 | 52.9 | 90.0 | 4.3 | 101.8 | 484.4 | 12.0 |
| 平均年沙量/(万 t/a) | | | | | | | | |
| 1991—2002 年 | 39160 | 3207 | | 1231 | 2189 | | 6627 | 16.6 |
| 2003—2007 年 | 8160 | 770 | | 209 | 497 | | 1476 | 18.1 |
| 2008—2013 年 | 3460 | 409 | | 111 | 235 | | 755 | 21.8 |
| 2003—2013 年 | 5600 | 573 | | 155 | 354 | | 1083 | 19.3 |

从三口分流比看，1991—2002 年期间，年平均为 14.0%，三峡水库蓄水运用后 2003—2013 年年平均为 12.0%，但这并不意味着三峡水库蓄水运用后三口分流能力的明显减小[14]。因为三口年分流比与干流枝城站年水量成正相关，故点绘三口年径流量与枝城年水量关系，如图 3.3−6 所示，1991 年以后三口年径流量与枝城年水量关系基本稳定，三峡水库蓄水运用后，枝城相同年径流量情况下三口年径流量只是略有减少。由图 3.3−6 可知，枝城年径流量

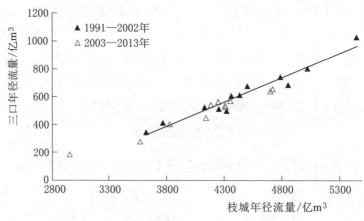

图 3.3−6　坝下游三口年径流量与枝城年水量关系

每减少 1 亿 m³，三口径流量约减少 0.28 亿 m³，则 2003—2013 年与 1991—2002 年比，枝城年径流量偏少 389 亿 m³，使三口年径流量减少约 0.28×389 亿 m³≈109 亿 m³，占三口年径流实际减少量 138 亿 m³ 的 79%，剩下的 21% 主要与三峡水库对径流的年内调节等因素的影响有关。

分时段看，2003—2007 年与 1991—2002 年比，枝城年径流量偏少 438 亿 m³，使三口年径流量减少约 0.28×438 亿 m³≈123 亿 m³，占同期三口年径流减少量 130 亿 m³ 的 94%，其他因素的影响只占 6%。三峡水库 175m 试验性蓄水运行后，2008—2013 年与 1991—2002 年比，枝城年径流量偏少 350 亿 m³，使三口年径流量减少约 0.28×350 亿 m³≈98 亿 m³，占同期三口年径流减少量 145 亿 m³ 的 68%，剩下的 32%，即 47 亿 m³ 主要是由三峡水库 175m 试验性蓄水运行后对径流年内调节的影响所致。

1991—2002 年期间，荆江枝城站年均输沙量为 3.92 亿 t，三口年平均输沙量为 0.663 亿 t，三口年分沙比为 16.6%。2003—2013 年期间，枝城站年平均沙量为 0.56 亿 t，三口年平均输沙量减少为 0.11 亿 t，年平均分沙比略微增大至 19%，且泥沙变细。三峡水库蓄水运用后，三口年输沙量减少了 0.55 亿 t，减幅为 84%，主要是三峡水库拦沙使枝城沙量大减所致，三口分流河道年沙量的减少对缓减三口分流河道和洞庭湖的淤积萎缩是有利的。

## （二）不同流量级三口分流比变化

不同流量级三口分流比变化如表 3.3-6 所示，根据观测资料统计，三峡水库蓄水运用后，荆江不同流量级下三口分流比总体变化不显著，但三峡水库 175m 试验性蓄水后 2008—2013 年与之前比有一些小的变化。对于荆江 25000～45000 m³/s 的较大流量级，2008—2013 年三口分流比略大于 2003—2007 年分流比，但还基本未超过 1991—2002 年分流比。由于三峡工程实行中小洪水调度，2008—2013 年基本未出现大于 45000m³/s 的洪水，更大流量级的分流比变化有待观察。

表 3.3-6　坝下游荆江河段不同流量级三口分流量和分流比变化统计表

| 总流量 /(m³/s) | 时段 | 松滋口 | | 太平口 | | 藕池口 | | 三口 总流量 /(m³/s) | 三口 总分流比 /% |
|---|---|---|---|---|---|---|---|---|---|
| | | 分流量 /(m³/s) | 分流比 /% | 分流量 /(m³/s) | 分流比 /% | 分流量 /(m³/s) | 分流比 /% | | |
| 45000～55000 | 1991—2002 年 | 6266 | 12.7 | 2028 | 4.12 | 4338 | 8.8 | 12632 | 25.6 |
| | 2003—2007 年 | 5781 | 12.0 | 1768 | 3.67 | 3213 | 6.7 | 10762 | 22.3 |
| | 2008—2013 年 | | | | | | | | |

续表

| 总流量/(m³/s) | 时段 | 松滋口 | | 太平口 | | 藕池口 | | 三口总流量/(m³/s) | 三口总分流比/% |
|---|---|---|---|---|---|---|---|---|---|
| | | 分流量/(m³/s) | 分流比/% | 分流量/(m³/s) | 分流比/% | 分流量/(m³/s) | 分流比/% | | |
| 35000~45000 | 1991—2002年 | 4639 | 12.0 | 1622 | 4.18 | 2897 | 7.5 | 9158 | 23.6 |
| | 2003—2007年 | 4650 | 11.6 | 1415 | 3.54 | 2279 | 5.7 | 8344 | 20.9 |
| | 2008—2013年 | 5202 | 13.2 | 1613 | 4.08 | 2318 | 5.9 | 9133 | 23.1 |
| 25000~35000 | 1991—2002年 | 3224 | 10.9 | 1222 | 4.12 | 1622 | 5.5 | 6068 | 20.5 |
| | 2003—2007年 | 3195 | 11.0 | 1048 | 3.59 | 1313 | 4.5 | 5556 | 19.1 |
| | 2008—2013年 | 3385 | 11.6 | 1094 | 3.76 | 1357 | 4.7 | 5836 | 20.1 |
| 15000~25000 | 1991—2002年 | 1644 | 8.4 | 664 | 3.40 | 624 | 3.2 | 2932 | 15.0 |
| | 2003—2007年 | 1806 | 9.1 | 623 | 3.14 | 663 | 3.3 | 3092 | 15.6 |
| | 2008—2013年 | 1711 | 8.9 | 529 | 2.74 | 625 | 3.2 | 2865 | 14.8 |
| 10000~15000 | 1991—2002年 | 582 | 4.7 | 202 | 1.64 | 108 | 0.9 | 892 | 7.2 |
| | 2003—2007年 | 588 | 4.8 | 193 | 1.58 | 99.5 | 0.8 | 880 | 7.2 |
| | 2008—2013年 | 628 | 5.0 | 179 | 1.43 | 136 | 1.1 | 943 | 7.5 |
| 5000~10000 | 1991—2002年 | 81.3 | 1.2 | 4.2 | 0.06 | 1.30 | 0.0 | 86.8 | 1.3 |
| | 2003—2007年 | 84.4 | 1.2 | 10.2 | 0.15 | 0.24 | 0.0 | 94.8 | 1.4 |
| | 2008—2013年 | 63.8 | 0.93 | 6.9 | 0.10 | 1.00 | 0.0 | 71.7 | 1.1 |

对于荆江5000~10000 m³/s小流量级，三口分流比由2003—2007年的1.4%减到了2008—2013年的1.1%，也明显小于1991—2002年的1.3%。小流量级分流比的减少对三口分流河道和洞庭湖区水资源利用不利。

三峡水库蓄水运用后，三口断流情况也略有变化，如表3.3-7所示。三峡水库蓄水运用对三口分流河道枯水断流有两个方面的影响。一方面，三峡水库蓄水运用后荆江干流河床冲刷降低，同流量水位降低，加剧三口分流河道枯水断流；另一方面，三峡水库蓄水运用后三口分流河道也出现了冲刷，缓减了三口分流河道枯水断流。在这两方面影响因素的共同作用下，松滋口（东）沙道观站和藕池口（西）康家岗站的断流天数有所增加，太平口弥陀寺站和藕池口（东）管家铺站的断流天数有所减少。沙道观、弥陀寺、管家铺和康家岗四站的年平均断流天数为144~260d/a。

**（三）三峡水库调节年内径流过程对三口分流量影响**

三峡水库蓄水运用后，虽然三口分流能力尚未出现明显变化，但三峡水库径流调节对三口分流的影响是不容忽视的。以松滋口为例，图3.3-7为松滋

表 3.3－7　　　　　　　　坝下游三口控制站年断流天数统计表

| 时段 | 三口站分时段多年平均年断流天数 | | | | 各站断流时枝城相应流量/(m³/s) | | | |
|---|---|---|---|---|---|---|---|---|
| | 沙道观 | 弥陀寺 | 藕池（管） | 藕池（康） | 沙道观 | 弥陀寺 | 藕池（管） | 藕池（康） |
| 1956—1966 年 | 0 | 35 | 17 | 213 | / | 4290 | 3930 | 13100 |
| 1967—1972 年 | 0 | 3 | 80 | 241 | / | 3470 | 4960 | 16000 |
| 1973—1980 年 | 71 | 70 | 145 | 258 | 5330 | 5180 | 8050 | 18900 |
| 1981—1998 年 | 167 | 152 | 161 | 251 | 8590 | 7680 | 8290 | 17600 |
| 1999—2002 年 | 189 | 170 | 192 | 235 | 10300 | 7650 | 10300 | 16500 |
| 2003—2013 年 | 202 | 146 | 188 | 266 | 10382 | 7172 | 8867 | 15436 |

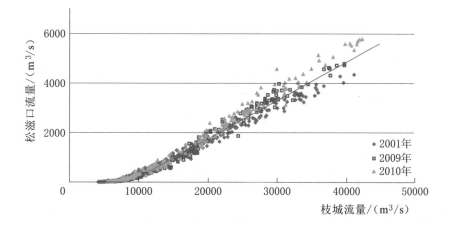

图 3.3－7　不同枝城流量下坝下游松滋口分流流量

口分流流量与枝城流量关系，当枝城流量大于 12000m³/s 时，松滋口分流流量与枝城流量基本是线性关系。此时，枝城流量每增减 1m³/s 时，松滋口分流流量相应增减 0.18m³/s。而当枝城流量小于 12000m³/s 时，松滋口分流流量与枝城流量是非线性关系。一般年份，9—10 月枝城流量大于 12000m³/s，期间三峡水库蓄水至正常蓄水位，将减少枝城径流量 221.5 亿 m³，松滋口径流量则将减少 0.18×221.5 亿 m³≈40 亿 m³。同理可推算出太平口和藕池口将减少径流量 6 亿 m³ 和 14 亿 m³，三口合计将减少径流量 60 亿 m³。根据三峡水库调度方案，三峡水库 1—3 月对下游补水，4—6 月加大出库流量降至汛限水位，三峡水库水位下降过程中能增加三口径流量共约 17 亿 m³。三峡水库对径流的年调节过程合计将减少三口年径流量约 43 亿 m³。前面的分析已经说明，三峡水库 175m 试验性蓄水的 2008—2013 年与 1991—2002 年比，三口年径流实际减少量为 145 亿 m³，枝城年径流量偏少减少三口年径流量约 98 亿 m³，所占比例为 68%，而三峡水库对径流的年调节过程合计减少三口年径流量约

43亿m³，所占比例为30%，剩下的2%与河道冲刷水位下降等其他因素有关。

不同时段三口各月平均分流比变化如表3.3-8所示，根据观测资料统计，三峡水库蓄水运用后2008—2013年与1991—2002年相比，枯水期1—3月三口分流量普遍有所增加；4月和5月枝城站平均流量有所增加，三口分流量增加较多，但分流比略有减小。其主要是由于三峡蓄水运用后坝下游河床冲刷主要集中在宜昌站流量10000m³/s对应水面线以下的基本河槽，导致同流量下水位降低。6—9月三口分流量有所减少，主要是由于枝城站流量有所偏少；10月则为三峡水库主要蓄水期，下泄流量大幅度减少，三口分流量也大幅度减少，只有11月和12月变化不显著。

表3.3-8 不同时段坝下游三口各月平均分流比与枝城站
平均流量对比表

| 项目 | 时段 | 1月 | 2月 | 3月 | 4月 | 5月 | 6月 | 7月 | 8月 | 9月 | 10月 | 11月 | 12月 |
|---|---|---|---|---|---|---|---|---|---|---|---|---|---|
| 枝城平均流量/(m³/s) | 1956—1966年 | 4382 | 3850 | 4471 | 6525 | 12040 | 18119 | 30883 | 29666 | 25918 | 18568 | 10556 | 6180 |
| | 1967—1972年 | 4221 | 3904 | 4860 | 7630 | 13863 | 18102 | 28172 | 23435 | 24223 | 18273 | 10394 | 5757 |
| | 1973—1980年 | 4045 | 3690 | 4018 | 7091 | 12669 | 20462 | 27681 | 26504 | 26997 | 19419 | 9939 | 5713 |
| | 1981—1998年 | 4403 | 4109 | 4695 | 7065 | 11458 | 18284 | 32609 | 27386 | 25127 | 17652 | 9574 | 5801 |
| | 1999—2002年 | 4763 | 4440 | 4810 | 6633 | 11523 | 21200 | 30400 | 27225 | 24075 | 17075 | 10455 | 6133 |
| | 2003—2007年 | 4836 | 4574 | 5447 | 6859 | 11008 | 17527 | 27257 | 22664 | 23680 | 14113 | 8468 | 5894 |
| | 2008—2013年 | 6254 | 6132 | 6278 | 7906 | 12974 | 16835 | 27887 | 25461 | 19395 | 10733 | 9602 | 6198 |
| 三口分流量/(m³/s) | 1956—1966年 | 129 | 57 | 157 | 677 | 2750 | 5239 | 11929 | 11242 | 9511 | 5828 | 2194 | 580 |
| | 1967—1972年 | 70 | 49 | 187 | 753 | 2813 | 4623 | 9441 | 7107 | 7045 | 4666 | 1521 | 321 |
| | 1973—1980年 | 19 | 7.0 | 30 | 414 | 1717 | 4204 | 7147 | 6504 | 6645 | 3766 | 936 | 145 |
| | 1981—1990年 | 12 | 6.8 | 20 | 244 | 1023 | 3020 | 8176 | 6031 | 6288 | 3129 | 689 | 84 |
| | 1991—2002年 | 8.0 | 5.7 | 14 | 139 | 892 | 2761 | 7033 | 6092 | 3979 | 1998 | 499 | 49 |
| | 2003—2007年 | 6.1 | 6.5 | 28 | 99 | 744 | 2363 | 5131 | 4082 | 4288 | 1499 | 318 | 52 |
| | 2008—2013年 | 31 | 25 | 27 | 161 | 1062 | 2149 | 5494 | 4872 | 2971 | 668 | 526 | 38 |

## 四、三峡水库汛后蓄水期对城陵矶和洞庭湖水位的影响

### (一) 水库汛后蓄水期对城陵矶水位的影响

三峡水库汛后蓄水，减少下泄流量，下游河道水位下降，城陵矶水位下降较多，如表3.3-9所示。1991—2002年，9月城陵矶平均水位为28.52m，10月为26.51m。三峡水库蓄水运用后，2003—2007年期间，水库蓄水位较低，

对坝下游影响相对较小，9 月城陵矶平均水位为 28.27m，10 月为 25.33m，水位分别下降 0.25m 和 1.18m。三峡水库提高蓄水位后，2008—2013 年与 1991—2002 年比，城陵矶 9 月和 10 月平均水位分别下降了 1.06m 和 2.22m。因此，洞庭湖出口城陵矶站流量增加，向长江干流补水。根据相关研究，与天然情况下洞庭湖对长江干流的补水过程比，平水年三峡水库蓄水期间前 10 天左右，洞庭湖多余出水量约 29 亿 m³，对三峡水库蓄水的影响有缓解作用。三峡水库蓄水期的后段，由于洞庭湖水位已下降较多，可补水量减少，期间洞庭湖出水量反而比天然情况少近 10 亿 m³，加剧了干流水位下降。水库蓄水期末，洞庭湖蓄水量减少，平水年份减少约 19 亿 m³。三峡水库汛后蓄水使洞庭湖枯水期提前了约 1 个月，对洞庭湖影响较大。如遇枯水年，三峡水库蓄水对洞庭湖水位下降的作用将更大。

表 3.3 - 9      三峡水库 175m 试验性蓄水期坝下游城陵矶站
水位变化统计表

| 时段 | 水位（水位变化）/m | | | | | | | | | | | |
|---|---|---|---|---|---|---|---|---|---|---|---|---|
| | 1 月 | 2 月 | 3 月 | 4 月 | 5 月 | 6 月 | 7 月 | 8 月 | 9 月 | 10 月 | 11 月 | 12 月 |
| ①1990 年以前 | 19.54 | 19.58 | 20.61 | 23.04 | 25.90 | 27.42 | 29.92 | 28.90 | 28.37 | 26.64 | 23.79 | 20.97 |
| 1991—2002 年 | 20.98 | 21.06 | 22.16 | 24.14 | 26.24 | 28.21 | 31.39 | 30.26 | 28.52 | 26.51 | 23.89 | 21.75 |
| ②2003—2007 年 | 21.08 | 21.30 | 22.84 | 23.23 | 25.99 | 27.98 | 29.86 | 28.60 | 28.27 | 25.33 | 22.84 | 21.24 |
| ③2008—2013 年 | 21.28 | 21.22 | 22.19 | 23.79 | 26.16 | 28.14 | 29.61 | 29.35 | 27.46 | 24.29 | 23.32 | 21.41 |
| ③－① | 1.74 | 1.64 | 1.58 | 0.75 | 0.26 | 0.72 | −0.31 | 0.45 | −0.91 | −2.35 | −0.47 | 0.44 |
| ③－② | 0.20 | −0.08 | −0.65 | 0.56 | 0.17 | 0.16 | −0.25 | 0.75 | −0.81 | −1.04 | 0.48 | 0.17 |

## （二）水库汛后蓄水期对湖区水位的影响

三峡水库蓄水期间，不但城陵矶水位下降直接带动东、南洞庭湖区水位下降，同时由于三口分流减少，对西洞庭湖的影响也较大。以西洞庭南咀站为例，1991—2000 年期间，9 月中旬至 10 月底平均流量在 3000～2000m³/s 之间。如有三峡水库蓄水作用，同期松滋口与太平口流量将减少 1300～840m³/s 左右，约占南咀站流量的 43%。根据南咀站枯期水位流量关系，其水位将下降约 1.2～0.8m。三峡水库蓄水运用前后，不同时期南咀站各月平均水位统计如表 3.3 - 10 所示，175m 试验性蓄水期与 1991—2002 年比，南咀站 9 月和 10 月水位都下降了 1.0m，与分析结果基本一致。

表 3.3 - 10　　三峡水库试验性蓄水期坝下游南咀站水位变化统计表

| 时　段 | 水位（水位变化）/m | | | | | | | | | | | |
|---|---|---|---|---|---|---|---|---|---|---|---|---|
| | 1月 | 2月 | 3月 | 4月 | 5月 | 6月 | 7月 | 8月 | 9月 | 10月 | 11月 | 12月 |
| ①1990 年以前 | 28.39 | 28.50 | 28.93 | 29.77 | 30.78 | 31.31 | 32.32 | 31.70 | 31.50 | 30.69 | 29.73 | 28.81 |
| 1991—2002 年 | 28.54 | 28.68 | 29.12 | 29.72 | 30.53 | 31.51 | 33.35 | 32.29 | 31.07 | 30.07 | 29.14 | 28.55 |
| ②2004—2006 年 | 28.44 | 28.58 | 29.18 | 29.10 | 30.39 | 31.17 | 32.07 | 30.72 | 30.65 | 29.68 | 28.82 | 28.42 |
| ③2007—2008 年 | 28.46 | 28.46 | 28.93 | 29.26 | 29.49 | 30.56 | 31.64 | 32.11 | 31.77 | 28.77 | 28.37 | 28.38 |
| ④2009—2012 年 | 28.43 | 28.36 | 28.93 | 29.38 | 31.32 | 31.32 | 32.26 | 31.49 | 30.07 | 29.08 | 29.09 | 28.40 |
| ④-① | 0.05 | −0.14 | −0.14 | −0.39 | −0.48 | 0.01 | −0.06 | −0.21 | −1.43 | −1.61 | −0.64 | −0.41 |
| ④-② | −0.01 | −0.22 | −0.39 | 0.29 | −0.09 | 0.15 | 0.19 | 0.77 | −0.58 | −0.60 | 0.27 | −0.02 |
| ④-③ | −0.03 | −0.10 | −0.15 | 0.13 | 0.82 | 0.76 | 0.62 | −0.62 | −1.70 | 0.32 | 0.73 | 0.02 |

# 第二节　长江与鄱阳湖关系变化及其影响

## 一、鄱阳湖进出湖水沙变化

根据湖口水文站实测资料统计，鄱阳湖多年平均出湖水沙量分别为 1501 亿 m³（1950—2013 年）和 993 万 t（1956—2013 年），其中 2—4 月输沙量占全年的 60.1%。在长江 7—9 月洪水期，有时长江水倒灌入湖，泥沙也随江水倒灌入湖。

鄱阳湖五河入湖沙量，1971 年以来一直呈递减趋势，主要是受入湖河流上水利工程建设和水土保持等措施的影响。进入 21 世纪以来，五河年均入湖沙量较 1971—1980 年减少了一半以上，使得鄱阳湖淤积逐渐减缓。三峡水库蓄水运用前，1956—2002 年五河年均入湖悬移质泥沙 1465 万 t，年均出湖泥沙 938 万 t，湖区年均淤积泥沙 527 万 t；三峡水库蓄水运用后，2003—2013 年五河年均入湖泥沙 607 万 t，较 1956—2002 年偏小 58.6%。鄱阳湖出入湖沙量分时段统计结果如表 3.3 - 11 所示。

表 3.3 - 11　　　　　　　鄱阳湖出入湖悬移质泥沙统计表

| 年　份 | 湖口站年输沙量/万 t | 鄱阳湖入湖年沙量/万 t | 湖口站含沙量/（kg/m³） |
|---|---|---|---|
| 1956—2002 | 938 | 1465 | 0.106 |
| 2003—2007 | 1464 | 512 | 0.172 |
| 2008—2013 | 1032 | 701 | 0.068 |

| 年　份 | 湖口站年输沙量/万 t | 鄱阳湖入湖年沙量/万 t | 湖口站含沙量/(kg/m³) |
|---|---|---|---|
| 2003—2013 | 1241 | 607 | 0.126 |
| 1956—2013 | 993 | 1315 | 0.109 |

　　湖口站出湖水量扣除长江倒灌水量后的净出湖水量几十年来变化不大。但净出湖沙量1963年以前年均约1300万 t，1963年后减少至年均约960万 t，1988年后减少至年均约720万 t。2001年后出湖沙量增加到了年均约1500万 t，几乎回到了1963年以前的水平，2009年后又略有减少，如图3.3-8所示。2001年后鄱阳湖出湖沙量大于入湖沙量，鄱阳湖区表现为净冲刷，年净冲刷量为634万 t/a 左右。2001年以前鄱阳湖出湖含沙量总体呈减小趋势，与五河入湖沙量总体呈减小之势是一致的。2001年后出鄱阳湖沙量显著增大，应主要与1998年后长江干流河道禁止采砂而使采砂活动向湖区转移有关。三峡工程在2003年才蓄水运用，且至2005年对径流基本未进行调节，对武汉以下河道冲刷影响也不大，因此，至少与2001—2005年鄱阳湖出湖沙量增加相关性不大。

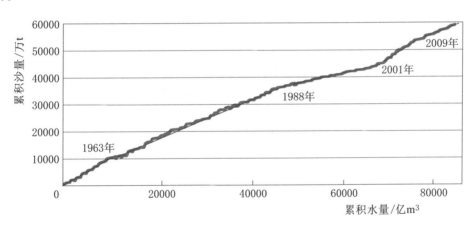

图3.3-8　鄱阳湖湖口站累积净出湖水沙量关系

## 二、湖区泥沙冲淤变化

　　鄱阳湖入湖泥沙主要集中在3—6月，来沙量所占全年比例达到了87%。且这4个月里，各月所占比例比较均匀。出湖沙量主要集中在3—5月，占全年比例达到了60%。且这3个月里，3月、4月所占比例最大。对比入湖沙量过程和出湖沙量过程，说明鄱阳湖从10月底消落期至来年的4月总体为冲刷状态，其中3月为主要冲刷期。4月在1998年以前五河来沙量较大时为泥沙淤积期，五河沙量减小后为泥沙冲刷期。5—9月初为主要淤积期。湖区年内冲淤变化规律主要与湖区来水来沙条件和长江干流水文过程有关[15]。

鄱阳湖 2—5 月为主要涨水期，早于长江干流涨水。其中 2—4 月湖区水位较低，涨水期湖区流速较大，水流挟沙能力较大，容易形成冲刷。

5—6 月虽然入湖与出湖流量仍很大，但此时由于长江干流开始涨水，湖区水位已较高，湖区流速下降，而入湖沙量仍很大，因此是鄱阳湖主要淤积期。

7—9 月是长江干流主汛期，鄱阳湖水位很高，湖区流速小，是鄱阳湖泥沙淤积期，但此时由于五河入湖水沙已较小，因此淤积量已不是很大。

9 月底开始至年末，随着长江干流流量消退，鄱阳湖水位随着消退，湖区流速开始增大，而此间由于五河入湖水沙量很小，因此湖区呈略微冲刷状态。

比较 2010 年与 1998 年湖区实测地形可知，1998—2010 年，湖区总体处于冲刷状态（包括挖沙作用），尤其是窄长的入江水道段，断面变化较大，断面深槽平均下切约 2m，如图 3.3－9 所示。

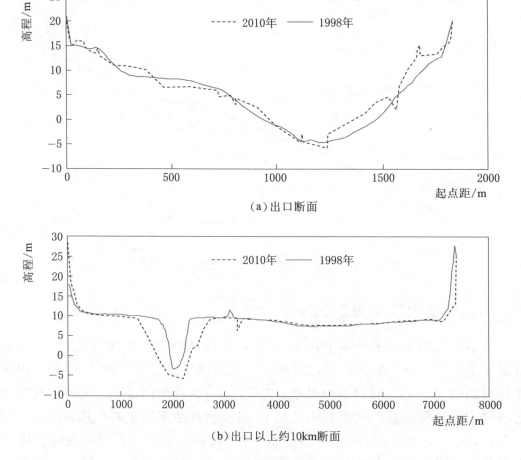

（a）出口断面

（b）出口以上约10km断面

图 3.3－9（一）　鄱阳湖入江水道实测大断面变化

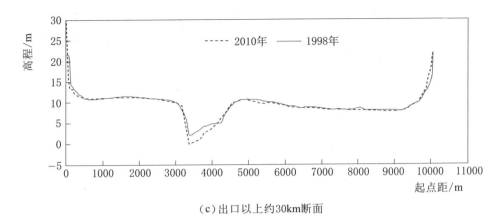

（c）出口以上约30km断面

图 3.3－9（二）　鄱阳湖入江水道实测大断面变化

## 三、三峡水库径流调节对鄱阳湖的影响

### （一）对湖口站水位的影响

三峡水库径流调节对鄱阳湖的影响表现在水库汛前泄水和汛后蓄水对湖区水位的影响，以汛后蓄水影响较大。图 3.3－10 为湖口站月平均水位与月平均流量对比，由图可见，湖口站月平均水位以 12 月至次年 2 月明显为低，但月平均入湖流量从 9 月至次年 2 月明显为小。9—11 月在入湖流量已明显减少的情况下，湖口站仍维持较高的水位，受两个因素的作用：一是这 3 个月长江干流来流量仍较大，这是最主要的因素；二是这 3 个月鄱阳湖水位消落过程中对长江干流流量有一定补充，平均在 1700m³/s 左右（总量约 134 亿 m³）。这说明三峡水库在 9 月中旬至 10 月蓄水，下泄流量减少，有可能使鄱阳湖提前进入枯水期。

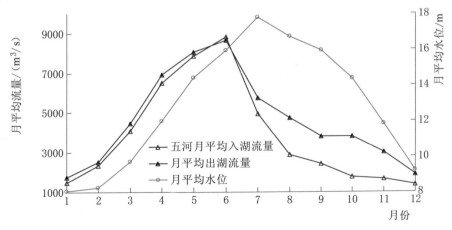

图 3.3－10　坝下游湖口站月平均水位与流量对比（1991—2000 年）

根据观测资料统计（表 3.3－12），三峡水库 175m 试验性蓄水期与水库运用前比，1—3 月和 8 月湖口平均水位升高 0.45～1.08m，6 月基本不变，4—5 月、7 月和 9—12 月降低 0.22～2.4m。试验性蓄水期与围堰发电期比，9 月和 10 月湖口平均水位分别降低 1.36m 和 1.92m。可见 9 月和 10 月三峡工程汛后蓄水对湖口水位降低作用较大，如遇枯水年，影响更大。

表 3.3－12　　　　三峡水库 175m 试验性蓄水期坝下游湖口站
水位变化统计表　　　　　　　　　单位：m

| 时段 | 1月 | 2月 | 3月 | 4月 | 5月 | 6月 | 7月 | 8月 | 9月 | 10月 | 11月 | 12月 |
|---|---|---|---|---|---|---|---|---|---|---|---|---|
| ①初设期 | 7.78 | 8.02 | 9.58 | 11.98 | 14.57 | 15.98 | 17.48 | 16.27 | 15.86 | 14.32 | 12.25 | 9.26 |
| ②2004—2006 年 | 7.92 | 8.47 | 10.10 | 10.84 | 13.64 | 15.78 | 16.66 | 15.33 | 16.37 | 13.84 | 10.62 | 8.62 |
| ③2007—2008 年 | 7.52 | 7.89 | 9.13 | 10.65 | 11.25 | 14.02 | 15.92 | 16.80 | 13.32 | 10.69 | 8.83 | 7.97 |
| ④2009—2012 年 | 8.25 | 8.56 | 10.66 | 11.24 | 13.71 | 15.98 | 17.18 | 16.72 | 15.01 | 11.92 | 10.70 | 9.04 |
| ④－① | 0.47 | 0.54 | 1.08 | −0.74 | −0.86 | 0.01 | −0.30 | 0.45 | −0.85 | −2.40 | −1.55 | −0.22 |
| ④－② | 0.33 | 0.09 | 0.56 | 0.40 | 0.07 | 0.20 | 0.52 | 1.39 | −1.36 | −1.92 | 0.08 | 0.42 |
| ④－③ | 0.73 | 0.67 | 1.53 | 0.59 | 2.46 | 1.96 | 1.26 | −0.08 | 1.69 | 1.23 | 1.87 | 1.07 |

（二）对湖口倒灌的影响

由于长江干流来流的顶托作用，湖口出湖水流常有倒灌情况。江西省水文局的统计表明，1951—2007 年期间，57 年中有 46 年发生倒灌，倒灌 120 次，共 735 天，平均每年倒灌水量约 25 亿 $m^3$。最大倒灌流量为 13700 $m^3/s$（1991 年 7 月 12 日），最大年倒灌水量为 113.8 亿 $m^3$（1991 年）。倒灌时间均发生在每年 6 月以后，长江多年平均年倒灌入湖沙量为 157 万 t。

湖口倒灌主要受长江干流洪水上涨的影响，三峡水库蓄水运用后，特别是实行中小洪水调度后，减少了干流洪水的上涨速度，使湖口倒灌的机会减少。观测资料表明，三峡水库蓄水运用后，2003—2008 年湖口年均倒灌水量为 29 亿 $m^3$，与三峡水库蓄水运用前接近。中、小洪水调度后的 2009—2013 年，年均倒灌水量只有 1.7 亿 $m^3$，减少了 99%。三峡水库蓄水运用后，由于长江干流含沙量减少，干流倒灌入湖的沙量减少更加显著。2003—2008 年年均倒灌沙量为 81 万 t，2009—2013 年年均倒灌沙量为 2.8 万 t。

（三）对湖区枯水位的影响

图 3.3－11 为湖区代表站 1991—2002 年日平均水位消落过程。由图可见，湖口水位 15m 以上（对应大通流量 35000 $m^3/s$ 以上），各站水位差较小，都随湖口水位同步变化。15m 以下位于上游的康山和棠荫站同湖口的水位差逐渐

增大，开始表现出河道属性。

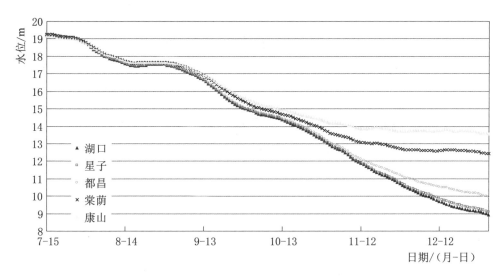

图 3.3-11　鄱阳湖区代表水文站日平均水位消落过程（1991—2002 年）

由图 3.3-11 可见康山站水位 14m 以下（对应大通流量 25000m³/s 以下），已基本不受湖口水位影响，具有河道特点。棠荫站水位 12.5m 以下（对应大通流量 18000m³/s 以下），已基本不受湖口水位影响，具有河道特点。都昌站在水位 12m 以下，都昌站水位与湖口水位差开始明显增加，说明 12m 以下，都昌站水位开始具有河道特性，但仍明显受湖口水位影响。星子站距离湖口站只有约 34km，一直受湖口水位的影响。三峡水库调节对鄱阳湖区水位的影响表现为：湖口、星子站水位直接受三峡径流调节的影响，其他站在高水（湖口水位高于 15m）时与湖口水位同步变化。湖口水位低于 15m 后，湖区由上游至下游，各站逐渐不再受长江干流的影响。

# 第 四 章

# 坝下游航道变化及整治措施

三峡水库调节对坝下游航道的直接影响主要表现在 3 个方面：

（1）三峡水库径流调节对坝下游河段枯水期流量发挥了重要的补偿作用，减少了极端枯水出现的频率，长江中游河段不再出现 $3000\mathrm{m}^3/\mathrm{s}$ 左右的特枯流量，最小流量均在 $5000\mathrm{m}^3/\mathrm{s}$ 以上。径流调节使枯季流量趋向均匀化，日均流量、水位的波动幅度明显减少，这对航运是十分有利的。并且均匀而稳定的枯水流量具有较强的持续冲槽能力，有助于荆江沙质河段流路的稳定和保持航道水深，近年来太平口、藕池口等水道航道条件的好转与此有关。

（2）三峡水库蓄水运用后，坝下游河道沿程冲刷，总体来看断面平均水深有所提高，有利于航运。但冲刷部位不同，对航道条件的影响不同。如芦家河、枝江下浅区等的淤积型沙卵石浅滩，在蓄水后水深改善较为明显。但是，冲刷造成的水位下降对芦家河水道的坡陡流急、枝江上浅区的水深条件等又造成不利的影响。再如藕池口等沙质河段航槽冲深较为明显，但也造成一些水道支汊冲刷发展、低矮滩体萎缩变小（如太平口水道的三八滩、窑监水道的乌龟洲洲头低滩等）、两岸高滩及岸线的崩退（如太平口水道的腊林洲边滩）等。由此导致了河宽、过流面积的增大，航槽不稳定性明显增加。

（3）三峡水库汛末蓄水，造成下游河道退水速度加快，汛期发生淤积的浅滩汛后难以有效冲深，尤其是在一些滩体萎缩、河道展宽的河段，如整治前的江口、太平口、窑监等浅滩段及试验性蓄水运行后的尺八口水道，维护任务艰巨。

## 第一节　坝下游航道变化基本情况

从水沙条件变化来看，三峡水库蓄水已经影响至湖口以下河段，但从河床冲刷情况来看，湖口以下河段基本表现为河道自身的冲淤演变，航道内尚未出现明显的趋势性变化。以下重点分析坝下游湖口以上河段航道变化基本情况。

## 一、宜昌至大埠街航道

宜昌至大埠街河段为沙卵石河段。就河道形态而言，两岸主要为丘陵阶地，河岸较为稳定。就河床组成而言，河床主要由沙卵石组成，局部基岩出露，且经过葛洲坝蓄水运用、20 世纪 90 年代来沙减少的作用，河床组成的抗冲性较强。就河段的位置而言，该河段紧邻三峡水库和葛洲坝下游，是受三峡水库蓄水影响最直接、最显著的河段。

三峡水库蓄水运用前，沙卵石河段内的碍航位置主要分布在宜都、芦家河、枝江和江口等水道，普遍存在着淤积碍航问题。三峡水库蓄水运用后，一方面，受河床冲刷下切的影响，使得上述水道的淤积碍航问题得以缓解；另一方面，由于水位下降，而浅区河床难以冲刷下切，航深处于恶化之势。再者，局部河床抗冲性强所造成的坡陡、流急、水浅现象目前较为突出，河床组成勘探显示个别抗冲节点将长期保持稳定，因而坡陡流急碍航问题将会随着下游水位降幅增大而愈演愈烈[16]。宜昌至大埠街航道变化基本情况如下。

### （一）卵石浅滩特性依然存在，芦家河水道沙泓进口淤沙问题较为突出

对于卵石浅滩而言，其航道问题主要表现为：卵石河床高凸、难以冲刷下切，致使局部水深有限、航宽不足，甚至出现局部比降过大的恶劣流态。且随着下游沙质河床水位下降的上溯传递，局部水浅问题还有可能随之加剧。

芦家河沙泓中段天发码头一带，河床"高坎"的底质为卵石胶结层，抗冲性较强，航槽地形变化较小。根据 150m 宽度内水深核查情况，芦家河水道沙泓最浅处可维护尺度为 3.2～3.4m，是水深条件较为有限的卵石浅滩。需要说明的是，芦家河进口鸳鸯港处在 2012 年时汛后出现过 2m 线不通的情况，上述 150m 宽度内达到 3.2m 实际上是维护的结果。

枝江上浅区河床组成为卵石，因为早前砂石乱采滥挖活动将大量弃石堆积于航槽边缘，侵占了有效航宽，造成航宽不足。由于弃石粒径大，乱石堆形态位置均较为固定，目前枝江上浅区最浅处可维护尺度为 3.4m，难以满足规划目标尺度。

### （二）淤沙浅滩汛后水浅的问题再度出现

三峡水库蓄水运用以后，由于上游来沙量锐减，汛期淤积数量有所减少，河床刷深。本来由于汛枯期流路不一致导致的汛期淤积、汛后冲刷不及所产生的航道问题得到较大缓解，但随着河道冲刷引起边、心滩的冲退或萎缩、支汊的发展，使得淤沙浅滩区域水流进一步分散。加之河床的粗化及汛后退水加快，使得汛后水流挟沙能力降低，淤沙浅滩汛后水浅的问题再度出现[17]。芦

家河水道的沙泓进口是典型代表，如图 3.4-1 所示。三峡水库蓄水运用初期，由于汛期来沙量锐减，沙泓的淤积较少，汛后不仅能迅速恢复，甚至还有冲刷。当时的洲滩也相对稳定，碛坝头部冲刷后退的影响尚未显现，因此，汛期沙泓淤积引起的航道问题明显好转。但三峡水库 175m 试验性蓄水运用以来，随着关洲左汊和石泓冲刷发展，沙泓进口浅区已呈现累积性小幅淤积的趋势，并且对航道条件已产生不利影响。

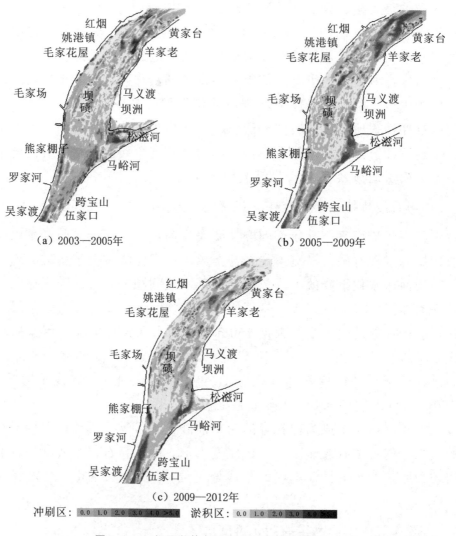

（a）2003—2005年　　（b）2005—2009年

（c）2009—2012年

冲刷区：0.0　1.0　2.0　3.0　4.0　>5.0　　淤积区：0.0　1.0　2.0　3.0　4.0　>5.0

图 3.4-1　坝下游芦家河河段冲淤变化（单位：m）

## （三）坡陡流急现象主要集中在芦家河水道和枝江水道

三峡水库蓄水运用前，芦家河沙泓就存在坡陡流急的航道问题，三峡水库蓄水运用后依然存在。5000m³/s 左右流量时，天发码头附近 400m 范围内比降可达 7‰以上，最大流速可达 2.8m/s 以上。且由于沙泓中段地形基本保持稳定，坡陡流急的局面也保持稳定。三峡水库 175m 试验性蓄水后，当流量在 6000m³/s 左右时，天发码头附近的陡比降仍十分突出，比降在 8‰左右。

从局部比降与流量的关系来看，局部比降随着流量的降低而增大。考虑到三峡水库 175m 试验性蓄水以后，该河段最枯流量已经显著增加，因此，同流量的局部比降已经增大，只是由于流量增加才使得局部比降的数值基本稳定。

枝江水道进口段也存在较为突出的大比降现象，枝江流量在 6500m³/s 时，其比降相对较大，在 4‰左右，比降变幅年际间存在一定的差异。

### （四）宜昌站枯水位下降已经使得庙咀水位接近通航要求的临界状态

根据《三峡（初期运行期）—葛洲坝水利枢纽梯级调度规程》（2007 年修订本），在三峡水库初期运行期，葛洲坝水利枢纽三江航道最低通航水位为 38.50m（庙咀站，资用吴淞基面，下同）。为改善下游通航条件，有关部门将 175m 蓄水期三江通航最低水位提高至 39.00m，因此，目前三峡水库枯季调度的主要目标是保证庙咀站的水位不低于 39.00m。

庙咀站位于宜昌站上游 2.2km 处，处于葛洲坝水利枢纽下游的三江航道出口处。要保证庙咀水位达到 39.00m，宜昌站的水位必须达到 39.19m（冻结吴淞）。

研究表明，在三峡水库蓄水运用前后宜昌同流量的枯水位均呈下降趋势。三峡水库 175m 试验性蓄水运用期，宜昌同流量枯水位下降幅度显著超过 2003—2008 年期间。2012 年 12 月 4 日，宜昌站出现年最低瞬时水位 39.19m，此时长江流量为 5530m³/s，庙咀相应瞬时水位为 39.06m。2012 年 12 月 5 日，庙咀瞬时最低水位达到 38.96m，其持续时间很短，并未出现不满足葛洲坝三江航道通航要求的水情。显然宜昌枯水位下降已经使得庙咀水位接近通航要求的临界状态。如果宜昌水位继续下降，在维持当前下泄枯水流量的条件下，可能出现庙咀水位低于 39.00m 的情况。

## 二、大埠街至城陵矶航道

三峡水库蓄水运用后，大埠街至城陵矶航道变化基本情况如下。

### （一）河段总体呈滩槽均冲的状态，枯水同流量下水位下降

对枯水河槽中航槽部位的冲刷，无疑对于航道条件的改善十分有利，如宜都浅区和枝江下浅区的改善。但是对航槽以外区域的枯水河槽、平滩河槽或洪水河槽的冲刷，并不一定有利于航道条件改善，一些有利岸滩边界条件的冲刷会恶化通航条件。如整治前，沙市河段三八滩及腊林洲滩体的冲刷给北汊进口杨林矶边滩提供了更大的淤展空间，其通航条件更加恶化；又如窑监河段乌龟洲洲体及头部低滩的

冲刷，致使汊道进口呈现多槽分流的格局，整治前航道条件极差。

三峡水库蓄水运用对下游枯水期通航有明显的补水作用。水库蓄水前，宜昌站保证率 98% 的枯水流量为 $3270m^3/s$。三峡水库蓄水运用以后，宜昌站 2012 年和 2013 年最枯流量为 $5580m^3/s$，较蓄水前增加约 $2310m^3/s$。沙市站最枯流量从 2004 年的 $4150m^3/s$ 增加至 2013 年的 $6220m^3/s$，增加了 $2070m^3/s$。

从最低水位变化来看，由于河道冲刷带来同流量下水位下降，减弱了宜昌至城陵矶河段枯水流量补偿效应。如 2012 年和 2013 年枯水期，宜昌站较蓄水前水位仅抬升约 0.5m，沙市站较蓄水前水位反而略有下降。

从 2010 年以来的观测资料来看，河道内部滩槽格局的恶化也较为明显地削弱了三峡水库枯水流量补偿效应。枝城至城陵矶段航道尺度并没有出现显著的提高，部分浅险水道航道条件依然严峻，甚至部分优良水道随着河道的展宽出现了航道条件逐渐恶化的态势。上述现象表明，水库下游冲刷对航道条件的影响是有利有弊的，冲刷和枯水流量增大并不意味着航道尺度的增加。但目前进行的荆江段航道系统整治工程，对于提升航道尺度起到了积极作用。

### （二）部分弯道段凸冲凹淤现象对航道条件造成不利影响

三峡水库蓄水运用后，受水沙条件变化的影响，湖口以上弯道段基本上表现为凸岸边滩冲刷，凹岸深槽淤积，如碾子湾水道、莱家铺水道等，有些水道如调关水道、反咀水道，凹岸侧甚至已淤出心滩。而在河宽较大的急弯段，如尺八口水道，由于凸岸边滩根部原本存在窜沟，蓄水以后窜沟发展十分迅速，切割凸岸边滩成为心滩，滩槽格局则更加趋于恶化。凸冲凹淤现象的出现在沿程上没有先后之分，如黄石附近的牯牛沙水道在蓄水之初即出现了该现象。

部分弯道段凸冲凹淤的变化对航道条件造成了不利影响。如莱家铺弯道凸岸的冲刷将加剧下游放宽段的淤积，碾子湾凸岸冲刷造成主流下挫、威胁已有整治建筑物的稳定，尺八口弯道的变化一度严重加剧了弯道进口过渡段浅区的交错态势，牯牛沙水道在蓄水初期的航道条件也显著恶化（近期整治工程效果逐步发挥，航道条件才逐渐好转）。

### （三）分汊河段分汊格局基本稳定，部分航道条件出现不利变化

三峡水库蓄水运用后，清水下泄，枯水流量增大，中水流量历时增长。上述水沙变化对枝城大埠街以上的砂卵石河段影响相对较小，但对陈家湾以下的分汊河型产生了较大影响，加剧了分汊河段汊道稳定性的丧失。主要表现在两个方面：一是加剧了江心洲的冲刷与崩退。三峡水库蓄水运用后，江心洲头部冲刷后退，滩体缩小。对于未经守护且滩顶低矮的江心洲，其冲刷过程：初期是头部冲刷、尾部淤积，接着尾部再冲刷，如三八滩。对于未经守护且滩顶较

高、一般洪水不淹没的江心洲，其冲刷表现为：头部低滩冲刷，滩体两侧或一侧发生崩岸，滩体缩窄，如马家咀水道的南星洲、窑监河段的乌龟洲等。针对三峡水库蓄水运用后的不利变化，长江航道局先后实施了部分控导工程，对不稳定的江心洲进行守护，如"沙市一期航道整治工程""窑监河段乌龟洲右缘守护工程"等。目前上述守护工程所在江心洲冲刷态势得到了一定的控制，但部分未守护区域仍出现了进一步冲刷崩退的态势。二是加速了微弯分汊河段凸岸支汊的发展。如瓦口子、马家咀水道，三峡水库蓄水运用前，支汊处于凸岸一侧，三峡水库蓄水运用后，两水道的支汊均处于发展态势。

就分汊河段的演变而言，江心洲滩的崩退萎缩、偏凸岸侧支汊的发展与来沙减少的关系是密切的。在"大水趋直、小水坐弯"的水动力特性下，三峡水库蓄水造成来沙大幅度减少，进而引起洪水流路上的冲刷动力显著增强，洪水流路上的江心洲滩、凸岸侧支汊的稳定性随之受到明显影响。需要说明的是，近年来随着航道整治工程的陆续实施，这些不利演变正逐步得到控制。

### （四）顺直河段目前总体较为稳定，局部航道条件开始出现明显恶化

三峡水库蓄水运用后，顺直河段总体较稳定，但崩岸使局部河道展宽，部分过渡段主流摆动空间加大，加剧了河道的滩槽的不稳定性。部分顺直河段河心形成潜洲，滩槽格局趋于散乱。如斗湖堤水道，过去一直是顺直单一、河道窄深的优良河段，三峡水库蓄水运用后，由于河道左岸南星洲尾高滩岸线崩退、河道展宽，引起主流摆动，导致河心形成潜洲，航道条件恶化。又如大马洲水道，受三峡水库运用及上游河势变化的双重影响，水道左岸下段岸线崩退、右侧丙寅洲冲刷，其出口河心目前也开始发育潜洲。

## 三、城陵矶至湖口航道

城陵矶以下河段也呈现冲刷状态，但城陵矶至湖口河段内节点较多，对水流约束和调整能力较强。加之容易发生崩岸的地方大都布置了人工护岸工程，交通部门已实施了部分航道整治工程，航道初步得到治理，航道稳定性较枝城至城陵矶段略优。然而，与枝城至城陵矶段类似，城陵矶至湖口段局部滩槽形态表现出了不同程度的冲淤变化，尤其在分汊河段，河道内部边（心）滩冲刷，洲滩萎缩，航槽有所摆动，航道条件已出现不利变化。同时，在清水下泄的不断作用下，部分已建工程区域出现了较大幅度的冲刷下切，直接影响了已建工程的稳定及工程效果的发挥。城陵矶至湖口航道变化的基本情况如下。

### （一）城陵矶至潘家湾连续分汊段

近年来，该河段的航道条件总体稳定。但杨林岩水道、陆溪口水道、嘉鱼

水道、燕子窝水道等，支汊都有不同程度的发展，主汊航道条件的稳定也受到了一定的影响。尤其是燕子窝水道，支汊发展的同时还伴随着心滩的明显萎缩，已建航道整治工程区域也出现了一定幅度的冲刷破坏，使得分汊段主航槽内形成了长达数公里的宽浅型浅区，没有较为明显的主流，航道条件也较不稳定。其左槽内部普遍淤积，心滩左缘中下段尤其是尾部继续冲退，航道条件进一步恶化。从最新测图来看，150m航宽内可维护水深仅3.1m，难以满足规划尺度要求。

### （二）汉口至湖口河段

汉口至湖口河段较宽，高大江心洲较多，水下低滩也较为常见。从近期的情况来看，水下低滩受水沙条件变化的影响较为明显。如湖广水道的赵家矶边滩、新洲九江河段的徐家湾边滩及鳊鱼滩头部低滩等，近期均有萎缩冲散的不利趋势，对航道条件的稳定构成威胁。同时值得注意的是，已建工程区域长期以来一直是冲淤调整较为剧烈的区域。在三峡水库清水下泄的不断作用下，部分已建工程区域近期出现了较大幅度的冲刷下切，直接影响了已建工程的稳定及工程效果的发挥。

## 第二节　重点航道演变影响分析

以下对若干重点水道河床演变及对航道的影响进行分析。

### 一、芦家河水道

芦家河水道是坡陡流急的典型河段，上起陈二口，下至昌门溪，全长12km。三峡水库蓄水运用以来，芦家河水道左岸沙泓进口洪淤枯冲的演变规律未变。但由于来沙锐减，汛期淤积量大幅度减少，沙泓成为全年通航的主航槽，以往左岸沙泓与右岸石泓交替为主槽而出现的过渡期"青黄不接"的碍航现象有所改善。但从近期的演变情况来看，沙泓进口航槽有逐年微幅累积性淤积的现象，边滩持续淤积对进口航宽构成挤压。虽然在8000m³/s左右流量下，卵石浅滩处比降有所减缓，但在6000m³/s左右流量下局部坡陡流急现象依然存在，船队上行较为困难。

### 二、太平口水道

太平口水道位于上荆江，是河道顺直展宽、主流不稳定的典型河段。该河段上起陈家湾，下至柳林洲，全长22km。三峡水库蓄水运用以来，该水道滩槽冲淤变幅较大，南槽普遍冲刷，分流比增加。三八滩经过二期应急守护工程后，又于2008年实施了沙市航道整治一期工程，对已守护部位进行了加固、完善，并在尾部设置衔接段。2010年末开工建设腊林洲高滩守护工程，对腊林洲高滩进行了守护控制。直到2012年初，三八滩北汊分流比有所增加，由3成增大到近7成，形成有利的分汇流格局，沙市河段航道条件总体较好。

此外，太平口水道出现了一些冲滩淤槽现象，腊林洲低滩头部持续萎缩，杨林矶边滩右缘随之挤压航槽，对目前较好的航道局面形成不利影响。同时，沙市河段航道整治一期工程实施以后，三八滩头部虽已基本稳定，但其中下段仍不断萎缩，南北两汊中下段趋于宽浅，还需实施后续工程。2012年大水后，上述不利演变有所加速，杨林矶边滩大幅度淤积，不仅北汊进口航道明显弯窄，且枯水分流比也回落至5成左右。

## 三、藕池口水道

藕池口水道是形成新滩的典型弯道河段，上起古长堤，下至鲁家台，全长7.0km。自古长堤以下，河道沿程放宽，在其放宽段存在上下两个心滩。藕池口心滩将水道分为左右两汊，左汊为主汊，也是近年来的主航道；倒口窑心滩又将左汊分为左槽和右槽，两槽均可能成为主航道，一般情况下左槽航道条件优于右槽，主航道走左槽。

2003—2005年由于倒口窑心滩滩形散乱，航道条件较差，需要疏浚保证通航。2006小水年后，倒口窑心滩成长迅速，藕池口水道的航道条件也有所好转，3.5m等深线贯通，但4.5m等深线大多数年份未贯通。

试验性蓄水运用以来，藕池口水道航道条件有所好转，但陀阳树边滩的不稳定造成一定威胁。2010年底开始实施藕池口航道整治一期工程对其进行控制。由于该滩体演变速度较快，在建工程还不足以将其完全控制。2010年以后，过渡段冲滩淤槽的现象仍十分明显，需尽快实施后续的完善措施。

## 四、窑监水道

窑监水道是典型的分汊型河段，上起西山，下迄太和岭，长约16km。该河段上段河道左侧有洋沟子边滩，右侧是一较稳定深槽，称为上深槽，江心乌龟洲将河段分为左、右两汊。左汊称监利左汊，右汊为乌龟夹，是长江中游重点碍航河段之一。

三峡水库蓄水运用以来，乌龟洲洲头心滩冲刷萎缩并左移，乌龟夹进口也随之展宽，束水作用减弱，滩槽日趋散乱。乌龟洲洲体也不断地"南崩北扩"，且随着右缘顶冲点的逐渐下移，洲体右缘中下段持续崩退，致使乌龟夹出口航槽变宽浅。

175m试验性蓄水运用以来，窑监河段的航道条件总体较为稳定，但乌龟夹下口有趋于过度窄深的趋势。同时，乌龟洲的崩退导致了乌龟夹下段主流坐弯左摆。受其影响，太和岭一带岸线持续崩退，矶头挑流作用增强，大马洲水道进口深泓随之逐年右偏，下段深泓多次左右岸折冲过渡，致使大马洲水道较好的滩槽形态向不利方向发展。

### 五、尺八口和观音洲水道

尺八口水道是典型的蜿蜒型河段，上起潘阳，下至袜子湾，全长14.0km。该河段上段为弯道间的直过渡段，下段为七弓岭急弯段。尺八口浅滩的碍航特征主要表现为上下深槽交错，形成浅滩易出浅碍航。

三峡水库蓄水运用至2013年，该水道的直过渡段的演变总体表现为深泓左摆，以及相应的冲淤调整。河槽进一步向宽浅方向发展，致使汛后易出现上下深槽交错的局面。七弓岭急弯段的演变更为显著，河势出现一定程度的调整，凸岸边滩根部窜沟逐年发展。目前边滩已被切割成为双槽，枯水期形成双槽争流的不利格局，不仅对急弯段的航道条件产生不利影响，也进一步加剧了上游直过渡段的水流分散程度，浅滩更易淤积。

观音洲弯道上段凸岸边滩大幅度刷低、冲退，凹岸边滩淤积，主泓不断向凸岸一侧摆动、顶冲点下移，弯道段航槽不稳定。而且，该弯道顶冲点的下移影响近江洲沙咀附近航道条件的稳定。

175m试验性蓄水期间，尺八口水道滩槽格局的恶化速度有所加快。七弓岭急弯段的凸岸边滩在此期间被切割为心滩，双槽争流的格局导致了航道条件的急剧恶化。2009年和2010年汛后，过渡段浅滩淤积严重，通过疏浚才维持了航道的正常通行。

## 第三节 坝下游航道整治措施

为保障和提升长江干线黄金水道的航运能力，在三峡工程建设期和水库运行期间，交通部门对坝下游各河段规划和实施了一系列航道整治工程[18]。

### 一、已建航道整治工程

目前宜昌至枝城河段尚未实施航道整治工程。

枝城至城陵矶河段近年来陆续在枝江江口、沙市、瓦口子、马家咀、周天、藕池口、碾子湾、窑监等碍航问题较为突出的水道实施了关键部位的控制性工程。随着整治工程效益的发挥，目前本河段航道条件有所好转，部分关键部位得到了有效控制，为后续工程建设创造了条件。城陵矶至武汉河段近年来主要对界牌水道先后实施了一期和二期航道整治工程。

武汉至浏河口河段近年来已建或在建整治工程项目较多，涉及罗湖洲、戴家洲、牯牛沙、武穴、燕子窝、陆溪口、张家洲、东流、马当、安庆、太子矶、土桥、黑沙洲、江心洲、口岸直、福姜沙、通州沙和白茆沙等18个碍航浅滩治理。

从整治河段的类型看，分汊段由于河道较宽，易于在分汊口门处出浅碍航。对碍航较为严重的分汊段均进行了航道整治，其中一些水道经过整治后其航道条件得到了很大改善，后期需要适时实施完善工程即可，如瓦口子、马家咀水道；一些复杂水道经过整治后航道问题虽未得到根本解决，但先期工程对有利的航道边界进行了初步控制，航道也得到了一定的改善，并为后续工程奠定了基础，如太平口水道、界牌水道，以及下游的多分汊水道如戴家洲水道、东流水道等。对于单一微弯放宽段，或者两弯道间的长直或放宽过渡段，仅少数水道得到了初步治理，如周天河段、碾子湾水道。工程实施后，航道边界得到基本控制，主流摆动空间减少，过渡段的航道位置得到稳定。重点航道治理效果介绍如下。

（一）太平口水道

太平口水道位于湖北省荆州市，属人工护岸控制的顺直、微弯分汊河道，为长江中游荆江河段三大重点碍航河段之一。

三峡水库蓄水运用后，腊林洲边滩及三八滩持续崩退。为改善航运条件，沙市河段于2009年1月开始实施一期治理工程。该工程主要是采用护底与固滩相结合的措施，对三八滩中上段滩体、滩脊进行加固守护，阻止滩头后退，维持三八滩的整体稳定。工程于2012年5月通过竣工验收。

为防止腊林洲边滩的岸线持续崩退，影响北汊进口水流条件，于2010年10月实施腊林洲守护工程。该工程于2011年7月主体工程完工。

上述工程实施后，遏制了三八滩滩头及腊林洲的冲刷后退，三八滩中上段基本保持稳定，满足目前航道维护的要求。

（二）马家咀水道

马家咀水道上起观音寺，下至双石碑，全长约15km，长期以来一直是长江中游重点碍航浅滩之一。1998年大洪水以后，该水道出现了100多年来的首次主支汊易位，航道条件急剧恶化，发生了阻航事件，文村夹附近还发生了崩岸险情。

三峡水库蓄水运用后，该水道呈普遍冲刷状态，河道向宽浅方向发展。针对三峡水库蓄水运用后的不利变化，2006年底开始实施马家咀水道航道整治一期工程。主要是在左汊口门附近建两道护滩带及一道护底带，以维持南星洲头前沿低滩的完整，防止左汊进一步冲刷发展和航道条件的恶化。

观测资料表明，一期工程的作用已经初步显现，保持了白渭洲边滩及南星洲头低滩的相对完整，遏制了左汊的冲刷发展。目前工程区域有所淤积，航行条件较好。

### （三）窑监水道

窑监水道位于长江中游下荆江河段的中部，由窑集佬水道和监利水道组成，前者河床顺直放宽，后者河床弯曲分汊。在三峡水库蓄水运用初期，窑监河段出现严重碍航局面，枯季航道维护十分困难，成为制约长江中游航运事业发展的"瓶颈"。

窑监河段航道整治一期工程的主要目的是稳定河道基本格局，工程于2008—2009年施工。工程实施后，乌龟洲洲头心滩得到守护，洲头崩退得到遏制。2010年和2011年枯水测图表明，工程河段枯水期航道条件明显改善，航道畅通，已取得初步整治效果[19]。

### （四）牯牛沙水道

牯牛沙水道位于长江中游，上距湖北省武汉市约139km。水道上起西塞山，下迄叶家湾，全长约165km。历史上牯牛沙水道航道条件较好，但从2003年开始，牯牛沙边滩受冲变窄，枯水河道逐渐放宽，航道维护工作出现紧张局面。2007年枯水期，牯牛沙水道成为长江中下游重点碍航水道，需要采取疏浚等措施来维持通航。

由于牯牛沙水道演变受上游来水来沙影响的复杂性，总体整治工程需要分期实施。一期工程通过修建3道护滩建筑物及左岸护岸加固工程守护牯牛沙边滩，抑制主流右摆和牯牛沙边滩受冲后退，制止不利变化趋势。工程于2009—2010年枯水期建设，航道维护紧张局面得以缓解[20]。

### （五）戴家洲水道

戴家洲水道位于武汉至安庆段内，上距武汉市约99km，为长江中游重点浅滩河段。自2002年以来，直水道发生严重淤积，不得不连续6年开辟圆水道作为枯水主航道，为保证通航需要采取疏浚等措施进行维护。

为解决该河段的碍航问题，2006年启动了该河段航道治理前期工作。选取直水道作为枯水期通航主汊进行整治，确定了总体治理目标和工程方案，工程分期实施。一期工程于2009年1月开工，2010年5月完工。

一期工程实施后，整个河段河势总体保持稳定，鱼骨坝稳定了戴家洲水道枯水期分流条件，浅区航道条件改善，为总体工程的全面实施创造了有利条件，实现了一期工程整治目标。

## 二、坝下游航道通航状况

长江中下游航道经过治理，航道维护水深有所提高，航道内搁浅事故显著降低，船舶货运量逐年增大。长江中下游航道通航状况如下。

### （一）航道尺度变化

宜昌以下河段分别以大埠街、城陵矶、武汉、安庆、芜湖、南京、江阴和太仓等为节点，分为9个区段进行维护。其中江阴以上航道年内按不同水深标准分月维护，江阴以下航道常年按一个水深标准进行维护。总的来看，宜昌以下航道维护水深有所提高，各区段维护水深如下。

（1）宜昌至大埠街段：2009年以来维护水深经过2次调整，最小维护水深提高至3.2m。2013年维护水深为3.2m（1—3月）、3.5m（4月）、4.0m（5月）、5.0m（6—8月）、4.0m（9月）、3.2m（10—12月）。

（2）大埠街至城陵矶段：2010年以来维护水深经过2次调整，最小维护水深提高至3.3m。2013年维护水深为3.3m（1—3月）、3.8m（4月）、4.5m（5月）、5.0m（6—8月）、4.0m（9月）、3.4m（10月）、3.3m（11—12月）。

（3）城陵矶至武汉段：2010年以来维护水深经过3次调整，最小维护水深提高至3.7m。2013年维护水深为3.7m（1—3月）、4.5m（4—5月）、5.0m（6—9月）、4.5m（10月）、3.7m（11—12月）。

（4）武汉至安庆段：2006年以来维护水深经过2次调整，最小维护水深提高至4.5m。2013年维护水深为4.5m（1—4月）、5.0m（5月）、6.0m（6—9月）、5.0m（10月）、4.5m（11—12月）。

（5）安庆至芜湖段：2006年以来维护水深经过3次调整，最小维护水深提高至6.0m。2013年维护水深为6.0m（1—3月）、7.0m（5月）、8.0m（6—8月）、7.5m（9月）、7.0m（10月）、6.5m（11月）、6.0m（12月）。

（6）芜湖至南京段：2005年以来维护水深经过3次调整，最小维护水深提高至9.0m。2013年维护水深为9.0m（1—5月）、10.5m（6—9月）、9.0m（11—12月）。

（7）南京至江阴段：2010年以来维护水深经过2次提高，最小维护水深提高至10.5m。2013年维护水深为10.5m（1—4月）、10.8m（5—12月）。

（8）江阴至太仓段：2010年以来维护水深提高，最小维护水深提高至10.5m（1—12月）。

（9）太仓至浏河口段：2010 年以来维护水深经过 1 次调整，最小维护水深提高至 12.5m（1—12 月）。

## （二）货运量变化

### 1. 宜昌至南京河段

整体而言宜昌至南京河段货物吞吐量呈逐年增大趋势，宜昌、枝城和荆州港的货物吞吐量年均增长率分别为 7.5％、14.3％和 9.7％。

### 2. 南京以下河段

长江南京至浏河口段沿江港口主要年份港口吞吐量变化情况如图 3.4 - 2 所示。2000 年以来，随着腹地经济的快速发展、长江深水航道的建设，长江南京至浏河口段沿江港口吞吐量高速增长，由 2000 年的 1.7 亿 t 增长到 2010 年的 10.2 亿 t。外贸吞吐量由 2000 年的 0.3 亿 t 增长到 2010 年的 1.6 亿 t。2000—2010 年总吞吐量和外贸吞吐量增速分别高达 19.9％和 18.4％。特别是随着 10.5m 水深延伸至南京后，"十一五"期间沿江港口吞吐量增幅更为显著，年均增长量为 11430 万 t，是"十五"期间年均增量的 2 倍。"十五""十一五"期间年均增速分别达到 22.1％和 17.7％，较"九五"期年均增速分别高近 14 个百分点、9.7 个百分点。

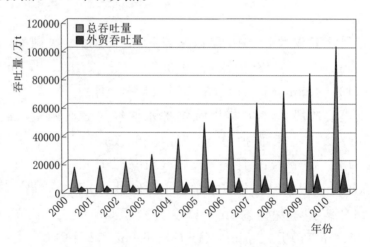

图 3.4 - 2 江苏省沿江港口主要年份吞吐量示意图

## （三）船舶变化

### 1. 宜昌至南京河段

由于近年来沿江高等级公路、铁路路网的迅速发展，以及铁路运营的大提速，导致沿江客运市场结构发生较大的变化，通过本河段的客运主要以旅游客运为主。

长江中游段货船运输方式主要有两类：一是船队运输，为干线上的主要运输方式。特别是分节驳顶推船队运输，由于具有载量大、油耗小、运输成本低的优点，对长距离大宗散货运输有明显的优势，在长江干流运输中占有相当大的比例，是今后船舶运输的重要方式之一。二是货船运输（包括机动驳，下同）。长航集团采用船舶吨位较大，基本在1000t级以上，地方船舶吨位较小，吨位从20～800t不等。在支线运输上，主要是地方船舶，以300t货轮为最多。

**2. 南京以下河段**

2005年和2010年长江南京以下沿江港口进出海船变化统计结果如表3.4-1和表3.4-2所示，主要发展特点如下。

表3.4-1　长江下游南京至浏河口段主要港口到港海船变化统计表　　单位：艘次

| 年份 | 港口 | 总计 | 其中：大吨位船舶 | | | | |
|---|---|---|---|---|---|---|---|
| | | | 0.5万～1万t | 1万～3万t | 3万～5万t | 5万～10万t | ≥10万t |
| 2005 | 合计 | 82388 | 12704 | 9046 | 2834 | 1136 | 120 |
| | 南京 | 15928 | 2410 | 1628 | 428 | 0 | 0 |
| | 扬州 | 1230 | 168 | 332 | 164 | 0 | 0 |
| | 镇江 | 8860 | 978 | 1328 | 406 | 74 | 0 |
| | 常州 | 1666 | 486 | 118 | 0 | 28 | 0 |
| | 泰州 | 2948 | 240 | 292 | 52 | 6 | 0 |
| | 江阴 | 12160 | 1576 | 910 | 476 | 196 | 0 |
| | 张家港 | 19388 | 3962 | 2784 | 326 | 308 | 18 |
| | 常熟 | 2922 | 482 | 210 | 274 | 74 | 0 |
| | 南通 | 13606 | 1880 | 1108 | 288 | 364 | 102 |
| | 太仓 | 3680 | 522 | 336 | 420 | 86 | 0 |
| | 其中：苏州、南通小计 | 39596 | 6846 | 4438 | 1308 | 832 | 120 |
| | 比例/% | 48.06 | 53.89 | 49.06 | 46.15 | 73.24 | 100.00 |
| 2010 | 合计 | 136296 | 21454 | 24466 | 8364 | 2492 | 782 |
| | 南京 | 20766 | 4688 | 1646 | 986 | 0 | 0 |
| | 扬州 | 4344 | 348 | 1538 | 8 | 0 | 0 |
| | 镇江 | 10990 | 1358 | 3508 | 736 | 14 | 0 |
| | 常州 | 4632 | 616 | 1464 | 98 | 0 | 0 |
| | 泰州 | 5752 | 590 | 1718 | 252 | 0 | 2 |
| | 江阴 | 19762 | 3706 | 4348 | 1004 | 230 | 38 |
| | 张家港 | 30884 | 4186 | 6702 | 844 | 1094 | 80 |

| 年份 | 港　口 | 总计 | 其中：大吨位船舶 | | | | |
|---|---|---|---|---|---|---|---|
| | | | 0.5万～1万 t | 1万～3万 t | 3万～5万 t | 5万～10万 t | ≥10万 t |
| 2010 | 常熟 | 5432 | 504 | 578 | 1210 | 0 | 0 |
| | 南通 | 22784 | 2892 | 1856 | 2332 | 1134 | 362 |
| | 太仓 | 10950 | 2566 | 1108 | 894 | 20 | 300 |
| | 其中：苏州、南通小计 | 70050 | 10148 | 10244 | 5280 | 2248 | 742 |
| | 比例/% | 51.40 | 47.30 | 41.87 | 63.13 | 90.21 | 94.88 |

**注**　表中比例由苏州、南通小计/合计计算得到。

表 3.4－2　长江航道南京以下分船种、分吨级进出海船变化统计表　　单位：艘次

| 年份 | 船舶种类 | 总计 | 其中：大吨位船舶 | | | |
|---|---|---|---|---|---|---|
| | | | 1万～3万 t | 3万～5万 t | 5万～10万 t | ≥10万 t |
| 2005 | 合计 | 82388 | 9046 | 2334 | 1136 | 120 |
| | 油气化工品船 | 15910 | 1878 | 386 | 60 | 0 |
| | 散货船 | 13316 | 4786 | 1292 | 990 | 118 |
| | 集装箱船 | 3302 | 266 | 30 | 18 | 2 |
| | 杂货船 | 49860 | 2116 | 626 | 68 | 0 |
| 2010 | 合计 | 136296 | 24466 | 8364 | 2492 | 782 |
| | 油气化工品船 | 29872 | 992 | 2610 | 1048 | 54 |
| | 散货船 | 37910 | 20596 | 5194 | 1444 | 698 |
| | 集装箱船 | 13554 | 50 | 352 | 0 | 2 |
| | 杂货船 | 54960 | 2828 | 208 | 0 | 28 |

**注**　1. 资料来源：江苏海事局。

　　2. 表中数据为货运船舶，不含客运及非运输船舶。

　　3. 1万～3万 t 级含1万 t，依次类推。

（1）船舶总艘次快速增长，船舶平均载重吨位明显增大。进出船舶由
2001 年的 42788 艘次增长到 2005 年的 82388 艘次，2010 年达到了 13.6 万艘
次，"十五"和"十一五"年均增速分别达到了 17.8% 和 10.6%。船舶载重吨
位由 2001 年的 2.7 亿 t 增长至 2010 年的 13.5 亿 t，增长了 4 倍。船舶平均载
重吨位由 2001 年的 6400t/艘次增长至 2010 年的 9920t/艘次。

（2）大型船舶数量迅猛增长。长江南京以下沿江港口进出港船舶中，大型
船舶呈快速增长势头。2010 年沿江港口进出港 1 万 t 级以上、3 万 t 级以上和
5t 级以上船舶艘次分别达到了 36104 艘次、11638 艘次和 3274 艘次，与 2001

年相比年均增长速度分别为20.1％、28.2％和20.6％，3万t级以上船舶增长最快。同时，10万t级以上大型船舶由2001年的仅为34艘次增长到了2010年的782艘次，船舶大型化趋势明显。

（3）大型船舶以散货船为主。进出大型船舶主要为散货船。3万t级以上船舶中，2010年、2005年和2001年散货船分别占到了63.0％、58.7％和72.6％；10万t以上船舶中，散货船占到了绝大多数，2010年达到了89％。

（4）大型船舶集中在南通港、苏州港等主要港口。5万t级以上船舶主要集中在南通、苏州港的太仓港区、张家港港区和江阴港。其中，10万t级以上大型船舶上述四港占到了绝大多数。南通港、苏州港5万～10万t级船舶由2005年的832艘次增加到2010年的2248艘次，10万t级以上船舶由2005年的120艘次增加到2010年的742艘次，增长速度迅速。

（四）海事事故

2011—2014年长江航道宜昌以下海事事故分类统计如表3.4-3所示。一是船舶碰撞事故，包括航行中船舶互相碰撞、触岸、触礁、碰撞整治建筑物、桥墩等。这类事故每年发生的比例占事故总次数的19％～42％，近两年比例有所上升。二是船舶沉没事故，主要为船舶操纵不当造成沉没、锚泊中沉没、遇恶劣天气沉没等。这类事故每年发生的比例约为25％～49％。三是船舶搁浅事故，主要包括偏离主航道搁浅、航道内超载搁浅等。这类事故每年发生的比例约为29％～56％，近两年比例有所下降，特别是航道部门加大对航道内超吃水船舶治理后，航道内搁浅事故显著降低。

表3.4-3　　长江航道宜昌以下海事事故统计表（2011—2014年）

| 年　份 | 事故总次数 | 碰撞 | | 沉没 | | 搁浅 | |
|---|---|---|---|---|---|---|---|
| | | 次数 | 比例/％ | 次数 | 比例/％ | 次数 | 比例/％ |
| 2011 | 77 | 15 | 19 | 19 | 25 | 43 | 56 |
| 2012 | 69 | 13 | 19 | 34 | 49 | 22 | 32 |
| 2013 | 78 | 26 | 33 | 25 | 32 | 27 | 35 |
| 2014（至7月12日） | 34 | 14 | 42 | 10 | 29 | 10 | 29 |

## 三、拟建航道整治工程

长江中下游尚有部分航道未治理，也有部分航道需要进一步治理，各河段拟建航道整治工程如下。

## （一）宜昌至昌门溪段

工程建设范围上起枝城下至昌门溪，全长 26km，建设标准为 3.5m×150m×1000m，主要是在关洲和芦家河水道实施航道整治工程及相应配套设施建设。

## （二）荆江航道整治工程

荆江河段历来是长江干线碍航最为严重的航段，是制约长江干线航道资源有效利用的"卡口"。175m 试验性蓄水运用以来，水库枯水补偿效应得以充分发挥。但水库运用对本河段航道条件的影响仍不容乐观，一些水道的滩槽形态向不利方向发展，航道条件很不稳定。滩槽格局一旦破坏，自然恢复的可能性极低，治理难度和成本将成倍增加。所以，对荆江河段中不满足规划要求的水道及时实施整治十分必要，同时对于目前航道条件尚好、但洲滩出现不利变化的水道实施整治也是十分紧迫的。为此，拟对荆江河段 12 个碍航水道进行系统治理，建设标准为 3.2m×150m×1000m，通航保证率为 98%，通航由2000t 驳船组成的 6000～10000t 级船队。系统整治工程拟对枝江至江口、沙市、沙市河段、瓦口子、马家咀、周公堤、天星洲、藕池口、碾子湾、窑监、大马洲、铁铺至熊家洲等碍航浅滩实施进一步整治。

## （三）南京以下 12.5m 深水航道二期航道整治工程

南京以下 12.5m 深水航道二期工程范围为：下端起于南通天生港区与一期工程上端点顺接，上端止于南京新生圩港区的上游边界，并与上游航道顺接。二期工程按照建设航道关键控制性工程与疏浚工程相结合的治理思路，同时采取通航安全监管和航道维护措施，初步实现南京以下 12.5m 深水航道的建设目标。在一、二期工程的基础上，再相机实施三期等后续工程，保障南京以下 12.5m 深水航道安全、稳定运行。二期工程的定位是长江下游 12.5m 深水航道整体工程中承前启后的重要环节，是发挥长江南京以下 12m 深水航道整体效益的重要步骤，是实现"先通后畅"战略目标的基础和保障。二期工程航道建设规模为满足 5 万 t 级集装箱船（实载吃水小于等于 11.5m）双向通航、5 万 t 级其他海轮减载双向通航，兼顾 10 万 t 级散货船减载通航，其中江阴长江大桥以下兼顾 10 万 t 级以上散货船减载通航。工程涉及的水道包括仪征水道、和畅洲水道、口岸直水道、福姜沙水道等。

上述各河段拟建航道整治工程实施后，将进一步改善长江中下游的通航条件。

# 第 五 章

# 三峡水库蓄水运用后对
# 长江河口的影响

长江口河口段上起徐六泾、下至口外原 50 号灯标,全长约 181.8km。长江口河口段平面形态呈喇叭形,为三级分汊、四口入海的河势格局,如图 3.5 -1 所示。徐六泾以下崇明岛将长江分成南支和北支。南支在吴淞口附近由长兴岛和横沙岛将河道分为南港和北港,南港又由九段沙分为南槽和北槽两个汊道。长江口形成北支、北港、北槽、南槽 4 个入海通道。

三峡工程论证阶段认为,修建三峡水库对进入长江口地区的水沙过程会引起一些变化。根据初步分析,这些变化对于长江口的盐水入侵、滩涂围垦及拦门沙的演变不会有明显影响。三峡水库蓄水运用后,枯季(1—4 月)流量较天然情况有所增加,而 10 月水库蓄水期径流则有所减少。这种变化对于盐水入侵有利有弊,但影响不大。由于三峡水库蓄水运用初期排沙比即达 30%~40%,小于 0.01mm 的泥沙基本不在水库落淤。从宜昌到长江口长达 1800km 的中下游河段,有充分的泥沙补给来源。因此,修建三峡工程后长江口泥沙的总量不会有明显的减少,不会对拦门沙的演变及围垦滩涂的速度带来明显的影响。

三峡工程初步设计报告认为,水库运用对河口地区的影响:三峡枢纽运用后,入海年水量没有变化,大通站流量除汛后 10—11 月因水库充水稍有减少、枯季因水库补水流量稍有增大外,其余各月一般基本无变化。河海大学、清华大学通过分析长江口盐水入侵资料认为:三峡水库蓄水运用后,10—11 月入海流量虽有减少,但流量仍较大,对长江口水质影响不大;枯季流量增大则对改善水质有利;总体来说,影响不大。由于三峡水库汛期排沙比较大,均系细颗粒泥沙,175m 正常蓄水位方案初期运行 1~12 年内,下泄悬移质泥沙平均为入库总量的 32% 左右,主要为粒径小于 0.1mm 的细颗粒泥沙。经过下游长距离恢复,以及区间来沙补给,估计在枢纽运用初期,长江口来沙量和泥沙级配均将接近建库前情况。因此，三峡水库蓄水运用不影响河口滩涂演变，而且对稳定河槽和维护河口拦门沙有利，对于洲滩淤长速度则可能有所减缓。

# 第一节　河口水沙变化

大通站是长江干流最后一个径流控制站，距长江口约 624km，大通站以下入汇流量约占长江总流量的 3%～5%。大通站水沙观测系列时间长，可用于代表干流进入长江口的水沙情况。2005 年后，在长江口徐六泾设立了徐六泾水文站，可以反映近年进入长江口的水沙情况。

## 一、大通站水沙变化

大通站多年平均径流量为 8927 亿 m³，历年水量在平均线上下波动，如图 3.5－2 所示。三峡水库蓄水运用前（1950—2002 年），年平均径流量为 9051 亿 m³/a，三峡水库蓄水运用后（2003—2013 年），年平均径流量为 8330 亿 m³/a，减少了 8.0%。大通站多年平均年输沙量为 3.77 亿 t，沙量从 20 世纪 80 年代中期开始明显减少，1991—2002 年年均输沙量为 3.24 亿 t。三峡水库蓄水运用后输沙量更是显著减少，2003—2013 年期间年平均输沙量为 1.43 亿 t，与 1991—2002 年比减幅为 56%。其中 2006 年、2011 年为特枯水年，输沙量分别为 0.848 亿 t 和 0.712 亿 t，如图 3.5－3 所示。所以，"河口来沙量接近建库前的情况"并没有出现，流域进入长江河口的减沙程度远超预期[21]。

三峡水库蓄水运用前后大通站水量年内分配如图 3.5－4 所示。三峡水库蓄水运用前，洪季（5—10 月）平均径流量占全年的 70.7%；枯季（11 月至次年 4 月）径流量占全年的 29.3%；7 月为最大，占全年的 14.8%；2 月最少，占全年的 3.3%。三峡水库蓄水运用后，对水量年内分配起削洪补枯作用。洪季径流量占比有所下降，降至 68.5%，枯季占比相应增加；7 月占比依然最大，为 14.2%；2 月占比依然最小，为 4.1%。

与水量年内分配相比，大通站沙量年内分配洪枯季差异更大，如图 3.5－5 所示。三峡水库蓄水运用前，洪季平均输沙量占全年的 87.2%，枯季占 12.8%；7 月输沙量最大，占全年的 23.1%；2 月输沙量最小，占全年的 0.73%。三峡水库蓄水运用后，洪季输沙量占比有所下降，降至 80.2%，枯季占比相应增加；7 月占比依然最大，为 18.9%；2 月占比依然最小，为 1.84%。

大通站多年平均中值粒径，三峡蓄水前为 0.009mm，蓄水后平均为 0.010mm，变化较小，如图 3.5－6 所示。

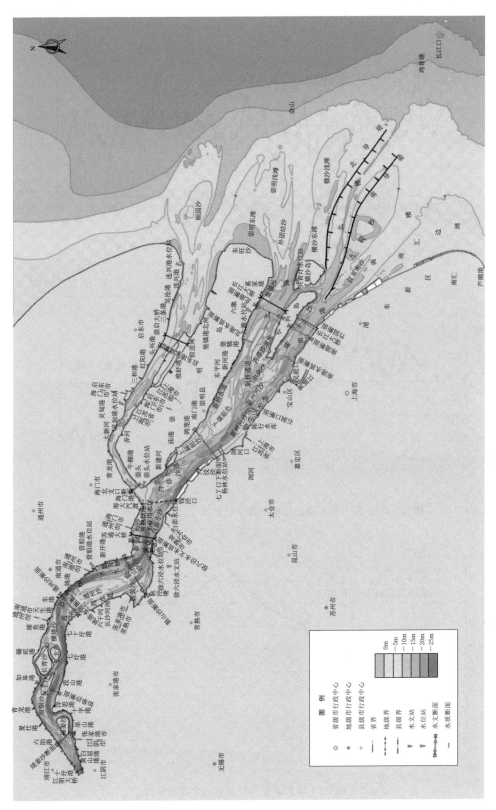

图 3.5－1　长江口河段平面位置图

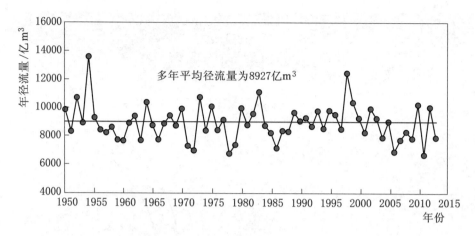

图 3.5-2　坝下游大通站年径流量变化过程（1950—2013 年）

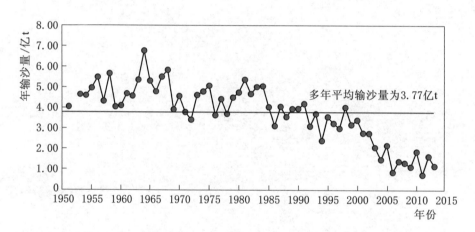

图 3.5-3　坝下游大通站年输沙量变化过程（1950—2013 年）

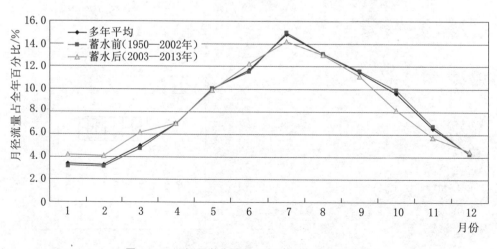

图 3.5-4　坝下游大通站月径流量占全年百分比

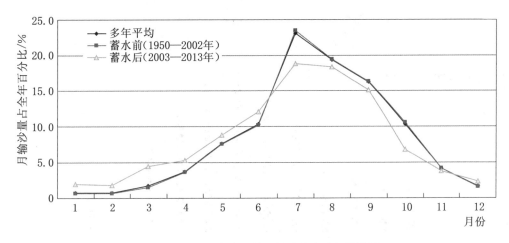

图 3.5-5　坝下游大通站月输沙量占全年百分比

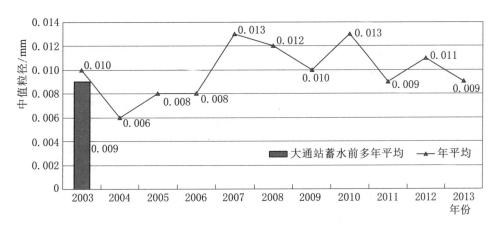

图 3.5-6　三峡水库蓄水运用前后坝下游大通站中值粒径变化过程

## 二、徐六泾站水沙特征

徐六泾站 2005—2013 年年平均净泄潮量为 8504 亿 m³，年际变化与长江干流来水量一致；最大年净泄潮量为 10440 亿 m³（2010 年），最小为 7127 亿 m³（2011 年）。净泄潮量年内分配如图 3.5-7 所示，洪季（5—10 月）平均占全年的 67.3%，枯季（11 月至次年 4 月）占全年的 32.7%；7 月最大，占全年的 14.0%；2 月最小，占全年的 4.35%。

徐六泾站含沙量年际变化总体呈减小趋势，尤其是 2009 年后更为明显。如在枯季，2003—2008 年，涨潮含沙量平均值为 0.243kg/m³，落潮为 0.182kg/m³；2009—2013 年，涨潮为 0.119kg/m³，落潮为 0.107kg/m³。在洪季，2002—2008 年，涨潮为 0.212kg/m³，落潮为 0.200kg/m³；2009—2013 年，涨潮为 0.119kg/m³，落潮为 0.120kg/m³。洪、枯季相比，涨潮时

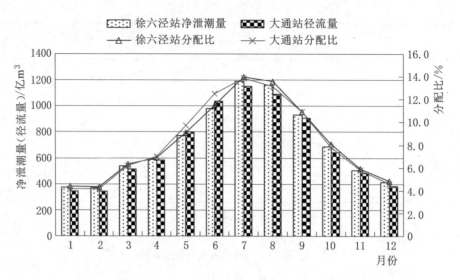

图 3.5－7 长江口徐六泾站月均净泄量与大通站月均径流量及分配比

枯季大于洪季，落潮时洪季大于枯季。

从大通站和徐六泾站泥沙颗粒级配来看，2002—2013 年徐六泾站枯季粗于洪季，大通站洪季粗于枯季；徐六泾站与大通站相比，徐六泾站枯季粒径明显比大通站粗，洪季两站则基本相当。如枯季（2—3 月）徐六泾站主槽为0.015mm，大通站为 0.006mm；洪季（6—8 月），徐六泾站主槽和大通站均为 0.010mm。两站泥沙颗粒级配出现差异的原因可能与两站洪、枯季泥沙来源不同有关。洪季，两站悬移质均主要来自流域，粒径相当且较细；枯季，徐六泾站受潮汐及寒潮大风的影响较大，本地泥沙再悬浮进入水体，而强劲涨潮流从河口洲滩上起悬的泥沙粒径较粗，因此徐六泾枯季悬移质粒径比较粗。

## 三、河口泥沙场变化及响应

在流域进入长江河口沙量大幅度减少的过程中，河口泥沙场整体仍维持"浑浊带高两端低"的格局，河口含沙量场出现分段响应的特征，如图 3.5－8所示。徐六泾站洪季含沙量明显降低，1985—2002 年期间，涨潮平均含沙量为 0.9kg/m³，落潮含沙量为 0.79kg/m³；2003—2010 年期间，涨潮平均含沙量下降到 0.55kg/m³，落潮平均含沙量下降为 0.45kg/m³。根据 2003 年、2007 年和 2013 年长江口区多测点同步洪季全潮垂线平均含沙量观测分析结果，河口泥沙场对流域减沙过程呈分段响应的特征。具体表现为：近十余年河口浑浊带区域（北港下，北槽，南槽）仍维持原有的含沙量水平，含沙量受流域来沙量减少的影响尚未显现；浑浊带以上的河口段，尤其是徐六泾及南支河段的含沙量水平显著下降，2007 年较 2003 年的含沙量下降了 68%，2013

年较 2007 年下降了 25％；浑浊带以外的口门段，－10m 等深线附近，2007
年较 2003 年的含沙量下降了 26％，2013 年较 2007 年回升了 14％，近十余
年的含沙量总体呈略有下降的趋势。三峡水库蓄水运用以来，河口最大浑浊
带对流域减沙的"不响应"和浑浊带上下河口段对流域减沙的"正响应"，
反映出河口在双向水流作用下，流域来沙、海域来沙和局地泥沙交换相互影
响，泥沙运动规律具有特殊性和复杂性[22]，泥沙浓度场对流域减沙的响应
并非简单的线性关系。

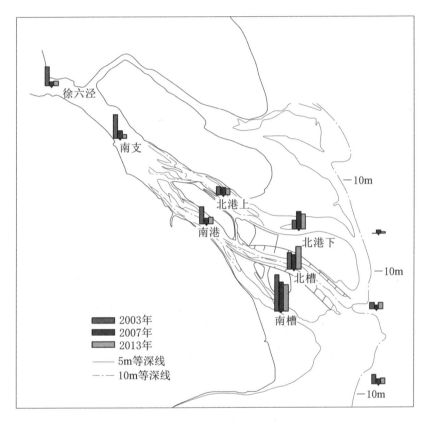

图 3.5 - 8　三峡水库蓄水运用后长江口洪季全潮垂线平均含沙量分布

## 四、南北支分流比变化

　　近年来，长江口南、北支河段受人类活动影响较大，实施了多项整治工程
主要包括：①太仓港岸线调整工程，约 20km 岸线平均外推 1km；②北支进口
段，海门港岸线调整工程；③新通海沙整治工程，包括南通段和海门段，整治
岸线长度约 11.5km，岸线平均外推约 1.2km；④常熟边滩整治工程；⑤白茆
沙整治工程等。工程位置如图 3.5 - 9 所示。

　　20 世纪 50 年代以来，北支上口分流比逐渐减少。目前，洪季涨潮分流比

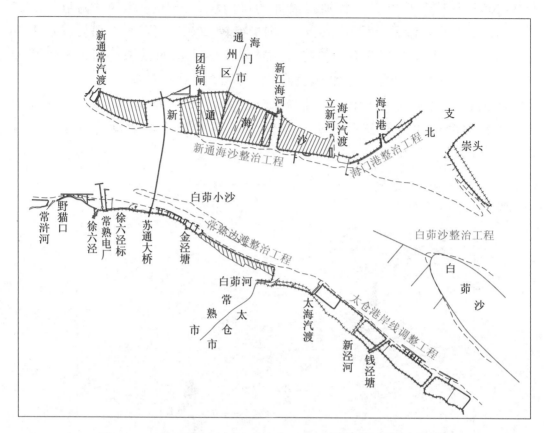

图 3.5 - 9　长江口徐六泾河段及南支上段近期实施的重大工程布置图

在 10% 左右，洪季落潮分流比在 4% 左右；枯季分流比涨潮在 7% 左右，枯季落潮分流比不足 3%。北支分流比变化主要有以下特点。

（1）洪季涨潮分流比明显减少，而落潮分流比虽有增减，但总趋势仍为减少。

（2）涨潮分流比大于同期落潮分流比。

（3）涨、落潮分流比枯季明显小于洪季。

（4）涨、落潮分流比之差洪季明显大于枯季，有逐渐减少趋势。

（5）枯季涨潮分流比显著增大，而落潮分流比依然减少。

近年来白茆沙北水道涨潮分流比变化不大，多年平均分流比近 30%。但落潮分流比持续减少，2002 年 9 月大、中、小潮平均分流比为 39.3%，至 2012 年 12 月，大、小潮平均分流比为 29.5%，对应的净泄量分流比分别为 42.8% 和 27.3%。

三峡水库 9—10 月蓄水期，正值河口秋季大潮汛，如叠加流域特枯水情，对河口盐水入侵可能会产生明显影响[23]。

# 第二节　河口段冲淤变化

三峡水库蓄水运用前，长江河口段（含江阴至徐六泾和河口南支、北支段，长约278.6km）有冲有淤。从冲淤分布来看，澄通河段1977—2001年淤积量为0.698亿 $m^3$；北支段1984—2001年淤积泥沙4.13亿 $m^3$，年平均淤积量为0.243亿 $m^3$；南支段1978—2002年则冲刷泥沙3.03亿 $m^3$，年平均冲刷量为0.126亿 $m^3$。

三峡水库蓄水运用后，澄通河段由淤变冲，南支段保持冲刷，北支段维持继续淤积的趋势。其中：澄通河段2001—2011年累积冲刷泥沙2.06亿 $m^3$；南支段2002—2011年冲刷泥沙3.16亿 $m^3$，年平均冲刷量为0.316 $m^3$；北支段2001—2011年则淤积泥沙2.59亿 $m^3$，年平均淤积量为0.259 $m^3$。澄通河段主要冲淤变化特性如下。

## 一、澄通河段

近30年来，澄通河段河床总体呈冲刷状态。从时段上看，2001年以前冲淤相间，河床总体以淤积为主；2001年以后则转为以冲刷为主，至2011年，高程0m以下河床冲刷泥沙近2.1亿 $m^3$，这与三峡水库蓄水运用后流域来沙锐减有一定关系。分高程范围看，2001年后，冲刷部位主要集中在高程 $-5\sim-15m$ 区间内，冲刷量达1.1亿 $m^3$，高程 $-15\sim-20m$ 之间微冲，高程 $-20m$ 以下冲淤基本平衡，高程 $0\sim-5m$ 之间微淤，如表3.5-1所示。

表3.5-1　　　　　　　　　长江口澄通河段冲淤量统计表　　　　　　单位：万 $m^3$

| 时段 | 0m以下 | $0\sim-5m$ | $-5\sim-10m$ | $-10\sim-15m$ | $-15\sim-20m$ | $-20m$以下 |
|---|---|---|---|---|---|---|
| 1977—1983年 | −2584 | 4550 | 1998 | −4494 | 233 | −2083 |
| 1983—1993年 | 11701 | 5566 | 1307 | 750 | 263 | 2946 |
| 1993—1997年 | −3295 | −2001 | 889 | 1172 | −1673 | −791 |
| 1997—2001年 | 1155 | 2129 | 3679 | −1079 | −761 | −2903 |
| 2001—2006年 | −8644 | −632 | −3583 | −3086 | 954 | −1167 |
| 2006—2011年 | −11982 | 1742 | −5523 | −7024 | −1054 | 2318 |
| 累计 | −13649 | 11354 | −1233 | −13761 | −2038 | −1680 |

## 二、南支河段

1978—2011年期间，南支河段河床总体呈冲刷状态，总冲刷量为6.19亿

$m^3$，如表 3.5 - 2 所示。冲刷主要出现在高程 -5m 以深区域，冲刷量为 6.52 亿 $m^3$；高程 0～-5m 之间河槽则以淤积为主，淤积量为 0.33 亿 $m^3$。

从沿时变化看：1978—1992 年，南支河段河床冲刷量达 2.23 亿 $m^3$，且主要集中在白茆沙北水道，其他河床冲淤变化不大；1992—2002 年河床总体冲刷较小，白茆沙北水道受出徐六泾主流南偏及北支水沙倒灌影响出现明显淤积，而白茆沙南水道和南支主槽段河床则呈明显冲刷发展；三峡水库蓄水运用后，2002—2011 年期间受上游来沙量迅速减少影响，加之沿岸围滩吹填采砂作用，除白茆沙北水道外，南支河段河床冲刷量大幅度增加，其河床累积冲刷泥沙 3.16 亿 $m^3$。

表 3.5 - 2　　　　　　　　长江口南支河段冲淤量统计表　　　　　　　单位：万 $m^3$

| 时　段 | 0m 以下 | 0～-5m | -5～-10m | -10～-15m | -15～-20m | -20m 以下 |
|---|---|---|---|---|---|---|
| 1978—1992 年 | -22287 | 3750.4 | 10199.7 | -10355.8 | -7593.2 | -18288.1 |
| 1992—2002 年 | -8006.1 | -1225.6 | -11770.4 | -5314.2 | 556.7 | 9747.4 |
| 2002—2011 年 | -31604.6 | 780.0 | -7859 | -8877.4 | -5924.7 | -9723.9 |
| 1978—2011 年 | -61897.7 | 3305.2 | -9429.7 | -24547.4 | -12961.2 | -18264.6 |

从冲淤部位来看，南支上段（七丫口以上），以冲刷为主；南支中段（七丫口至石洞口），原南支主槽淤积，扁担沙右缘冲刷；南北港分流段，扁担沙尾巴淤积，新浏河沙包冲刷，新浏河沙淤积，新桥通道上冲下淤；南港全面冲刷，北港则除青草沙水库外侧淤积外，其余部位以冲刷为主；北槽内坝田淤积，航槽及两侧则以冲刷为主；南槽内江亚南沙淤积下移，口门（约拦门沙部位）淤积，口外冲刷；启东嘴至南汇嘴连线以东，冲淤互现，总体上内侧浅滩以淤积为主，外侧深水以冲刷为主；长江口深水航道南、北导堤以外，似有南北向的冲刷带显现。

## 三、北支河段

北支河段是长江出海的一级汊道，西起崇明岛头，东至连兴港，全长约 83km，流经上海市崇明区和江苏省海门市、启东市。河道平面形态弯曲，弯顶在大洪河至大新河之间，弯顶上下河道均较顺直。上口崇头断面宽为 3.0km，下口连兴港断面宽为 12.0km，河道最窄处在青龙港断面，河宽仅 2.1km。

历史上北支曾经是入海主泓，18 世纪以后，由于主流逐渐南移，长江主流改道南支，进入北支的径流逐渐减少，导致北支河道中沙洲大面积淤涨，河宽逐渐缩窄，北支逐渐演变为支汊。20 世纪 50 年代以来，由于进入北支的径流量进一步减少，江心沙层出不穷，明暗沙罗列，滩槽易位频繁，河道整体呈淤积萎缩状态。同时，在自然和人为作用下，沙洲频频并岸，为增加土地资源，两岸频繁进行边滩圈围，河道上段大幅度缩窄，平面形态弯曲，形成上窄下宽的喇叭口形河势。目前，北支分泄长江径流的比例很小，是一条以涨潮流为主要动力的河道，涨潮含沙量明显大于落潮含沙量，并伴有水、沙、盐倒灌南支，对南支河段水资源利用及河床演变产生明显影响。

为改善北支河段水流动力条件，减缓其淤积萎缩态势，减轻水沙盐倒灌南支强度，2001 年开始，按照北支河段整治规划，崇明北沿圈围工程（北支中下段缩窄工程）正在逐步实施。近期新村沙水域河道整治工程、北支海门中下段岸线整治工程等也在实施之中。为开发利用岸线资源，北支下段北岸局部实施了边滩圈围工程，建成了一批服务于海洋工程装备制造、海洋重工、船舶制造的码头工程。目前，北支河段河势仍处于变化之中。

2001—2011 年期间，北支河段淤积泥沙 2.59 亿 m³，且淤积主要分布在高程 0～−5m 之间，其淤积量占总淤积量的 90%，如表 3.5−3 所示。

表 3.5−3　　　　　长江口北支河段冲淤量统计表（2001—2011 年）　　　　单位：亿 m³

| 时　段 | 0m 以下 | 0～−2m | −2～−5m | −5m 以下 |
|---|---|---|---|---|
| 1984—1991 年 | 3.43 | 1.46 | 1.32 | 0.65 |
| 1991—1998 年 | 0.93 | 0.24 | 0.72 | −0.03 |
| 1998—2001 年 | −0.23 | 0.54 | 0.17 | −0.94 |
| 2001—2003 年 | −0.39 | 0.18 | −0.16 | −0.41 |
| 2003—2005 年 | 1.21 | 0 | 0.5 | 0.71 |
| 2005—2008 年 | 0.95 | 0.61 | 0.29 | 0.05 |
| 2008—2011 年 | 0.82 | 0.47 | 0.44 | −0.08 |
| 2001—2011 年 | 2.59 | 1.26 | 1.07 | 0.27 |
| 1984—2011 年 | 6.72 | 3.50 | 3.27 | −0.05 |

根据北支河段河道形态及冲淤变化特点，将其分成 6 个区段进行分析，结果如表 3.5−4 所示。6 个区段范围分别为：Ⅰ区海门港至青龙港、Ⅱ区青龙港至大新河、Ⅲ区大新河至三和港、Ⅳ区三和港至三条港、Ⅴ区兴隆沙右汊、Ⅵ区三条港至连兴港。Ⅰ区和Ⅱ区总体呈淤积萎缩趋势，特别是 1991—2001 年，圩角沙圈围后，这两大区段大幅度淤积。Ⅲ区存在涨、落潮流路分离，涨潮流偏北，落潮流偏南，分离区形成缓流区，泥沙易于淤积，新村沙形成并不断发育。Ⅳ区高程 0m、−2m、−5m 以下河床的冲淤变化趋势是一致的，除 1998—2003 年该段出现普遍冲刷外，其余年份均表现为淤积。Ⅴ区自 1984 年

以来呈不断淤积萎缩之势，2003 年 6 月底兴隆沙及黄瓜二沙正式并岸，中间的汊道形成咸水湖。Ⅵ区不同时段冲淤互现。

表 3.5 - 4　　　　1984—2011 年长江口北支分区段不同高程下

河床累积冲淤量统计表　　　　单位：亿 m³

| 高程 | Ⅰ区 | Ⅱ区 | Ⅲ区 | Ⅳ区 | Ⅴ区 | Ⅵ区 |
|---|---|---|---|---|---|---|
| 0～−2m | 0.337 | 0.223 | 0.489 | 0.409 | 0.690 | 1.362 |
| −2～−5m | 0.215 | 0.161 | 0.341 | 0.356 | 0.433 | 1.757 |
| −5m 以下 | 0.102 | 0.102 | 0.032 | 0.005 | 0.030 | −0.318 |

# 第 六 章

# 结 论 与 建 议

## 第一节 主 要 结 论

### 一、坝下游河道水沙变化

#### (一) 坝下游河道水量略有减少、输沙量大幅度减少

2003—2013 年坝下游各站除监利站水量较蓄水前增大 1％外，其他各站水量减少 5％～9％。输沙量与蓄水前相比各站沿程减少，幅度则在 89％～64％之间，且减幅沿程递减。沿程河床冲刷，输沙量有所恢复。大通站的悬移质沙量显著减少，但级配组成变化不大，小于 0.01mm 的细颗粒沙量恢复到三峡水库蓄水运用前的 35％。

#### (二) 坝下游河道枯期同流量下的水位都有不同程度下降

三峡水库蓄水运用至 2013 年，随着坝下游河道冲刷下切，各站枯水期同流量下水位有不同程度的降低，下降值均在论证预测范围内。如宜昌站流量 5500m³/s 时，水位下降了 0.50m；枝城站 7000m³/s 时，水位下降了 0.58m；沙市站流量 6000m³/s 时，水位约下降了 1.50m；但大通站水位流量关系尚无明显变化。其中葛洲坝枢纽下游枯水位如继续下降，可能对保证葛洲坝下游最低通航水位 39m 的要求产生新的压力。长江中下游洪水水位流量关系变化复杂，目前同流量洪水位趋势性变化不明显。

### 二、坝下游河道冲刷及河床演变

#### (一) 坝下游河道全线出现强烈冲刷，冲刷呈现从上至下的发展态势

三峡水库蓄水运用后，长江中下游河道总体冲刷，以枯水河槽冲刷为主。

2002 年 10 月至 2013 年 10 月期间：宜昌至湖口河段平滩河槽共冲刷泥沙 11.90 亿 $m^3$，年平均冲刷量为 1.06 亿 $m^3$，年平均冲刷强度为 11.1 万 $m^3/(km \cdot a)$；宜昌至城陵矶河段冲刷量为 8.42 亿 $m^3$，年平均冲刷强度达 18.8 万 $m^3/(km \cdot a)$，是冲刷强度最大的河段；2001—2011 年期间，湖口至江阴河段平滩河槽冲刷泥沙 6.88 亿 $m^3$。

三峡水库蓄水运用后，坝下游河道冲刷总体呈现从上至下的发展态势，与初步设计预期一致。两坝间河段目前河床已趋于稳定，宜昌至枝城河段 2013 年冲刷量增加已较小，荆江及以下河段冲刷正在发展之中。

（二）长江中下游河道平面形态基本稳定，局部河段河势变化较大

三峡水库蓄水运用后，坝下游河道河型没有发生变化，河势出现了一定的调整，局部河段河势变化较大，一些河段水流顶冲位置改变。特别是下荆江弯曲半径较小的弯道段，出现了凸冲凹淤和切滩撇弯现象。分汊河段，多数表现为主、支汊显著冲刷，部分汊道表现为支汊冲刷而主汊淤积。2008 年以来，城陵矶以下河段部分主、支汊地位相差悬殊的分汊段出现了淤支冲干现象。

## 三、对堤防安全的影响与整治措施

（一）三峡水库蓄水运用初期，坝下游河道崩岸增多，但近年来崩岸强度和频次有所减轻

随着坝下游河道冲刷发展，崩岸有所增多，但出现崩岸的岸段大部分仍在蓄水运用前的崩岸段和险工段范围内。2003—2013 年期间，共发生崩岸 698 处，崩岸总长度为 495.9km。随着护岸工程的逐渐实施，近几年崩岸强度、频次有所减轻。

（二）三峡水库蓄水运用后，实施了河势控制工程，保证了干堤安全

三峡水库蓄水运用后，河道冲刷和局部河势调整对沿江堤防、洲滩和大堤护岸工程带来的不利影响在初步设计的预期之中。2006—2008 年，国家投资实施了荆江河段河势控制应急工程，2010 年后进一步实施了下荆江河势控制工程，对河势控制起到了积极作用，未发生重大险情。

## 四、对坝下游航道的影响与整治措施

（一）通过加大枯水期下泄流量等措施，基本满足了葛洲坝枢纽船闸和引航道设计最低通航水位 39m 的需要

宜昌站枯水位是保证船队安全通过葛洲坝枢纽船闸下闸槛和下引航道的关

键。三峡水库蓄水运用以来，通过加大枯水期下泄流量，2007 年和 2008 年，庙咀站最低水位基本达到了三峡水库 156m 运行期最低通航水位 38.5m 的要求；三峡水库 175m 试验性蓄水运行后至 2013 年，庙咀站水位基本都大于三峡水库 175m 运行期最低通航水位 39m 的要求，只有 2012 年 12 月 5 日出现瞬时最低水位 38.96m，未影响通航。

（二）三峡水库蓄水运用对坝下游通航的影响

三峡水库的调节增加了坝下游河道枯水流量。175m 试验性蓄水以后枯期流量在 5000m³/s 以上，不再出现 3000m³/s 左右的特枯流量，且流量、水位的波动幅度明显变小，对航运有利。坝下游河道沿程冲刷，由于冲刷部位不同，对航道条件的影响则有利有弊。三峡水库汛末蓄水，造成坝下游河道退水速度加快，汛期发生淤积的浅滩汛后难以有效冲深，尤其在一些滩体萎缩、河道展宽的河段，维护任务加重。随着护岸工程、航道整治工程的逐步完善，航道条件也将整体向好的方向发展，但是局部仍将有所调整，砂卵石河段局部坡陡流急、水浅问题将更加突出；沙质河床局部岸线崩退、支汊发展、切滩等现象仍将继续；部分河段滩槽稳定性较差、航道条件趋于不稳定。

（三）实施了坝下游碍航浅滩整治工程，基本落实了初步设计提出的治理措施

在三峡工程建设和运行期间，长江航道部门对长江中下游实施了一系列航道整治工程。对于碍航较为严重的分汊段，均进行了航道整治，如马家咀水道、瓦马河段、窑监河段等，其中一些水道经过整治后其航道条件得到了很大改善。对于单一微弯放宽段，或者两弯道间的长直或放宽过渡段，部分水道得到了初步治理。初步设计提到的可能出现碍航的主要浅滩基本得到了治理，如太平口、马家咀、周公堤、天星洲、姚圻脑和铁铺浅滩等。长江中下游航道经过治理，航道维护水深有所提高，航道内搁浅事故显著降低，船舶货运量逐年增大。但目前尚有部分航道未治理，也有部分航道需要进一步治理。各河段拟建航道整治工程实施后，将进一步改善坝下游的通航条件。

## 五、对洞庭湖和鄱阳湖的影响

（一）三峡水库蓄水运用后，荆江三口分流分沙量减少，三口分流河道总体出现冲刷，洞庭湖淤积减缓

1991—2002 年荆江三口年均分流入洞庭湖的水量为 622 亿 m³，2003—2013 年大幅度减少为 484 亿 m³，减少了 22%，分流比由 14% 减少为 12%。

长江干流来水偏少是主要原因，三峡水库年内径流调节对三口年径流量的减少作用也较大。

1991—2002年期间，三口多年平均分沙量为6627万t，2003—2013年锐减到年均1083万t，减少了84%，主要是由于三峡水库拦沙的作用。三峡水库蓄水运用前，荆江三口分流河道一直呈累积性淤积趋势。三峡水库蓄水运用后，三口分流河道总体出现冲刷，2003—2011年累积冲刷量为0.75亿m³。1991—2002年期间，三口分流河道和洞庭湖区年平均淤积沙量为0.62亿t，三峡水库蓄水运用后，达到了冲淤基本平衡，极大地缓减了三口分流河道和洞庭湖区的淤积萎缩。

（二）三峡水库汛后蓄水期，洞庭湖出流加快，湖区水位下降，枯水期提前

三峡水库汛后蓄水期间，2008—2013年与1991—2002年比，城陵矶9月和10月平均水位分别下降了1.06m和2.22m，洞庭湖出流加快。三峡水库蓄水期间，前10天左右，洞庭湖出流加快，缓解了三峡水库蓄水对长江干流的影响。后段，由于水位已经下降较多，洞庭湖可补水量减少，洞庭湖出流量反而比天然情况减少，加剧了三峡水库蓄水的影响。城陵矶水位下降，直接带动东、南洞庭湖区水位下降。同时由于三口分流减少，对西洞庭湖的影响也较大。2008—2013年与1991—2002年比，西洞庭南咀站9月和10月水位都下降了1.0m左右，使洞庭湖枯水期提前了约1个月。

（三）三峡水库蓄水运用后鄱阳湖进出湖沙量减少，入江水道未出现淤积

1956—2002年期间，鄱阳湖五河年均入湖沙量为1465万t，湖口年均出湖沙量为938万t，湖区年均淤积泥沙527万t。2003—2013年期间，五河年均入湖泥沙607万t。2001年后出鄱阳湖含沙量显著增大，大于入湖沙量，鄱阳湖区表现为年净冲刷泥沙634万t。1998—2010年内，湖区总体处于冲刷状态（包括挖沙作用），入江水道段断面深槽平均下切约2m。

三峡水库实行中小洪水调度，减少了干流洪水的上涨速度，使鄱阳湖倒灌机会减少。三峡水库蓄水运用前，湖口年均倒灌入湖水量约25亿m³，年均倒灌入湖沙量为157万t。三峡水库实行中小洪水调度后的2009—2013年，年均倒灌水量只有1.7亿m³，年均倒灌入湖沙量只有2.8万t。

（四）三峡水库汛后蓄水，鄱阳湖出流加快，湖区水位有不同程度的降低，枯水期提前

三峡水库汛后蓄水，长江干流水位下降，鄱阳湖出流加快，湖区水位有不同程度的降低，枯水期提前。175m试验性蓄水运行后与围堰发电期比，9月和10月湖口平均水位分别降低了1.36m和1.92m，如遇枯水年，影响会更大。

## 六、三峡水库对坝下游补水作用及对灌溉取水的影响

### （一）三峡水库对长江中下游发挥了补水作用，枯水期流量增加

三峡水库自 2006 年开始，依据初期运行期调度规程及汛末蓄水实际情况，枯水期对长江中下游进行了航运和生态及抗旱补水调度。2012 年和 2013 年，宜昌站最枯流量从天然情况下约 3000m³/s 提高至 5580m³/s。

### （二）三峡水库蓄水运用后对坝下游河道灌溉取水产生一定影响

三峡工程蓄水运用后，枯水期干流同流量水位下降对沿江涵闸春灌引水造成了一定影响，主要是自流引水机会减少。此外，局部冲淤变化也可能对取水口造成影响，如颜家台闸泥沙逐年淤积，在电灌站上下游形成大面积沙丘，影响自流引水。

## 七、对河口的影响

### （一）长江口来沙量显著减少，河口含沙量场出现分段响应

三峡水库蓄水运用以来，长江口来水量略有减少，来沙量大幅减少。1991—2002 年大通站年均输沙量为 3.24 亿 t，2003—2013 年减少为年均 1.42 亿 t，减少了 56%，超出了论证阶段预计的长江口来沙量接近三峡建库前情况。三峡水库蓄水运用前，大通站多年平均中值粒径为 0.009mm，蓄水后为 0.010mm，接近建库前情况。

三峡工程运行后，长江河口输沙量减少，河口含沙量场出现分段响应的特征：浑浊带水域含沙量基本不变，南支水域明显减少，口门附近有所减少。

### （二）对长江口冲刷的影响已逐步显现

澄通河段 1977—2001 年淤积量为 0.698 亿 m³，北支段 1984—2001 年淤积量为 4.13 亿 m³，南支段 1978—2002 年则冲刷泥沙 3.03 亿 m³。三峡水库蓄水运用后，对长江口冲刷的影响已逐步显现，澄通河段由淤变冲，2001—2011 年冲刷泥沙 2.06 亿 m³，南支段冲刷泥沙 3.16 亿 m³，北支段淤积泥沙 2.59 亿 m³。由于河口泥沙减少，河口潮滩淤涨速率趋缓，口门附近的冲刷带开始显现。

# 第二节　建　议

三峡水库蓄水运用 12 年来，坝下游河道的冲刷还在发展之中，水文泥沙

情势影响有的开始显现，有的尚未显现，长期的河势调整及其影响还难以准确预测。特别是三峡水库蓄水运用后，坝下游河道还未遇到大水的考验，本专题研究报告得到的认识存在一定的局限性，今后应加强观测、继续进行河道治理并开展相关研究工作。

**（一）加强泥沙原型观测与分析工作**

三峡水库蓄水运用后，长江中下游河道冲刷和对河势及航道的影响正处于发展过程中，除原定的观测与分析计划内容外，应加强三峡水库蓄水运用对中下游河势演变的影响、对航道演变的影响、对洞庭湖和鄱阳湖的影响及对河口演变的影响等的观测与分析工作。特别是要加强湖口以下河道与河口的观测工作。

**（二）继续进行坝下游河道整治**

坝下游河道冲刷是一个不断向下游发展的过程，应根据河势调整变化，采取河势控制措施。研究落实原有的坝下游各项泥沙问题应对措施，如芦家河等重点滩段的浅滩治理、荆江河势控制、七弓岭狭颈段防护、荆江三口控制与分流河道治理等。

**（三）防止宜昌站枯水位进一步下降**

葛洲坝下游枯水位已逼近最低通航水位 39m，如宜昌站枯水位继续下降，或遇枯水年三峡水库不能保证 5500m³/s 最小下泄流量，则葛洲坝枢纽下游通航水位有可能突破 39m 的下限。鉴于下游还要经历长时期的冲刷，需要密切关注下游河段控制节点的冲刷情况，尽早制定和实施宜昌至杨家脑河段的综合治理方案，并要制止非法采砂，以免宜昌站水位进一步下降。

**（四）开展中小洪水调度对下游河道长期影响的研究**

三峡水库实施中小洪水调度，减少了漫滩洪水，增加了平滩流量时间，势必增强河槽的冲刷，对航道和护岸险工不利。同时，下游河道长期不过流大洪水，河道形态将发生相应响应，可能出现萎缩，堤防安全等也得不到检验。中小洪水调度对下游河道演变的影响非常复杂，对河道行洪能力、河床总体演变趋势、航道条件及河流环境的长远影响等还认识不足，需要深入研究。

**（五）开展三峡水库蓄水运用对两湖影响的综合应对措施研究**

三峡水库汛后蓄水使坝下游河道水位下降，洞庭湖和鄱阳湖出流加快，枯水期提前，对水资源利用和生态环境产生不利影响，近年来已引起各方面的关注，湖口和城陵矶建闸等应对措施也在开始论证。随着三峡水库上游干支流梯级水电站的陆续修建，对两湖的影响会进一步增强。建议进一步开展上游水库群和三峡水库蓄水运用对两湖影响及综合应对措施研究。

（六）加强三峡水库蓄水运用对长江河口演变影响研究

三峡水库蓄水运用后，长江口来沙量显著减少，超出论证阶段预期，对长江口演变的影响已逐步显现。由于河口水沙过程及河床演变规律非常复杂，且受各类人类活动影响多，需要加强三峡水库蓄水运用对河口演变的影响研究。

# 参 考 文 献

［1］ 水利部长江水利委员会. 三峡水利枢纽初步设计报告，第九篇工程泥沙问题研究 ［R］. 1992.

［2］ 三峡工程泥沙专家组. 长江三峡水库试验性蓄水期五年（2008—2012 年）泥沙问题阶段性总结 ［R］. 2013.

［3］ 中国水利水电科学研究院，长委会三峡水文水资源勘测局. 胭脂坝河底防冲保护层试验资料研究 ［R］. 2005.

［4］ 三峡工程泥沙课题评估专家组. 中国工程院三峡工程论证及可行性研究结论阶段性评估项目泥沙课题评估报告及专题报告文集 ［R］. 2008.

［5］ 三峡水利枢纽梯级调度通信中心文件. 2009 年、2010 年、2011 年、2012 年水库调度工作总结报告 ［R］.

［6］ 泥沙专家组. 长江三峡工程泥沙问题研究（1996—2000）（第八卷）长江三峡工程"九五"泥沙研究综合分析 ［M］. 北京：知识产权出版社，2002.

［7］ 中国水利水电科学研究院. 大型水利枢纽工程下游河型变化机理研究 ［R］. 2010.

［8］ 卢金友，姚仕明，邵学军，等. 三峡水库蓄水运用后初期坝下游江湖响应过程 ［M］. 北京：科学出版社，2012.

［9］ 长江委水文局荆江水文水资源勘测局. 2012 年、2013 年荆江险工护岸巡查简报 ［R］.

［10］ 方春明，董耀华. 三峡工程水库泥沙淤积及其影响与对策研究 ［M］. 武汉：长江出版社，2011.

［11］ 泥沙专家组. 长江三峡工程泥沙问题研究（2001—2005）（第六卷）长江三峡工程"十五"泥沙研究综合分析 ［M］. 北京：知识产权出版社，2008.

［12］ 方春明，毛继新，鲁文. 长江中游与洞庭湖泥沙问题研究 ［M］. 北京：中国水利水电出版社，2003.

［13］ 方春明，曹文洪，等. 荆江裁弯造成藕池河急剧淤积与分流分沙减少分析 ［J］. 泥沙研究，2002（6）：40‐45.

［14］ 方春明，曹文洪，毛继新，等. 鄱阳湖与长江关系及三峡蓄水的影响 ［J］. 水利学报，2012，43（2）：174‐181.

[15] 胡春宏，阮本清. 鄱阳湖水利枢纽工程的作用及其影响研究 [J]. 水利水电技术，2011 (1)：1-6.

[16] 刘怀汉，茆长胜，李明. 长江中游芦家河水道碍航问题及治理对策 [J]. 水运工程，2010 (10)：112-116.

[17] 茆长胜，李彪. 三峡水库汛末蓄水对长江中游航道条件影响及调度优化探讨 [J]. 水道港口，2013 (4)：139-143.

[18] 张俊锋，柴华峰，王传福. 长江中游沙市河段治理效果分析及后续治理思路探讨 [J]. 水运工程，2012 (10)：18-23.

[19] 赵德玉，付中敏，王涵. 窑监河段航道整治一期工程方案试验研究和效果分析 [J]. 水运工程，2012 (10)：57-61.

[20] 蔡大富，邹祝，闫军，等. 长江中游牯牛沙水道航道整治一期工程效果分析 [J]. 水运工程，2011 (3)：97-102.

[21] 杨世伦，ZHU Jun，李明. 长江入海泥沙的变化趋势与上海滩涂资源的可持续利用 [J]. 海洋学研究，2009，27 (2)：7-15.

[22] 杨旭辉. 近40年来长江水沙变化背景下的长江口海岸线演变 [D]. 青岛：中国海洋大学，2011.

[23] 唐建华，赵升伟，刘玮神，等. 三峡水库对长江河口北支咸潮倒灌影响探讨 [J]. 水科学进展，2011，22 (4)：554-560.

# 后 记

　　按照中国工程院配合三峡工程整体竣工验收进行的第三方评估工作的要求，2014年3月泥沙课题评估专家组成立后，组织了近40位专家教授，历时两年多，完成了三峡工程泥沙课题评估工作。在评估过程中，本着科学认真、实事求是的精神，广泛收集了三峡水库蓄水运用前后相关水文泥沙观测资料，开展了三峡库区、坝区、坝下游和河口的现场调研与座谈会，征集了重庆、湖北、湖南、江西、上海等沿江省市相关部门的意见，经过多次讨论和反复修改，形成了三峡工程泥沙问题评估报告。此次评估力求全面反映三峡水库蓄水运用以来的泥沙基本情况，并依据实测资料对三峡工程论证与初步设计阶段有关泥沙问题的研究结论与应对措施进行检验，总结解决三峡工程泥沙问题的经验，回应社会公众对泥沙相关问题的关切。鉴于三峡水库泥沙淤积和坝下游河道冲刷是一个不断累积和发展的过程，有些泥沙问题还具有偶发性和随机性，评估报告还提出了若干今后值得重视的泥沙问题和相关的工作建议。

　　评估报告完成后的5年多来，水文泥沙跟踪监测分析表明，三峡工程泥沙情势仍符合评估报告的基本结论，我们深感欣慰。针对评估中指出的一些泥沙问题和三峡水库优化调度的实际需要，近几年三峡工程泥沙专家组继续组织开展了相应的观测和研究，取得了不少新的进展和成果，为保障三峡工程高效、安全运行及拓展综合效益提供了相关的技术支撑。

泥沙课题评估专家组

2022年12月